普通高等教育"十二五"规划教材

U0662019

（第二版）

工程造价管理

主　编　张友全　陈起俊

副主编　解本政　邢莉燕

编　写　辛翠香　王翠琴　黄伟典　王艳艳

　　　　周景阳　杜清明

主　审　刘长滨

中国电力出版社
CHINA ELECTRIC POWER PRESS

内 容 提 要

本书为普通高等教育"十二五"规划教材,是依据现行国家有关法律法规、标准、规范、规程而编写的。全书共九章,分为理论篇和实务篇两部分。理论篇系统地介绍了工程造价管理的基本理论与方法,实务篇以工程建设程序为主线,系统地讲解建设工程全过程造价管理实务等内容。本书通俗易懂、图文并茂、层次结构合理、逻辑性强、体系完整、实用性强。

本书可作为普通高等院校工程管理、工程造价、土木工程等专业的教材,也可作为继续教育的函授教材,还可作为建设类执业资格考试人员和工程技术人员的参考用书。

图书在版编目(CIP)数据

工程造价管理/张友全,陈起俊主编. —2 版. —北京:中国电力出版社,2014.2(2019.7 重印)

普通高等教育"十二五"规划教材

ISBN 978-7-5123-5477-7

Ⅰ.①工… Ⅱ.①张…②陈… Ⅲ.①建筑造价管理—高等学校—教材 Ⅳ.①TU723.3

中国版本图书馆 CIP 数据核字(2014)第 010994 号

中国电力出版社出版、发行

(北京市东城区北京站西街 19 号 100005 http://www.cepp.sgcc.com.cn)

三河市百盛印装有限公司印刷

各地新华书店经售

*

2012 年 7 月第一版

2014 年 2 月第二版 2019 年 7 月北京第六次印刷

787 毫米×1092 毫米 16 开本 19.25 印张 461 千字 1 插页

定价 56.00 元

前　言

随着我国工程投资体制和建设管理体制改革的不断深化，工程造价管理实践的发展，国家有关法律法规、标准、规范、规程的颁布实施和不断完善，特别是《建筑安装工程费用项目组成》（建标〔2013〕44号）、GB 50500—2013《建设工程工程量清单计价规范》及各专业工程国家计量规范、《中华人民共和国招标投标法实施条例》、《房屋建筑和市政工程标准施工招标文件》（2010年版）等行业标准施工招标文件的颁布实施，在工程造价管理实践与教学方面，迫切需要与之配套的工程造价管理教材。

本书分为理论篇和实务篇两部分，理论篇系统地介绍了工程造价管理的基本理论与方法，实务篇以工程建设程序为主线，系统地讲解建设工程全过程造价管理实务等内容。本书主要以业主方的造价管理为主，适当兼顾其他方的造价管理。

本书通俗易懂、图文并茂、案例丰富、体系完整、实用性强，注重与现行的法律法规、标准、规范、规程的一致性。

本书是在第一版的基础上修订而成，参加修订工作的有：山东建筑大学张友全、陈起俊、解本政、邢莉燕、黄伟典、王艳艳、周景阳，烟台大学辛翠香，青岛农业大学王翠琴，北京恒诚信工程咨询有限公司杜清明。具体分工如下：陈起俊编写第一章，解本政编写第二章，邢莉燕编写第三章，黄伟典编写第四章，辛翠香、杜清明合编第五章，张友全、周景阳合编第六章，杜清明、王翠琴合编第七章，张友全编写第八章，王艳艳编写第九章。张友全编写了实务篇各章后的案例。

全书由张友全统稿，张友全、陈起俊任主编，解本政、邢莉燕任副主编，北京建筑工程学院刘长滨教授主审。在本书的编写过程中，编者参阅了不少专家学者的著作，在此一并表示衷心的感谢！

由于编者水平所限，书中缺点和错误在所难免，恳请广大读者批评指正。

编　者
2013年12月

第一版前言

随着我国工程造价管理改革的不断深化，工程造价管理实践的发展，国家有关法律法规、标准、规范、规程的颁布实施，特别是《中华人民共和国标准施工招标文件》（2007 年版）、GB 50500—2008《建设工程工程量清单计价规范》、《房屋建筑和市政工程标准施工招标文件》（2010 年版）等的颁布实施，在工程造价管理实践与教学方面，迫切需要与之配套的工程造价管理教材。

本书分为理论篇和实务篇两部分，理论篇系统地介绍了工程造价管理的基本理论与方法，实务篇以工程项目建设程序为主线，系统地讲解建设项目全过程造价管理实务等内容。本书主要以业主方的造价管理为主，适当兼顾其他方的造价管理。

本书通俗易懂、图文并茂、案例丰富、体系完整、实用性强，注重与现行的法律法规、标准、规范、规程的一致性。

本书由山东建筑大学张友全、陈起俊、解本政、邢莉燕、黄伟典、王艳艳、周景阳、张琳、张晓丽、宋红玉、吕丛军、程立安、郝敬东、王大磊，中建工业设备安装有限公司卢兰华，济南工程职业技术学院谷莹莹共同编写。本书编写分工如下：全书由张友全统稿，张友全、陈起俊任主编，解本政、邢莉燕任副主编。陈起俊、周景阳合编第一章，解本政、王大磊合编第二章，邢莉燕、郝敬东合编第三章，黄伟典、程立安合编第四章，张友全、张琳合编第五章，张友全、吕丛军合编第六章，张友全、张晓丽合编第七章，张友全、宋红玉、卢兰华合编第八章，王艳艳、谷莹莹、卢兰华合编第九章。

全书由北京建筑工程学院刘长滨教授主审，提出很多修改意见。在本书的编写过程中，编者参阅了不少专家学者的著作，在此一并表示衷心的感谢！

由于水平有限，书中缺点和错误在所难免，恳请广大读者批评指正。

编　者

2012 年 5 月

目　录

第一篇　工程造价管理基础理论

第一章　概　　述

第一节　建设工程与建设程序

一、建设工程的分类

建设工程（construction engineering）属于固定资产投资对象，是指为人类生活、生产提供物质技术基础的各类建（构）筑物和工程设施。固定资产的建设活动一般通过具体的建设工程实施。

建设工程可以按照自然属性、用途、使用功能等不同方法进行分类，其结果和表现形式不尽相同。

1. 按自然属性进行分类

GB/T 50841—2013《建设工程分类标准》将建设工程按自然属性分为建筑工程、土木工程和机电工程三大类。从本质上看，建筑工程属于土木工程范畴，考虑到建筑工程量大面广，根据国际惯例和满足建设工程监督管理需要，该标准将建筑工程与土木工程并列。

（1）建筑工程（building engineering）是指供人们进行生产、生活或其他活动的房屋或场所。

（2）土木工程（civil engineering）是指建造在地上或地下、陆上或水中，直接或间接为人类生活、生产、科研等服务的各类工程。包括道路工程、轨道工程、桥涵工程、隧道工程、水工工程、矿山工程、架线与管道工程等。

（3）机电工程（mechanical and electrical engineering）是指按照一定的工艺和方法，将不同规格、型号、性能、材质的设备及管路和线路等有机组合起来，满足使用功能要求的工程。设备是指各类机械设备、静设备、电气设备、自动化控制仪表和智能化设备等。管路是指按等级使用要求，将各类不同压力、温度、材质、介质、型号、规格的管道与管件及附件组合形成的系统。线路是指按等级使用要求，将各类不同型号、规格、材质的电线电缆与组件及附件组合形成的系统。机电工程包括工业、农林、交通、水工、建筑、市政等各类工程中的设备、管路、线路工程。

2. 按用途进行分类

建设工程按照用途不同，可以分为环保工程、节能工程、消防工程、抗震工程等。

3. 按使用功能进行分类

为了适用于现行管理体制需要，建设工程按使用功能可分为房屋建筑工程、铁路工程、公路工程、水利工程、市政工程、煤炭矿山工程、水运工程、海洋工程、民航工程、商业与物资工程、农业工程、林业工程、粮食工程、石油天然气工程、海洋石油工程、火电工程、水电工程、核工业工程、建材工程、冶金工程、有色金属工程、石化工程、化工工程、医药工程、机械工程、航天与航空工程、兵器与船舶工程、轻工工程、纺织工程、电子与通信工程和广播电影电视工程等。

二、建筑工程的分类

在建设工程中，建筑工程是量大面广的一类工程，本书主要以建筑工程作为研究对象，为了便于对建筑工程的把握，下面介绍建筑工程的分类。

1. 一般规定

（1）建筑工程按照使用性质可分为民用建筑工程、工业建筑工程、构筑物工程及其他建筑工程等。

（2）建筑工程按照组成结构可分为地基与基础工程、主体结构工程、建筑屋面工程、建筑装饰装修工程和室外建筑工程。

（3）建筑工程按照空间位置可分为地下工程、地上工程、水下工程、水上工程等。

2. 民用建筑工程的分类

（1）民用建筑工程按用途可分为居住建筑、办公建筑、旅馆酒店建筑、商业建筑、居民服务建筑、文化建筑、教育建筑、体育建筑、卫生建筑、科研建筑、交通建筑、人防建筑、广播电影电视建筑等。

（2）居住建筑按使用功能不同可分为别墅、公寓、普通住宅、集体宿舍等，按照地上层数和高度分为低层建筑、多层建筑、中高层建筑、高层建筑和超高层建筑。

（3）办公建筑按地上层数和高度可分为单层建筑、多层建筑、高层建筑、超高层建筑。

（4）旅馆酒店建筑可分为旅游饭店、普通旅馆、招待所等。

（5）商业建筑按照用途可分为百货商场、综合商厦、购物中心、会展中心、超市、菜市场、专业商店等，按其建筑面积划分可分为大型商业建筑、中型商业建筑和小型商业建筑。

（6）居民服务建筑可分为餐饮用房屋，银行营业和证券营业用房屋，电信及计算机服务用房屋，邮政用房屋，居住小区的会所，以及洗染店、洗浴室、理发美容店、家电维修、殡仪馆等生活服务用房屋。

（7）文化建筑可分为文艺演出用房、艺术展览用房、图书馆、纪念馆、档案馆、博物馆、文化宫、游乐场馆、电影院（含影城）、宗教寺院，以及舞厅、歌厅、游艺厅等用房。文化建筑按其建筑面积可分为大型文化建筑、中型文化建筑和小型文化建筑。

（8）教育建筑可分为各类学校的教学楼、图书馆、试验室、体育馆、展览馆等教育用房。

（9）体育建筑可分为体育馆、体育场、游泳馆、跳水馆等。体育场按照规模可分为特大型、大型、中型、小型。

（10）卫生建筑可分为各类医疗机构的病房、医技楼、门诊部、保健站、卫生所、化验室、药房、病案室、太平间等房屋。

（11）交通建筑可分为机场航站楼，机场指挥塔，交通枢纽，停车楼，高速公路服务区用房，汽车、铁路和城市轨道交通车站的站房，港口码头建筑等工程。

（12）广播电影电视建筑可分为广播电台、电视台、发射台（站）、地球站、监测台（站）、广播电视节目监管建筑、有线电视网络中心、综合发射塔（含机房、塔座、塔楼等）等工程。

3. 工业建筑工程的分类

（1）工业建筑工程可分为厂房（机房、车间）、仓库、辅助附属设施等。

（2）仓库按用途划分可分为各行业企事业单位的成品库、原材料库、物资储备库、冷藏库等。

（3）厂房（机房）包括各行业工矿企业用于生产的工业厂房和机房等，按照高度和层数可分为单层厂房、多层厂房和高层厂房，按照跨度可分为大型厂房、中型厂房、小型厂房。

4. 构筑物工程的分类

（1）构筑物工程可分为工业构筑物、民用构筑物和水工构筑物等。

（2）工业构筑物工程可分为冷却塔、观测塔、烟囱、烟道、井架、井塔、筒仓、栈桥、架空索道、装卸平台、槽仓、地道等。

（3）民用构筑物可分为电视塔（信号发射塔）、纪念塔（碑）、广告牌（塔）等。

（4）水工构筑物可分为沟、池、沉井、水塔等。

三、建设工程项目的分类

项目是指在一定的约束条件下（限定资源、质量和时间），具有完整的组织机构和特定目标的一次性事业。

在工程建设过程中，建设工程的立项报建、可行性研究、工程勘察与设计、工程招标与投标、建筑施工、竣工验收、工程咨询等通常以建设工程项目作为对象进行管理。

建设工程项目可以按以下不同标准进行分类。

（一）按建设性质分类

建设工程项目按建设性质可分为基本建设项目和更新改造项目。

1. 基本建设项目

基本建设项目，简称建设项目，是投资建设用于进行扩大生产能力或增加工程效益为主要目的的工程，包括新建项目、扩建项目、迁建项目、恢复项目。

（1）新建项目是指从无到有的新建设的项目。按现行规定，对原有建设项目重新进行总体设计，经扩大建设规模后，其新增固定资产价值超过原有固定资产价值三倍以上的，也属新建项目。

（2）扩建项目是指现有企、事业单位，为扩大生产能力或新增效益而增建的主要生产车间或其他工程项目。

（3）迁建项目是指现有企、事业单位出于各种原因而搬迁到其他地点的建设项目。

（4）恢复项目是指现有企、事业单位原有固定资产因遭受自然灾害或人为灾害等原因造成全部或部分报废，而后又重新建设的项目。

2. 更新改造项目

更新改造项目是指原有企、事业单位为提高生产效益，改进产品质量等原因，对原有设备、工艺流程进行技术改造或固定资产更新，以及相应配套的辅助生产、生活福利等工程和有关工作。

（二）按项目规模分类

根据国家有关规定，基本建设项目可划分为大型建设项目、中型建设项目和小型建设项目；更新改造项目可划分为限额以上（能源、交通、原材料工业项目 5000 万元以上，其他项目总投资 3000 万元以上）和限额以下项目两类。不同等级标准的建设工程项目，国家规定的审批机关和报建程序也不尽相同。

四、建设项目的分类

建设项目（construction project），首先是一个投资项目，是指经过决策和实施的一系列程序，在一定的约束条件下，以形成固定资产为明确目标的一次性的活动，是按一个总体规划或设计范围内进行建设的,实行统一施工、统一管理、统一核算的工程,往往是由一个或数个单项工程所构成的总和,也称为基本建设项目。例如工业建设中的一座工厂、一个矿山,民用建设中的一所学校、一所医院、一个居民区等均为一个建设项目。

建设项目应满足下列要求。

(1) 技术上:满足在一个总体规划、总体设计或初步设计范围内。

(2) 构成上:由一个或几个相互关联的单项工程所组成。

(3) 每一个单项工程可由一个或几个单位工程所组成。

(4) 在建设过程中,经济上实行统一核算,行政上实行统一管理。

凡属于一个总体设计中分期分批进行建设的主体工程和附属配套工程、供水供电工程等都作为一个建设项目。按照一个总体设计和总投资文件,在一个场地或者几个场地上进行建设的工程,也属于一个建设项目。

建设项目可以按不同标准进行分类。

1. 按用途分类

建设项目按在国民经济各部门中的作用,可分为生产性建设项目和非生产性建设项目。

(1) 生产性建设项目是指直接用于物质生产或满足物质生产需要的建设项目。它包括工业建设、农业、林业、水利、交通、商业、地质勘探等建设工程。

(2) 非生产性建设项目是指用于满足人们物质文化需要的建设项目。它包括办公楼、住宅、公共建筑和其他建设工程项目。

2. 按行业性质和特点分类

建设项目按行业性质和特点可分为竞争性项目、基础性项目和公益性项目。

(1) 竞争性项目。主要指投资效益比较高、竞争性比较强的一般性建设项目。这类项目应以企业为基本投资对象,由企业自主决策、自担投资风险。

(2) 基础性项目。主要指具有自然垄断性、建设周期长、投资额大而收益低的基础设施和需要政府重点扶持的一部分基础工业项目,以及直接增强国力的符合经济规模的支柱产业项目。这类项目主要由政府集中必要的财力、物力,通过经济实体进行投资。

(3) 公益性项目。主要包括科技、文教、卫生、体育和环保等设施,公、检、法等政权机关及政府机关、社会团体办公设施等。公益性项目的投资主要由政府用财政资金来安排。

五、建设工程的组成与分解

建设工程是一个复杂的系统工程,为了满足工程管理和工程成本经济核算的需要,合理确定和有效控制工程造价,可把整体、复杂的系统工程分解成小的、易于管理的组成部分。即将建设工程按照组成结构依次划分为单项工程、单位工程、分部工程和分项工程等层次。一个建设工程,可能包括许多单项工程、单位工程、分部工程、分项工程和子项工程。

1. 单项工程

单项工程(individual project)是指具有独立设计文件,能够独立发挥生产能力、使用效益的工程,是建设项目的组成部分,由多个单位工程构成。单项工程是一个独立的系统,如一个工厂的车间、试验楼;一所学校中的教学楼、图书馆等。

2. 单位工程

单位工程(unit project)是指具备独立施工条件并能形成独立使用功能的建筑物及构筑物,是单项工程的组成部分,可分为多个分部工程。对于建筑规模较大的单位工程,可将其能形成独立使用功能的部分再分为几个子单位工程。如生产车间这个单项工程是由厂房建筑工程和机械设备安装工程等单位工程所组成。厂房建筑工程还可以细分为一般土建工程、水暖卫工程、电器照明工程和工业管道工程等子单位工程。

单位工程一般是进行工程成本核算的对象。

3．分部工程

分部工程（part project）是指按工程的部位、结构形式的不同等划分的工程，是单位工程的组成部分，可分为多个分项工程。例如，建筑工程中包括土（石）方工程、桩与地基基础工程、砌筑工程、混凝土及钢筋混凝土工程、厂库房大门、特种门木结构工程、金属结构工程、屋面及防水工程等多个分部工程。

4．分项工程

分项工程（item project）是指根据工种、构件类别、设备类别、使用材料不同划分的工程，是分部工程的组成部分。例如，混凝土及钢筋混凝土分部工程中的带形基础、独立基础、满堂基础、设备基础等都属于分项工程。

5．子项工程

子项工程是分项工程的组成部分，是工程中最小的单元体。如砖墙分项工程可以分为240砖外墙、365砖外墙等。子项工程是计算人工、材料、机械及资金消耗的最基本的构造要素。单位估价表中的单价大多是以子项工程为对象计算的。

建设工程可以有多种不同的分解方法，不同的标准对于建设工程的组成与分解有些差异，使用时要根据具体情况和要求加以区别。例如，《建设工程分类标准》将建设工程按自然属性进行分解和组合。如前所述，建设工程按自然属性分为建筑工程、土木工程和机电工程三大类。每一大类工程按照组成结构依次划分为工程类别、单项工程、单位工程和分部工程等层次，基本单元为分部工程。

GB 50300—2013《建筑工程施工质量验收统一标准》（以下简称《施工验收标准》），将建设工程按照组成结构依次分解为单位工程（子单位工程）、分部工程（子分部工程）、分项工程和检验批。而工程造价构成中的单位工程与《施工验收标准》中的单位工程，在范围和内涵上也有着很大的不同。建设工程的分解示意如图1-1所示。

六、建筑工程的组成与分解

建筑工程按照组成结构分解与组合可以有多种划分方法，考虑其施工过程和施工任务分配的方便性，按照《施工验收标准》的规定，建筑工程包括地基与基础工程、主体结构工程、建筑屋面工程、建筑装饰装修工程、建筑给排水及采暖工程、建筑电气工程、智能建筑工程、通风与空调工程、电梯工程共9个单位工程。室外工程包括室外建筑环境和室外安装工程两个单位工程。

为了确保单项工程或者单位工程按照自然属性规则分解或者复原，按照《建设工程分类标准》，建筑工程包含地基与基础工程、主体结构工程、建筑屋面工程、建筑装饰装修工程、室外建筑工程。即将《施工验收标准》中的室外建筑环境工程简称为室外建筑工程，与建筑工程中的地基与基础工程、主体结构工程、建筑屋面工程、建筑装饰装修工程并列。将《施工验收标准》中的建筑工程中的建筑给排水及采暖工程、建筑电气工程、智能建筑工程、通风与空调工程、电梯工程及室外安装工程都划入到机电工程。这样，土木工程不再包含建筑工程和机电工程，机电工程不再包含土木工程和建筑工程。

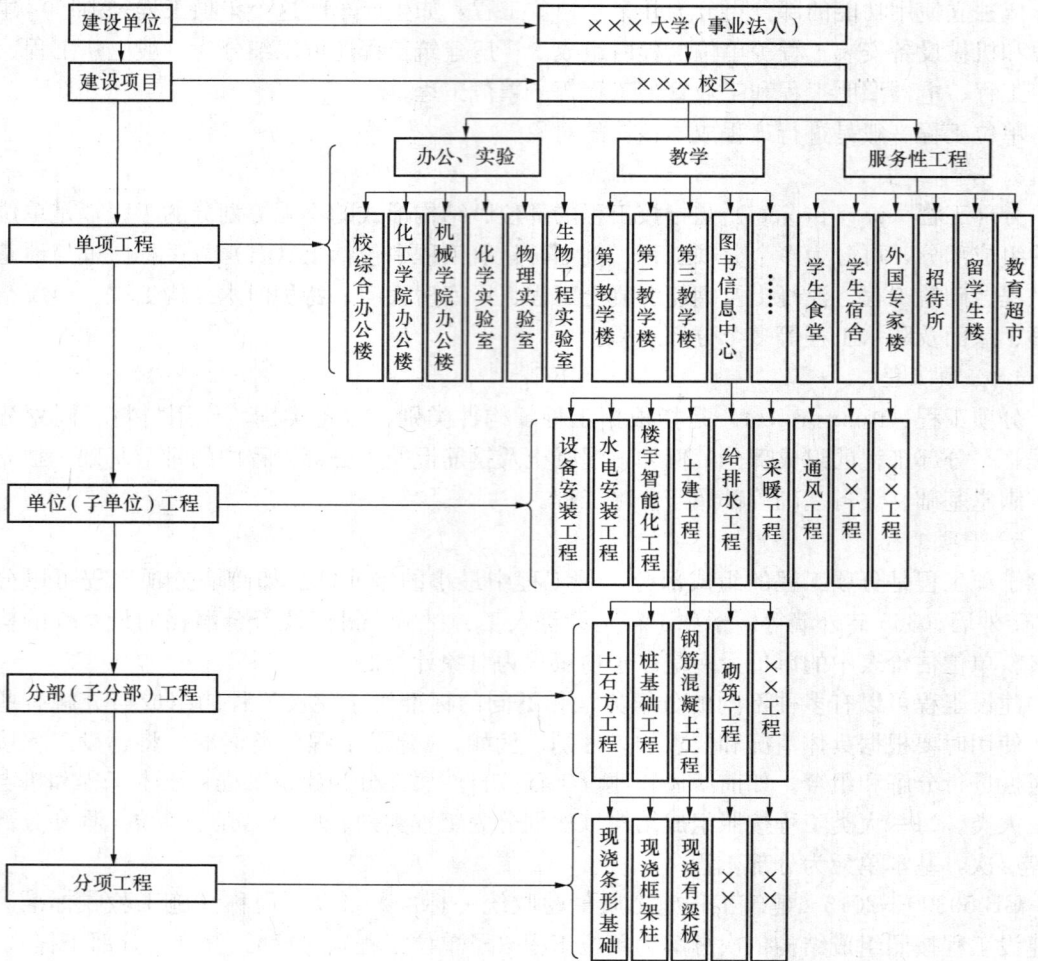

图 1-1　建设工程的分解示意图

七、建设项目全寿命周期与建设程序

1. 建设项目全寿命周期

建设项目全寿命周期是指项目从设想、研究决策、设计、建造、使用、直到报废所经历的全部时间，包括项目的决策阶段、实施阶段、使用阶段。项目决策阶段一般包括项目建议书阶段、可行性研究阶段等；项目实施阶段包括设计前的准备阶段、设计阶段、施工阶段、动用前准备阶段和保修期；项目使用阶段是指从项目动用开始直至项目报废，如图 1-2 所示。工程建设交易根据招标内容可分为工程总承包招标、勘察招标、设计招标、施工招标、监理招标、材料设备招标等，由于这些工作分散在项目实施阶段的设计准备阶段、设计阶段和施工阶段之前或之间进行，因此，此处不单独设置交易阶段。

2. 建设程序

建设程序是指建设项目从设想、选择、评估、决策、设计、施工到竣工验收及投入使用或生产的整个过程中，各环节及各项主要工作必须遵循的先后次序的法则。这个法则是人们在认识客观规律的基础上，按照建设项目发展的内在联系和发展过程制定的，在实际的操作

时间 →

决策阶段		设计准备阶段	设计阶段			施工阶段	动用前准备阶段	使用阶段			
								保修阶段			
编制项目建议书	编制可行性研究报告	编制设计任务书	初步设计	技术设计	施工图设计	施工	竣工验收	动用开始	保修期结束	使用	项目报废
项目决策阶段		项目实施阶段						项目使用阶段			

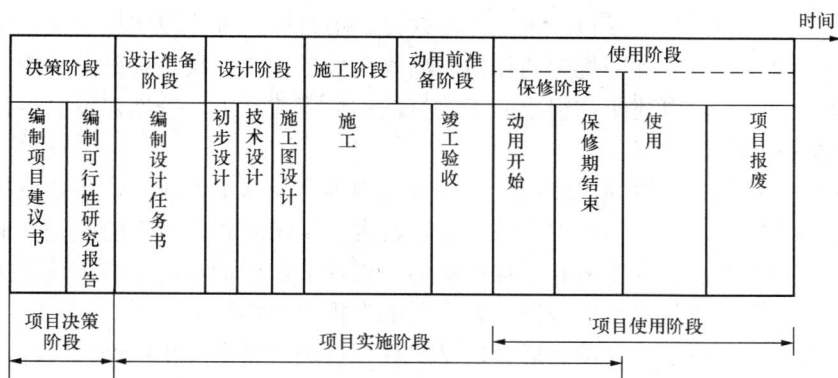

图 1-2　建设项目的阶段划分

过程中某些环节可以适当的交叉，但不能够随意颠倒。其核心思想是：先勘察、再设计、后施工。

（1）项目建议书阶段。项目建议书是建设单位向国家提出的要求建设某一具体项目的建议文件，即对拟建项目的必要性、可行性以及建设的目的、计划等进行论证并写成报告的形式。项目建议书一经批准后即为立项，立项后可进行可行性研究。

（2）可行性研究阶段。可行性研究是对建设项目在技术上是否可行和经济上是否合理进行科学的分析和论证。它通过市场研究、技术研究、经济研究，进行多方案比较，提出最佳方案。可行性研究通过评审后，就可着手编写可行性研究报告。可行性研究报告是确定建设项目、编制设计文件的重要依据，必须有相当的深度和准确性，在建设程序中起主导地位。可行性研究报告一经批准后即形成决策，是初步设计的依据，不得随意修改和变更。

（3）建设地点选择阶段。建设地点的选择，由主管部门组织勘察设计等单位和所在地有关部门共同进行。在综合研究工程地质、水文地质等自然条件，建设工程所需水、电、运输条件和项目建成投产后原材料、燃料以及生产和工作人员生活条件、生产环境等因素，并进行多方案比选后，提交选址报告。

（4）设计工作阶段。可行性研究报告和选址报告经批准后，建设单位或其主管部门可以委托或通过设计招标方式选择设计单位，由设计单位按可行性研究报告、设计任务书、设计合同中的有关要求进行设计。民用建筑工程一般分为方案设计（含投资估算）、初步设计（含设计概算）和施工图设计（含施工图预算）三个阶段。方案设计文件用于办理工程建设的有关手续，初步设计文件用于审批（包括政府主管部门和/或建设单位对初步设计文件的审批），施工图设计文件用于施工。对于技术要求相对简单的民用建筑工程，经有关主管部门同意，且合同中没有做初步设计约定时，可在方案设计审批后直接进入施工图设计。大、中型建材工厂工程建设项目可分为初步设计和施工图设计两阶段设计，对于技术简单、方案明确的小型规模的项目，可直接采用一阶段施工图设计。重大项目或技术复杂项目，可根据需要增加技术设计或扩大初步设计阶段。

（5）建设准备阶段。项目在开工建设之前，要切实做好各项准备工作。该阶段进行的工作主要包括编制建设计划和年度建设计划；征地、拆迁；三通一平；组织材料、设备采购；组织工程招投标，择优选择施工单位、监理单位，签订各类合同；报批开工报告或办理建设项目施工许可证等。

（6）建设实施阶段。建设项目经批准开工建设，项目即进入建设实施阶段。项目新开工时间，是指建设项目设计文件中规定的任何一项永久性工程第一次正式破土开槽开始施工的日期，不需开槽的工程，以建筑物组成的正式打桩作为正式开工。分期建设的项目分别按各期工程开工的时间填报。

（7）竣工验收阶段。建设项目按设计文件规定内容全部施工完成后，由建设项目主管部门或建设单位向负责验收单位提出竣工验收申请报告，组织验收。竣工验收是全面考核基本建设工作，检查是否符合设计要求和工程质量的重要环节，对清点建设成果，促进建设项目及时投产，发挥投资效益及总结建设经验教训，都有重要作用。

（8）项目后评估阶段。建设项目后评估是工程项目竣工投产并生产经营一段时间后，对项目的决策、设计、施工、投产及生产运营等全过程进行系统评估的一种技术经济活动。通过建设项目后评估，达到总结经验、研究问题、吸取教训并提出建议，不断提高项目决策水平和投资效果的目的。

第二节 工程造价概述

一、工程造价的含义

工程造价是指建设工程产品的建造价格，本质上属于价格范畴，在市场经济条件下，工程造价有两种含义。

（1）第一种含义（从投资者——业主的角度定义）：工程造价是指完成一个建设项目预期开支或实际开支的全部建设费用，即该工程项目从建设前期到竣工投产全过程所花费的费用总和，包括建筑安装工程费用、设备工器具购置费用、工程建设其他费用、预备费（包括基本预备费和价差预备费）、建设期利息和固定资产投资方向调节税（目前暂停征收），如图1-3所示。投资者在投资活动中所支付的全部费用最终形成了工程建成以后交付使用的固定资产、无形资产和递延资产价值。对大多数项目来说，由于无形资产和递延资产价值所占比重较小，故从投资者的角度来说，工程造价就是建设项目的固定资产投资。

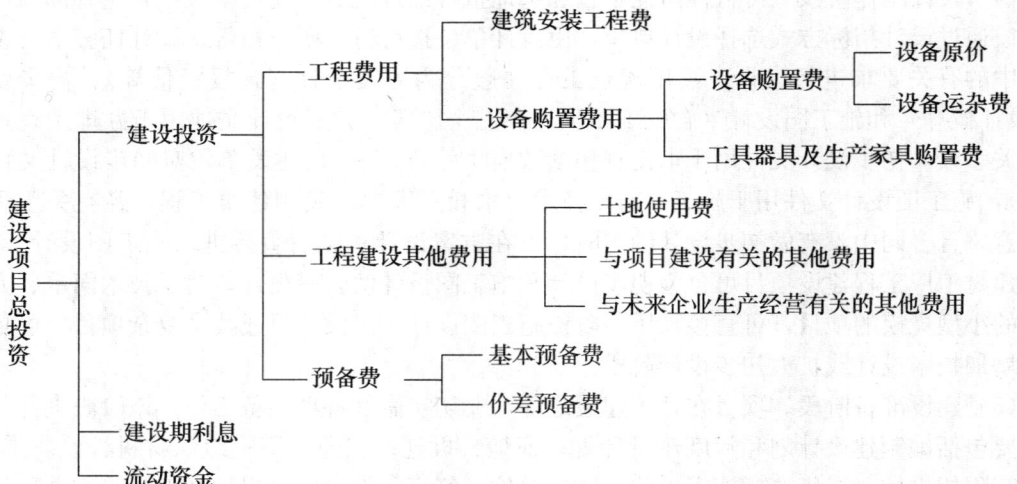

图1-3 建设项目总投资的构成

（2）第二种含义（从市场的角度来定义）：工程造价是指工程价格，即为建成一项工程，预计或实际在土地市场、设备市场、技术劳务市场，以及承包市场等交易活动中所形成的建筑安装工程的价格和建设工程总价格。工程造价的第二种含义是将工程项目作为特殊的商品形式，通过招投标、发承包和其他交易方式，在多次预估的基础上，最终由市场形成价格。通常把工程造价的第二种含义认定为工程的发承包价格。

工程造价的两种含义是从不同角度对同一事物本质的把握。从建设工程的投资者来说，工程造价就是项目投资，是"购买"项目要付出的价格，同时也是投资者在市场"出售"项目时定价的基础；对于承包商来说，工程造价是他们出售商品和劳务的价格总和，或是特指范围的工程造价，如建筑安装工程造价。

二、工程造价的特点

工程造价的特点是由建设项目的特点决定的。

（1）大额性特点。建设项目由于体积庞大，而且消耗的资源巨大，因此，一个项目少则几百万元，多则数亿乃至数百亿元。工程造价的大额性事关有关方面的重大经济利益，也使工程承受了重大的经济风险。同时也会对宏观经济的运行产生重大的影响。因此，应当高度重视工程造价的大额性特点。

（2）个别性和差异性特点。任何一项建设项目都有特定的用途、功能、规模，这导致了每一项建设项目的结构、造型、内外装饰等都会有不同的要求，直接表现为工程造价上的差异性。即使是相同的用途、功能、规模的建设项目，由于处在不同的地理位置或不同的时间建造，其工程造价都会有较大差异。建设项目的这种特殊的商品属性，具有个别性的特点，即不存在完全相同的两个建设项目。

（3）动态性特点。建设项目从决策到竣工验收直到交付使用，都有一个较长的建设周期，而且由于许多来自社会和自然的众多不可控因素的影响，必然会导致工程造价的变动。例如，物价变化、不利的自然条件、人为因素等均会影响到工程造价。因此，工程造价在整个建设期内都处在不确定的状态之中，直到竣工结算审定后才能最终确定工程的实际造价。

（4）层次性特点。工程造价的层次性取决于建设项目的层次性。一个建设项目往往含有多个能够独立发挥设计效能的单项工程；一个单项工程又是由能够独立组织施工、各自发挥专业效能的单位工程组成。与此相适应，工程造价可以分为建设项目总造价、单项工程造价和单位工程造价。单位工程造价还可以细分为分部工程造价和分项工程造价。

（5）兼容性特点。工程造价的兼容性特点是由其内涵的丰富性所决定的。工程造价既可以指建设项目的固定资产投资，也可以指建筑安装工程造价；既可以指招标项目的招标控制价，也可以指投标项目的报价。同时，工程造价的构成因素非常广泛、复杂，包括成本因素、建设用地支出费用、项目可行性研究和设计费等。

三、工程计价及其特征

1. 工程计价

工程计价就是计算和确定建设项目的工程造价。具体是指工程造价人员在建设项目的各个阶段，根据各个阶段的不同要求，遵循一定的计价原则和程序，采用科学的计价方法，对投资项目最可能实现的合理价格做出科学的计算，从而确定投资项目的工程造价，编制工程造价的经济文件。

由于工程造价具有大额性、个别性和差异性、动态性、层次性及兼容性等特点，所以工程计价的内容、方法及表现形式也各不相同。业主或其委托的工程造价咨询单位编制的建设项目投资估算、设计概算、施工图预算、招标控制价，承包商及分包商提出的投标报价，发承包双方的签约合同价，施工过程中的中间结算、工程变更价款、工程索赔，竣工验收阶段的工程结算，工程造价鉴定等都是工程计价的不同表现形式。

2. 工程计价特征

工程造价的特点，决定了建设项目具有如下计价特征。

（1）计价的单件性。建设工程产品的个别差异性决定了每项工程都必须单独计算造价。每项建设工程都有其特点、功能与用途，因而导致其结构不同，工程所在地的气象、地质、水文等自然条件不同，建设的地点、社会经济等都会直接或间接地影响工程的造价。因此，每一个建设工程都必须根据工程的具体情况，进行单独计价，任何工程的计价都是指特定空间、一定时间的价格。即便是施工图纸完全相同的工程，由于建设地点或建设时间不同，仍必须进行单独计价。

（2）计价的多次性。建设项目建设周期长、规模大、造价高，这就要求在工程建设的各个阶段多次计价，并对其进行监督和控制，以保证工程造价计算的准确性和控制的有效性。多次性计价特点决定了工程造价不是固定、唯一的，工程计价是一个随着工程的进展逐步深化、细化和接近实际造价的过程。对于大型建设项目，其计价过程如图1-4所示。

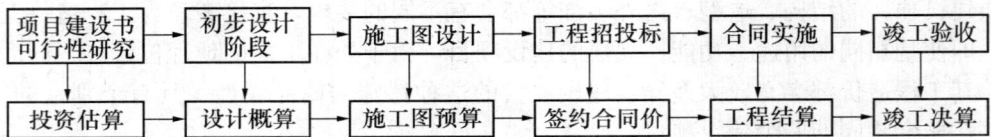

图1-4 多次性计价示意图

1）投资估算。在项目建议书、预可行性研究、可行性研究、方案设计阶段（包括概念方案设计和报批方案设计），应编制投资估算。投资估算应参考相应工程造价管理部门发布的投资估算指标，依据工程所在地市场价格水平合理确定估算编制期的人工、材料、机械台班价格，全面反映建设项目建设前期和建设期的全部投资。投资估算是进行建设项目技术经济评价和投资决策的基础。经批准的投资估算是工程造价控制的目标限额，是编制设计概算、施工图预算的基础。

2）设计概算。设计概算是设计文件的重要组成部分，是确定和控制建设项目全部投资的文件，是编制固定资产投资计划、实行建设项目投资包干、签订承发包合同的依据，是签订贷款合同、项目实施全过程造价控制管理及考核项目经济合理性的依据。设计概算投资一般应控制在立项批准的投资控制额以内，如果设计概算值超过控制额，必须修改设计或重新立项审批；设计概算批准后不得任意修改和调整，如需修改或调整时，须经原批准部门重新审批。概算文件的编制应视项目情况采用三级概算编制或二级概算编制形式。三级概算编制形式由建设项目总概算、单项工程综合概算和单位工程概算组成。

3）施工图预算。在施工图设计阶段，根据施工图纸以及各种计价依据和有关规定编制施工图预算，它是施工图设计文件的重要组成部分。施工图预算根据建设项目实际情况可采用三级预算编制或二级预算编制形式。三级预算编制形式由建设项目施工图总预算、单项工程综合预算、单位工程施工图预算组成。单位工程施工图预算的编制方法主要有工料单价法和综合单价法两种。经审查批准的施工图预算，是编制实施阶段的资金使用计划、招标计划、招标控制价、签订工程发承包合同的依据，它比设计概算更为详尽和准确，但不能超过设计概算。

4）招标控制价。招标人根据国家或省级、行业建设主管部门颁发的有关计价依据和办法，以及拟定的招标文件和招标工程量清单，结合工程具体情况编制的招标工程的最高投标限价。招标控制价的编制应正确、全面地使用有关国家标准、行业或地方的有关工程计价定额等工程计价依据，并符合招标文件对工程价款确定和调整的基本要求，参照工程所在地的工程造价管理机构发布的工程造价信息，确定人工、材料、机械使用费等要素价格。如采用市场价格，应通过调查、分析，有可靠的依据后确定。对于规费、税金和不可竞争的措施费用应依据国家有关规定计算；对于竞争性的施工措施费用应依据工程特点，结合施工条件和合理的施工方案，本着经济实用、先进、合理、高效的原则确定。

5）签约合同价。发承包双方在工程合同中约定的工程造价，即包括了分部分项工程费、措施项目费、其他项目费、规费和税金的合同总金额。合同价属于市场价格的性质，它是由发承包双方根据市场行情，经过招投标程序后确认的工程成交价格，但它并不等同于最终结算的实际工程造价。

6）工程结算。发承包双方根据合同约定，对合同工程在实施中、终止时、已完工后进行的合同价款计算、调整和确认。包括期中结算、终止结算、竣工结算。期中结算又称中间结算，包括月度、季度、年度结算和形象进度结算。终止结算是合同解除后的结算。竣工结算是指工程竣工验收合格，发承包双方依据合同约定办理的工程结算，是期中结算的汇总。竣工结算包括单位工程竣工结算、单项工程竣工结算和建设项目竣工结算。单项工程竣工结算由单位工程竣工结算组成，建设项目竣工结算由单项工程竣工结算组成。

7）竣工决算。在竣工验收阶段，根据工程建设过程中实际发生的全部费用，由建设单位编制竣工决算，反映工程的实际造价和建成交付使用的资产情况，作为财产交接、考核交付使用财产和登记新增财产价值的依据，它才是建设项目的最终实际造价。

以上说明，工程的计价过程是一个由粗到细、由浅入深、由粗略到精确，多次计价后最终达到实际造价的过程。各计价过程之间是相互联系、相互补充、相互制约的关系，前者制约后者，后者补充前者。

（3）计价的组合性。工程造价的计算是逐步组合而成的，一个建设项目总造价由各个单项工程造价组成；一个单项工程造价由各个单位工程造价组成；一个单位工程造价由各分部分项工程汇总计算得出，这充分体现了计价的组合性特点。可见，工程计价过程是：分部分项工程造价→单位工程造价→单项工程造价→建设项目总造价。

（4）计价方法的多样性。工程造价在各个阶段具有不同的作用，而且各个阶段对建设项目的研究深度也有很大的差异，因而工程造价的计价方法是多种多样的。在可行性研究阶段，工程造价的计价多采用生产能力指数法、设备系数法、主体专业系数法等。在设计阶段，尤其是施工图设计阶段，设计图纸完整，细部构造及做法均有大样图，工程量已能准确计算，施工方案比较明确，则多采用工料单价法或综合单价法等。

（5）计价依据的复杂性。由于工程造价的构成复杂，影响因素多，且计价方法也多种多样，因此计价依据的种类也多，主要可分为以下7类。

1）设备和工程量的计算依据。包括项目建议书、可行性研究报告、设计文件等。

2）计算人工、材料、机械等实物消耗量的依据。包括各种定额。

3）计算工程资源单价的依据。包括人工单价、材料单价、机械台班单价等。

4）计算设备单价的依据。

5）计算各种费用的依据。

6）政府规定的税费依据。

7）调整工程造价的依据。如造价文件规定、物价指数、工程造价指数等。

四、工程计价的基本原理

工程计价的形式和方法有多种，各不相同，但工程计价的基本过程和原理是相同的，其基本原理在于建设项目的分解与组合。

由于建设项目的单件性、体积大、生产周期长、价值高，以及交易在先、生产在后等技术经济特点，使得建设项目的工程造价形成过程和机制与其他商品不同。

每一个工程项目的建设都需要按业主的特定需要进行单独设计、单独施工，不能批量生产和按整体确定价格，只能采用特殊的计价程序和计价方法，即将整个项目进行分解。任何一个建设项目都可以分解为一个或几个单项工程；任何一个单项工程都是由一个或几个单位工程所组成，作为单位工程的各类建筑工程和安装工程仍然是一个比较复杂的综合实体，还需要进一步分解；就建筑工程来说，又可以按照施工顺序细分为土石方工程、砖石砌筑工程、混凝土及钢筋混凝土工程、木结构工程、楼地面工程等分部工程；对于分部工程，还需要按照不同的施工方法、不同的构造及不同的规格，加以更为细致的分解，划分为更为简单细小的部分。经过这样逐步分解到分项工程、子项工程后，就可以得到基本构造要素了。这些基本构造要素，既能用较为简单的施工过程进行生产，又可以用适当的单位进行计量，再结合其当时当地的人工、材料、机械台班市场要素价格，就可以采取一定的计价方法，进行分项分部组合汇总，计算出该工程的总造价。

工程计价分解与组合的基本原理如图1-5所示。

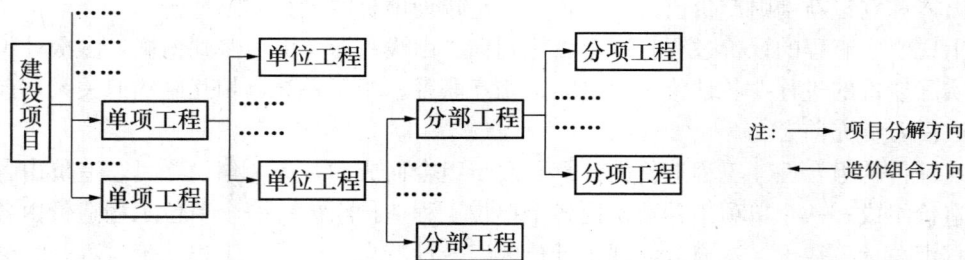

图1-5　工程计价分解与组合的基本原理示意图

第三节　工程造价管理概述

一、工程造价管理的概念

工程造价管理是工程项目管理的重要组成部分，是指综合应用技术、经济、法律、组织和管理等多种手段，合理制定项目建设各阶段的成本计划，并在工程建设全过程中严格执行成本计划，将建设成本控制在适宜的范围内，从而达到业主的投资目的。工程造价管理应以相关合同管理为前提，以事前控制为重点，以准确计量与计价为基础，并通过优化设计、风险控制和现代信息技术等手段，实现工程造价控制的整体目标。

二、工程造价管理的分类

1. 按照建设程序划分

工程造价管理按照建设程序可分为决策阶段的造价管理、设计阶段的造价管理、交易阶段的造价管理、施工阶段的造价管理、竣工验收及后评估阶段的造价管理等。

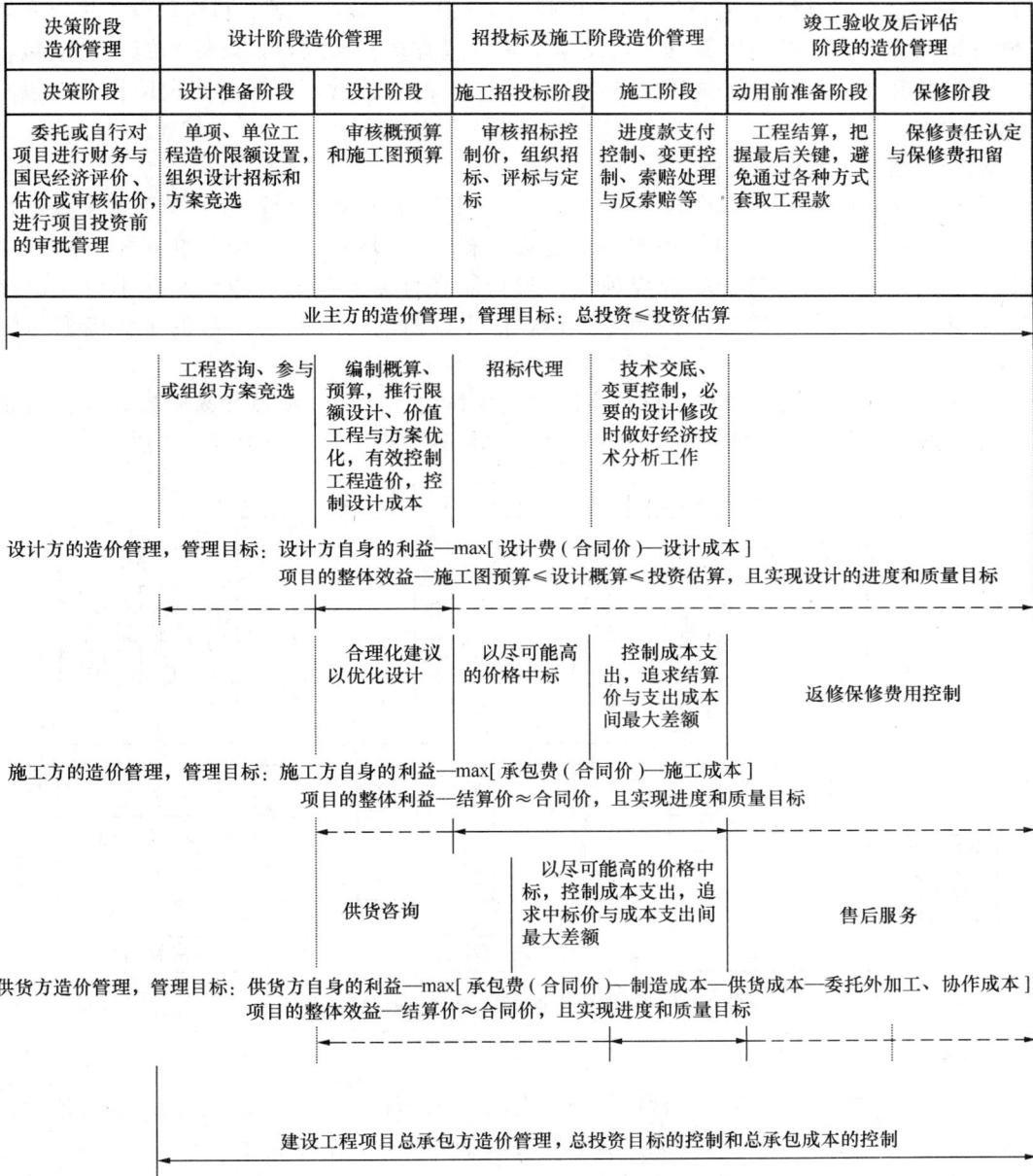

决策阶段造价管理	设计阶段造价管理		招投标及施工阶段造价管理		竣工验收及后评估阶段的造价管理	
决策阶段	设计准备阶段	设计阶段	施工招投标阶段	施工阶段	动用前准备阶段	保修阶段
委托或自行对项目进行财务与国民经济评价、估价或审核估价，进行项目投资前的审批管理	单项、单位工程造价限额设置，组织设计招标和方案竞选	审核概预算和施工图预算	审核招标控制价，组织招标、评标与定标	进度款支付控制、变更控制、索赔处理与反索赔等	工程结算，把握最后关键，避免通过各种方式套取工程款	保修责任认定与保修费扣留

业主方的造价管理，管理目标：总投资≤投资估算

| | 工程咨询、参与或组织方案竞选 | 编制概算、预算，推行限额设计、价值工程与方案优化，有效控制工程造价，控制设计成本 | 招标代理 | 技术交底、变更控制，必要的设计修改时做好经济技术分析工作 | | |

设计方的造价管理，管理目标：设计方自身的利益—max[设计费（合同价）—设计成本]
项目的整体效益—施工图预算≤设计概算≤投资估算，且实现设计的进度和质量目标

| | | 合理化建议以优化设计 | 以尽可能高的价格中标 | 控制成本支出，追求结算价与支出成本间最大差额 | 返修保修费用控制 | |

施工方的造价管理，管理目标：施工方自身的利益—max[承包费（合同价）—施工成本]
项目的整体利益—结算价≈合同价，且实现进度和质量目标

| | | | | 以尽可能高的价格中标，控制成本支出，追求中标价与成本支出间最大差额 | | |
| | | 供货咨询 | | | 售后服务 | |

供货方造价管理，管理目标：供货方自身的利益—max[承包费（合同价）—制造成本—供货成本—委托外加工、协作成本]
项目的整体效益—结算价≈合同价，且实现进度和质量目标

建设工程项目总承包方造价管理，总投资目标的控制和总承包成本的控制

图 1-6　工程建设参与各方造价管理的介入时间与主要内容
——— 主要工作区间；- - - - 可能延伸的工作区间

2. 按照不同的管理主体划分

按照不同参与方的工作性质和组织特征划分，工程造价管理分为业主方的造价管理、设计方的造价管理、施工方的造价管理、供货方的造价管理，以及建设项目总承包方的造价管理等。各管理主体在工程建设过程中介入管理的时间、内容、目标是不同的，如图1-6所示。

投资方、开发方和由咨询公司提供的代表业主利益的造价管理服务都属于业主方的造价管理。施工总承包方和分包方的造价管理都属于施工方的造价管理。材料和设备供应方的造价管理都属于供货方的造价管理。建设项目总承包有多种形式，如设计和施工总承包，设计、采购和施工总承包（简称EPC承包）等，它们的造价管理都属于建设项目总承包方的造价管理。

三、工程造价管理的任务

在建设项目的实施过程中，工程造价管理的任务是对建设全过程的投资费用负责，严格按照批准的可行性研究报告中规定的建设规模、建设内容、建设标准和相应的工程投资目标值等进行建设，努力把建设项目造价控制在计划的目标值以内。在工程建设过程中，各阶段均有造价的确定与控制等工作，但不同阶段工程造价管理的工作内容与侧重点各不相同。

建设项目全寿命周期中有项目决策阶段、项目设计阶段、项目交易阶段、项目施工阶段、项目竣工验收及后评估阶段，每个阶段又可细分为若干个小的阶段，如图1-7所示。

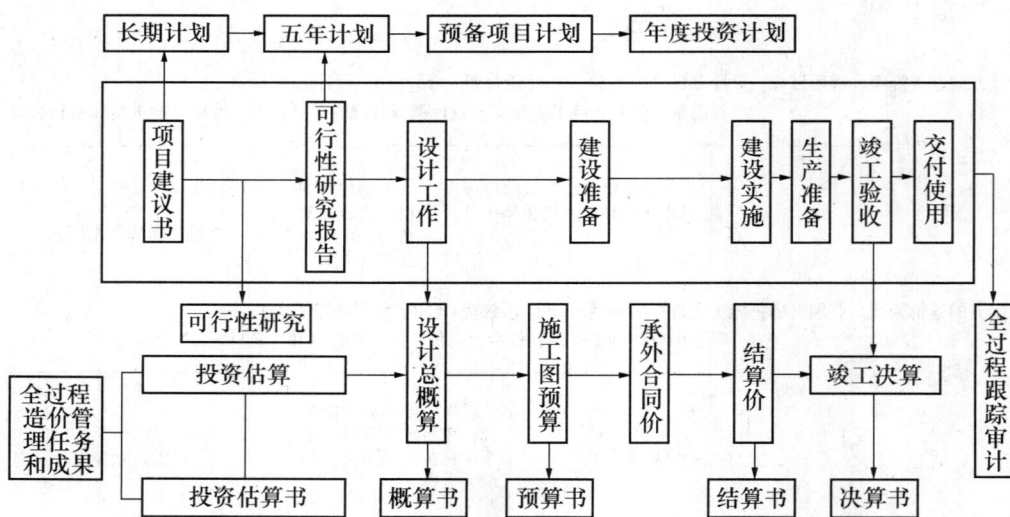

图1-7 建设项目全过程造价管理任务示意图

1. 项目决策阶段

项目决策阶段是全过程造价管理的一个很重要的阶段。在该阶段，项目的各项技术、经济决策，对项目投资以及项目建成以后的经济效益有着决定性的影响。

决策阶段造价管理的主要任务包括建设项目投资策划，编制项目建议书、可行性研究报告（含投资估算及项目经济评价）等，目的是对拟建项目建设的必要性和可行性进行技术经济论证，对不同建设方案进行技术经济比选及做出判断和决定。

2. 项目设计阶段

在设计阶段，设计单位应根据业主（建设单位）的设计任务委托书的要求和设计合同的规定，努力将设计概算控制在委托设计的投资限额内。民用建筑设计阶段一般又细分为方案设计阶段、初步设计阶段、施工图设计阶段。

设计阶段造价管理的主要任务包括通过设计方案竞选、设计招标，优化设计方案，还可进行设计方案的技术经济比选，利用价值工程选择及优化设计方案，编制或审查设计概算，编制或审查施工图预算，编制项目资金使用初步计划等。目的是通过工程设计与工程造价关系的研究分析和比选，确保设计产品技术先进，经济合理。

3. 项目交易阶段

根据国家有关规定，工程建设项目达到一定标准以上的均须实行招投标。

交易阶段造价管理的主要任务包括策划建设工程招标方案、具有招标代理资质的咨询单位可代理招标或编审招标文件（含评标方法及标准、工程量清单）、编审招标控制价、提供评标用表格和其他资料、起草评标报告、协助起草合同文本、参与合同谈判与签订等。其目的是通过选择合理的招标方式、计价方式、合同类型、招标流程，帮助业主择优选择承包商，并通过签订施工合同来合理确定工程的施工合同价。

4. 项目施工阶段

施工阶段是资金支出最大的阶段。在施工阶段，要以施工承包合同为依据，根据承包方实际完成的工程量，对承包方提出的资金支付申请进行审核，以签约合同价为基础拨付工程进度款，同时考虑因物价上涨所引起的造价提高；考虑到设计中难以预计的而在施工阶段实际发生的工程变更等引起的费用增加；考虑到业主提高标准，指定材料、设备而引起的工程费用的上涨；合理确定工程结算价。

施工阶段造价管理的主要任务包括资金使用计划的编制与工程合同管理、工程进度款的审核与确定、工程变更价款的审核与确定、工程索赔费用的审核与确定。其目的是以工程合同为依据，达到全过程合理确定与有效控制工程造价的目标。

5. 竣工验收及后评估阶段

在竣工验收阶段，全面汇集在工程建设过程中实际花费的全部费用，进行工程项目的竣工验收，如实体现建设工程的实际造价，编制竣工决算，并对建设项目决算书进行审核。注意新增资产的确定和建设项目保修费用的处理。

该阶段造价管理的主要任务包括审核建设工程竣工结算、编制建设工程竣工决算、编制项目可行性后评价分析报告等。其目的是反映建设项目实际造价和投资效果。同时，在后评估阶段完善造价信息资料的收集和整理，注重对造价信息的管理。

四、工程造价管理的内容

工程造价管理由两个各有侧重、互相联系、相互重叠的工作过程构成，即工程造价规划过程（等同于投资规划、成本规划）与工程造价的控制过程（等同于投资控制、成本控制）。在建设项目的前期，以工程造价的规划为主；在项目的实施阶段，工程造价的控制占主导地位。工程造价管理是保障建设项目施工质量与效益、维护各方利益的手段。

建设项目管理的哲学："计划是相对的，变化是绝对的；静止是相对的，变化是绝对的"。但这并非否定规划和计划的必需性，而是强调了变化的绝对性和目标控制的重要性。工程造价控制成败与否，很大程度上取决于造价规划的科学性和目标控制的有效性。

工程造价规划与控制之间存在着互相依存、互相制约的辩证关系，两者之间构成循环往复的过程。首先，造价规划是造价控制的目标和基础；其次，造价的控制手段和方法影响了造价规划的全过程，造价的确定过程也就是造价的控制过程；再次，造价的控制方法和措施构成了造价规划的重要内容，造价规划得以实现必须依赖造价控制；最后，最终目的是一致的，即合理使用建设资金，提高业主的投资效益。

1. 工程估价

在进行造价规划之前，首先要对一个建设项目进行估价。所谓工程估价，就是在工程建设的各个阶段，采用科学的计算方法，依据现行的计价依据及批准的设计方案或设计图纸等文件资料，合理确定建设工程的投资估算、设计概算、施工图预算。

2. 造价规划

在得到工程估价值之后，根据工作分解结构原理将工程造价细分，可以按照时间进行分解、按照组成内容进行分解、按照子项目进行分解，将造价落实到每一个子项目上，甚至每个责任人身上，从而形成造价控制目标的过程，这也是造价管理人员寻求降低工程造价的过程。

3. 造价控制

建设项目造价控制是指在工程建设的各个阶段，采取一定的科学有效的方法和措施，把工程造价的发生控制在合理的范围和预先核定的造价限额以内，随时纠正发生的偏差，以保证工程造价管理目标的实现，以求在建设工程中能合理使用人力、物力、财力，取得较好的投资效益和社会效益。

第四节 工程造价控制原理

1. 动态控制原理

造价控制是项目控制的主要内容之一。造价控制遵循动态控制原理，并贯穿于项目建设的全过程，如图 1-8 所示。

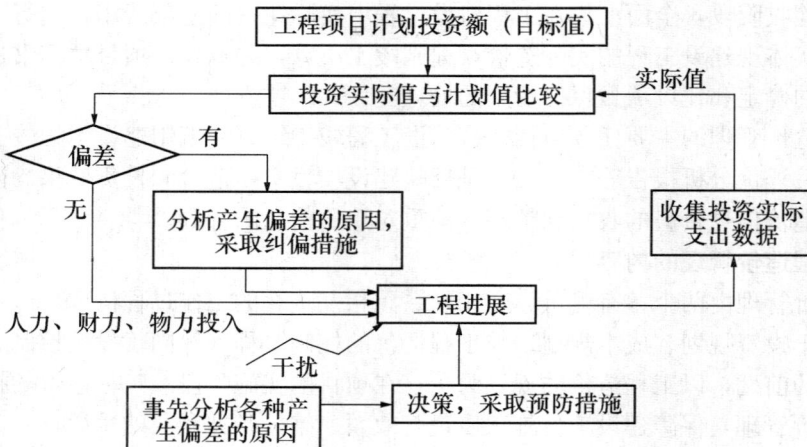

图 1-8 造价控制原理图

造价控制的流程应每两周或一个月循环一次，主要内容包括以下几方面。

（1）对计划的造价目标值的分析和论证。

（2）对发生的实际数据的收集。

（3）造价目标值与实际值的比较。

（4）各类造价控制报告和报表的制定。

（5）造价偏差的分析。

（6）造价偏差纠正措施的采取。

2. 造价控制的目标

造价控制的目标需按工程建设分阶段设置，且每一阶段的控制目标值是相对而言的，随着工程建设的不断深入，造价控制目标也逐步具体和深化，如图 1-9 所示。

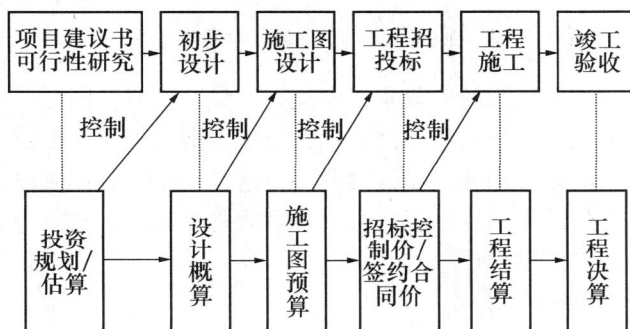

图 1-9　分阶段设置的造价控制目标

具体来讲，投资估算应是设计方案选择和进行初步设计的造价控制目标；设计概算应是进行技术设计和施工图设计的造价控制目标；施工图预算、招标控制价、发承包双方的签约合同价应是施工阶段的造价控制目标。有机联系的各个阶段目标互相制约、互相补充，前者控制后者，后者补充前者，共同组成建设项目造价控制的目标系统。

3. 主动控制与被动控制相结合

在进行工程造价控制时，不仅需要经常运用被动的造价控制方法，更需要采取主动的和积极的控制方法，能动地影响建设项目的进展，时常分析造价发生偏离的可能性，采取积极和主动的控制措施，防止或避免造价发生偏差，将可能的损失降到最小。

4. 造价控制的措施

要有效地控制工程造价，应从组织、技术、经济、合同与信息管理等多个方面采取措施。从组织上采取措施，包括明确项目组织结构，明确造价控制者及其任务，以使造价控制有专人负责，明确管理职能分工；从技术上采取措施，包括重视设计多方案选择，严格审查监督初步设计、技术设计、施工图设计、施工组织设计、深入技术领域研究节约造价的可能性；从经济上采取措施，包括动态地比较造价的实际值和计划值，严格审核各项费用支出，采取节约造价的奖励措施等。技术措施与经济措施相结合，是控制工程造价最有效的手段。

5. 造价控制的重点

造价控制贯穿于工程建设的全过程，但是必须重点突出。如图 1-10 所示，在项目建设的不同阶段对造价的影响程度是不同的，至初步设计结束，影响工程造价的程度从 95% 下降到 75%；至技术设计结束，影响工程造价的程度从 75% 下降到 35%；施工图设计阶段，影响工程造价的程度从 35％下降到 10％；而从项目开工至竣工，通过技术、组织措施节约工程造价的可能性只有 5％～10％。

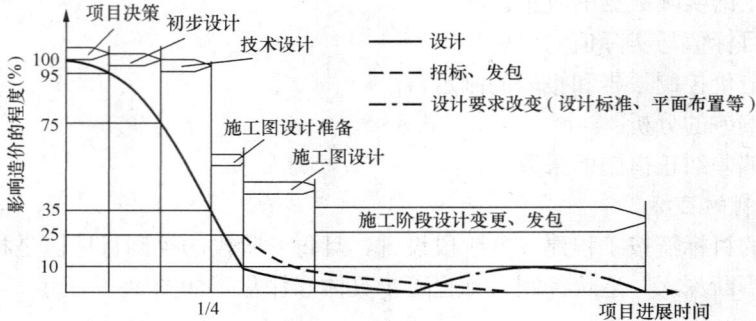

图 1-10　项目建设各阶段对造价影响程度示意图

很明显，影响工程造价最大的阶段是投资决策和设计阶段，因此，工程造价控制的重点在于施工以前的投资决策和设计阶段，而在项目做出投资决策后，控制工程造价的关键就在于设计阶段，特别是方案设计和初步设计阶段。但这并不是说其他阶段不重要，而是相对而言，设计阶段对工程造价的影响程度远远大于如采购阶段和施工阶段等其他阶段。在投资决策与设计阶段，节约造价的可能性最大。

6. 立足全生命周期的造价控制

建设项目全生命周期费用包括建设期的一次性投资和使用维护阶段的费用，两者之间一般存在此消彼长的关系。工程造价控制不能只着眼于建设期间直接投资的控制，只考虑一次投资的节约，更需要从全生命周期内产生费用的角度审视造价控制问题，进行建设项目全生命周期的经济分析，使建设项目在满足使用功能的前提下，整个生命周期内的总费用最低。

第五节　工程造价管理的组织

工程造价管理的组织，是指为了实现工程造价管理目标而进行的有效组织活动，以及与造价管理功能相关的有机群体。从宏观管理的角度，有政府行政管理系统、行业协会管理系统，从微观管理的角度有项目参与各方的管理系统。

一、政府行政管理系统

政府对工程造价管理有一个严密的组织系统，设置了多层管理机构，规定了管理权限和职责范围。住房和城乡建设部标准定额司是国家工程造价管理的最高行政管理机构，它的主要职责是：

（1）组织制定工程造价管理有关法规、制度并组织贯彻实施；

（2）组织制定全国统一经济定额和部管行业经济定额的制订、修订计划；

（3）组织制定全国统一经济定额和部管行业经济定额；

（4）监督指导全国统一经济定额和部管行业经济定额的实施；

（5）制定工程造价咨询单位资质标准并监督执行，提出工程造价专业技术人员执业资格标准；

（6）管理全国工程造价咨询单位资质工作，负责全国甲级工程造价咨询单位的资质审定。

省、自治区、直辖市和行业主管部门的工程造价管理机构，是在其管辖范围内行使管理职能；省辖市和地区的工程造价管理部门在所辖地区行使管理职能。其职责大体与国家住建部的工程造价管理机构相对应。

二、行业协会管理系统

中国建设工程造价管理协会是我国建设工程造价管理的行业协会。中国建设工程造价管理协会成立于 1990 年 7 月，它的前身是 1985 年成立的中国工程建设概预算委员会。

目前，我国工程造价管理协会已初步形成三级协会体系，即中国建设工程造价管理协会，省、自治区、直辖市和行业工程造价管理协会及工程造价管理协会分会。其职责范围也初步形成了宏观领导、中观区域和行业指导、微观具体实施的体系。

中国建设工程造价管理协会主要职责是：

（1）研究工程造价管理体制的改革、行业发展、行业政策、市场准入制度及行为规范等理论与实践问题。

（2）探讨提高政府和业主项目投资效益、科学预测和控制工程造价，促进现代化管理技术在工程造价咨询行业的运用，向国家行政部门提供建议。

（3）接受国家行政主管部门委托，承担工程造价咨询行业和造价工程师执业资格及职业教育等具体工作，研究工程造价咨询行业的职业道德规范、合同范本等行业标准，并推动实施。

（4）对外代表中国造价工程师组织和工程造价咨询行业与国际组织及各国同行组织建立联系与交往，签订有关协议，为会员开展国际交流与合作等对外业务服务。

（5）建立工程造价信息服务系统，编辑、出版有关工程造价方面的刊物和参考资料，组织交流和推广先进工程造价咨询经验，举办有关职业培训和国际工程造价咨询业务的研讨活动。

（6）在国内外工程造价咨询活动中，维护和增进会员的合法权益，协调解决会员和行业间的有关问题，受理关于工程造价咨询执业违规的投诉，配合行政主管部门进行处理，并向政府部门和有关方面反映会员单位和工程造价咨询人员的建议和意见。

（7）指导协会各专业委员会和地方造价协会的业务工作。

（8）组织完成政府有关部门和社会各界委托的其他业务。

省、自治区、直辖市和行业工程造价管理协会的职责是：负责造价工程师的注册，根据国家宏观政策并在中国建设工程造价管理协会的指导下，针对本地区和本行业的具体实际情况制定有关制度、办法和业务指导。

三、项目参与各方的管理系统

根据项目参与主体的不同，可划分为业主方工程造价管理系统、承包方工程造价管理系统、中介服务方工程造价管理系统。

（1）业主方工程造价管理系统。业主对项目建设的全过程进行造价管理，其职责主要是：进行可行性研究、投资估算的确定与控制；设计方案的优化和设计概算的确定与控制；施工招标文件和招标控制价的编制；工程进度款的支付和工程结算及控制；合同价的调整；索赔与风险管理；竣工决算的编制等。

（2）承包方工程造价管理系统。承包方工程造价管理组织的职责主要有：投标决策，并通过市场研究、结合自身积累的经验进行投标报价；编制施工定额；在施工过程中进行工程施工成本的动态管理，加强风险管理、工程进度款的支付申请、工程索赔、竣工结算；同时加强企业内部的管理，包括施工成本的预测、控制与核算等。

（3）中介服务方工程造价管理系统。中介服务方主要有设计方与工程造价咨询方，其职责包括：按照业主或委托方的意图，在可行性研究和规划设计阶段确定并控制工程造价；采用限额设计以实现设定的工程造价管理目标；招投标阶段编制工程量清单、招标控制价，参与合同评审；在项目实施阶段，通过设计变更、索赔与结算的审核等工作进行工程造价的控制。

第六节   全过程工程造价咨询

一、工程造价咨询企业与工程造价专业人员

1. 工程造价咨询企业

工程造价咨询企业是指取得建设行政主管部门颁发的工程造价咨询资质，在其资质许可范围内接受委托，提供工程造价咨询服务的企业。

建设项目全过程造价管理咨询业务应由有相应工程造价咨询资质的企业承担。工程造价咨询企业应在各阶段成果文件或需确认的相关文件上签章，对成果质量或出具的报告承担相应法律责任。

工程造价咨询企业承担建设项目全过程造价管理咨询服务，应树立以工程造价管理为核心的项目管理理念，发挥造价管理的核心作用；应针对建设项目决策、设计、交易、施工、竣工的不同阶段，依据相关规范编制各阶段的工程造价成果文件，真实反映各阶段的工程造价。

工程造价咨询企业应主动配合项目管理人员和设计人员，通过方案比选、优化设计和限额设计等价值分析手段，进行工程造价主动控制与分析，确保建设项目在经济合理的前提下采用先进技术。

2006年3月22日公布，并自2006年7月1日起施行的《工程造价咨询企业管理办法》，对工程造价咨询企业及其管理制度有明确的规定，规定如下。

（1）工程造价咨询企业应当依法取得工程造价咨询企业资质，并在其资质等级许可的范围内从事工程造价咨询活动。

（2）工程造价咨询企业从事工程造价咨询活动，应当遵循合法、独立、客观、公正、诚实信用的原则，不得损害社会公共利益和他人的合法权益。

（3）任何单位和个人不得非法干预依法进行的工程造价咨询活动。

国务院建设主管部门负责全国工程造价咨询企业的统一监督管理工作。省、自治区、直辖市人民政府建设主管部门，负责本行政区域内工程造价咨询企业的监督管理工作。有关专业部门负责对本专业工程造价咨询企业实施监督管理。

2. 工程造价专业人员

工程造价专业人员是指从事工程造价活动并取得注册证书的造价工程师和取得资格证书的造价员。

造价工程师是指按照《注册造价工程师管理办法》（建设部令第150号），经全国统一考

试合格，取得造价工程师执业资格证书，在一个单位注册，从事建设工程造价活动的专业技术人员。造价员是指通过考试，取得全国建设工程造价员资格证书，在一个单位注册，从事建设工程造价活动的专业人员。我国规定造价工程师、造价员只能在一个单位注册和执业，未经注册的人员，不得以上述名义从事建设工程造价活动，如果变更工作单位，需要向有关部门备案。注册造价工程师和造价员，在注册单位承接的建设项目全过程造价管理提供咨询服务时，应在各自完成的成果文件上签署执业（从业）印章，并承担具体责任。

凡从事工程建设活动的建设、设计、施工、工程造价咨询、工程造价管理等单位，必须在计价、评估、审查（核）、控制及管理等岗位配备有造价工程师执业资格的专业技术人员。

造价工程师的执业范围包括：

（1）建设项目投资估算的编制、审核及项目经济评价。

（2）设计概算、施工图预算、工程招标工程量清单、招标控制价、工程结算、竣工决算的编制和审核，投标报价的编制和审核。

（3）工程变更及合同价款的调整和索赔费用的计算。

（4）建设项目各阶段的工程造价控制。

（5）工程经济纠纷的鉴定。

（6）工程造价计价依据的编制、审核。

（7）与工程造价有关的其他事项。

二、全过程工程造价咨询的概念

1. 工程咨询

工程咨询是以技术为基础，综合运用多学科知识、工程实践经验、现代科学和管理方法，为经济社会发展、建设项目投资决策与实施全过程提供咨询和管理的智力服务。服务范围主要包括规划编制与咨询、投资机会研究、可行性研究、评估咨询、勘察设计、招标代理、工程和设备监理、工程项目管理等，覆盖国民经济和社会发展各个领域。工程咨询业是现代服务业的重要组成部分和经济社会发展的先导产业，在提高投资决策的科学性、保证投资建设质量和效益、促进经济社会可持续发展方面具有重要的地位和作用。

2. 工程造价咨询

工程造价咨询是指面向社会接受委托，承担建设项目的可行性研究、投资估算、项目经济评价、工程概预算、结算、竣工决算、工程招标工程量清单、招标控制价、投标报价的编制和审核，对工程造价进行监控及提供有关工程造价信息资料等业务工作。

3. 全过程工程造价咨询

随着时代的发展，工程造价咨询企业的业务范围已向工程建设全过程发展，可为委托方提供以工程造价为龙头的全方位、全过程的咨询服务，包括项目投资估算、协助或代理招投标、工程合理管理、支付和索赔管理等内容的服务。

全过程造价咨询是指工程造价咨询企业接受项目法人（建设单位或其他投资者）的委托，使用现代项目管理的方法，对建设项目从前期决策、方案设计、项目发包、施工实施、竣工验收、项目后评价各个阶段和各个环节进行全过程造价规划、预测、确定与控制，使项目周期中造价始终处于受控状态的造价管理咨询活动。在咨询服务过程中，可以运用全生命周期造价管理、全要素造价管理、全风险造价管理、全团队造价管理等先进思想和方法，服务范围根据合同约定可以包括传统的投资估算、设计概算、施工图预算、工程结算、竣工决算、工程索赔、反索赔等，也可以拓展新的业务领域，关键是全过程造价咨询服务的目标性和系统性。

全过程造价咨询服务有如下特点：

（1）系统性。全过程造价咨询的过程是一个系统运动的过程，这个系统与外界不断地进行信息与能量的交换。在实践中，要求我们从建设项目的全过程出发，正确把握咨询服务的每个环节和步骤，求得系统的最优。

（2）创造性。全过程造价咨询是根据客户的要求和具体的条件而进行咨询服务的，每一次面临所要解决的问题都不尽相同，必须充分发挥主观能动性，系统地分析法规、技术标准、自然条件等因素，对工程造价进行有效地控制。

（3）专业性。现代建设项目规模庞大，技术复杂，门类繁多，分工越来越细。因而要求从事全过程造价咨询的从业人员必须掌握综合专业知识，包括技术、法律、经济、管理四个方面。

（4）组织协调的重要性。在工作过程中，造价咨询人员既要分工又要加强合作，为了保证全过程造价控制的顺利完成，必须重视组织协调、发挥系统整体功能。同时建设项目涉及业主、承包商、咨询方、监理方等多个主体，没有组织协调显然行不通。

此外，全过程造价咨询活动还十分依赖于咨询人员的经验，需要咨询人员依据外界变化的条件，预见到可能出现的问题，及时调整咨询意见，所以造价咨询还有经验性、预见性和动态性的特点。

复 习 与 思 考 题

1. 名词解释

（1）建设项目。首先是一个投资项目，是指经过决策和实施的一系列程序，在一定的约束条件下，以形成固定资产为明确目标的一次性的活动，是按一个总体规划或设计范围内进行建设的，实行统一施工、统一管理、统一核算的工程，往往是由一个或数个单项工程所构成的总和，也称为基本建设项目。

（2）单项工程。单项工程是指具有独立设计文件，能够独立发挥生产能力、使用效益的工程，是建设项目的组成部分，由多个单位工程构成。

（3）单位工程。单位工程是指具备独立施工条件并能形成独立使用功能的建筑物及构筑物，是单项工程的组成部分，可分为多个分部工程。对于建筑规模较大的单位工程，可将其能形成独立使用功能的部分再分为几个子单位工程。

（4）建设程序。建设程序是指建设项目从设想、选择、评估、决策、设计、施工到竣工验收及投入使用或生产的整个过程中，各环节及各项主要工作必须遵循的先后次序的法则。

（5）工程造价。工程造价是指完成一个建设项目预期开支或实际开支的全部建设费用，即该工程项目从建设前期到竣工投产全过程所花费的费用总和，包括建筑安装工程费用、设备工器具购置费用、工程建设其他费用、预备费（包括基本预备费和价差预备费）、建设期利息。

（6）招标控制价。招标人根据国家或省级、行业建设主管部门颁发的有关计价依据和办法，以及拟定的招标文件和招标工程量清单，结合工程具体情况编制的招标工程的最高投标限价。

（7）签约合同价。发承包双方在工程合同中约定的工程造价，即包括了分部分项工程费、措施项目费、其他项目费、规费和税金的合同总金额。

（8）工程造价管理。工程造价管理是指综合应用技术、经济、法律、组织和管理等多种手段，合理制定项目建设各阶段的成本计划，并在工程建设全过程中严格执行成本计划，将建设成本控制在适宜的范围内，从而达到业主的投资目的。

（9）工程造价咨询。工程造价咨询是指面向社会接受委托，承担建设项目的可行性研究、投资估算、项目经济评价、工程概预算、结算、竣工决算、工程招标工程量清单、招标控制价、投标报价的编制和审核，对工程造价进行监控以及提供有关工程造价信息资料等业务工作。

（10）全过程造价咨询。全过程造价咨询是指工程造价咨询企业接受项目法人（建设单位或其他投资者）的委托，使用现代项目管理的方法，对建设项目从前期决策、方案设计、项目发包、施工实施、竣工验收、项目后评价各个阶段和各个环节进行全过程造价规划、预测、确定与控制，使项目周期中造价始终处于受控状态的造价管理咨询活动。

2. 思考题

（1）简述建设项目的分类。

（2）简述建设程序一般分为哪些阶段。

（3）简述工程造价的两个含义。

（4）简述工程造价的特点。

（5）简述工程计价的特征。

（6）简述工程计价的基本原理。

（7）简述工程造价管理的任务。

（8）简述工程造价管理的内容。

（9）简述工程造价控制原理、控制措施、控制的重点。

（10）分阶段造价控制的目标是什么？

（11）全过程造价咨询服务有哪些特点？

第二章　工程造价构成

第一节　建设项目总投资组成

建设项目总投资由建设投资、建设期利息、固定资产投资方向调节税和流动资金组成，见表 2-1。其中建设投资，由工程费用、工程建设其他费用和预备费用（基本预备费和价差预备费）组成。工程费用是指用于项目的建筑物、构筑物建设，设备及工器具的购置，以及设备安装而发生的全部建造和购置费用。工程费用、工程建设其他费用和基本预备费组成建设项目的静态投资。

表 2-1　　　　　　　　　　　　　　建设项目总投资组成

费用项目名称				资产类别归并 （项目经济评价）
建设项目总投资	建设投资	第一部分 工程费用	建筑工程费	固定资产费用
			设备购置费	
			安装工程费	
		第二部分 工程建设其他费用	建设管理费	
			建设用地费	
			可行性研究费	
			研究试验费	
			勘察设计费	
			环境影响评价费	
			劳动安全卫生评价费	
			场地准备及临时设施费	
			引进技术和引进设备其他费	
			工程保险费	
			联合试运转费	
			特殊设备安全监督检验费	
			市政公用设施费	
			专利及专有技术使用费	无形资产费用
			生产准备及开办费	其他资产费用（递延资产）
		第三部分 预备费用	基本预备费	固定资产费用
			价差预备费	
	建设期利息			固定资产费用
	固定资产投资方向调节税（暂停征收）			
	流动资金			流动资产

第二节 设备、工器具购置费用构成

设备、工器具购置费用由设备购置费用和工具、器具及生产家具购置费用组成。在工业建筑工程中，设备、工器具费用与资本的有机构成相联系，设备、工器具费用占投资费用比重的增大，意味着生产技术的进步和资本有机构成的提高。

一、设备购置费的构成和计算

设备购置费是指为项目建设而购置或自制的达到固定资产标准的设备、工器具、交通运输设备、生产家具等本身及其运杂费用。设备购置费包括设备原价和设备运杂费，即

$$设备购置费 = 设备原价或进口设备抵岸价 + 设备运杂费 \qquad (2-1)$$

在式（2-1）中，设备原价是指国产标准设备、非标准设备的原价。设备运杂费是指设备原价中未包括的关于设备采购、运输、途中包装及仓库保管等方面支出费用的总和。

1. 国产标准设备原价

国产标准设备是指按照主管部门颁布的标准图纸和技术要求，由设备生产厂批量生产的，符合国家质量检验标准的设备。国产标准设备原价一般指的是设备制造厂的交货价，即出厂价。如设备是由设备成套公司供应，则以订货合同价为设备原价。有的设备有两种出厂价，即带有备件的出厂价和不带有备件的出厂价。在计算设备原价时，一般按带有备件的出厂价计算。

2. 国产非标准设备原价

非标准设备是指国家尚无定型标准，各设备生产厂不可能在工艺过程中采用批量生产，只能按一次订货，并根据具体的设备图纸制造的设备。非标准设备原价有多种不同的计算方法，如成本计算估价法、系列设备插入估价法、分部组合估价法、定额估价法等。但无论哪种方法都应该使非标准设备计价的准确度接近实际出厂价，并且计算方法要简便。

3. 进口设备抵岸价的构成及其计算

进口设备抵岸价是指抵达买方边境港口或边境车站，且交完关税以后的价格。

（1）进口设备的交货方式。进口设备的交货方式可分为内陆交货类、目的地交货类、装运港交货类。

1）内陆交货类。即卖方在出口国内陆的某个地点完成交货任务。在交货地点，卖方及时提交合同规定的货物和有关凭证，并承担交货前的一切费用和风险；买方按时接受货物，交付货款，承担接货后的一切费用和风险，并自行办理出口手续和装运出口。货物的所有权也在交货后由卖方转移给买方。

2）目的地交货类。即卖方要在进口国的港口或内地交货，包括目的港船上交货价、目的港船边交货价（FOS）和目的港码头交货价（关税已付）及完税后交货价（进口国目的地的指定地点）。它们的特点是：买卖双方承担的责任、费用和风险是以目的地约定交货点为分界线，只有当卖方在交货点将货物置于买方控制下才算交货，方能向买方收取货款。这类交货价对卖方来说承担的风险较大，在国际贸易中卖方一般不愿意采用这类交货方式。

3）装运港交货类。即卖方在出口国装运港完成交货任务。主要有装运港船上交货价（FOB），习惯称为离岸价；运费在内价（CFR）；运费、保险费在内价（CIF），习惯称为到

岸价。它们的特点主要是：卖方按照约定的时间在装运港交货，只要卖方将合同规定的货物装船后提供货运单据便完成交货任务，并可凭单据收回货款。

采用装运港船上交货价（FOB）时卖方的责任是：负责在合同规定的装运港口和规定的期限内，将货物装上买方指定的船只，并及时通知买方；承担货物装船前的一切费用和风险；负责办理出口手续；提供出口国政府或有关方面签发的证件；负责提供有关装运单据。买方的责任是：负责租船或订舱，支付运费，并将船期、船名通知卖方；承担货物装船后的一切费用和风险；负责办理保险及支付保险费，办理在目的港的进口和收货手续；接受卖方提供的有关装运单据，并按合同规定支付货款。

（2）进口设备抵岸价的构成。我国进口设备采用最多的是装运港船上交货价（FOB），其抵岸价构成可概括为

$$进口设备抵岸价 = 货价 + 国外运费 + 国外运输保险费 + 银行财务费 + 外贸手续费 +$$
$$进口关税 + 增值税 + 消费税 + 海关监管手续费 \qquad (2-2)$$

1）进口设备的货价：一般可采用下列公式计算

$$货价 = 离岸价(FOB) \times 人民币外汇牌价 \qquad (2-3)$$

2）国外运费：我国进口设备大部分采用海洋运输方式，小部分采用铁路运输方式，个别采用航空运输方式，即

$$国外运费 = 离岸价 \times 运费率 \qquad (2-4)$$

或

$$国外运费 = 运量 \times 单位运价 \qquad (2-5)$$

其中，运费率或单位运价参照有关部门或进出口公司的规定。计算进口设备抵岸价时，再将国外运费换算成人民币。

3）国外运输保险费：对外贸易货物运输保险是由保险人（保险公司）与被保险人（出口人或进口人）订立保险契约，在被保险人交付议定的保险费后，保险人根据保险契约的规定对货物在运输过程中发生的承保责任范围内的损失给予经济上的补偿。计算公式为

$$国外运输保险费 = \frac{离岸价(FOB) + 国外运费}{1 - 保险费率} \times 保险费率 \qquad (2-6)$$

计算进口设备抵岸价时，再将国外运输保险费换算成人民币。

4）银行财务费：一般指银行手续费，计算公式为

$$银行财务费 = 离岸价 \times 人民币外汇牌价 \times 银行财务费率 \qquad (2-7)$$

银行财务费率一般为 $0.4\% \sim 0.5\%$。

5）外贸手续费：是指按外经贸部规定的外贸手续费率计取的费用，外贸手续费率一般取 1.5%。计算公式为

$$外贸手续费 = 到岸价 \times 人民币外汇牌价 \times 外贸手续费率 \qquad (2-8)$$
$$到岸价(CIF) = 离岸价(FOB) + 国外运费 + 国外运输保险费 \qquad (2-9)$$

6）进口关税：关税是由海关对进出国境的货物和物品征收的一种税，属于流转性课税。计算公式为

$$进口关税 = 到岸价 \times 人民币外汇牌价 \times 进口关税税率 \qquad (2-10)$$

进口关税税率分为优惠和普通两种。优惠税率适用于与我国签订有关税互惠条约或协定的国家的进口设备；普通税率适用于与我国未订有关税互惠条约或协定的国家的进口设备。

进口关税税率按我国海关总署发布的进口关税税率计算。

7）增值税：增值税是我国政府对从事进口贸易的单位和个人，在进口商品报关进口后征收的税种。我国增值税条例规定，进口应税产品均按组成计税价格，依税率直接计算应纳税额，不扣除任何项目的金额或已纳税额，即

$$进口产品增值税额 = 组成计税价格 \times 增值税率 \tag{2-11}$$

$$组成计税价格 = 到岸价 \times 人民币外汇牌价 + 进口关税 + 消费税 \tag{2-12}$$

增值税基本税率为 17%。

8）消费税。对部分进口产品（如轿车等）征收。计算公式为

$$消费税 = \frac{到岸价 \times 人民币外汇牌价 + 关税}{1 - 消费税率} \times 消费税率 \tag{2-13}$$

其中，消费税税率根据规定的税率计算。

9）海关监管手续费。

$$海关监管手续费 = 到岸价 \times 人民币外汇牌价 \times 海关监管手续费率 \tag{2-14}$$

海关监管手续费是指海关对发生减免进口税或实行保税的进口设备，实施监管和提供服务收取的手续费。全额收取关税的设备，不收取海关监管手续费。

【例 2-1】 某进口设备的装运港船上交货价（FOB）为 100 万美元，国外运费费率为 8%，运输保险费费率为 3%，进口关税税率为 25%，银行财务费率为 0.5%，外贸手续费率为 1.5%，增值税率为 17%，该设备无消费税，已知外汇牌价为 1 美元=6.36 元人民币。请分别计算该设备应付关税、增值税和抵岸价是多少。

解 （1）货价=100×6.36=636 万元

（2）国外运费=636×8%=50.88 万元

（3）国外运输保险费 $= \frac{离岸价（FOB）+ 国外运费}{1 - 保险费率} \times 保险费率 = \frac{636+50.88}{1-3\%} \times 3\% = $ 21.243 7 万元

（4）到岸价=636+50.88+21.243 7=708.123 7 万元

（5）关税=到岸价×关税税率=708.123 7×25%=177.030 9 万元

（6）增值税=（到岸价+关税+消费税）×增值税率

　　　　　=（708.123 7+177.030 9+0）×17%

　　　　　=150.476 3 万元

（7）银行财务费=100×6.36×0.5%=3.18 万元

（8）外贸手续费=708.123 7×1.5%=10.621 9 万元

（9）抵岸价=货价+国外运费+运输保险费+银行财务费+外贸手续费+关税+增值税+消费税+海关监管手续费=636+50.88+21.243 7+3.18+10.621 9+177.030 9+150.476 3+0=1049.432 8 万元

4. 设备运杂费

（1）设备运杂费的构成。设备运杂费通常由下列各项构成：

1）国产标准设备由设备制造厂交货地点起至工地仓库（或施工组织设计指定的需要安装设备的堆放地点）止所发生的运费和装卸费。

进口设备则由我国到岸港口、边境车站起至工地仓库（或施工组织设计指定的需要安装

设备的堆放地点）止所发生的运费和装卸费。

2）在设备出厂价格中没有包含的设备包装和包装材料器具费；在设备出厂价或进口设备价格中如已包括了此项费用，则不应重复计算。

3）供销部门的手续费，按有关部门规定的统一费率计算。

4）建设单位（或工程承包公司）的采购与仓库保管费，是指采购、验收、保管和收发设备所发生的各种费用，包括设备采购、保管和管理人员工资、工资附加费、办公费、差旅交通费、设备供应部门办公和仓库所占固定资产使用费、工具用具使用费、劳动保护费、检验试验费等。这些费用可按主管部门规定的采购保管费率计算。

（2）设备运杂费的计算。

设备运杂费按设备原价乘以设备运杂费率计算。其计算公式为

$$设备运杂费 = 设备原价 \times 设备运杂费率 \tag{2-15}$$

其中，设备运杂费率按各部门及省、市等的规定计取。

一般来讲，沿海和交通便利的地区，设备运杂费率相对低一些；内地和交通不很便利的地区就要相对高一些，边远省份则要更高一些。对于非标准设备来讲，应尽量就近委托设备制造厂，以大幅度降低设备运杂费。进口设备由于原价较高，国内运距较短，因而运杂费比率应适当降低。

二、工器具及生产家具购置费的构成及计算

工器具及生产家具购置费是指新建项目或扩建项目初步设计规定所必须购置的不够固定资产标准的设备、仪器、工卡模具、器具、生产家具和备品备件的费用。其一般计算公式为

$$工器具及生产家具购置费 = 设备购置费 \times 定额费率 \tag{2-16}$$

第三节　建筑安装工程费用构成

建筑工程费是指用于建筑物、构筑物、矿山、桥涵、道路、水工等土木工程建设而发生的全部费用。安装工程费是指用于设备、工器具、交通运输设备、生产家具等的组装和安装，以及配套工程安装而发生的全部费用。

住建部、财政部印发的《建筑安装工程费用项目组成》（建标［2013］44号），将建筑安装工程费用项目按费用构成要素组成划分为人工费、材料费、施工机具使用费、企业管理费、利润、规费和税金，如图2-1所示。为指导工程造价专业人员计算建筑安装工程造价，将建筑安装工程费用按工程造价形成顺序划分为分部分项工程费、措施项目费、其他项目费、规费和税金，如图2-2所示。

一、建筑安装工程费用项目组成（按费用构成要素划分）

建筑安装工程费按照费用构成要素划分由人工费、材料（包含工程设备，下同）费、施工机具使用费、企业管理费、利润、规费和税金组成。其中人工费、材料费、施工机具使用费、企业管理费和利润包含在分部分项工程费、措施项目费、其他项目费中（见图2-1）。

1. 人工费

人工费是指按工资总额构成规定，支付给从事建筑安装工程施工的生产工人和附属生产单位工人的各项费用。

（1）人工费的组成。人工费内容包括：

建筑安装工程费

- 人工费
  - 1.计时工资或计件工资
  - 2.奖金
  - 3.津贴、补贴
  - 4.加班加点工资
  - 5.特殊情况下支付的工资
- 材料费
  - 1.材料原价
  - 2.运杂费
  - 3.运输损耗费
  - 4.采购及保管费
- 施工机具使用费
  - 1.施工机械使用费
    - ①折旧费
    - ②大修理费
    - ③经常修理费
    - ④安拆费及场外运费
    - ⑤人工费
    - ⑥燃料动力费
    - ⑦税费
  - 2.仪器仪表使用费
- 企业管理费
  - 1.管理人员工资
  - 2.办公费
  - 3.差旅交通费
  - 4.固定资产使用费
  - 5.工具用具使用费
  - 6.劳动保险和职工福利费
  - 7.劳动保护费
  - 8.检验试验费
  - 9.工会经费
  - 10.职工教育经费
  - 11.财产保险费
  - 12.财务费
  - 13.税金
  - 14.其他
- 利润
- 规费
  - 1.社会保险费
    - ①养老保险费
    - ②失业保险费
    - ③医疗保险费
    - ④生育保险费
    - ⑤工伤保险费
  - 2.住房公积金
  - 3.工程排污费
- 税金
  - 1.营业税
  - 2.城市维护建设税
  - 3.教育费附加
  - 4.地方教育附加

（右侧分类）
1.分部分项工程费
2.措施项目费
3.其他项目费

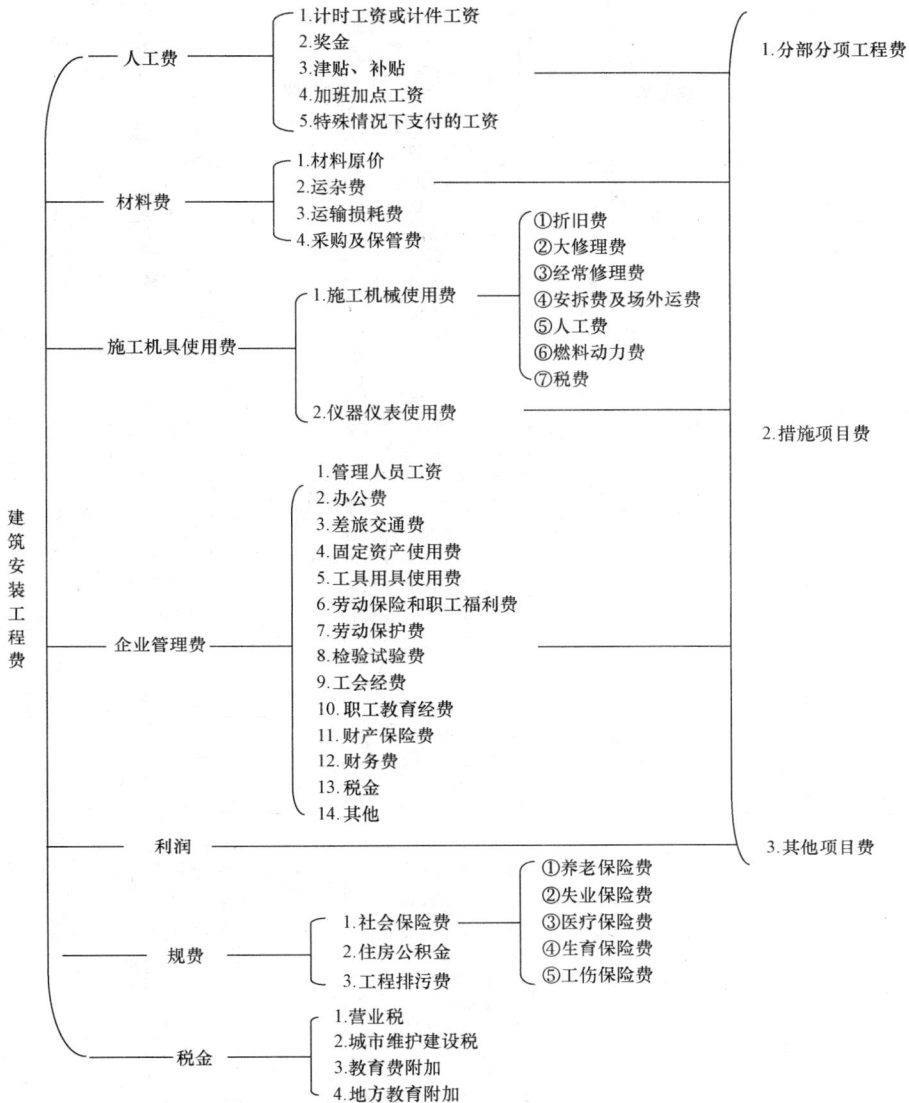

图 2-1 建筑安装工程费用项目组成（按费用构成要素划分）

1）计时工资或计件工资：是指按计时工资标准和工作时间或对已做工作按计件单价支付给个人的劳动报酬。

2）奖金：是指对超额劳动和增收节支支付给个人的劳动报酬。如节约奖、劳动竞赛奖等。

3）津贴补贴：是指为了补偿职工特殊或额外的劳动消耗和因其他特殊原因支付给个人的津贴，以及为了保证职工工资水平不受物价影响支付给个人的物价补贴。如流动施工津贴、特殊地区施工津贴、高温（寒）作业临时津贴、高空津贴等。

4）加班加点工资：是指按规定支付的在法定节假日工作的加班工资和在法定日工作时间外延时工作的加点工资。

5）特殊情况下支付的工资：是指根据国家法律、法规和政策规定，因病、工伤、产假、

分部分项工程费
1.房屋建筑与装饰工程
　①土石方工程
　②桩基工程
　……
2.仿古建筑工程
3.通用安装工程
4.市政工程
5.园林绿化工程
6.矿山工程
7.构筑物工程
8.城市轨道交通工程
9.爆破工程
……

措施项目费
1．安全文明施工费
2．夜间施工增加费
3．二次搬运费
4．冬雨季施工增加费
5．已完工程及设备保护费
6．工程定位复测费
7．特殊地区施工增加费
8．大型机械进出场及安拆费
9．脚手架工程费
……

其他项目费
1.暂列金额
2.计日工
3.总承包服务费
……

规费
1.社会保险费
　①养老保险费
　②失业保险费
　③医疗保险费
　④生育保险费
　⑤工伤保险费
2.住房公积金
3.工程排污费

税金
1.营业税
2.城市维护建设税
3.教育费附加
4.地方教育附加

建筑安装工程费

1.人工费
2.材料费
3.施工机具使用费
4.企业管理费
5.利润

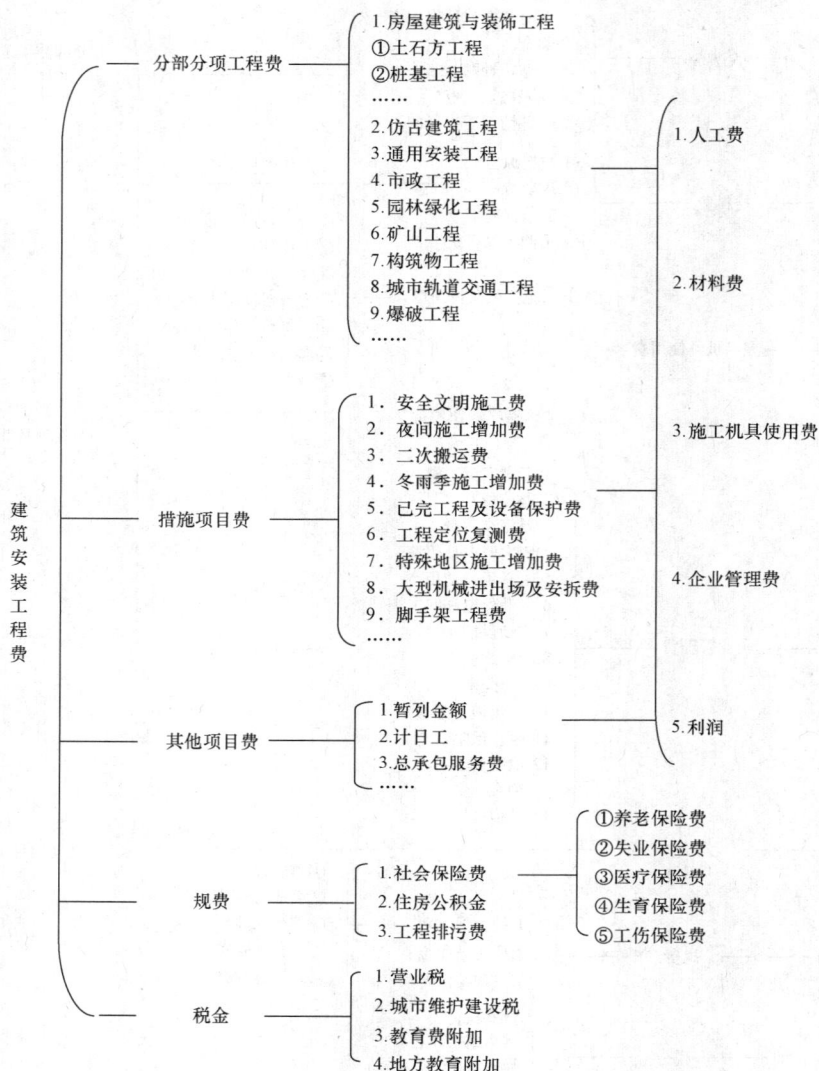

图 2-2　建筑安装工程费用项目组成（按造价形成划分）

计划生育假、婚丧假、事假、探亲假、定期休假、停工学习、执行国家或社会义务等原因，按计时工资标准或计时工资标准的一定比例支付的工资。

（2）人工费的计算。

方法一：

$$人工费 = \sum(工日消耗量 \times 日工资单价) \tag{2-17}$$

$$日工资单价 = \frac{生产工人平均月工资(计时、计件) + 平均月(奖金 + 津贴补贴 + 特殊情况下支付的工资)}{年平均每月法定工作日} \tag{2-18}$$

方法一主要适用于施工企业投标报价时自主确定人工费，也是工程造价管理机构编制计价定额确定定额人工单价或发布人工成本信息的参考依据。

方法二：

$$人工费 = \sum(工程工日消耗量 \times 日工资单价) \qquad (2-19)$$

日工资单价是指施工企业平均技术熟练程度的生产工人在每工作日（国家法定工作时间内），按规定从事施工作业应得的日工资总额。

方法二适用于工程造价管理机构编制计价定额时确定定额人工费，是施工企业投标报价的参考依据。

工程造价管理机构确定日工资单价应通过市场调查，根据工程项目的技术要求，参考实物工程量人工单价综合分析确定，最低日工资单价不得低于工程所在地人力资源和社会保障部门所发布的最低工资标准的：普工 1.3 倍、一般技工 2 倍、高级技工 3 倍。

工程计价定额不可只列一个综合工日单价，应根据工程项目技术要求和工种差别适当划分多种日工资单价，确保各分部工程人工费的合理构成。

2. 材料费

材料费是指施工过程中耗费的原材料、辅助材料、构配件、零件、半成品或成品、工程设备的费用。

（1）材料费的组成。材料费内容包括：

1）材料原价：是指材料、工程设备的出厂价格或商家供应价格。

2）运杂费：是指材料、工程设备自来源地运至工地仓库或指定堆放地点所发生的全部费用。

3）运输损耗费：是指材料在运输装卸过程中不可避免的损耗。

4）采购及保管费：是指为组织采购、供应和保管材料、工程设备的过程中所需要的各项费用，包括采购费、仓储费、工地保管费、仓储损耗。

工程设备是指构成或计划构成永久工程一部分的机电设备、金属结构设备、仪器装置及其他类似的设备和装置。

（2）材料费的计算。

1）材料费。

$$材料费 = \sum(材料消耗量 \times 材料单价) \qquad (2-20)$$

$$材料单价 = \{(材料原价 + 运杂费) \times [1 + 运输损耗率(\%)]\} \times [1 + 采购保管费率(\%)]$$

$$(2-21)$$

2）工程设备费。

$$工程设备费 = \sum(工程设备量 \times 工程设备单价) \qquad (2-22)$$

$$工程设备单价 = (设备原价 + 运杂费) \times [1 + 采购保管费率(\%)] \qquad (2-23)$$

3. 施工机具使用费

施工机具使用费是指施工作业所发生的施工机械、仪器仪表使用费或其租赁费。

（1）施工机械使用费。

施工机械使用费以施工机械台班耗用量乘以施工机械台班单价表示。

$$施工机械使用费 = \sum(施工机械台班消耗量 \times 机械台班单价) \qquad (2-24)$$

施工机械台班单价应由下列七项费用组成：

$$机械台班单价 = 台班折旧费 + 台班大修费 + 台班经常修理费 + 台班安拆费及场外运费$$

$$+ 台班人工费 + 台班燃料动力费 + 台班车船税费 \qquad (2-25)$$

1) 折旧费：指施工机械在规定的使用年限内，陆续收回其原值的费用。

2) 大修理费：指施工机械按规定的大修理间隔台班进行必要的大修理，以恢复其正常功能所需的费用。

3) 经常修理费：指施工机械除大修理以外的各级保养和临时故障排除所需的费用。包括为保障机械正常运转所需替换设备与随机配备工具附具的摊销和维护费用，机械运转中日常保养所需润滑与擦拭的材料费用及机械停滞期间的维护和保养费用等。

4) 安拆费及场外运费：安拆费指施工机械（大型机械除外）在现场进行安装与拆卸所需的人工、材料、机械和试运转费用以及机械辅助设施的折旧、搭设、拆除等费用；场外运费指施工机械整体或分体自停放地点运至施工现场或由一施工地点运至另一施工地点的运输、装卸、辅助材料及架线等费用。

5) 人工费：指机上司机（司炉）和其他操作人员的人工费。

6) 燃料动力费：指施工机械在运转作业中所消耗的各种燃料及水、电等。

7) 税费：指施工机械按照国家规定应缴纳的车船使用税、保险费及年检费等。

注：工程造价管理机构在确定计价定额中的施工机械使用费时，应根据《建筑施工机械台班费用计算规则》结合市场调查编制施工机械台班单价。施工企业可以参考工程造价管理机构发布的台班单价，自主确定施工机械使用费的报价，如租赁施工机械，公式为

$$施工机械使用费 = \sum（施工机械台班消耗量 \times 机械台班租赁单价） \tag{2-26}$$

(2) 仪器仪表使用费：是指工程施工所需使用的仪器仪表的摊销及维修费用。

$$仪器仪表使用费 = 工程使用的仪器仪表摊销费 + 维修费 \tag{2-27}$$

4. 企业管理费

(1) 企业管理费的内容。企业管理费是指建筑安装企业组织施工生产和经营管理所需的费用。内容包括：

1) 管理人员工资：是指按规定支付给管理人员的计时工资、奖金、津贴补贴、加班加点工资及特殊情况下支付的工资等。

2) 办公费：是指企业管理办公用的文具、纸张、账表、印刷、邮电、书报、办公软件、现场监控、会议、水电、烧水和集体取暖降温（包括现场临时宿舍取暖降温）等费用。

3) 差旅交通费：是指职工因公出差、调动工作的差旅费、住勤补助费、市内交通费和误餐补助费，职工探亲路费，劳动力招募费，职工退休、退职一次性路费，工伤人员就医路费，工地转移费以及管理部门使用的交通工具的油料、燃料等费用。

4) 固定资产使用费：是指管理和试验部门及附属生产单位使用的属于固定资产的房屋、设备、仪器等的折旧、大修、维修或租赁费。

5) 工具用具使用费：是指企业施工生产和管理使用的不属于固定资产的工具、器具、家具、交通工具和检验、试验、测绘、消防用具等的购置、维修和摊销费。

6) 劳动保险和职工福利费：是指由企业支付的职工退职金，按规定支付给离休干部的经费，集体福利费、夏季防暑降温、冬季取暖补贴、上下班交通补贴等。

7) 劳动保护费：是企业按规定发放的劳动保护用品的支出。如工作服、手套、防暑降温饮料，以及在有碍身体健康的环境中施工的保健费用等。

8) 检验试验费：是指施工企业按照有关标准规定，对建筑及材料、构件和建筑安装物进行一般鉴定、检查所发生的费用，包括自设试验室进行试验所耗用的材料等费用。不包括

新结构、新材料的试验费，对构件做破坏性试验及其他特殊要求检验试验的费用和建设单位委托检测机构进行检测的费用，对此类检测发生的费用，由建设单位在工程建设其他费用中列支。但对施工企业提供的具有合格证明的材料进行检测不合格的，该检测费用由施工企业支付。

9）工会经费：是指企业按《中华人民共和国工会法》规定的全部职工工资总额比例计提的工会经费。

10）职工教育经费：是指按职工工资总额的规定比例计提，企业为职工进行专业技术和职业技能培训，专业技术人员继续教育、职工职业技能鉴定、职业资格认定，以及根据需要对职工进行各类文化教育所发生的费用。

11）财产保险费：是指施工管理用财产、车辆等的保险费用。

12）财务费：是指企业为施工生产筹集资金或提供预付款担保、履约担保、职工工资支付担保等所发生的各种费用。

13）税金：是指企业按规定缴纳的房产税、车船使用税、土地使用税、印花税等。

14）其他：包括技术转让费、技术开发费、投标费、业务招待费、绿化费、广告费、公证费、法律顾问费、审计费、咨询费、保险费等。

（2）企业管理费的计算。

1）以分部分项工程费为计算基础，即

$$企业管理费费率(\%) = \frac{生产工人年平均管理费}{年有效施工天数 \times 人工单价} \times 人工费占分部分项工程费比例(\%)$$

$$(2-28)$$

2）以人工费和机械费合计为计算基础，即

$$企业管理费费率(\%) = \frac{生产工人年平均管理费}{年有效施工天数 \times (人工单价 + 每一工日机械使用费)} \times 100\% \quad (2-29)$$

3）以人工费为计算基础，即

$$企业管理费费率(\%) = \frac{生产工人年平均管理费}{年有效施工天数 \times 人工单价} \times 100\% \quad (2-30)$$

注：上述公式适用于施工企业投标报价时自主确定管理费，是工程造价管理机构编制计价定额确定企业管理费的参考依据。

工程造价管理机构在确定计价定额中企业管理费时，应以定额人工费或（定额人工费＋定额机械费）作为计算基数，其费率根据历年工程造价积累的资料，辅以调查数据确定，列入分部分项工程和措施项目中。

5. 利润

利润是指施工企业完成所承包工程获得的盈利。

施工企业计算利润时，可根据企业自身需求并结合建筑市场实际自主确定，列入报价中。

工程造价管理机构在确定计价定额中利润时，应以定额人工费或（定额人工费＋定额机械费）作为计算基数，其费率根据历年工程造价积累的资料，并结合建筑市场实际确定，以单位（单项）工程测算，利润在税前建筑安装工程费的比重可按不低于5%且不高于7%的费率计算。利润应列入分部分项工程和措施项目中。

6. 规费

规费是指按国家法律、法规规定，由省级政府和省级有关权力部门规定必须缴纳或计取的费用。

（1）规费的内容。包括：

1）社会保险费。

①养老保险费：是指企业按照规定标准为职工缴纳的基本养老保险费。

②失业保险费：是指企业按照规定标准为职工缴纳的失业保险费。

③医疗保险费：是指企业按照规定标准为职工缴纳的基本医疗保险费。

④生育保险费：是指企业按照规定标准为职工缴纳的生育保险费。

⑤工伤保险费：是指企业按照规定标准为职工缴纳的工伤保险费。

2）住房公积金：是指企业按规定标准为职工缴纳的住房公积金。

3）工程排污费：是指按规定缴纳的施工现场工程排污费。

其他应列而未列入的规费，按实际发生计取。

（2）规费的计算。

1）社会保险费和住房公积金。社会保险费和住房公积金应以定额人工费为计算基础，根据工程所在地省、自治区、直辖市或行业建设主管部门规定费率计算。

$$社会保险费和住房公积金 = \sum (工程定额人工费 \times 社会保险费和住房公积金费率) \quad (2-31)$$

式（2-31）中，社会保险费和住房公积金费率可以每万元发承包价的生产工人人工费和管理人员工资含量与工程所在地规定的缴纳标准综合分析取定。

2）工程排污费。工程排污费等其他应列而未列入的规费应按工程所在地环境保护等部门规定的标准缴纳，按实计取列入。

建设单位和施工企业均应按照省、自治区、直辖市或行业建设主管部门发布标准计算规费，不得作为竞争性费用。

7. 税金

税金是指国家税法规定的应计入建筑安装工程造价内的营业税、城市维护建设税、教育费附加以及地方教育附加。

（1）税金计算公式。

$$税金 = 税前造价 \times 综合税率(\%) \quad (2-32)$$

（2）综合税率。

1）纳税地点在市区的企业为

$$综合税率(\%) = \frac{1}{1-3\%-(3\%\times7\%)-(3\%\times3\%)-(3\%\times2\%)} - 1 \quad (2-33)$$
$$= 3.48\%$$

2）纳税地点在县城、镇的企业为

$$综合税率(\%) = \frac{1}{1-3\%-(3\%\times5\%)-(3\%\times3\%)-(3\%\times2\%)} - 1 \quad (2-34)$$
$$= 3.41\%$$

3）纳税地点不在市区、县城、镇的企业为

$$综合税率(\%) = \frac{1}{1-3\%-(3\%\times1\%)-(3\%\times3\%)-(3\%\times2\%)} - 1 \quad (2-35)$$
$$= 3.28\%$$

4）实行营业税改增值税的，按纳税地点现行税率计算。建设单位和施工企业均应按照省、自治区、直辖市或行业建设主管部门发布标准计算税金，不得作为竞争性费用。

二、建筑安装工程费用项目组成（按造价形成划分）

建筑安装工程费按照工程造价形成由分部分项工程费、措施项目费、其他项目费、规费、税金组成，分部分项工程费、措施项目费、其他项目费包含人工费、材料费、施工机具使用费、企业管理费和利润（见图 2-2）。

1. 分部分项工程费

分部分项工程费是指各专业工程的分部分项工程应予列支的各项费用。

（1）专业工程：是指按现行国家计量规范划分的房屋建筑与装饰工程、仿古建筑工程、通用安装工程、市政工程、园林绿化工程、矿山工程、构筑物工程、城市轨道交通工程、爆破工程等各类工程。

（2）分部分项工程：指按现行国家计量规范对各专业工程划分的项目。如房屋建筑与装饰工程划分的土石方工程、地基处理与桩基工程、砌筑工程、钢筋及钢筋混凝土工程等。

各专业工程的分部分项工程划分见现行国家各专业计量规范。

分部分项工程费的计算：

$$分部分项工程费 = \sum(分部分项工程量 \times 综合单价) \qquad (2-36)$$

式（2-36）中，综合单价包括人工费、材料费、施工机具使用费、企业管理费和利润以及一定范围的风险费用（下同）。

2. 措施项目费

措施项目费是指为完成建设工程施工，发生于该工程施工前和施工过程中的技术、生活、安全、环境保护等方面的费用。

（1）措施项目费的内容。措施项目费的内容包括：

1）安全文明施工费：是指在合同履行过程中，承包人按照国家法律、法规、标准等规定，为保证安全施工、文明施工，保护现场内外环境和搭拆临时设施等所采用的措施而发生的费用。安全文明施工费包含环境保护、文明施工、安全施工、临时设施等费用。

①环境保护费：是指施工现场为达到环保部门要求所需要的各项费用。

②文明施工费：是指施工现场文明施工所需要的各项费用。

③安全施工费：是指施工现场安全施工所需要的各项费用。

④临时设施费：是指施工企业为进行建设工程施工所必须搭设的生活和生产用的临时建筑物、构筑物和其他临时设施费用。包括临时设施的搭设、维修、拆除、清理费或摊销费等。

2）夜间施工增加费：是指因夜间施工所发生的夜班补助费、夜间施工降效、夜间施工照明设备摊销及照明用电等费用。

3）二次搬运费：是指因施工场地条件限制而发生的材料、构配件、半成品等一次运输不能到达堆放地点，必须进行二次或多次搬运所发生的费用。

4）冬雨季施工增加费：是指在冬季或雨季施工需增加的临时设施、防滑、排除雨雪，人工及施工机械效率降低等费用。

5）已完工程及设备保护费：是指竣工验收前，对已完工程及设备采取的必要保护措施所发生的费用。

6）工程定位复测费：是指工程施工过程中进行全部施工测量放线和复测工作的费用。

7）特殊地区施工增加费：是指工程在沙漠或其边缘地区、高海拔、高寒、原始森林等特殊地区施工增加的费用。

8）大型机械设备进出场及安拆费：是指机械整体或分体自停放场地运至施工现场或由一个施工地点运至另一个施工地点，所发生的机械进出场运输及转移费用及机械在施工现场进行安装、拆卸所需的人工费、材料费、机械费、试运转费和安装所需的辅助设施的费用。

9）脚手架工程费：是指施工需要的各种脚手架搭、拆、运输费用，以及脚手架购置费的摊销（或租赁）费用。

措施项目及其包含的内容详见各类专业工程的现行国家或行业计量规范。

（2）措施项目费的计算。

措施项目费包括国家计量规范规定应予计量的措施项目费和不宜计量的措施项目费两类。

国家计量规范规定应予计量的措施项目，其计算公式为

$$措施项目费 = \sum(措施项目工程量 \times 综合单价) \tag{2-37}$$

国家计量规范规定不宜计量的措施项目计算方法如下：

1）安全文明施工费。

$$安全文明施工费 = 计算基数 \times 安全文明施工费费率(\%) \tag{2-38}$$

计算基数应为定额基价（定额分部分项工程费＋定额中可以计量的措施项目费）、定额人工费或（定额人工费＋定额机械费），其费率由工程造价管理机构根据各专业工程的特点综合确定。

2）夜间施工增加费。

$$夜间施工增加费 = 计算基数 \times 夜间施工增加费费率(\%) \tag{2-39}$$

3）二次搬运费。

$$二次搬运费 = 计算基数 \times 二次搬运费费率(\%) \tag{2-40}$$

4）冬雨季施工增加费。

$$冬雨季施工增加费 = 计算基数 \times 冬雨季施工增加费费率(\%) \tag{2-41}$$

5）已完工程及设备保护费。

$$已完工程及设备保护费 = 计算基数 \times 已完工程及设备保护费费率(\%) \tag{2-42}$$

上述 2）～5）项措施项目的计费基数应为定额人工费或（定额人工费＋定额机械费），其费率由工程造价管理机构根据各专业工程特点和调查资料综合分析后确定。

3. 其他项目费

（1）暂列金额：是指建设单位在工程量清单中暂定并包括在工程合同价款中的一笔款项。用于施工合同签订时尚未确定或者不可预见的所需材料、工程设备、服务的采购，施工中可能发生的工程变更、合同约定调整因素出现时的工程价款调整，以及发生的索赔、现场签证确认等的费用。

暂列金额由建设单位根据工程特点，按有关计价规定估算，施工过程中由建设单位掌握使用、扣除合同价款调整后如有余额，归建设单位。

（2）计日工：是指在施工过程中，施工企业完成建设单位提出的施工图纸以外的零星项目或工作所需的费用。

计日工由建设单位和施工企业按施工过程中的签证计价。

（3）总承包服务费：是指总承包人为配合、协调建设单位进行的专业工程发包，对建设单位自行采购的材料、工程设备等进行保管，以及施工现场管理、竣工资料汇总整理等服务所需的费用。

总承包服务费由建设单位在招标控制价中根据总包服务范围和有关计价规定编制，施工企业投标时自主报价，施工过程中按签约合同价执行。

4. 规费

规费的内容前面已经介绍，此处略。

5. 税金

税金的内容前面已经介绍，此处略。

三、建筑安装工程计价程序

建筑安装工程计价程序见表2-2～表2-4。

表2-2 建设单位工程招标控制价计价程序

工程名称： 标段：

序号	内 容	计算方法	金额（元）
1	分部分项工程费	按计价规定计算	
1.1			
1.2			
1.3			
1.4			
1.5			
2	措施项目费	按计价规定计算	
2.1	其中：安全文明施工费	按规定标准计算	
3	其他项目费		
3.1	其中：暂列金额	按计价规定估算	
3.2	其中：专业工程暂估价	按计价规定估算	
3.3	其中：计日工	按计价规定估算	
3.4	其中：总承包服务费	按计价规定估算	
4	规费	按规定标准计算	
5	税金（扣除不列入计税范围的工程设备金额）	（1+2+3+4）×规定税率	

招标控制价合计=1+2+3+4+5

表 2 - 3　　　　　　　　　　**施工企业工程投标报价计价程序**

工程名称：　　　　　　　　　　　　标段：

序号	内　容	计算方法	金额（元）
1	分部分项工程费	自主报价	
1.1			
1.2			
1.3			
1.4			
1.5			
2	措施项目费	自主报价	
2.1	其中：安全文明施工费	按规定标准计算	
3	其他项目费		
3.1	其中：暂列金额	按招标文件提供金额计列	
3.2	其中：专业工程暂估价	按招标文件提供金额计列	
3.3	其中：计日工	自主报价	
3.4	其中：总承包服务费	自主报价	
4	规费	按规定标准计算	
5	税金（扣除不列入计税范围的工程设备金额）	（1＋2＋3＋4）×规定税率	

投标报价合计＝1＋2＋3＋4＋5

表 2 - 4　　　　　　　　　　**竣 工 结 算 计 价 程 序**

工程名称：　　　　　　　　　　　　标段：

序号	汇总内容	计算方法	金　额（元）
1	分部分项工程费	按合同约定计算	
1.1			
1.2			
1.3			
1.4			
1.5			
2	措施项目	按合同约定计算	
2.1	其中：安全文明施工费	按规定标准计算	
3	其他项目		

续表

序号	汇总内容	计算方法	金额（元）
3.1	其中：专业工程结算价	按合同约定计算	
3.2	其中：计日工	按计日工签证计算	
3.3	其中：总承包服务费	按合同约定计算	
3.4	索赔与现场签证	按发承包双方确认数额计算	
4	规费	按规定标准计算	
5	税金（扣除不列入计税范围的工程设备金额）	（1＋2＋3＋4）×规定税率	

竣工结算总价合计＝1＋2＋3＋4＋5

第四节　工程建设其他费用构成

工程建设其他费用是指从工程筹建起到工程竣工验收交付生产或使用止的整个建设期间，除建筑安装工程费用和设备及工器具购置费用以外的，为保证工程建设顺利完成和交付使用后能够正常发挥效益或效能而发生的各项费用。工程建设其他费用按资产属性分别形成固定资产、无形资产和其他资产（递延资产）。

一、固定资产其他费用

1. 建设管理费

建设管理费是指建设单位从项目筹建开始直至工程竣工验收合格或交付使用为止发生的项目建设管理费用。费用内容包括以下几项：

（1）建设单位管理费。建设单位管理费是指建设单位发生的管理性质的开支。包括：工作人员工资、工资性补贴、施工现场津贴、职工福利费、住房基金、基本养老保险费、基本医疗保险费、失业保险费、工伤保险费、办公费、差旅交通费、劳动保护费、工具用具使用费、固定资产使用费、必要的办公及生活用品购置费、必要的通信设备及交通工具购置费、零星固定资产购置费、招募生产工人费、技术图书资料费、业务招待费、设计审查费、工程招标费、合同契约公证费、法律顾问费、咨询费、完工清理费、竣工验收费、印花税和其他管理性质开支。

计算方法：建设管理费＝工程费用×建设管理费费率

（2）工程监理费。工程监理费是指建设单位委托工程监理单位实施工程监理的费用。监理费应根据委托的监理工作范围和监理深度在监理合同中商定，或按当地或所属行业部门有关规定计算。

（3）工程质量监督费。工程质量监督费是指工程质量监督检验部门检验工程质量而收取的费用。

（4）招标代理费。招标代理费是指建设单位委托招标代理单位进行工程、设备材料和服务招标交付的服务费用。

（5）工程造价咨询费。工程造价咨询费是建设单位委托具有相应资质的工程造价咨询企业代为进行工程建设项目的投资估算、设计概算、施工图预算、标底、招标控制价、工程结算等，或进行工程建设全过程造价控制与管理所发生的费用。

2. 建设用地费

建设用地费是指按照《中华人民共和国土地管理法》等规定，建设项目征用土地或租用土地应支付的费用。费用内容包括以下几项：

（1）土地征用及补偿费。经营性建设项目通过出让方式购置的土地使用权（或建设项目通过划拨方式取得无限期的土地使用权）而支付的土地补偿费、安置补偿费、地上附着物和青苗补偿费、余物迁建补偿费、土地登记管理费等；行政事业单位的建设项目通过出让方式取得土地使用权而支付的出让金；建设单位在建设过程中发生的土地复垦费用和土地损失补偿费用；建设期间临时占地补偿费。

（2）征用耕地按规定一次性缴纳的耕地占用税。征用城镇土地在建设期间按规定每年缴纳的城镇土地使用税；征用城市郊区菜地按规定缴纳的新菜地开发建设基金。

（3）建设单位租用建设项目土地使用权在建设期支付的租地费用。

3. 可行性研究费

可行性研究费是指在建设项目前期工作中，编制和评估项目建议书（或预可行性研究报告）、可行性研究报告所需的费用。

4. 研究试验费

研究试验费是指为本建设项目提供或验证设计数据、资料等进行必要的研究试验及按照设计规定在建设过程中必须进行试验、验证所需的费用。

5. 勘察设计费

勘察设计费是指委托勘察设计单位进行工程水文地质勘察、工程设计所发生的各项费用。包括工程勘察费、初步设计费（基础设计费）、施工图设计费（详细设计费）、设计模型制作费。

6. 环境影响评价费

环境影响评价费是指按照《中华人民共和国环境保护法》、《中华人民共和国环境影响评价法》等规定，全面、详细评价本建设项目对环境可能产生的污染或造成的重大影响所需的费用。包括编制环境影响报告书（含大纲）、环境影响报告表和评估环境影响报告书（含大纲）、评估环境影响报告表等所需的费用。

7. 劳动安全卫生评价费

劳动安全卫生评价费是指按照劳动部《建设项目（工程）劳动安全卫生监察规定》和《建设项目（工程）劳动安全卫生预评价管理办法》的规定，为预测和分析建设项目存在的职业危险、危害因素的种类和危害程度，并提出先进、科学、合理可行的劳动安全卫生技术和管理对策所需的费用。包括编制建设项目劳动安全卫生预评价大纲和劳动安全卫生预评价报告书，以及为编制上述文件所进行的工程分析和环境现状调查等所需费用。

8. 场地准备及临时设施费

场地准备及临时设施费是指建设场地准备费和建设单位临时设施费。

（1）场地准备费是指建设项目为达到工程开工条件所发生的场地平整和对建设场地余留的有碍于施工建设的设施进行拆除清理的费用。

（2）临时设施费是指为满足施工建设需要而供应到场地界区的、未列入工程费用的临时水、电、路、通信、气等其他工程费用和建设单位的现场临时建（构）筑物的搭设、维修、拆除、摊销或建设期间租赁费用，以及施工期间专用公路养护费、维修费。

9. 引进技术和引进设备其他费用

引进技术和引进设备其他费用是指引进技术和设备发生的未计入设备费的费用，包括以下内容：

(1) 引进项目图纸资料翻译复制费、备品备件测绘费。

(2) 出国人员费用。包括买方人员出国设计联络、出国考察、联合设计、监造、培训等所发生的差旅费、生活费等。

(3) 来华人员费用。包括卖方来华工程技术人员的现场办公费用、往返现场交通费用、接待费用等。

(4) 银行担保及承诺费指引进项目由国内外金融机构出面承担风险和责任担保所发生的费用，以及支付贷款机构的承诺费用。

10. 工程保险费

工程保险费是指建设项目在建设期间根据需要对建筑工程、安装工程、机器设备和人身安全进行投保而发生的保险费用。包括建筑安装工程一切保险、引进设备财产保险和人身意外伤害险等。

11. 联合试运转费

联合试运转费是指新建项目或新增加生产能力时，在交付生产前按照批准的设计文件所规定的工程质量标准和技术要求，进行整个生产线或装置的负荷联合试运转或局部联动试车所发生的费用净支出（试运转支出大于收入的差额部分费用）。试运转支出包括试运转所需原材料、燃料及动力消耗、低值易耗品、其他物料消耗、工具用具使用费、机械使用费、保险金、施工单位参加试运转人员及专家指导费等；试运转收入包括试运转期间的产品销售收入和其他收入。

12. 特殊设备安全监督检验费

特殊设备安全监督检验费是指在施工现场组装的锅炉及压力容器、压力管道、消防设备、燃气设备、电梯等特殊设备和施工，由安全监察部门按照有关安全监察条例和实施细则及设计技术要求进行安全检验，应由建设项目支付的、向安全监察部门缴纳的费用。

13. 市政公用设施费

市政公用设施费是指使用市政公用设施的建设项目，按照项目所在地省一级人民政府有关规定建设或缴纳的市政公用设施建设配套费用，以及绿化工程补偿费用。

二、无形资产费用

形成无形资产费用的有专利及专有技术使用费。费用内容包括以下几项：

(1) 国外设计及技术资料费、引进有效专利、专有技术使用费和技术保密费。

(2) 国内有效专利、专有技术使用费用。

(3) 商标权、商誉和特许经营权费等。

三、其他资产费用（递延资产）

形成其他资产费用（递延资产是指不能全部计入当年损益，应当在以后年度内分期摊销的各项费用，包括生产准备及开办费、以经营租赁方式租入的固定资产的改良支出等），是指建设项目为保证正常生产（或营业、使用）而发生的人员培训费、提前进厂费及投产使用必备的生产办公、生活家具用具及工器具等购置费用，包括以下几项：

(1) 人员培训费及提前进厂费。自行组织培训或委托其他单位培训的人员工资、工资性补贴、职工福利费、差旅交通费、劳动保护费、学习资料费等。

（2）为保证初期正常生产（或营业、使用）所必需的生产办公、生活家具用具购置费。

（3）为保证初期正常生产（或营业、使用）所必需的第一套不够固定资产标准的生产工具、器具、用具购置费，不包括备品备件费。

一般建设项目很少发生或一些具有明显行业特征的工程建设其他费用项目，如移民安置费、水资源费、水土保持评价费、地震安全性评价费、地质灾害危险性评价费、河道占用补偿费、超限设备运输措施费、航道维护费、植被恢复费、种植检测费、引种测试费等，各省（市、自治区）、各部门有补充规定或具体项目发生时依据有关政策规定列入。

第五节　预备费、建设期利息、铺底流动资金

除建筑安装工程费用、设备工器具购置费、工程建设其他费用以外，在编制建设项目投资估算、设计概算时，应计算预备费、建设期利息。

一、预备费

预备费是指在投资估算或工程概算阶段，考虑不可预见的设计变更、工程洽商、一般自然灾害处理、工程缺陷修复、地下障碍物、大型设备运输过程中的相关费用，以及工程建设期间价格和汇率变动等因素而预备的费用。按我国现行规定，预备费包括基本预备费和价差预备费两种。

1. 基本预备费

基本预备费是指预备费中用于设计变更、工程洽商、一般自然灾害处理、工程缺陷修复、未预见的地下障碍物，以及设备运输过程中由于超长、超宽、超重引起的运输增加费用等的费用。

基本预备费估算，一般是以建设项目的工程费用和工程建设其他费用之和为基础，乘以基本预备费率进行计算。基本预备费率的大小，应根据建设项目的设计阶段和具体的设计深度，以及在估算中所采用的各项估算指标与设计内容的贴近度、项目所属行业主管部门的具体规定确定。

2. 价差预备费

价差预备费是指预备费中为建设项目在建设期内由于政策、价格等因素变化而预备的费用。费用内容包括：人工、设备、材料、施工机械的价差费，利率、汇率调整等增加的费用。

价差预备费的测算方法，一般根据国家规定的投资综合价格指数，以估算年份价格水平投资额为基数，根据价格变动趋势，预测价格上涨率，采用复利方法计算。

计算公式为

$$PF = \sum_{t=1}^{n} I_t \left[(1+f)^m (1+f)^{0.5} (1+f)^{t-1} - 1 \right] \qquad (2-43)$$

式中　PF——价差预备费；

　　　n——建设期年份数；

　　　I_t——估算静态投资额中第 t 年投入的工程费用，包括设备及工具、器具购置费，建筑安装工程费；

f——年均投资价格上涨率;

m——建设前期年限(从编制估算到开工建设),年。

【例 2 - 2】 某建设项目估算静态投资额中投入的工程费用为 13 000 万元,项目建设前期为 0 年,建设期为 3 年,各年投资计划额如下:第一年 3000 万元,第二年 6000 万元,第三年 4000 万元,建设期预计年均投资价格上涨率为 6%,求该项目建设期价差预备费。

解 第一年价差预备费为

$$PF_1 = I_1[(1+f)^{0.5}-1] = 3000 \times (1.06^{0.5}-1) = 88.68\% \text{ 万元}$$

第二年价差预备费为

$$PF_2 = I_2[(1+f)^{0.5}(1+f)-1] = 6000 \times (1.06^{1.5}-1) = 548.020\ 8 \text{ 万元}$$

第三年价差预备费为

$$PF_3 = I_3[(1+f)^{0.5}(1+f)^2-1] = 4000 \times (1.06^{2.5}-1) = 627.268 \text{ 万元}$$

所以,建设期的价差预备费为

$$PF = 88.68\% + 548.020\ 8 + 627.268 = 1263.977\ 8 \text{ 万元}$$

二、建设期利息

建设期利息是指在项目建设期发生的支付银行贷款、出口信贷、债券等的借款利息和融资费用。大多数的建设项目都会利用贷款来解决自有资金的不足,以完成项目的建设,从而达到项目运行获取利润的目的。利用贷款必须支付利息和各种融资费用,所以,在建设期支付的贷款利息,也构成了项目投资的一部分。

为了简化计算,建设期利息的估算,根据建设期资金用款计划,可按当年借款在当年年中支用考虑,即当年借款按半年计息,上年借款按全年计息。计算公式为

$$Q = \sum_{j=1}^{n}(P_{j-1}+A_j/2)i \tag{2-44}$$

式中 Q——建设期贷款利息;

P_{j-1}——建设期第 $(j-1)$ 年末贷款累计金额与利息累计金额之和;

A_j——建设期第 j 年的贷款金额;

i——贷款年利率。

按照国外贷款的利息计算,年利率应综合考虑贷款协议中向贷款方加收的手续费、管理费、承诺费,以及国内代理机构向贷款方收取的转贷费、担保费和管理费等。

【例 2 - 3】 某新建项目,建设期为 3 年,须向银行贷款 1300 万元。其中,第一年贷款 300 万元,第二年贷款 600 万元,第三年贷款 400 万元,年利率为 10%(按复利计算,每半年计息 1 次),建设期内只贷不还,试计算建设期利息。

解 首先计算建设期贷款实际利率,即

$$i = (1+r/m)^m - 1 = (1+0.05)^2 - 1 = 10.25\%$$

在建设期内,各年利息计算如下:

第一年应计利息为

$$Q_1 = (0+0.5 \times A_1) \times i = 0.5 \times 300 \times 0.102\ 5 = 15.375 \text{ 万元}$$

第二年应计利息为

$$Q_2 = (P_1+0.5 \times A_2) \times i = (300+15.375+0.5 \times 600) \times 0.102\ 5 = 63.075\ 9 \text{ 万元}$$

第三年应计利息为

$$Q_3 = (P_2 + 0.5 \times A_3) \times i$$
$$= (300 + 15.375 + 600 + 63.075\ 9 + 0.5 \times 400) \times 0.102\ 5$$
$$= 120.791\ 2\ \text{万元}$$

$$\text{建设期贷款利息合计} = Q_1 + Q_2 + Q_3$$
$$= 15.375 + 63.075\ 9 + 120.791\ 2 = 199.242\ 1\ \text{万元}$$

三、固定资产投资方向调节税

国家为贯彻产业政策、引导投资方向、调整投资结构，对在我国境内进行固定资产投资的单位和个人（不含中外合资经营企业、中外合作经营企业和外商独资企业）而征收的投资方向调整税金（简称投资方向调节税）。

为了贯彻国家宏观调控政策，扩大内需，鼓励投资，国务院决定，自 2000 年 1 月 1 日起，新发生的投资额，暂停征收固定资产投资方向调节税，但该税种并未取消。

四、铺底流动资金

生产经营性建设项目为保证投产后正常的生产营运所需，并在项目资本金中筹措的自有流动资金。一般按正常生产年份所需流动资金的 30% 计算。

【例 2 - 4】 某工业建设项目，在建设期初的建筑安装工程费和设备工器具购置费为 45 000 万元，工程建设其他费用为 3860 万元，基本预备费率为 10%。按本项目实施进度计划，项目建设前期为 0.5 年，建设期为 3 年，投资分年使用比例为：第一年 30%，第二年 40%，第三年 30%，建设期内预计年均投资价格上涨率为 5%。试估算该项目的建设投资。

解 （1）计算项目的基本预备费，即

$$(45\ 000 + 3860) \times 10\% = 4886\ \text{万元}$$

（2）计算项目的价差预备费。

建设期第 1 年的价差预备费为

$$45\ 000 \times 30\% \times [(1+0.05)^{0.5} \times (1+0.05)^{0.5} - 1] = 675\ \text{万元}$$

建设期第 2 年的价差预备费为

$$45\ 000 \times 40\% \times [(1+0.05)^{0.5} \times (1+0.05)^{0.5}(1+0.05) - 1] = 1845\ \text{万元}$$

建设期第 3 年的价差预备费为

$$45\ 000 \times 30\% \times [(1+0.05)^{0.5} \times (1+0.05)^{0.5} \times (1+0.05)^2 - 1] = 2127.937\ 5\ \text{万元}$$

该项目建设期的价差预备费 $= 675 + 1845 + 2127.937\ 5 = 4647.937\ 5\ \text{万元}$

（3）计算项目的建设投资，即

$$\text{建设投资} = \text{工程费用} + \text{工程建设其他费用} + \text{基本预备费} + \text{价差预备费}$$
$$= 45\ 000 + 3860 + 4886 + 4647.937\ 5 = 58\ 393.937\ 5\ \text{万元}$$

其中静态投资 $=$ 工程费用 $+$ 工程建设其他费用 $+$ 基本预备费

$$= 45\ 000 + 3860 + 4886 = 53\ 746\ \text{万元}$$

复 习 与 思 考 题

1. 名词解释

（1）人工费。人工费是指按工资总额构成规定，支付给从事建筑安装工程施工的生产工人和附属生产单位工人的各项费用。

（2）材料费。材料费是指施工过程中耗费的原材料、辅助材料、构配件、零件、半成品或成品、工程设备的费用。

（3）施工机具使用费。施工机具使用费是指施工作业所发生的施工机械、仪器仪表使用费或其租赁费。

（4）企业管理费。企业管理费是指建筑安装企业组织施工生产和经营管理所需的费用。

（5）利润。利润是指施工企业完成所承包工程获得的盈利。

（6）规费。规费是指按国家法律、法规规定，由省级政府和省级有关权力部门规定必须缴纳或计取的费用。

（7）税金。税金是指国家税法规定的应计入建筑安装工程造价内的营业税、城市维护建设税、教育费附加以及地方教育附加。

（8）夜间施工增加费。夜间施工增加费是指因夜间施工所发生的夜班补助费、夜间施工降效、夜间施工照明设备摊销及照明用电等费用。

（9）暂列金额。暂列金额是指建设单位在工程量清单中暂定并包括在工程合同价款中的一笔款项。用于施工合同签订时尚未确定或者不可预见的所需材料、工程设备、服务的采购，施工中可能发生的工程变更、合同约定调整因素出现时的工程价款调整，以及发生的索赔、现场签证确认等的费用。

（10）计日工。计日工是指在施工过程中，施工企业完成建设单位提出的施工图纸以外的零星项目或工作所需的费用。

（11）总承包服务费。总承包服务费是指总承包人为配合、协调建设单位进行的专业工程发包，对建设单位自行采购的材料、工程设备等进行保管，以及施工现场管理、竣工资料汇总整理等服务所需的费用。

（12）安全文明施工费。在合同履行过程中，承包人按照国家法律、法规、标准等规定，为保证安全施工、文明施工，保护现场内外环境和搭拆临时设施等所采用的措施而发生的费用。安全文明施工费包含环境保护、文明施工、安全施工、临时设施等费用。

（13）措施项目费。为完成工程项目施工，发生于该工程施工准备和施工过程中的技术、生活、安全、环境保护等方面的费用。

（14）预备费。在投资估算或工程概算阶段，考虑不可预见的设计变更、工程洽商、一般自然灾害处理、工程缺陷修复、地下障碍物、大型设备运输过程中的相关费用，以及工程建设期间价格和汇率变动等因素而预备的费用。按我国现行规定，预备费包括基本预备费和价差预备费两种。

2. 思考题

（1）简述建设项目总投资的组成。

（2）简述设备、工器具购置费用的构成。

（3）简述国产非标准设备有哪些估算方法。

（4）简述进口设备抵岸价的构成。

（5）进口设备的交货方式有哪些？

（6）简述建筑安装工程费用的构成。

（7）简述工程建设其他费用的构成。

第三章 工程计价依据

第一节 工程计价依据概述

如前所述，工程计价具有多次性的特征，在建设项目的不同阶段分别表现为投资估算、设计概算、施工图预算、招标控制价、投标报价、签约合同价、工程结算等。不同阶段进行工程计价，根据掌握的基础数据和资料的详细程度不同，所采用的计价依据也是不同的。工程计价依据是确定和控制工程造价的基础资料，是进行工程造价科学管理的基础。

一、工程计价依据的种类

（1）国家现行法律法规、项目所在地的地方法规和政策（如《山东省建设工程造价管理办法》）；包括各种税费、税率；与产业政策、能源政策、环境政策、技术政策和土地等资源利用政策有关的取费标准；利率和汇率等。

（2）国家颁布的计价规范、定额标准、规程类。包括 GB 50500—2013《建设工程工程量清单计价规范》（以下简称《工程量清单计价规范》）及各专业计量规范，《全国统一建筑工程基础定额》、《全国统一安装工程基础定额》、《全国统一建筑安装工程工期定额》等，中价协颁布的《建设项目投资估算编审规程》、《建设项目设计概算编审规程》、《建设工程招标控制价编审规程》等。

（3）行业、省级造价管理部门发布的计价依据、计价办法、计价文件规定等。包括各种估算指标、概算指标、概算定额、消耗量定额（预算定额）、建筑安装工程费用定额；人工费单价、材料预算单价、机械台班单价，工程造价信息，工程造价指数等。

（4）与项目有关的文件资料。包括项目的各种批文，项目建议书、可行性研究报告；初步设计文件、施工图设计文件等资料。

（5）项目所在地的气象、水文、地质、环境等客观资料，当地的人材机要素市场价格，以及材料、设备的供应情况、运杂费率等。

（6）当地的施工技术水平、装备水平，施工组织设计或施工方案等。

（7）其他计价依据。

二、工程计价依据的作用

计价依据是确定和控制工程造价的基础资料，依照不同的建设管理主体，在不同的工程建设阶段具有不同的作用。

（1）计价依据是编制计划的基本依据。无论是国家建设计划，发包人的投资计划、资金使用计划还是承包人的生产计划、施工进度计划等，都是以计价依据来计算人工、材料、机械、资金等需要数量，合理地平衡和调配人力、物力、财力等各项资源，以保证提高投资或企业经济效益，落实各种建设计划。

（2）计价依据是工程计价的依据。工程造价的计算和确定必须依赖计价依据。如估算指标用来计算和确定投资估算，概算定额用于计算和确定设计概算，预算定额用于计算和确定施工图预算，施工定额用于计算确定施工项目成本。

（3）计价依据是企业实行经济核算的依据。经济核算制是企业管理的重要经济制度，它可以促使企业以尽可能少的资源消耗，取得最大的经济效益，定额等计价依据是考核资源消耗的主要标准。如对资源消耗和生产成果进行计算、对比和分析，就可以发现改进的途径，采取措施加以改进。

（4）有利于建筑市场的良好发育。计价依据既是投资决策的依据，又是价格决策的依据。对于投资者来说，可以利用定额等计价依据有效地提高其项目决策的科学性，优化其投资行为；对于施工企业来说，定额等计价依据是施工企业适应市场投标竞争和企业进行科学管理的重要工具。

第二节 建 设 工 程 定 额

经过几十年的发展和积累，作为建设工程计价依据的定额已基本门类齐全，定额体系已经建立。

一、建设工程定额的概念

定额，即规定的额度，是人们根据不同的需要，对某一事物规定的数量标准。在现代经济和社会生活中，定额无处不在，因为人们需要利用其对社会经济生活中复杂多样的事物进行计划、调节、组织、预测、控制、咨询等一系列管理活动。

建设工程定额，即额定的消耗量标准，是指按照国家有关的产品标准、设计规范和施工验收规范、质量评定标准，并参考行业、地方标准，以及有代表性的工程设计、施工资料确定的工程建设过程中，完成规定计量单位合格产品所必需的人工、材料、施工机械台班等的消耗数量标准。这种规定的额度所反映的是在一定的社会生产力发展水平下，完成某项工程建设产品与各种生产消耗之间特定的数量关系，考虑的是正常的施工条件、目前大多数施工企业的技术装备程度、合理的施工工期、施工工艺和劳动组织，反映的是一种社会平均消耗水平。

二、定额的产生

定额属于管理的范畴，是随着生产的社会化和科学技术的不断进步而发展起来的。我国工程定额的出现，从现存文献记载来看始于宋代。北宋时期著名的土木建筑家李诫于公元1100年编著的《营造法式》一书，不仅是土木建筑工程技术的巨著，也是我国有记载的关于工料计算方面的第一部文献。《营造法式》的34卷中，有13卷是关于工料计算的规定，这些规定，实际上就是我国古代的工料定额。清工部《工程做法则例》中，也有许多内容是讲述工料计算方法的。这些都说明在我国古代工程建设中，已经形成了许多算工算料的则例，这些就是人工定额、材料定额的雏形。

定额的产生与管理科学的产生和发展密切相关。社会化大生产的发展使劳动分工和协作越来越精细和复杂，"管理"作为一门学科的产生就有了需求的土壤。19世纪末20世纪初，西方"管理之父"泰勒制定出了工时定额，工具、器具、材料和作业环境的标准化原理以及计件工资制度。泰勒制的实质就是提倡科学管理，着眼于提高劳动生产率和劳动效率。从其主要内容来看，工时定额占了重要的地位。较高的定额水平直接体现了泰勒制的主要目标，即提高劳动效率，降低产品成本，增加企业盈利。所以说，工时定额起源于科学管理，产生于泰勒制，并构成了泰勒制最主要的部分。它不仅是一种强制制度，而且也是一种激励机制，它的产生，给资本主义企业管理带来了根本性的变革，并产生了深远的影响。

随着管理科学的发展，定额也在不断地扩充、完善，一些新技术、新工艺、新材料的不断出现，使得定额范围大大突破了工时控制的内容，逐渐形成了今天的建设工程定额。可以说，定额是伴随着管理科学的产生而产生，伴随着管理科学的发展而发展的，它在现代化管理中依然有着重要的地位。

三、定额的地位与作用

1. 定额在现代管理中的地位

定额是现代科学管理的重要内容，在现代化管理中有其重要的地位。

（1）定额是节约社会劳动，提高劳动生产率的重要手段。降低劳动消耗，提高劳动生产率，是人类社会发展的普遍要求和基本条件。节约劳动时间是最大的节约，定额为生产者和管理者树立了评价劳动成果和经营效益的标准尺度，同时使劳动者自觉降低消耗，努力提高劳动生产率和经济效益。

（2）定额是组织和协调社会化大生产的工具。随着生产力的发展，分工越来越细，生产社会化程度越来越高。任何一件商品都是许多劳动者共同完成的社会产品，所以必须借助定额实现生产要素的合理配置，组织、指挥和协调社会生产，保证社会生产的顺利、持续发展。

（3）定额是宏观调控的依据。我国社会主义市场经济是以公有制为主体的，既要发展市场经济，又要有计划地指导和调节，就需要利用定额为预测、计划、调节和控制经济发展提供有依据的参数和计量标准。

（4）定额是实现分配，兼顾效率与公平的手段。定额作为评价劳动成果和经济效益的尺度，也就成为资源分配和个人消费品分配的依据。

2. 定额在市场经济条件下的作用

在市场经济条件下，定额作为管理手段是不可或缺的。

（1）定额与市场经济的共融性是与生俱来的，它不仅是市场供给主体加强竞争能力的手段，而且是体现市场公平竞争和加强国家宏观调控与管理的手段。

（2）在工程建设中，定额仍然有节约社会劳动和提高生产效率的作用，定额所提供的信息为建设市场的公平竞争提供了有利条件。定额既是投资决策的依据，又是价格决策的依据，对规范建设市场行为能起到积极的作用。对于投资者来说，既可以利用定额来权衡自己的财务状况和支付能力，预测资金投入和预期回报，还可利用有关定额的信息，有效提高项目决策的科学性，优化其投资行为；对于承包商来说，在投标报价时，应充分依据定额做出正确的价格决策，才能获得较大的市场份额。

（3）定额还有利于完善市场信息系统。定额的编制需要对大量市场信息进行加工，对信息进行市场传递和反馈，信息是市场体系中的重要要素，它的可靠性、完备性和灵敏性是市场成熟和市场效率的标志。以定额形式建立和完善市场信息系统，是我国以公有制为主体的社会主义市场经济的特色。

3. 定额在建设项目管理中的作用

建设项目的特点决定了建设项目造价的特点，建设项目造价的特点又决定了建设项目造价的形成，必须依靠定额来进行计算。

（1）每个建设项目都是由单项工程、单位工程、分部分项工程组成的，需分层次计算，而分层次计算则离不开定额。我国的定额管理已经有了较大的改革，定额的指令性已经转向指导性，并且按照建设项目造价动态管理和调整的需要，依据量价分离以及工程实体性消耗与施工措施性消耗相分离的原则，将属于工、料、机等消耗量水平的标准由国家统一制定，实现国家对定额的宏观调控。

（2）国家制定统一的工程量计算规则、项目名称、项目划分、计量单位，企业在这四个统一的基础上，在国家定额指导下，结合本企业的管理水平、技术装备程度和工人的操作水平等具体情况，编制本企业的投标报价定额，依据企业定额形成的报价才能在市场竞争中获取较大的优势。

（3）在建设工程造价的形成过程中，定额有其特定的地位和作用。首先要依据定额做出一个基本的价格标准，然后根据工程具体情况、难易程度、竞争因素、价格变动情况等对该价格进行适当调整，最终形成有竞争优势的报价。

（4）定额编制的依据之一是有代表性的已完工程价格资料，通过对其整理、分析、比较，作为编制的依据和参考，有其真实性、合理性和适用性，对建设项目造价的形成也有指导意义。所以，建设项目造价的编制离不开定额的指导。

四、建设工程定额的分类

为对建设工程定额有一个全面的了解，可以按照不同的原则和方法对其进行科学分类。

1. 按反映的物质消耗的内容分类

按照反映的物质消耗的内容，可将定额分为人工消耗定额、材料消耗定额和机械台班消耗定额。

（1）人工消耗定额是指完成一定合格产品所消耗的人工的数量标准。

（2）材料消耗定额是指完成一定合格产品所消耗的材料的数量标准。

（3）机械台班消耗定额是指完成一定合格产品所消耗的施工机械台班的数量标准。

2. 按建设程序分类

按照建设程序，可将定额分为基础定额、消耗量定额（预算定额）、概算定额、概算指标、估算指标。

（1）基础定额。基础定额由劳动定额、材料消耗定额、机械台班定额组成。它规范了建筑安装工程造价项目内容、工程项目划分、计量单位和工程量计算规则，是编制其他定额的基础。

（2）消耗量定额（预算定额）。消耗量定额是完成规定计量单位分项工程计价的人工、材料、施工机械台班消耗量的标准，是统一预算工程量计算规则、项目划分、计量单位的依据，是编制地区单位计价表，确定工程价格，编制施工图预算的依据，也是编制概算定额（指标）的基础；也可作为编制招标控制价、企业定额和投标报价的基础。预算定额一般适用于新建、扩建、改建工程。

（3）概算定额（指标）。概算定额是在预算定额基础上，以主要分项工程综合相关分项的扩大定额，是编制初步设计概算的依据，还可作为编制施工图预算的依据，也可作为编制估算指标的基础。

（4）估算指标。估算指标是编制项目建议书、可行性研究报告投资估算的依据，是在现有工程价格资料的基础上，经分析整理得出的。估算指标为建设工程的投资估算提供依据，是合理确定项目造价的基础。

3. 按建设工程特点分类

按照建设工程的特点，可将定额分为建筑工程定额、安装工程定额、铁路工程定额、公路工程定额、水利工程定额等。

（1）建筑工程定额是建筑工程的基础定额、预算定额、概算定额（指标）的统称。建筑工程一般理解为房屋和构筑物工程。目前我国有土建定额、装饰定额等，都属于建筑工程定额范畴。

（2）安装工程定额是安装工程的基础定额或预算定额、概算定额（指标）的统称。安装工程一般是指对需要安装的设备进行定位、组合、校正、调试等工作。目前我国有机械设备安装定额、电气设备安装定额、自动化仪表安装定额、静置设备与工艺金属结构安装定额等，都属于安装工程定额范畴。

（3）铁路、公路、水利工程定额等分别也是各自基础定额、预算定额、概算定额（指标）的统称。

4. 按定额的适用范围分类

按照定额的适用范围分为国家定额、行业定额、地区定额和企业定额。

（1）国家定额是指由国家建设行政主管部门组织，依据现行有关的国家产品标准、设计规范、施工及验收规范、技术操作规程、质量评定标准和安全操作规程，综合全国工程建设情况、施工企业技术装备水平和管理情况进行编制、批准、发布，在全国范围内使用的定额。目前我国的国家定额有建设工程劳动定额、全国统一建筑工程基础定额、全国统一安装工程基础定额、全国统一安装工程预算定额、全国统一市政工程预算定额、全国统一建筑安装工程工期定额等。

（2）行业定额是指由行业建设行政主管部门组织，依据行业标准和规范，考虑行业工程建设特点，本行业施工企业技术装备水平和管理情况进行编制、批准、发布，在本行业范围内使用的定额。目前我国的各行业几乎都有自己的行业定额，例如，《冶金工业建设工程预算定额》、《铁路工程预算定额》、《公路工程预算定额》、《电力建设工程预算定额》、《水利建筑工程预算定额》、《城市轨道交通工程预算定额》等。

（3）地区定额是指由地区建设行政主管部门组织，考虑地区工程建设特点，对国家定额进行调整、补充编制并批准、发布，在本地区范围内使用的定额。目前，我国的各省、直辖市、自治区地区定额一般都是在国家定额的基础上编制的。例如，2010《山东省建设工程概算定额》，包括：《山东省建筑工程概算定额》、《山东省安装工程概算定额》、《山东省市政工程概算定额》和《山东省建设工程概算费用编制规定》四个分册；《山东省建设工程消耗量定额》，包括：《山东省建筑工程消耗量定额》、《山东省安装工程消耗量定额》、《山东省市政工程消耗量定额》、《山东省园林绿化工程消耗量定额》和《山东省建设工程费用及计算规则》。

（4）企业定额是指由施工企业根据本企业的人员素质、机械装备程度和企业管理水平，参照国家、部门或地区定额进行编制，只在本企业投标报价时使用的定额。企业定额水平应高于国家、行业或地区定额，才能适应投标报价，增强市场竞争能力的要求。

5. 按构成工程的成本和费用分类

按照构成工程的成本和费用，可将定额分为构成直接工程成本的定额、构成工程间接费的定额以及构成工程建设其他费用的定额。

（1）构成直接工程成本的定额。构成直接工程成本的定额是指直接费定额、其他直接费定额和现场经费定额。

1）直接费定额是指施工过程中耗费的构成工程实体和有助于工程形成的各项费用的消耗标准，包括人工、材料、机械消耗定额。我国目前的土建工程基础定额、安装工程预算定额都属于直接费定额。

2）其他直接费定额是指施工过程中发生的直接费以外其他费用的消耗标准，包括冬雨季施工增加费、夜间施工增加费、二次搬运费等定额。其他直接费定额由于其费用发生的特点不同，只能独立编制，它也是编制施工图预算和设计概算的依据。

3）现场经费定额是指为施工准备、组织施工生产和管理所发生的费用的消耗标准，包括临时设施费和现场管理费定额。

（2）构成工程间接费的定额。构成工程间接费的定额是指与建筑安装生产的个别产品无关，而为企业生产全部产品所必须发生的各项费用的消耗标准，包括企业管理费、财务费用和其他费用定额。由于间接费中许多费用的发生和施工任务的大小没有直接关系，因此通过对间接费定额的管理，有效控制间接费的发生对控制建设工程成本是十分必要的。

（3）构成工程建设其他费用的定额。构成工程建设其他费用的定额是指应列入建设工程总成本的其他费用的消耗标准，包括土地征用费、拆迁安置费、建设单位管理费定额等。这些费用的发生和整个建设工程密切相关，要按各项费用分别编制，合理确定标准。

第三节 《工程量清单计价规范》及专业工程计量规范

为了适应我国工程投资体制和建设管理体制改革的需要，维护建设市场秩序，保障项目参与各方的合法权益，规范建设工程造价计价行为，统一建设工程工程量清单的编制和计价方法，更好的实现"政府宏观调控、部门动态监管、企业自主报价、市场决定价格"的目标。在总结工程量清单计价改革经验的基础上，住房和城乡建设部标准定额司颁布了GB 50500—2013《建设工程工程量清单计价规范》以及九大专业工程计量规范，自2013年7月1日起实施。

一、《工程量清单计价规范》及专业工程计量规范内容简介

《工程量清单计价规范》内容包括总则、术语、一般规定、工程量清单编制、招标控制价、投标报价等16章内容，共58节330条（款）条文，其中强制性条文有15条（款）。与此配套实施的以下九个专业工程计量规范，均包括总则、术语、工程计量、工程量清单编制、附录等，并在附录中规定了相关专业工程分部分项工程项目、措施项目的工程量计量规则，以实现工程量计算规则的全国统一。

（1）GB 50854—2013《房屋建筑与装饰工程工程量计算规范》；

（2）GB 50855—2013《仿古建筑工程工程量计算规范》；

（3）GB 50856—2013《通用安装工程工程量计算规范》；

（4）GB 50857—2013《市政工程工程量计算规范》；

（5）GB 50858—2013《园林绿化工程工程量计算规范》；

（6）GB 50859—2013《矿山工程工程量计算规范》；

（7）GB 50860—2013《构筑物工程工程量计算规范》；

（8）GB 50861—2013《城市轨道交通工程工程量计算规范》；

（9）GB 50862—2013《爆破工程工程量计算规范》。

《工程量清单计价规范》对合同价款约定、合同价款调整、合同价款中期支付、竣工结算支付以及合同解除的价款结算与支付、合同价款争议的解决方法都进行了规定，与 GF-2013-0201《建设工程施工合同（示范文本）》相配套。展现了加强市场监管的措施，强化了清单计价的执行力度，标志着我国工程价款管理迈入全过程精细化管理的时代，工程价款管理向集约型管理、科学化管理、全过程管理、重在向前期管理的方向转变和发展。

二、《工程量清单计价规范》强制性条文及解读

（1）使用国有资金投资的建设工程发承包，必须采用工程量清单计价。

【解读】根据《工程建设项目招标范围和规模标准规定》：

1）使用国有资金投资项目的范围包括：

①使用各级财政预算资金的项目；

②使用纳入财政管理的各种政府性专项建设基金的项目；

③使用国有企事业单位自有资金，并且国有资产投资者实际拥有控股权的项目。

2）国家融资项目的范围包括：

①使用国家发行债券所筹集资金的项目；

②使用国家对外借款或者担保所筹资金的项目；

③使用国家政策性贷款的项目；

④国家授权投资主体融资的项目；

⑤国家特许的融资项目。

（2）工程量清单应采用综合单价计价

【解读】综合单价＝人工费＋材料和工程设备费＋施工机具使用费＋企业管理费＋利润＋由投标人承担的风险费用

（3）建设工程发承包，必须在招标文件、合同中明确计价中的风险内容及其范围，不得采用无限风险、所有风险或类似语句规定计价中的风险内容及其范围。

【解读】本条规定了计价风险的确定原则。

风险是一种客观存在，可以带来损失，具有客观性、损失性和不确定性三大特征。计价风险是指工程建设施工阶段发承包双方在招投标活动和合同履约及施工中所面临涉及工程计价方面的风险。

在工程施工阶段，发承包双方都面临着许多风险，但不是所有的风险以及无限度的风险都应由承包人承担，而是应按风险共担的原则，对风险进行合理分摊。故应在招标文件或合同中对发承包双方各自应承担的风险内容及其风险范围或幅度进行界定和明确，而不能要求承包人承担无限度风险、所有风险。

计价风险合理分摊的原则应按《工程量清单计价规范》第 3.4.2～3.4.5 条规定执行。

（4）招标工程量清单必须作为招标文件的组成部分，其准确性和完整性由招标人负责。

【解读】本条规定了招标工程量清单是招标文件的组成部分及其编制责任。

1）采用工程量清单方式招标发包工程，招标工程量清单必须作为招标文件的组成部分。招标人应将工程量清单连同招标文件的其他内容一并发（或发售）给投标人。

2）招标人对编制的招标工程量清单的准确性和完整性负责。作为投标人报价的共同平台，招标工程量清单准确性（数量不算错），完整性（不缺项漏项）均应由招标人负责。如招标人委托工程造价咨询人编制，责任仍应由招标人承担。

3）投标人依据招标工程量清单进行投标报价，对工程量清单不负有核实的义务，更不具有修改和调整的权力。

（5）分部分项工程量清单必须载明项目编码、项目名称、项目特征、计量单位、工程量。

【解读】本条规定了构成一个分部分项工程项目清单的五个要件，包括项目编码、项目名称、项目特征、计量单位和工程量，它们在分部分项工程量清单的组成中缺一不可，这五个要件是在工程量清单编制和计价时，全国实行五个统一（统一项目编码、统一项目名称、统一项目特征、统一计量单位、统一工程量计算规则）的规范化和具体化。

（6）分部分项工程量清单必须根据相关工程现行国家计量规范规定的项目编码、项目名称、项目特征、计量单位、工程量计算规则进行编制。

（7）措施项目清单必须根据相关工程现行国家计量规范的规定编制。

【解读】本条规定了措施项目清单的计价方式。

措施项目清单根据计价方式不同分为总价项目和单价项目，强调措施项目清单编制时，必须列出项目编码、项目名称，对于单价项目还需要列出项目特征、计量单位和工程量，体现了对措施项目清单内容规范管理的要求。

（8）国有资金投资的建设工程招标，招标人必须编制招标控制价。

【解读】本条规定了国有资金投资工程招标编制招标控制价的原则。

使用国有资金投资的建设工程发承包必须采用工程量清单计价，采用工程量清单招标时，招标人（或委托工程造价咨询企业）必须编制招标控制价，作为招标工程的最高投标限价。

（9）措施项目中的安全文明施工费必须按国家或省级、行业建设主管部门的规定计算，不得作为竞争性费用。

【解读】1）遵照相关法律、法规，将安全文明施工费纳入国家强制性管理范围，规定"投标方安全防护、文明施工措施的报价，不得低于依据工程所在地工程造价管理机构测定费率计算所需费用总额的90％"。还规定："建筑施工企业提取的安全费用列入工程造价，在竞标时，不得删减"。

2）考虑到安全生产、文明施工的管理与要求越来越高，《工程量清单计价规范》规定措施项目清单中的安全文明施工费必须按国家或省级、行业建设主管部门的规定费用标准计算，招标人不得要求投标人对该项目费用进行优惠，投标人也不得将此项费用参与市场竞争。

（10）规费和税金必须按国家或省级、行业建设主管部门的规定计算，不得作为竞争性费用。

【解读】规费是政府和有关权力部门规定必须缴纳的费用。税金是国家按照税法预先规定的标准，强制地、无偿地要求纳税人缴纳的费用。

规费和税金都是工程造价的组成部分，但其费用内容和计取标准都不是发承包人能自主确定的，更不是由市场竞争决定的。在工程造价计价时，规费和税金必须按国家或省级、行业建设主管部门的有关规定计算，不得作为竞争性费用。

（11）投标报价不得低于工程成本。

【解读】本条规定了投标报价的确定原则。

投标报价编制和确定的最基本特征是投标人自主报价，它是市场竞争形成价格的真实体现。

1）"低于工程成本"是指低于投标人的为完成投标项目所需支出的个别成本。

2）禁止投标人以低于其自身完成投标项目所需的成本的报价进行投标竞争，一是为了避免出现投标人以低于工程成本的报价中标后，再以粗制滥造、偷工减料等违法手段不正当地降低工程成本，挽回其低价中标的损失，给工程质量造成危害。二是为了维护正常的投标竞争秩序，防止产生投标人以低于其工程成本的报价进行不正当竞争，损害其他以合理报价进行竞争的投标人的利益。

3）《中华人民共和国招标投标法》第33条："投标人不得以低于成本的报价竞标"。据此，《工程量清单计价规范》规定："投标报价不得低于工程成本"，属于强制性条款，必须严格执行。

4）对于"低于工程成本报价"的判定，在实践中是一个比较复杂的问题，需要根据每个投标人的不同情况加以确定。

（12）投标人必须按招标工程量清单填报价格。填写的项目编码、项目名称、项目特征、计量单位、工程量必须与招标工程量清单一致。

【解读】本条规定了投标报价时，投标人对项目编码、项目名称、项目特征、计量单位、工程量五个要素的填写原则。

1）实行工程量清单招标，招标人在招标文件中提供工程量清单，其目的是使各投标人在投标报价中具有共同的竞争平台。

2）要求投标人在投标报价中填写的工程量清单的项目编码、项目名称、项目特征、计量单位、工程数量必须与招标工程量清单保持一致。

（13）工程量必须按照相关工程现行国家计量规范规定的工程量计量规则计算。

【解读】本条规定了工程量的计算原则。

1）住建部和国家质检总局2012年12月25日联合发布了九个专业工程计量规范，自2013年7月1日起施行。

2）相关工程现行国家计量规范的内容，均包括总则、术语、一般规定、分部分项工程、措施项目和附录等。

3）相关工程现行国家计量规范的附录规定了相关工程中分部分项工程项目、措施项目的工程量计量规则，计算工程量时，必须按相关工程计量规范规定的工程量计算规则计算，实现工程量计算规则的全国统一。

（14）工程量必须以承包人完成合同工程应予计量的，按照现行国家计量规范规定的工程量计算规则，计算得到的工程量确定。

【解读】本条规定了单价合同工程量的计量原则。

单价合同中应予以计量的工程量，必须按照相关专业现行国家计量规范规定的工程量计算规则计算确定。

（15）工程完工后，发承包双方必须在合同约定时间内办理工程竣工结算。

【解读】本条规定了竣工结算的编制原则。

根据《中华人民共和国合同法》第 279 条"建设工程竣工后……验收合格的发包人应当按照约定支付价款"和《中华人民共和国建筑法》第 18 条"发包单位应当按照合同的约定，及时拨付工程款项"的规定，工程完工后，发承包双方必须在合同约定时间内办理工程竣工结算。

三、工程量清单的编制

1. 工程量清单的相关概念

工程量清单（BQ）是指载明建设工程分部分项工程项目、措施项目、其他项目的名称和相应数量，以及规费项目和税金项目等内容的明细清单。

招标工程量清单是指招标人依据国家标准、招标文件、设计文件以及施工现场实际情况编制的，随招标文件发布供投标报价的工程量清单，包括对其的说明和表格。

已标价工程量清单是指构成合同文件组成部分的投标文件中已标明价格，经算术性错误修正（如有）且承包人已确认的工程量清单，包括对其的说明和表格。

工程量清单是建设工程实行工程量清单计价的专用名词，招标工程量清单、已标价工程量清单是在工程发承包的不同阶段对工程量清单的进一步具体化。

2. 一般规定

（1）工程量清单的作用。工程量清单是工程量清单计价的基础，招标工程量清单应作为编制招标控制价、投标报价的依据，已标价工程量清单是施工过程中的工程计量、合同价款支付、施工索赔与现场签证、合同价款调整和合同价款争议解决的依据之一。

（2）工程量清单的组成。工程量清单由分部分项工程量清单、措施项目清单、其他项目清单、规费项目清单、税金项目清单组成。

（3）编制原则。编制工程量清单应遵循下列原则：

1）要满足编制招标控制价、投标报价和工程施工的需要，力求实现合理确定、有效控制工程造价的目的。

2）要严格执行编制工程量清单的五个统一（项目编码、项目名称、项目特征、计量单位、工程量计算规则统一）。

3）要保证编制质量，不漏项、不错项、不重项，准确计算工程量。

（4）编制依据。编制工程量清单应依据：

1）《工程量清单计价规范》和相关专业工程计量规范；

2）国家或省级、行业建设主管部门颁发的计价依据和办法；

3）建设工程设计文件及相关资料；

4）与建设工程有关的标准、规范、技术资料；

5）招标文件及其补充通知、答疑纪要；

6）施工现场情况、地勘水文资料、工程特点及常规施工方案；

7）其他相关资料。

（5）其他必要说明。招标人向投标人提供招标工程量清单时，应对下列内容予以说明：

1）工程概况：建设项目的建设地址、建设规模、工程特征、交通运输、自然地理、施工现场条件等。

2）建设项目中单位工程一览表，明确工程招标和分包范围。

3）工程量清单编制依据，如采用的标准、施工图设计文件、标准图集等。

　　4）工程质量、工期、施工、材料等特殊要求。

　　5）安全施工、文明施工、环境保护和临时设施的内容及计价方式。

　　6）招标人自行采购材料的名称、规格型号、数量及其单价。

　　7）暂列金额的数量。

　　8）专业工程暂估价所包括的暂估价项目一览表。明确纳入承包人管理服务的专业工程项目及其服务内容。

　　9）要求投标人考虑的风险内容及其范围（幅度）。

　　10）其他需要说明的问题。

　　3. 分部分项工程量清单的编制

　　分部分项工程项目清单必须载明项目编码、项目名称、项目特征、计量单位和工程量，五个要件缺一不可。分部分项工程项目清单必须根据相关专业工程计量规范规定的项目编码、项目名称、项目特征、计量单位和工程量计算规则进行编制。分部分项工程量清单与计价表见表 3-1。

表 3-1　　　　　　　　　分部分项工程和单价措施项目清单与计价表

工程名称：　　　　　　　　标段：　　　　　　　　　　　　　　　第　页　共　页

序号	项目编码	项目名称	项目特征描述	计量单位	工程量	金额（元）		
						综合单价	合价	其中：暂估价

　　分部分项工程量清单为不可调整的闭口清单，在投标阶段，投标人对招标工程量清单必须逐一计价，对清单所列内容不允许有任何更改变动。投标人如果认为清单内容有不妥或遗漏，只能通过质疑的方式由清单编制人作统一的修改更正，并将修正后的工程量清单发往所有投标人。

　　（1）项目编码。工程量清单的项目编码，应采用十二位阿拉伯数字表示。一～九位应按相关专业工程计量规范附录的规定设置，十～十二位应根据拟建工程的工程量清单项目名称和项目特征设置，同一招标工程的项目编码不得有重码。

　　各位数字的含义是：一～二位为专业工程代码（01—房屋建筑与装饰工程；02—仿古建筑工程；03—通用安装工程；04—市政工程；05—园林绿化工程；06—矿山工程；07—构筑物工程；08—城市轨道交通工程；09—爆破工程。以后进入国标的专业工程代码依次类推）；三～四位为计量规范附录分类顺序码；五～六位为分部工程顺序码；七～九位为分项工程项目名称顺序码；十一～十二位为清单项目名称顺序码。

　　当同一标段（或合同段）的一份工程量清单中含有多个单位工程且工程量清单是以单位工程为编制对象时，在编制工程量清单时应特别注意对项目编码十一～十二位的设置不得有重码的规定。例如，一个标段（或合同段）的工程量清单中含有三个单位工程，每一单位工程都有项目特征相同的实心砖墙砌体，在工程量清单中又需反映三个不同单位工程的实心砖墙砌体工程量时，则第一个单位工程的实心砖墙的项目编码应为 010401003001，第二个单位工程的实心砖墙的项目编码应为 010401003002，第三个单位工程的实心砖墙的项目编码应为 010401003003，并分别列出各单位工程实心砖墙的工程量。

（2）项目名称。分部分项工程量清单的项目名称应按相关专业工程计量规范附录的项目名称，结合拟建工程的实际确定。项目名称除了应按相关专业工程计量规范附录的项目名称确定外，还应考虑拟建工程的特征、内容的不同，结合定额子目包括的内容可以展开。

（3）工程量计算规则。分部分项工程量清单中所列工程量，应按相关专业工程计量规范附录中规定的工程量计算规则计算。分部分项工程量是以形成工程实体为准，并以完成后的净值来计算的。这一计算方法避免了因施工方案不同而造成计算的工程量大小各异的情况，为各投标人提供了一个公平的平台。

（4）计量单位。分部分项工程量清单的计量单位，应按相关专业工程计量规范附录中规定的计量单位确定。如"t"、"m³"、"m²"、"m"、"项"、"个"等。当规范附录中计量单位有两个或两个以上时，如门窗工程的计量单位为"樘/m²"，预制钢筋混凝土桩的单位为"m/根"，应结合拟建工程项目的实际情况，确定其中一个为计量单位。同一工程项目的计量单位应一致。

（5）项目特征。工程量清单的项目特征是确定一个清单项目综合单价不可缺少的重要依据，在编制工程量清单时，必须对项目特征进行准确和全面的描述。但有些项目特征用文字往往又难以准确和全面的描述。为达到规范、简洁、准确、全面描述项目特征的要求，在描述工程量清单项目特征时应按以下原则进行：

1）项目特征描述的内容应按附录中的规定，结合拟建工程的实际，满足确定综合单价的需要。

2）若采用标准图集或施工图纸能够全部或部分满足项目特征描述的要求，项目特征描述可直接采用详见 XX 图集或 XX 图号的方式。对不能满足项目特征描述要求的部分，仍应用文字描述。

（6）计量规范适应范围与其他专业工程计量规范的界限划分。《房屋建筑与装饰工程工程量计算规范》，适用于工业与民用的房屋建筑与装饰、装修工程施工发承包计价活动中的工程计量和工程量清单编制。对于房屋建筑与装饰工程涉及电气、给排水、消防等安装工程的项目，按照 GB 50856—2013《通用安装工程工程量计算规范》的相应项目执行；涉及仿古建筑工程的项目，按 GB 50855—2013《仿古建筑工程工程量计算规范》的相应项目执行；涉及室外地（路）面、室外给排水等工程的项目，按 GB 50857—2013《市政工程工程量计算规范》的相应项目执行；采用爆破法施工的石方工程，按照 GB 50862—2013《爆破工程工程量计算规范》的相应项目执行。

（7）清单补项编码。在工程建设中，由于新材料、新技术、新工艺等不断涌现，在编制工程量清单时，当出现各专业工程计量规范附录中未包括的清单项目时，编制人应作补充，并报省级或行业工程造价管理机构备案，省级或行业工程造价管理机构应汇总报住房和城乡建设部标准定额研究所。

补充项目的编码，由计量规范代码（专业工程代码）（例如房屋建筑与装饰工程 01）与 B 和三位阿拉伯数字组成，并应从 01B001 起顺序编制，同一招标工程的项目不得重码。在工程量清单中应附补充项目的项目名称、项目特征、计量单位、工程量计算规则和工作内容。

（8）其他注意问题。对于《房屋建筑与装饰工程工程量计算规范》中下列规定，在使用时要加以注意：

1）现浇混凝土工程项目"工作内容"中包括模板工程的内容，同时又在措施项目中单列了现浇混凝土模板工程项目。对此，招标人应根据工程实际情况选用。若招标人在措施项目清单中未编列现浇混凝土模板项目清单，即表示现浇混凝土模板项目不单列，现浇混凝土工程项目的综合单价中应包括模板工程费用。

上述规定包含两层意思：一是招标人应根据工程的实际情况，在同一个标段（或合同段）中从两种方式中选择其一；二是招标人若采用单列现浇混凝土模板工程，必须按《房屋建筑与装饰工程工程量计算规范》所规定的计量单位、项目编码、项目特征描述列出清单，同时，现浇混凝土项目中不含模板的工程费用；三是招标人若不单列现浇混凝土模板工程项目，不再编列现浇混凝土模板项目清单，意味着现浇混凝土工程项目的综合单价中包括了模板的工程费用。

2）预制混凝土构件按现场制作编制项目，工作内容中包括模板工程，模板的措施费用不再单列。若采用成品预制混凝土构件时，构件成品价（包括模板、钢筋、混凝土等所有费用）应计入综合单价中，即成品的出厂价格及运杂费等进入综合单价。

3）金属结构构件按照目前市场多以工厂成品化生产的实际，按成品编制项目，成品价应计入综合单价，若采用现场制作，包括制作的所有费用应进入综合单价。

4）门窗（橱窗除外）按照目前均以工厂化成品生产的市场情况，按成品编制项目，门窗成品价（成品原价、运杂费等）应计入综合单价。若采用现场制作，包括制作的所有费用应计入综合单价。

4. 措施项目清单的编制

措施项目费是指为完成工程项目施工，发生于该工程施工准备和施工过程中的技术、生活、安全、环境保护等方面的项目。措施项目清单必须根据相关专业工程国家计量规范的规定，以及拟建工程的实际情况列项。

（1）措施项目分为总价措施项目和单价措施项目。对于总价措施项目，在相关工程计量规范中无工程量计算规则，不便于计算工程量，可根据地区规定和工程实际情况选择列项并列出项目编码、项目名称，见表3-2。对于单价措施项目，对能够预见肯定发生的按常规施工方法选择列项，且必须根据相关专业工程计量规范规定的项目编码、项目名称、项目特征、计量单位和工程量计算规则进行编制。五个要件，即项目编码、项目名称、项目特征、计量单位和工程量，缺一不可。

表3-2   总价措施项目清单与计价表

工程名称：   标段：   第   页、共   页

序号	项目编码	项目名称	计算基础	费率（%）	金额（元）	调整费率（%）	调整后金额（元）	备注
		安全文明施工费						
		夜间施工增加费						
		非夜间施工照明费						
		二次搬运费						
		冬雨季施工增加费						

续表

序号	项目编码	项目名称	计算基础	费率（%）	金额（元）	调整费率（%）	调整后金额（元）	备注
		地上地下设施、建筑物临时保护措施费						
		已完工程及设备保护费						
		合计						

（2）对于专业工程计量规范中未列的措施项目，可根据工程实际进行补充。清单编制人自行补充的项目，应填写在相应措施项目清单之后。对于总价项目要列出补充编码、项目名称和工作内容。对于单价项目同分部分项工程量清单的补项编码规定。

（3）环境保护、文明施工、安全施工和临时设施等措施清单项目，应按照国家、省有关规定明确计价要求。

措施项目清单为可调整清单，投标人对招标文件中所列项目，可根据企业自身特点做适当的变更增减。投标人要对拟建工程可能发生的措施项目和措施费用作通盘考虑，清单一经报出，即被认为是包括了所有应该发生的措施项目的全部费用。如果报出的清单中没有列项，且施工中又必须发生的项目，业主有权认为，其已经综合在分部分项工程量清单的综合单价中。将来措施项目发生时投标人不得以任何借口提出索赔与调整。

5. 其他项目清单的编制

其他项目清单是指因招标人的特殊要求而发生的与拟建工程有关的其他费用项目和相应数量的清单。其他项目清单与计价汇总表见表3-3。工程建设标准的高低、工程的复杂程度、工程的工期长短、工程的组成内容、发包人对工程管理要求等都直接影响其他项目清单的具体内容，当出现表3-3未列的项目时，可根据工程的具体情况进行补充。

表3-3 其他项目清单与计价汇总表

工程名称： 标段： 第 页、共 页

序号	项目名称	金额（元）	结算金额（元）	备注
1	暂列金额			
2	暂估价			
2.1	材料（工程设备）暂估价/结算价	—		
2.2	专业工程暂估价/结算价			
3	计日工			
4	总承包服务费			
5	索赔与现场签证	—		
	合计		—	

注 材料（工程设备）暂估单价进入清单项目综合单价，此处不汇总。

（1）暂列金额。由于工程建设自身的规律，在工程实施中，可能有设计变更、业主要求的变更及其他诸多不确定性因素。这将导致合同价格的调整，暂列金额正是因为这类不可避免的价格调整而设立，以便达到合理确定和有效控制工程造价的目标。

　　暂列金额由招标人根据工程项目的规模、设计深度、环境条件、资金状况、工期长短等因素在清单编制时予以明确。暂列金额应按有关计价规定估算，没有规定时可区分具体情况按分部分项工程费用的 10%～15%估列。

　　中标人只有按照合同约定程序，实际发生了暂列金额所包含的工作，才能将得到的相应金额，纳入合同结算价款中。扣除实际发生金额后的暂列金额余额仍属于招标人所有。

　　（2）暂估价。暂估价是指招标阶段直至签订合同协议时，招标人在招标文件中提供的用于支付必然要发生但暂时不能确定价格的材料、工程设备的单价以及专业工程的金额。暂估价包括材料暂估单价、工程设备暂估单价和专业工程暂估价。暂估价类似于 FIDIC 合同条款中的 Prime Cost Items，在招标阶段预见肯定要发生，只是因为标准不明确或者需要由专业承包人完成，暂时无法确定价格。

　　暂估价中的材料、工程设备暂估单价应根据工程造价信息或参照市场价格估算，暂估价数量和拟用项目应当结合工程量清单中的"暂估价表"予以补充说明。

　　专业工程暂估价应分不同专业，按有关计价规定估算，列出明细表。专业工程的暂估价应是综合暂估价，包括除规费和税金以外的管理费、利润等。总承包招标时，专业工程设计深度往往是不够的，一般需要交由专业设计人员设计，从提高可建造性考虑。国际上惯例，一般由专业承包人负责设计，以发挥其专业技能和专业施工经验的优势。这类专业工程交由专业分包人完成是国际工程的良好实践，目前在我国工程建设领域也已经比较普遍。公开透明、合理地确定这类暂估价的实际开支金额的最佳途径，就是通过施工总承包人与工程建设项目招标人共同组织招标。

　　（3）计日工。计日工是为了解决现场发生的零星工作的计价而设立的。国际上常见的标准合同条款中，大多数都设立了计日工（Daywork）计价机制。计日工对完成零星工作所消耗的人工工时、材料数量、施工机械台班进行计量，并按照计日工表中填报的适用项目的单价进行计价支付。计日工适用的所谓零星工作一般是指合同约定之外或者因变更而产生的、工程量清单中没有相应项目的额外工作，尤其是那些时间不允许事先商定价格的额外工作。计日工清单中，招标人应估列出完成合同约定以外零星工作所消耗的人工、材料和机械台班的种类、名称、规格及其数量。

　　（4）总承包服务费。总承包服务费是为了解决招标人在法律、法规允许的条件下，进行专业工程发包以及自行供应材料、工程设备，并需要总承包人对发包的专业工程提供协调和配合服务（如指定分包人使用总包人的脚手架、水电接剥等），对甲供材料、工程设备提供收、发和保管服务，以及进行施工现场管理时发生并向总承包人支付的费用。招标人应预计该项费用，并按投标人的投标报价向投标人支付该项费用。总承包服务费应列出服务项目及其内容等。

　　6. 规费、税金项目清单的编制

　　规费是指根据国家法律、法规规定，由省级政府或省级有关权力部门规定施工企业必须缴纳的，应计入建筑安装工程造价的费用。政府和有关权力部门可根据形势发展的需要，对规费项目进行调整。规费项目清单内容包含：①社会保险费（包括养老保险费、失业保险费、医疗保险费、工伤保险费、生育保险费）；②住房公积金；③工程排污费。税金是指根据国家税法规定的应计入建筑安装工程造价内的营业税、城市维护建设税、教育费附加和地方教育附加。规费、税金项目计价表见表 3-4。

表 3-4　　　　　　　　　　规费、税金项目计价表

工程名称：　　　　　标段：　　　　　　　　　　第 页 共 页

序号	项目名称	计算基础	计算基数	计算费率（%）	金额（元）
1	规费	定额人工费			
1.1	社会保险费	定额人工费			
(1)	养老保险费	定额人工费			
(2)	失业保险费	定额人工费			
(3)	医疗保险费	定额人工费			
(4)	工伤保险费	定额人工费			
(5)	生育保险费	定额人工费			
1.2	住房公积金	定额人工费			
1.3	工程排污费	按工程所在地环境保护部门收取标准，按实计入			
2	税金	分部分项工程费＋措施项目费＋其他项目费＋规费—按规定不计税的工程设备金额			
合计					

四、工程量清单计价办法

《工程量清单计价规范》规定，建设项目采用工程量清单计价，建设工程造价由分部分项工程费、措施项目费、其他项目费、规费和税金组成。

分部分项工程量清单应采用综合单价计价。综合单价是指完成一个规定计量单位的分部分项工程量清单项目或措施清单项目所需的人工费、材料与工程设备费、施工机具使用费和企业管理费与利润，以及一定范围内的风险费用。

1. 工程量清单计价的基本过程

工程量清单计价过程可以分为两个阶段：工程量清单编制和工程量清单应用两个阶段。工程量清单的编制程序如图 3-1 所示。

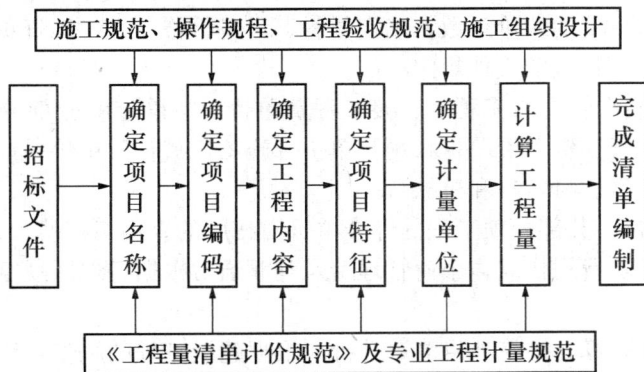

图 3-1　工程量清单编制程序

工程量清单应用过程如图 3-2 所示。

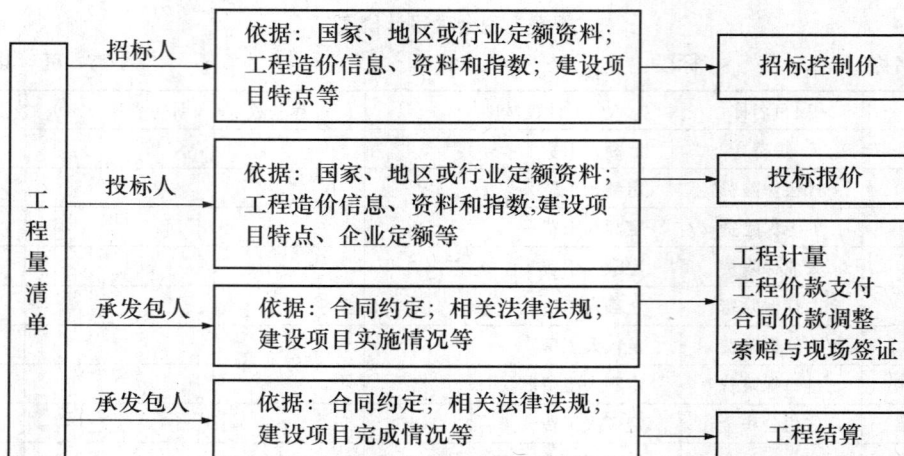

图 3-2　工程量清单计价应用过程

2. 工程量清单计价的方法

（1）工程造价的计算。利用综合单价法计价，需分项计算清单项目，汇总得到工程总造价，即

$$分部分项工程费 = \sum 分部分项工程量 \times 分部分项工程综合单价 \qquad (3-1)$$
$$措施项目费 = \sum 措施项目工程量 \times 措施项目综合单价 + \sum 总价措施项目费 \qquad (3-2)$$
$$单位工程报价 = 分部分项工程费 + 措施项目费 + 其他项目费 + 规费 + 税金 \qquad (3-3)$$
$$单项工程报价 = \sum 单位工程报价 \qquad (3-4)$$
$$总造价 = \sum 单项工程报价 \qquad (3-5)$$

（2）分部分项工程费计算。

1）工程量的计算。招标工程量清单标明的工程量是投标人投标报价的共同基础，竣工结算时按发、承包双方在合同中约定应予计量且实际完成的工程量确定。

2）人、材、机消耗数量测算。投标人可以按反映企业水平的企业定额或参照造价管理机构颁布的消耗量定额，确定人工、材料、机械台班的消耗用量。

3）市场调查和询价。根据工程项目的具体情况，考虑市场资源的供求状况，采用市场价格作为参考，考虑一定的调价系数，确定材料、设备价格。人工工资单价和施工机械台班单价执行当地造价管理机构的文件规定。

4）计算清单项目分部分项工程的直接工程费单价。按确定的分部分项工程人工、材料和机械的消耗量及人工工资单价、材料预算单价、施工机械台班单价，计算出对应分部分项工程单位数量的人工费、材料费和机械费。

5）计算综合单价。分部分项工程的综合单价由相应的直接工程费、企业管理费与利润，以及一定范围内的风险费用构成。企业管理费及利润通常根据各地区规定的费率乘以规定的计算基础得出。

（3）措施项目费计算。措施项目清单计价应根据建设工程的施工组织设计，可以计算工程量的单价措施项目，应按分部分项工程量清单的方式采用综合单价计价；总价措施项目以总价（或计算基础乘费率）计算，应包括除规费、税金外的全部费用。

措施项目清单中的安全文明施工费应按照国家或省级、行业建设主管部门的规定计价，不得作为竞争性费用。

（4）其他项目费计算。其他项目费由暂列金额、暂估价、计日工、总承包服务费等内容构成。暂列金额和暂估价由招标人按估算金额确定。计日工和总承包服务费由承包人根据招标人提出的要求，按估算的费用确定。在编制招标控制价、投标报价、竣工结算时，其他项目费计价的要求不一样，详见《工程量清单计价规范》的规定。

（5）规费与税金的计算。规费计算时，一般按国家及有关部门规定的计算公式和费率标准进行计算。如国家税法发生变化或地方政府及税务部门依据职权对税种进行了调整，应对税金项目清单进行相应调整。规费和税金不得作为竞争性费用。

（6）风险费用。采用工程量清单计价的工程，应在招标文件或合同中明确风险内容及其范围（幅度）。风险是工程建设施工阶段发、承包双方，在招投标活动和合同履约及施工中所面临涉及工程计价方面的风险。对于承包人来说，应完全承担的风险是技术风险和管理风险，如管理费和利润；应有限度承担的是市场风险，如材料、工程设备涨价、施工机械使用费等；应完全不承担的是法律、法规、规章和政策变化的风险。

第四节 其他计价依据

一、工程技术文件

反映建设工程项目的规模、内容、标准、功能等的文件是工程技术文件。只有根据工程技术文件，才能对工程的分部组合即工程结构作出分解，得到计算的基本子项。只有依据工程技术文件及其反映的工程内容和尺寸，才能测算或计算出工程实物量，得到分部分项工程的实物数量。因此，工程技术文件是建设工程造价确定的重要依据。

在工程建设的不同阶段所产生的工程技术文件是不同的。

（1）在项目决策阶段，包括项目意向、项目建议书、可行性研究等阶段，工程技术文件表现为项目策划文件、功能描述书、项目建议书、可行性研究报告等。投资估算的编制依据，主要就是上述的工程技术文件。

（2）在初步设计阶段，工程技术文件主要表现为初步设计所产生的初步设计图纸及有关设计资料。设计概算的编制，主要是以初步设计图纸等有关设计资料作为依据。

（3）随着工程设计的深入，进入详细设计即施工图设计阶段，工程技术文件又表现为施工图设计资料，包括建筑施工图纸、结构施工图纸、设备施工图纸、其他施工图纸和设计资料。施工图预算的编制必须以施工图纸等有关工程技术文件为依据。

（4）在工程招标阶段，工程技术文件主要是以招标文件、建设单位的特殊要求、相应的工程设计文件等来体现。

工程建设各个阶段对应的建设工程造价的差异，是因为人们的认识不能超越客观条件。在建设前期工作中，特别是项目决策阶段，人们对拟建项目的筹划难以详尽、具体，因而对建设工程造价的确定也不可能很精确；随着工程建设各个阶段工作的深化且愈接近后期，掌握的资料愈多，人们对工程建设的认识就愈接近实际，建设工程造价的确定也就愈接近实际造价。由此可见，建设工程造价确定的准确性，影响因素之一是人们掌握工程技术文件的深度、完整性和可靠性。

二、要素市场价格信息

构成建设工程造价的要素包括人工、材料、施工机械等,要素价格是影响建设工程造价的关键因素,要素价格是由市场形成的。建设工程造价采用的基本子项所需资源的价格来自市场,随着市场的变化,要素价格亦随之发生变化。因此,建设工程造价必须随时掌握市场价格信息,了解市场价格行情,熟悉市场上各类资源的供求变化及价格动态。这样,得到的建设工程造价才能反映市场,反映工程建造所需的真实费用。

三、工程造价指数

1. 工程造价指数的用途

工程造价指数是反映一定时期由于价格变化对工程造价影响程度的一种指标,它是调整工程造价价差的依据。工程造价指数反映了报告期与基期相比的价格变动趋势,可以正确反映建筑市场的供求关系和生产力发展水平。其用途有:

(1) 可以用于分析价格变动趋势及其原因;

(2) 可以用于估计工程造价变化对宏观经济的影响;

(3) 工程造价指数是工程承发包双方进行工程估价和结算的重要依据。

2. 工程造价指数的分类

(1) 按照对应的工程造价的构成内容来分类。

1) 各种单项价格指数。这其中包括反映各类工程的人工费、材料费、施工机械使用费报告期价格对基期价格的变化程度的指标。可利用它研究主要单项价格变化的情况及其发展变化的趋势,其计算过程可以简单表示为报告期价格与基期价格之比。例如措施费指数、间接费指数、工程建设其他费用指数等。很明显,这些单项价格指数编制较简单,都属于个体指数。

2) 设备、工器具价格指数。设备、工器具费用的变动通常是由两个因素引起的,即设备、工器具单件采购价格的变化和采购数量的变化,并且工程所采购的设备、工器具是由不同规格、不同品种组成的。因此,设备、工器具价格指数属于总指数。由于采购价格与采购数量的数据无论是基期还是报告期都比较容易获得,因此设备、工器具价格指数可以用综合指数的形式来表示。

3) 建筑安装工程造价指数。建筑安装工程造价指数也是一种综合指数,其中包括了人工费指数、材料费指数、施工机械使用费指数,以及措施费、间接费等各项个体指数的综合影响。由于建筑安装工程造价指数相对比较复杂,涉及的方面较广,利用综合指数来进行计算分析难度较大,因此可以通过对各项个体指数的加权平均,用平均数指数的形式来表示。

4) 建设项目或单项工程造价指数。该指数是由设备、工器具指数、建筑安装工程造价指数、工程建设其他费用指数综合得到的。它也属于总指数,并且与建筑安装工程造价指数类似,一般也用平均数指数的形式来表示。

(2) 按照造价资料的期限长短来分类。

1) 时点造价指数。时点造价指数是不同时点(例如某年某月某日某时对应于上一年同一时点)价格对比计算的相对数。

2) 月指数。月指数是不同月份价格对比计算的相对数。

3) 季指数。季指数是不同季度价格对比计算的相对数。

4) 年指数。年指数是不同年度价格对比计算的相对数。

3. 工程造价指数的编制

（1）各种单项价格指数的编制。

1）人工费、材料费、施工机械使用费等价格指数的编制。这种价格指数的编制可以直接用报告期价格与基期价格相比后得到。其计算公式为

$$人工费（材料费、施工机械使用费）价格指数 = \frac{P_n}{P_0} \qquad (3-6)$$

式中　P_0——基期人工日工资单价（材料价格、机械台班单价）；

　　　P_n——报告期人工日工资单价（材料价格、机械台班单价）。

2）措施费、间接费及工程建设其他费等费率指数的编制。其计算公式为

$$措施费（间接费、工程建设其他费）费率指数 = \frac{P_n}{P_0} \qquad (3-7)$$

式中　P_0——基期措施费（间接费、工程建设其他费）；

　　　P_n——报告期措施费（间接费、工程建设其他费）。

（2）设备、工器具价格指数的编制。设备、工器具价格指数是用综合指数形式表示的总指数。考虑到设备、工器具的采购品种很多，为简化起见，计算价格指数时可选择其中用量大、价格高、变动多的主要设备及工器具的购置数量和单价进行计算。其计算公式为

$$设备、工器具价格指数 = \frac{\sum（报告期设备工器具单价 \times 报告期购置数量）}{\sum（基期设备工器具单价 \times 报告期购置数量）} \qquad (3-8)$$

（3）建筑安装工程价格指数的编制。与设备、工器具价格指数类似，建筑安装工程价格指数也属于综合指数形式表示的总指数。但考虑到建筑安装工程价格指数的特点，所以用综合指数的变形即加权调和平均数指数的形式表示。

$$建筑安装工程造价指数 = \frac{报告期建筑安装工程费}{\dfrac{报告期人工费}{人工费指数} + \dfrac{报告期材料费}{材料费指数} + \dfrac{报告期施工机械使用费}{施工机械使用费指数} + \dfrac{报告期措施费}{措施费指数} + \dfrac{报告期间接费}{间接费指数} + 利润 + 税金} \qquad (3-9)$$

（4）建设项目或单项工程造价指数的编制。建设项目或单项工程造价指数是由建筑工程造价指数，设备、工器具价格指数和工程建设其他费用指数综合而成的。与建筑安装工程造价指数相类似，其计算也应采用加权调和平均数指数的推导公式，具体的计算过程为

$$建设项目或单项工程造价指数 = \frac{报告期建设项目或单项工程造价}{\dfrac{报告期建筑安装工程费}{建筑安装工程造价指数} + \dfrac{报告期设备工器具费用}{设备、工器具价格指数} + \dfrac{报告期工程建设其他费}{工程建设其他费指数}} \qquad (3-10)$$

四、建设工程环境条件

建设工程所处的环境和条件，也是影响建设工程造价的重要因素。环境和条件的差异或变化，会导致建设工程造价大小的变化。工程的环境和条件，包括工程地质条件、气象条件、现场环境与周边条件，也包括工程建设的实施方案、组织方案、技术方案等。例如国际工程承包，承包商在进行投标报价时，需通过充分的现场环境和条件调查，了解和掌握对工程价格产生影响的内容和方面，如工程所在国的政治情况、经济情况、法律情况，交通、运输、通信情况，生产要素市场情况，历史、文化、宗教情况；气象资料、水文资料、地质资料等自然条件，工程现场地形地貌、周围道路、邻近建筑物、市政设施等施工条件，其他条

件等；工程业主情况、设计单位情况、咨询单位情况、竞争对手情况等。只有在掌握了工程的环境和条件以后，才能做出准确的报价。

五、其他依据

国家对建设工程费用计算的有关规定，按国家税法规定须计取的相关税费等，都构成了建设工程造价确定的依据。

复 习 与 思 考 题

1. 名词解释

（1）建设工程定额。即额定的消耗量标准，是指按照国家有关的产品标准、设计规范和施工验收规范、质量评定标准，并参考行业、地方标准以及有代表性的工程设计、施工资料，确定的工程建设过程中完成规定计量单位合格产品，所必需的人工、材料、施工机械台班等的消耗数量标准。

（2）工程量清单。载明建设工程分部分项工程项目、措施项目、其他项目的名称和相应数量，以及规费项目和税金项目等内容的明细清单。

（3）招标工程量清单。招标工程量清单是指招标人依据国家标准、招标文件、设计文件，以及施工现场实际情况编制的，随招标文件发布供投标报价的工程量清单，包括对其的说明和表格。

（4）其他项目清单。其他项目清单是指因招标人的特殊要求而发生的与拟建工程有关的其他费用项目和相应数量的清单。

（5）综合单价。综合单价是指完成一个规定计量单位的分部分项工程量清单项目或措施清单项目所需的人工费、材料费、工程设备费、施工机具使用费和企业管理费与利润，以及一定范围内的风险费用。

2. 思考题

（1）简述工程计价依据有哪些。

（2）简述建设工程定额的分类。

（3）简述《工程量清单计价规范》的强制性条文规定。

（4）简述《工程量清单计价规范》的内容有哪些。

（5）简述工程量清单的组成。

（6）简述工程量清单的编制依据有哪些。

（7）简述清单项目编码的规定。

（8）简述清单项目特征描述的规定。

（9）简述措施项目清单编制的规定。

（10）简述其他项目清单包含的内容。

（11）简述工程造价指数的作用及分类。

第四章　工程造价管理理论与方法介绍

第一节　工程造价管理理论的发展进程

工程造价管理是以建设项目为研究对象，综合运用技术、经济、管理、法律等手段，以提高建设项目管理水平及投资效益为目标的一门新兴的交叉边缘学科。它是随着社会生产力的发展，以及管理科学的发展而产生并发展起来的。从最初的家居和宫殿建造成本的管理，发展到大型复杂建设项目（例如三峡工程、2010 年上海世博会工程建设总体项目）的工程造价管理，人们经历了几千年的不断学习、不断总结、不断探索与创新的过程。

自 20 世纪 30 年代开始，一些现代经济学和管理学的原理被应用到了工程造价管理领域，这包括从简单的建设项目造价估算、确定与控制开始向重视项目价值和投资效益评估及项目技术经济分析的方向发展。到 20 世纪 30 年代末期已经有人将项目净现值（Net Present Value，NPV）和项目内部收益率（Internal Rate of Return，IRR）等项目评估技术方法应用到了工程造价管理之中，并且创建了"工程经济学"等工程造价管理的基础理论和方法，从而使得工程造价管理有了很大的发展。尤其在第二次世界大战之后的全球重建时期，大量的建设项目为人们提供了开展工程造价管理理论和方法的研究与实践机会，有许多工程造价管理的新理论与新方法在这一时期得以创建。

进入 20 世纪 50 年代以后，工程造价管理的理论和方法在职业化的推动下获得了很大的发展。除了英国原有的皇家特许测量师协会（Royal Institution of Chartered Surveyors，RICS）以外，1951 年澳大利亚工料测量师协会（Australian Institute of Quantity Surveyors，AIQS）宣布成立，1956 年美国造价工程师协会（American Association of Cost Engineering，AACE）成立，1959 年加拿大工料测量师协会（Canadian Institute of Quantity Surveyors，CIQS）宣告成立，先后有二十多个国家成立了工程造价管理方面的协会，并且随后建立了国际造价工程师联合会。这些工程造价管理协会成立以后，积极组织本专业人员并与大专院校合作，对工程造价管理中的工程造价确定与控制、工程造价风险管理等许多方面开展了全面的研究，并创立现在被称为传统的工程造价管理理论与方法。

从 20 世纪 80 年代初开始，各国的工程造价管理协会和相关学术机构先后对工程造价管理的新模式和新方法进行了探索工作，开始从不同的角度去重新认识工程造价管理的客观规律，并进入了以注重工程造价的过程管理、集成管理和风险管理等问题的现代工程造价管理阶段，各种现代工程造价管理的理论和方法被提了出来，并对于它们各自所适用的具体情形也开展了相应的研究。其中，最有代表性的有三个：以英国工程造价管理界为主提出的"全生命周期造价管理（Life Cycle Cost Management，LCCM）"的理论与方法；以中国工程造价管理界为主推出的"全过程造价管理（Whole Process Cost Management，WPCM）"的思想和方法；以美国工程造价管理界为主推出的"全面造价管理（Total Cost Management，TCM）"的理论和方法。

第二节   全生命周期造价管理

全生命周期造价管理的理论与方法主要是由英美的一些工程造价界的学者和实际工作者于 20 世纪 70～80 年代提出的。后在英国皇家测量师协会的直接组织和大力推动下，逐步形成了一种较为完整的工程造价管理理论和方法体系。

一、全生命周期造价管理的含义

全生命周期造价管理思想的核心是通过综合考虑项目全生命周期中的建设期成本和运营期成本，努力争取实现项目价值最大化，即以较小的全生命周期成本去完成项目的建设和运营。这种方法的内涵如图 4-1 所示。

二、全生命周期造价管理的特点

（1）全生命周期造价管理研究的时域是建筑物的整个生命周期，包括决策阶段、设计阶段、施工阶段、竣工验收阶段和运营维护及翻新拆除阶段。

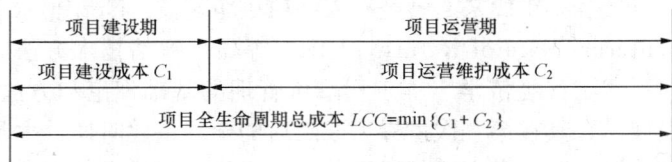

项目建设期	项目运营期
项目建设成本 C_1	项目运营维护成本 C_2
项目全生命周期总成本 $LCC=\min\{C_1+C_2\}$	

图 4-1   全生命周期造价管理示意图

（2）全生命周期造价管理的目标是以最小的整个生命周期成本争取实现项目价值的最大化。

其中的生命周期成本包括建设成本及未来的运营和维护成本。一般的，项目的建设成本与运营维护成本之间存在着此消彼长的关系。综合考虑建设项目整个生命周期内各阶段成本间的互相制约关系，才有可能实现全生命周期成本的最优。

（3）全生命周期造价管理包括生命周期成本分析和生命周期成本管理两个内容。

三、全生命周期造价管理的应用

（1）全生命周期造价管理方法是建设项目投资决策的一种分析工具。它是一种用来从各决策备选方案中选择最优方案的数学方法或工具，但它不是用来做建设项目全过程成本管理与控制的方法。它要求人们在建设项目投资决策、可行性分析和建设项目备选方案评价中要考虑项目建设和运营两个方面的成本。

（2）全生命周期造价管理是建筑设计中的一种指导思想和手段，使用它可以计算一个建设项目在整个生命周期的全部成本，包括项目建造成本和运营维护成本。它的关键是在下述公式中所表达出来的项目成本最小化的思想，即：建设项目全生命周期总成本（LCC）= $\min\{C_1+C_2\}$。所以它也是用来确定建设项目设计方案的一种技术方法，它要求按照全面考虑建设项目建造与运营两方面成本的方法去设计和安排建设项目的设计和施工方案。

（3）全生命周期造价管理是实现建设项目全生命周期总造价最小化的一种方法，其中的全生命周期的阶段包括：项目前期、建设期、使用期和拆除期等阶段。它是一种从建设项目全生命周期总造价的最小化和总价值的最大化目标出发，努力集成考虑项目建设和运营维护成本从而实现建设项目利益最大化的方法。全生命周期造价管理是一种可审计跟踪的工程成本管理系统。

（4）在建设项目决策和设计阶段要从建设项目全生命周期出发去考虑项目的成本和价值问题，人们需要努力通过建设项目的设计和计划安排去寻求和做到项目全生命周期总造价的最小化和总价值的最大化。

四、全生命周期成本的构成

全生命周期成本（Life Cycle Cost）不仅包含资金意义上的成本，还包括环境成本、社会成本。

1. 资金成本

全生命周期资金成本，也称为经济成本，是指建设项目从构思到建设投入使用直至生命周期终结全过程所发生的一切可直接体现为资金耗费投入的总和，主要包括建设成本和使用及维护成本。建设成本是指项目从筹建到竣工验收为止所投入的全部成本费用，包括工程费用、工程建设其他费用、预备费、建设期利息等。使用及维护成本则是指项目在使用过程中发生的各种费用，包括各种能耗成本、维护成本和管理成本等。从其性质上说，这种投入可以是资金的直接投入，也包括资源性投入，如人力资源、自然资源等；从其投入时间上说，可以是一次性投入，如建设成本，也可以是分批投入、连续投入，如使用及维护成本。

从项目的整个生命周期来看，建设项目的建设成本和使用及维护成本存在此消彼长的关系。随着建设项目功能水平的提高，项目的建设成本增加，使用及维护成本降低；反之，建设项目的功能水平降低，建设成本降低，但使用及维护成本会增加。因此，当功能水平逐步提高时，全生命周期资金成本呈马鞍形变化，如图 4-2 所示。大量资料表明，项目在移交后的使用及维护成本要远远大于它的建设成本，而且先期建设成本的高低对未来使用及维护成本的高低会产生很大影响。一个广泛使用的案例是美国 Veterans Affairs（简称 VA）机构负责全国 172 家医疗中心共 2000 栋建筑的运营及维护，VA 机构采用 40 年分析周期和 5% 的折现率进行全生命周期成本分析，发现使用及维护成本大约是建设成本的 7.7 倍。

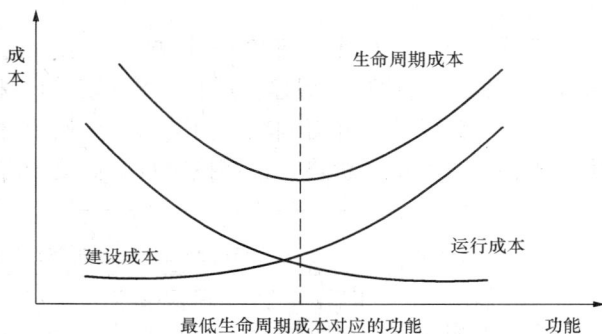

图 4-2　全生命周期资金成本示意图

2. 环境成本

全生命周期环境成本是指项目在整个生命周期内对环境造成的潜在的和显在的不利影响，包括环境资源消耗成本、环境维护成本和环境损失成本。环境资源消耗成本是指企业在生产经营过程中消耗的那部分环境资产的成本。环境维护成本是为减少环境资源的人为破坏，维护环境质量达到一定水平所采取的各种保护措施的成本，包括"三废"治理支出、排污费、环境管理和检测费用、购置污染治理设备、缴纳环保税费、环保科研支出等。环境损失成本是指由于生产造成的环境污染和自然资源破坏而进行的恢复成本。

项目的全生命周期环境成本是与原材料生产，产品的制造、消费、使用和最终的报废处理全过程相关的环境成本。我国在《中华人民共和国环境保护法》中体现了"谁污染谁治理"，即"污染者负担原则"的立法精神。

3. 社会成本

全生命周期社会成本是指项目在从构思、产品建成投入使用直至报废全过程对社会经济造成的不利影响。一般情况下，社会成本与资金投入密切相关，对同一项目资金成本投入越多，社会成本下降越大。例如在公路建设项目中，要将安全放在首位，采取一切有效措施，为公路使用者提供安全保障和人性化服务，减少交通事故的发生及因此而产生的各项费用，这将增加资金成本投入，但同时也大幅度降低了社会成本。

在全生命周期成本中，资金成本是显性成本，而环境成本和社会成本都是隐性成本，它们不直接表现为量化成本，而必须借助于其他方法转化为可直接计量的成本，这就使得它们比资金成本更难以计量，但在项目建设及运行的全过程中这类成本始终是存在的。目前，在我国工程建设实践中，往往只偏重于经济成本管理，而对于环境成本和社会成本则考虑得较少，与西方发达国家相比，存在较大的差距。

第三节　全过程造价管理

自 20 世纪 80 年代中期开始，我国工程造价管理领域的理论工作者和实际工作者就提出了对建设项目进行全过程造价管理的思想。

一、全过程造价管理的含义

全过程造价管理的核心思想是按照基于活动的方法做好建设项目造价的确定和控制，如图 4 - 3 所示。

基于活动的建设项目造价确定方法是按照基于活动的成本核算（Activity Based Costing，ABC）的原理开展建设项目造价确定的一种新技术方法。它首先将一个建设项目的工作进行全面的分解并得到项目活动清单，然后分析和确定各个项目活动所需资源并收集和确定各种资源的市场价格，最终按照自下而上的方法确定出一个建设项目的造价。

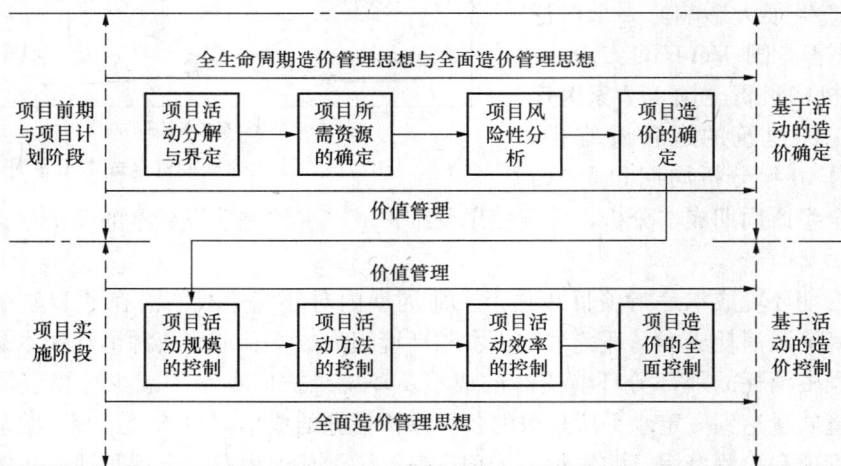

图 4 - 3　全过程造价管理示意图

基于活动的建设项目造价控制方法则是按照基于活动的管理原理和方法去开展建设项目造价管理的技术方法。它注重从项目活动和活动方法的控制入手，最终实现对于建设项目造价的全面控制，它是一种从减少和消除项目无效或低效活动及努力改善项目活动方法去控制项目造价的方法。

（1）全过程造价管理强调建设项目的建设是一个过程，建设项目造价的确定与控制也是一个过程，是一个项目造价决策和实施的过程，人们在项目全过程中都需要开展建设项目造价管理工作。

（2）全过程造价管理中的建设项目造价确定是一种基于活动的造价确定方法，这种方法是将一个建设项目的工作分解成项目活动清单，然后使用工程测量方法确定出每项活动所消耗的资源，最终根据这些资源的市场价格信息确定出一个建设项目的造价。

（3）全过程造价管理中的建设项目造价控制是一种基于活动的造价控制方法，这种方法强调一个建设项目的造价控制必须从对于项目的各项活动及其活动方法的控制入手，通过减少和消除不必要的活动去减少资源消耗，从而实现降低和控制建设项目造价的目的。

（4）全过程造价管理必须要有项目全体相关利益主体的全过程参与，这些相关利益主体构成了一个利益团队，他们必须共同合作和分别负责整个建设项目全过程中各项活动造价的确定与控制责任。

从上述分析可以得出全过程造价管理的基本原理是：按照基于活动的造价确定方法去估算和确定建设项目造价。同时采用基于活动的管理方法以降低和消除项目的无效和低效活动，从而减少资源消耗与占用，并最终实现对建设项目造价的控制。

二、全过程造价管理的方法

全过程造价管理的方法主要有两部分：其一是基本方法，包括全过程工作分解技术方法、全过程造价确定技术方法、全过程造价控制技术方法；其二是辅助方法，包括建设项目全要素集成造价管理技术方法、建设项目全风险造价管理技术方法、建设项目全团队造价管理技术方法等。

1. 全过程工作分解技术方法

每一个建设项目的全过程都是由一系列的项目阶段和具体项目活动构成的，因此，全过程造价管理首先要求对建设项目进行工作分解与活动分解。

（1）建设项目全过程的阶段划分。一个建设项目的全过程至少可以简单地划分为四个阶段：可行性分析与决策阶段、设计与计划阶段、实施阶段、完工与交付阶段。

（2）建设项目各阶段的进一步划分。项目的每一个阶段是由一系列的活动组成。因此，可以对项目各阶段进行进一步划分，这种划分包括如下两个层次：

1）项目的工作分解与工作包。任何一个建设项目都可以按照一种层次型的结构化方法进行项目工作包的分解，并且给出项目的工作分解结构，这是现代项目管理中范围管理的一种重要方法。使用该方法，可以将一个建设项目的全过程分解成一系列的项目工作包，然后将这些项目工作包进一步细分成全过程的活动，以便能够更为细致地去确定和控制项目的造价。

2）项目的活动分解与活动。任何一个建设项目的工作包都可以进一步划分为多项活动，这些活动是为了生成建设项目某种特定产出物服务的。这样，建设项目各阶段工作包可以进一步分解为一系列的活动，从而进一步细分一个项目全过程中各工作包中的工作，以便更为细致地去管理项目的造价。

因此，一个建设项目的全过程可以首先划分成多个项目阶段，然后再将这些阶段的项目工作包分解找出并做出项目的工作分解结构，最后进一步将工作包分解成活动并给出项目各项活动的清单，最终就可以从对各项活动的造价管理入手去实现对项目的全过程造价管理了。

2. 全过程造价确定技术方法

（1）全过程中各阶段造价的确定。根据上述项目的阶段性划分理论，一个建设项目全过程的造价就可以被看成是项目各阶段造价之和。实际上各个阶段的工程造价是各不相同的，其中：项目的可行性研究与决策阶段的造价是由决策和决策支持工作所形成的成本加上相应的服务利润，通常这种成本是项目业主和咨询服务机构工作的代价，它在整个项目的成本中所占比重较小。而服务利润是指在委托造价咨询服务机构提供项目决策服务时应付的利润和税金等。项目的设计规划阶段的造价多数是由设计和实施组织提供服务的成本加上相应的服务利润。项目实施阶段的造价是由项目实施组织提供服务的成本加上相应的服务利润和项目主体建设中的各种资源的价值转移而形成的。项目的完工与交付阶段的成本多数是一些检验、变更和返工所形成的成本。

（2）全过程中项目活动的造价确定。项目各个阶段的造价实际上都是由一系列不同性质的项目活动消耗或占用资源形成的，因此要准确地确定项目的造价还必须分析和确定项目所有活动的造价。项目每个阶段的造价都是由其中的项目活动造价累计而成的。

（3）全过程造价的确定。建设项目全过程的造价是由项目各个不同阶段的造价构成的，而项目各个不同阶段的造价又是由每一项目阶段中的项目活动造价构成的。所以在全过程造价的确定过程中必须按照项目活动分解的方法首先找出一个建设项目的项目阶段、项目工作分解结构和项目活动清单，然后按照自下而上的方法得到一个项目的全过程造价。

3. 全过程造价控制技术方法

一个项目的全过程造价控制工作主要包括以下三大方面内容：

（1）全过程中项目活动的控制。全过程活动的控制主要包括两个方面：其一是活动规模的控制，即努力控制项目活动的数量和大小，通过消除各种不必要或无效的项目活动去实现节约资源和降低成本的目的；其二是活动方法的控制，即努力改进和提高项目活动的方法，通过提高效率去降低资源消耗和减少项目成本。

（2）全过程中项目资源的控制。全过程中项目资源的控制工作主要包括两个方面：其一是项目各种资源的物流等方面的管理，即资源的采购和物流等方面的管理，其主要目的是降低项目资源在流通环节中的消耗和浪费；其二是各种资源的合理配置方面的管理，即项目资源的合理调配和项目资源在时间和空间上的科学配置，其主要目的是消除各种停工待料或资源积压与浪费。

（3）全过程的造价结算控制。全过程的造价结算控制是一种间接控制造价的方法，可以减少项目贷款利息或汇兑损益及提高资金的时间价值。例如，通过付款方式和时间的正确选择去降低项目物料和设备采购或进口方面的成本，通过对于结算货币的选择去降低外汇的汇兑损益，通过及时结算和准时交割去减少利息支付等。

第四节　全面造价管理

一、全面造价管理的含义

1998 年 4 月，在荷兰举行的国际造价工程师联合会（International Cost Engineering Council，ICEC）第十五次专业大会上，国际全面造价管理促进会在其协会的章程中对全面造价管理给出了如下定义：全面造价管理就是有效地使用专业知识和专门技术去计划和控制资源、造价、赢利和风险。简单地说，全面造价管理是一种管理各种企业、工作、设施、项目、产品或服务的全生命周期造价的系统方法。

1998 年，在美国辛辛那提召开的国际全面造价管理促进协会年会和国际造价工程师联合会会议上，与会专家和代表多数认为建设项目工程造价全面管理的模式已经成熟，应该将"全面造价管理的理论和方法"定为 21 世纪的建设项目工程造价管理技术与方法。

二、全面造价管理的主要内容

全面造价管理就是全生命周期的费用（造价）管理，包括全过程、全要素、全风险、全团队的造价管理。因此，建设项目全面造价管理方法论的构成包括四项内容：建设项目全过程造价管理、建设项目全要素造价管理、建设项目全风险造价管理、建设项目全团队造价管理。

1. 建设项目全过程造价管理

根据建设项目的阶段性，一个建设项目"全过程"的造价可以分解成各阶段的造价，即

$$C = \sum_{i=1}^{n} C_i \tag{4-1}$$

式中　C——建设项目造价；

　　　C_i——建设项目第 i 阶段造价，$i = 1, 2, 3, \cdots, n$；

　　　n——建设项目的阶段数。

同时，建设项目每个阶段的造价又都是一系列具体活动造价的总和，也是由构成每个阶段的各项具体活动消耗和所占用资源的费用形成的。因此，建设项目的各个阶段的造价又可以分解为各项具体活动的造价。采用不同的作业组织方式会使作业效率与效果不同，工程造价也会不同。要科学地控制工程造价就必须从分析项目的具体活动和活动过程入手，通过对这些具体活动造价的科学管理，降低和控制各项具体活动占用与消耗的资源，从而实现对于建设项目各个阶段的全面造价管理。

2. 建设项目全要素造价管理

在建设项目的全过程中，影响建设项目造价的基本要素有三个：工期要素、质量要素和造价要素本身。在建设项目全过程中，这三个要素是可以相互影响和相互转化的。一个建设项目的工期和质量在一定条件下可以转化成建设项目的造价。因此，对于建设项目的全面造价管理，必须分析和找出工期、质量、造价三要素的相互关系，进行全要素造价集成管理，掌握一套从全要素管理入手的全面造价管理具体技术方法。如果只对建设项目的造价这个单一要素进行管理，无论如何也无法实现建设项目的全面造价管理。

3. 建设项目全风险造价管理

建设项目的实现过程都是在一个相对存在许多风险和不确定因素的外部环境条件下进行的。外部环境条件都存在较大的不确定性（比如通货膨胀、气候条件、地质条件、施工环境等的变化），都有可能给建设项目带来风险，从而导致建设项目的造价发生不正常的变化。

这些不确定性因素的存在使得建设项目的造价一般可分三种不同成分：

（1）确定性造价，对此人们知道它确定会发生，而且知道其发生数额的大小；

（2）风险性造价，对此人们只知道它可能发生及它发生的概率和不同发生概率情况下造

价的分布情况，但是不能肯定它一定会发生；

（3）完全不确定性造价，对此人们既不知道其是否会发生，也不知道其发生的概率分布情况。

这三类不同性质的造价一起构成了建设项目的总造价。工程造价的不确定性是绝对的，确定性是相对的。虽然在实际工作中对这些不确定性可以做各种各样的简化处理，但是建设项目造价的不确定性是客观存在的。这就要求在建设项目的造价管理中必须同时考虑对确定性造价、风险性造价和完全不确定性造价的管理，以实现对建设项目的全面造价管理。

4. 建设项目全团队造价管理

在建设项目实现过程中必然会涉及参与项目建设的多个不同的利益主体。这些利益主体包括：建设项目的项目法人或业主，承担建设项目设计任务的设计单位或建筑师与工程师，承担工程项目监理工作的工程咨询单位或监理工程师，承担建设项目造价管理工作的造价工程咨询单位或造价工程师与工料测量师，承担建设项目施工任务的施工单位或承包商及分包商，以及提供各种建设项目所需物料、设备的供应商等。这些不同的利益主体，一方面为实现同一建设项目而共同合作，一方面依分工去完成建设项目的不同任务，而获得各自的收益。在一个建设项目的实现过程中，这些利益主体都有各自的利益，而且这些利益主体之间的利益有时还会发生冲突。这就要求在建设项目的造价管理中必须全面协调各个利益主体之间的利益与关系，将这些利益相互冲突的不同主体联合在一起构成一个全面合作的团队，并通过这个团队的共同努力，去实现建设项目的全面造价管理。

这种全团队合作管理建设项目造价的前提，是要在业主和服务提供者之间建立一种最新的合作伙伴关系。这种关系能够确保通过合作开展全面造价管理的收益合理地分配到每一个合作方。有了造价管理合作思想和收益风险，就能够保证全面造价管理团队成员之间的真诚合作，并通过各方的共同努力，实现建设项目造价的全面降低。

5. 全面造价管理中四个理论间的逻辑关系

综上所述四个方面的全面造价管理技术是相互联系的有机集成体，其逻辑关系如图4-4所示。

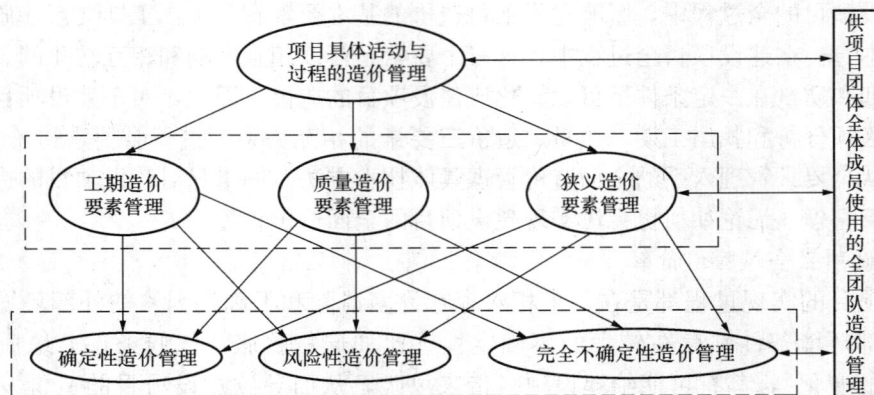

图4-4　工程项目全面造价管理方法论的逻辑关系模型

（1）基于项目活动与过程的全过程造价管理方法是全面造价管理方法论的基础和出发点，全要素造价管理方法和全风险造价管理方法是在全过程造价管理基础之上的更为深入的全面造价管理方法。从图 4-4 中可以看见三种技术方法逐层分解的关系。

（2）项目工期、造价、质量的全要素造价管理方法，是针对建设项目具体活动和活动过程的。它所管理和控制的正是各项具体活动和活动过程中的三大要素，通过降低各项活动与各个过程中三大要素的变化，实现降低整个建设项目造价的目标。

（3）针对项目风险性造价管理的全风险造价管理方法，最主要的是针对各项活动与过程中的工期、造价和质量风险。它所管理和控制的正是各项活动和过程中所存在的风险及由这些风险所引起的造价变化。首先通过控制各项活动或过程的工期、质量和造价要素的风险，进而控制各项活动和过程的风险，最终控制整个项目的造价风险。

（4）全团队造价管理技术方法既可以独立使用，或者与其他任何一种方法联合使用，也可以与其他三种方法共同使用。当这种方法与全过程造价管理技术方法结合使用时，它的主要作用是通过全团队的共同努力，改进和完善项目活动的方法和项目活动过程的合理安排，以降低工程造价；与全要素造价管理技术方法结合使用时，它的主要作用是协调全团队的力量，全面管理好项目的质量、工期、造价三大要素，以降低工程造价；与全风险造价管理技术方法结合使用时，它的作用是调动全团队力量去防范、化解和处理风险及其引起的造价变化，以降低工程造价。当同时使用全面造价管理的四种技术方法时，全团队造价管理方法的作用就是上述三种分别结合使用的综合。

第五节 价 值 管 理

一、价值管理的含义

1. 价值管理的定义

价值管理是一种管理方法，是系统化的、专业化的研究过程，是对价值分析、价值工程的拓展与延伸。在这个过程当中，通过对项目利益相关者价值系统的研究，综合运用价值规划、价值工程、价值分析等方法，平衡项目利益相关者之间的利益冲突，在满足功能的情况下降低全生命周期成本，提高建设项目的价值，进而满足项目利益相关者的需求。

价值管理是一种以价值为导向的有组织的创造性活动，它利用了管理学的基本原理和方法，同时以建设项目利益相关者的利益实现为目标，最终实现项目利益相关者各方最高满意度。

建设项目价值管理范围已拓展到项目全生命周期的各个阶段，包括项目建议书，可行性研究、现场勘察、初步设计、技术设计、施工图设计、实施、生产运作、废弃处理等，可以归纳为价值规划、价值形成、价值实现、价值消失四个阶段，见表 4-1。

2. 价值管理、价值工程和价值分析的关系

价值工程和价值分析可以看作是价值管理中实现价值增值的方法，他们主要用在项目的设计和建造阶段。而价值管理是从价值工程和价值分析演化而来的，它从项目的概念阶段就开始介入，不仅可以像传统的价值工程和价值分析一样用于实在的具体的产品或项目的设计和生产（也就是战术层面），也被用来解决抽象的、决策性的管理问题（也就是战略层面）。

价值管理是价值规划、价值工程、价值分析的联合体，是一个丰富的多方面的研究，是集中应用价值规划、价值工程、价值分析多种技术来保证项目物有所值。

表 4-1 价值管理的阶段划分与内容

价值管理阶段	价值规划阶段	价值形成阶段	价值实现阶段	价值消失阶段
项目阶段	建议书、可行性研究、现场勘察、初步设计、技术设计、施工图设计	实施阶段	生产运作阶段	废弃处理
价值管理内容	此阶段对项目价值的影响是决定性的,在大量调研工作基础上,要确定项目利益相关者价值的内容、大小与传递方式	是价值规划成果的物化,形成价值实体	是组织通过工程的建设实现预定目标,对组织的经营带来的效益	拆除报废项目并恢复场地和环境,存在一个无风险附加值增值空间,体现在没有后续责任风险,并为筹划新的建设项目提供可能

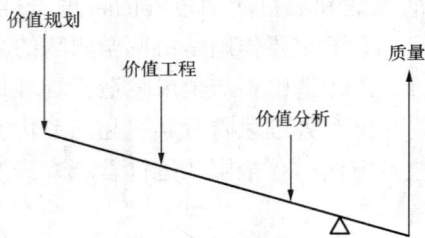

图 4-5 质量杠杆图

在项目决策阶段和方案设计阶段价值管理的主要工作是价值规划,即应建造什么;在项目实施阶段的主要工作是价值工程,即应怎么建造;在项目投产运营阶段的主要工作则是价值分析,即进行项目后评价。借助戴维斯发明的质量杠杆图(如图4-5所示)可以很好的说明在各个阶段应用价值管理给项目带来的影响。从图中可以看出,价值规划阶段对项目的影响最大,价值工程次之,价值分析影响最小。

二、价值管理的参与人员

选择恰当的参与人员是价值管理研究成功的关键,既要有各个专业的专家,也要有适当的规模。人员的专业组成与项目类型和特点、价值管理研究对象和目标有很大的关系。另外,建立参与人员的沟通也是非常重要的。在价值管理研究过程中,要恰当的处理价值管理研究人员与原设计人员的关系。

价值管理的实践方法无一例外的都采用了团队的形式加以开展。这些实践方法的成功程度与价值管理实施团队的建设有着重大的关系。可以说,价值管理团队的建设是否合理、有效直接影响着价值管理实践的成功与否。因此,价值管理的实施方应该重视价值管理、团队的建立和管理。

价值管理团队的领导人,通常称为价值管理促进者,是确保价值管理研究的关键因素,需要具备综合的技能,包括分析能力、小组和团队建设和对项目可选择方案进行评估的知识,以及施工方面的知识。由设计小组还是聘请外部人员来实施价值管理,目前还没有定论。在美国更倾向于外部小组,而在英国则更倾向设计小组。

三、价值管理的工作步骤

工作计划是价值管理活动的关键,具有高度的弹性和适用性,需要采用系统的步骤来实施。参与价值管理的人员,需要严格、系统地执行工作计划拟定的步骤,配合价值管理促进者的引导,才能保证价值管理目标的实现。价值管理的工作步骤主要包括七个阶段,如图4-6所示。

1. 准备阶段

在准备阶段召开会议的主要目的是组建设计小组,由价值工程师来主持,设计小组、对项目有兴趣的人员或者在定位阶段对所涉及的问题有决策权的业主或业主代表参加,召开该

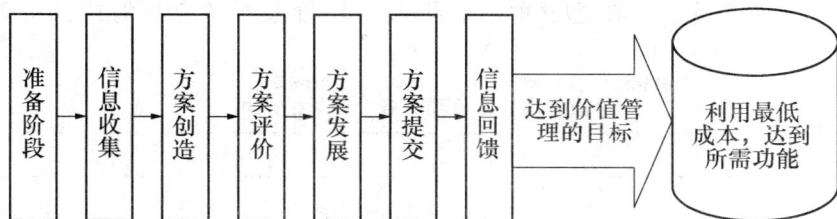

图4-6　价值管理工作步骤

会议的主要目的是解决三个问题：

（1）实施该项目的目标；

（2）业主的需求；

（3）期望的项目特征。

召开该会议，使项目有关人员充分了解项目所涉及的问题及建设项目的限制条件，同时，从业主或业主代表那里获得更多的关于该建设项目的信息。

2. 信息收集阶段

收集与项目有关的信息，以此来识别项目的整体或局部功能。在该阶段，确保信息的真实性和正确性是至关重要的，因为绝大多数的决策失误都与信息失真有关，在该阶段收集的信息包括：业主的需求，项目的限制条件，资金限制，设计和建造的工期限制等。在信息收集阶段可以借助功能分析系统技术来保证信息的可靠性。

3. 方案创造阶段

参与方案的人员都有创造能力，要充分发挥参与人员的创造力来创造尽可能多的方案。在该阶段通常采用的方法有头脑风暴法、哥顿法、德尔菲法、专家调查法等。

4. 方案评价阶段

在评价阶段，价值管理小组针对阶段3提出的方案进行技术评价、经济评价及综合评价，这个分析比较的过程也就是进一步论证的过程。进行初步的筛选，对保留下来的方案做进一步的研究分析。

5. 方案发展阶段

对阶段4保留下来的方案从技术的可行性及经济的合理性方面进行详细研究，依据方案的成本，排除成本超支或者性能不符合要求的方案。

6. 方案提交阶段

收集所选方案的优点，并附带详细的资料比较，陈述所选方案比原方案的优势在哪里，有多大的优势，有什么缺陷。

7. 信息回馈

确保所选方案运作顺利，达到期望的成效，及时报告进展过程。

四、价值管理应用方法

1. 价值管理的常用方法

价值管理在建设项目中的应用方法有很多，国外比较常用的有40小时工作法、设计方案审核法、承包商建议法、澳大利亚法、日本3小时工作法等。

2. 价值管理在建设项目各个阶段的应用

建设项目具有复杂性和持续时间长的特点，根据建设项目的各个不同阶段的不同的利益相关者和不同的任务特点，在建设项目的不同阶段价值管理有相对应的方法运用，见表4-2。

表 4 - 2　　　　　　　　　　　价值管理在建设项目各个阶段的应用

序号	阶段	价值管理的目的	运用价值管理的方法
1	投资战略决策阶段	充分理解项目业主的目的； 项目驱动力分析； 识别项目的利益相关者并且与他们取得联系； 对项目的目标有一个总体的了解； 弄清楚项目的目标与业主商业战略之间的关系； 确立项目目标的层次； 识别项目的风险与限制条件； 设立项目的关键参数	单项目分析方法： ① PEST 分析法（Political、Economic、Social、Technological）； ②外部因素评价矩阵（External Factor Evaluation Matrix，EFE 矩阵）； ③内部因素评价（IFE）矩阵； ④项目的产业环境分析； ⑤SWOT - TWOS 分析法； ⑥层次分析法（The Analytic Hierarchy Process，AHP）； 多项目分析方法： ①项目组合管理（Project Portfolio Management）方法：财务分析法，战略组合法，模型打分法，气泡图法； ②项目群管理（Program Management）方法：关键链法，项目群工作分解结构，项目群线条图，项目群环境分析法等
2	可行性研究阶段	拓展设计任务书、明确业主对拟建项目的具体要求并且协助设计单位理解业主的要求	国内外比较常用的 40 小时工作法，设计方案审核法，承包商建议法，澳大利亚法，日本 3 小时工作法都可以采用
3	设计阶段	考虑全面实现项目的价值，使得项目利益相关者的价值最大限度满足的设计方案的优选问题	①经验分析法（因素分析法）； ②百分比法； ③ABC 分析法； ④强制确定法； ⑤还有 40 小时工作法等 5 种方法
4	招投标阶段	如何选择合适的评标方法	方法同阶段 3
5	施工阶段	如何选择最好的施工方案，最好的材料设备，从而实现各方价值的问题	价值管理在施工阶段中应用的方法同上，还有挣值管理方法；在施工组织设计、工程选材、结构选型和施工机械设备选择中应用价值工程方法

复习与思考题

1. 名词解释

价值管理。价值管理是一种以价值为导向的有组织的创造性活动，它利用了管理学的基本原理和方法，同时以建设项目利益相关者的利益实现为目标，最终实现项目利益相关者各方最高满意度。

2. 思考题

（1）简述全生命周期造价管理的含义。

（2）简述全生命周期成本的构成。

（3）简述全过程造价管理的含义。

（4）简述全面造价管理包含哪些内容。

（5）简述价值管理、价值工程、价值分析之间的关系。

（6）简述价值管理有哪些常用的方法。

第二篇　工程造价管理实务

第五章　项目决策阶段的造价管理

建设项目首先是一个投资项目，作为投资者都希望项目获得成功，以最少的投入获得最大的效益。项目的成功来源于正确的投资决策，项目决策正确与否，直接关系到项目建设的成败，关系到工程造价的高低及投资效果的好坏。正确决策是合理确定和有效控制工程造价的前提。

第一节　决策阶段造价管理概述

建设项目一般要经历投资前期、建设期、生产运营期三个阶段。投资前期即决策阶段是决定建设项目经济效果的关键时期，是研究和控制的重点。

一、建设项目前期的阶段划分

建设项目前期工作是一个由粗到细的分析过程，主要包括 4 个阶段：机会研究、预可行性研究、可行性研究、评估和决策阶段。机会研究证明效果不佳的项目，就不再进行预可行性研究；同样，如果预可行性研究结论为不可行，则不必再进行可行性研究。

1. 机会研究（项目建议书）

投资机会研究又称投资机会论证。其主要任务是提出建设项目投资方向建议，即在一个确定的地区和部门内，根据自然资源、市场需求、国家产业政策和国际贸易情况，通过调查、预测和分析研究，选择建设项目，寻找投资的有利机会。

机会研究主要解决两个方面的问题：一是社会是否需要；二是有没有可以开展项目的基本条件。该阶段的工作成果为项目建议书，项目建议书的内容视项目的不同情况而有繁有简，一般应包括以下几个方面：

（1）建设项目提出的必要性和依据。引进技术和进口设备的，还要说明国内外技术差距概况及进口的理由。

（2）产品方案、拟建规模和建设地点的初步设想。

（3）资源情况、建设条件、协作关系等的初步分析。

（4）投资估算和资金筹措设想。利用外资项目要说明利用外资的可能性，以及偿还贷款能力的大体测算。

（5）项目的进度安排。

（6）经济效益和社会效益的估计。

2. 预可行性研究

项目建议书经国家有关部门（如计划部门）审定同意后，对于投资规模大、技术工艺又比较复杂的大中型骨干建设项目，为进一步判断这个项目是否具有生命力，是否有较高的经济效益，需要做预可行性研究。若经过预可行性研究，认为该项目具有一定的可行性，便可转入可行性研究阶段。否则，就终止该项目的前期研究工作。

预可行性研究也称为初步可行性研究，其研究内容和结构与可行性研究基本相同，主要区别是所获得资料的详尽程度和研究深度不同。

3. 可行性研究

可行性研究又称技术经济可行性研究，是项目前期的主要阶段，是建设项目投资决策的基础。它为项目决策提供技术、经济、社会、商业方面的评价依据，为项目的具体实施提供科学依据。其核心是资源研究、市场研究、技术研究、效益研究。这一阶段的主要目标有：

（1）提出项目建设方案。

（2）效益分析和最终方案选择。

（3）确定项目投资的最终可行性和选择依据标准。

4. 评估和决策阶段

项目评估是由投资决策部门组织和授权有关咨询公司或有关专家，代表项目业主和出资人对建设项目可行性研究报告进行全面的审核和再评价。其主要任务是对拟建项目的可行性研究报告提出评价意见，最终决策该项目投资是否可行，确定最佳投资方案。项目评估与决策是在可行性研究报告基础上进行的，其内容包括：

（1）全面审核可行性研究报告中反映的各项情况是否属实。

（2）分析项目可行性研究报告中各项指标计算是否正确，包括各种参数、基础数据、定额费率的选择。

（3）从企业、国家和社会等方面综合分析和判断工程项目的经济效益和社会效益。

（4）分析判断项目可行性研究的可靠性、真实性和客观性，对项目做出最终的投资决策。

（5）最后写出项目评估报告。

由于基础资料的占有程度、研究深度与可靠程度的要求不同，项目前期各个工作阶段的研究性质、工作目标、工作要求、工作时间与费用各不相同。一般来说，各阶段的研究内容由浅入深，项目投资和成本估算的精度要求由粗到细，研究工作量由小到大，研究目标和作用逐步提高，因此，工作时间和费用也逐渐增加（见表5-1）。

表 5-1　　　　　　　　　　建设前期各阶段要求

工作阶段	机会研究	预可行性研究	可行性研究	评价阶段
工作性质	项目设想	项目初步选择	项目拟定	项目评估
工作内容	鉴别投资方向，寻求投资机会（含地区、行业、资源和项目的机会研究），选择项目，提出项目投资建议	对项目初步评价作专题辅助研究，广泛分析、筛选方案，鉴定项目的选择依据和标准，研究项目的初步可行性，决定是否需要进一步做可行性研究或否定项目	对项目进行深入细致的技术经济论证，重点对技术方案和经济效益进行分析评价，进行多方案比选，提出结论性意见，确定项目投资的可行性和选择依据标准	综合分析各种效益，对可行性研究报告进行评估和审查，分析判断项目可行性研究的可靠性和真实性，对项目作最终决定
工作成果及作用	编制项目建议书作为判定经济计划的基础，为初步选择投资项目提供依据	编制初步可行性报告，判定是否有必要进行下一步可行性研究，进一步判明建设项目的生命力	编制可行性研究报告，作为项目投资决策的基础和重要依据	提出项目评估报告，为投资决策提供最后决策依据，决定项目取舍和选择最佳投资方案

续表

工作阶段	机会研究	预可行性研究	可行性研究	评价阶段
估算精度（％）	±30	±20	±10	±10
研究费用占总投资的百分比（％）	0.2～1	0.25～1.25	大项目 0.2～1.0 小项目 1.0～3.0	—
需要时间（月）	1～3	4～6	8～12	—

二、建设项目前期工作程序

建设项目前期的工作内容较多，具体到每个项目又有不同的工作要求，但这个阶段的主要工作程序基本相同，如图 5-1 所示。

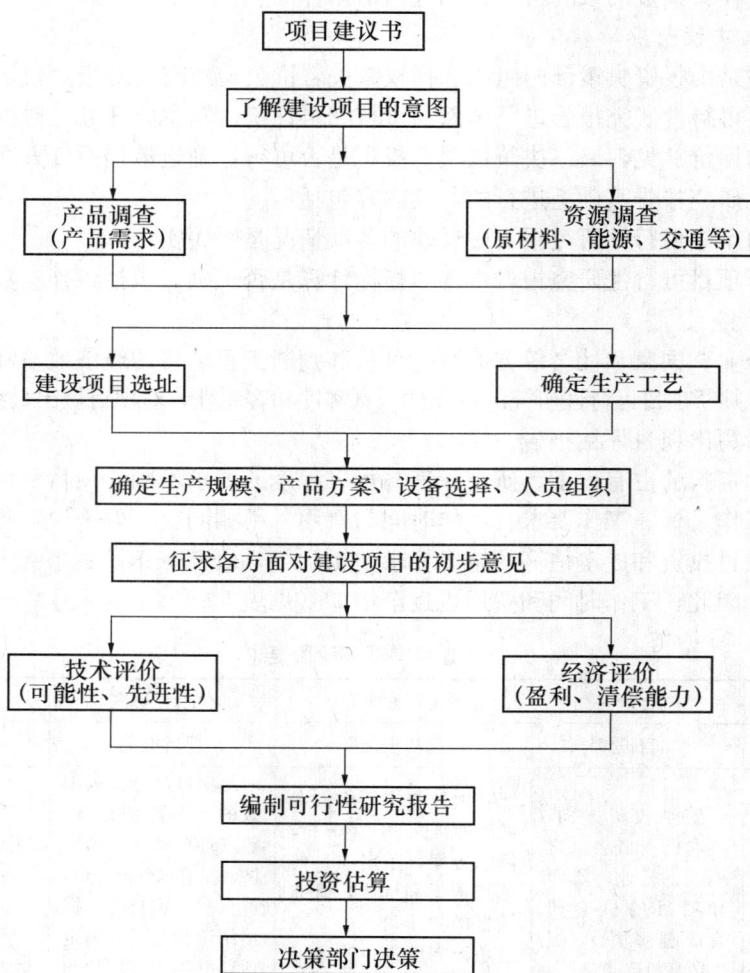

图 5-1　建设项目前期工作程序

三、项目决策与工程造价的关系

1. 项目决策的正确性是工程造价合理性的前提

项目决策正确，意味着对项目建设做出科学的决断，优选出最佳投资行动方案，达到资源的合理配置。这样才能合理地估计和计算工程造价，并且在实施最优投资方案过程中，有效地控制工程造价。项目决策失误，主要体现在对不该建设的项目进行投资建设，或者项目建设地点的选择错误，或投资方案不合理等。诸如此类的决策失误，会直接带来不必要的资金投入和人力、物力的浪费，甚至造成不可弥补的损失。在这种情况下，再进行工程造价的计价和控制已经毫无意义了。因此，要达到工程造价的合理性，首先就要保证项目决策的正确性，避免决策失误。

2. 项目决策的内容是决定工程造价的基础

工程造价的计价与控制贯穿于建设项目全过程，但决策阶段的各项技术经济决策，对该项目的工程造价有重大影响，特别是建设规模及建设标准的确定、建设地点的选择、工艺的评选、设备的选用等，直接关系到工程造价的高低。据有关资料统计，在项目建设各个阶段中，投资决策阶段影响工程造价的程度最高，达到 80%～90%。因此，决策阶段中的项目决策内容是决定工程造价的基础，将直接影响决策阶段之后各建设阶段工程造价的计价与控制是否科学、合理。

3. 造价高低、投资多少影响项目决策

决策阶段的投资估算是进行投资方案选择的重要依据之一，同时也是决定项目是否可行及主管部门进行项目审批的参考依据。

4. 项目决策的深度影响投资估算的精确度和工程造价的控制效果

投资决策过程是一个由浅入深、不断深化的过程，不同阶段决策的深度不同，投资估算的精确度也不同。如投资机会研究及项目建议书阶段，是初步决策的阶段，投资估算误差率在±30%左右；而可行性研究阶段是最终决策阶段，投资估算误差率要求在±10%以内。另外，由于在项目建设各阶段，即决策阶段、初步设计阶段、施工图设计阶段、工程招投标及发承包阶段、施工阶段、竣工验收阶段，通过工程造价的计价与控制，相应形成投资估算、设计概算、施工图预算、招标控制价、签约合同价、结算价及竣工决算，这些造价形式之间存在着前者控制后者，后者补充前者的相互作用关系。而"前者控制后者"的制约关系，意味着投资估算对其后面的各种形式造价起着制约作用，可作为限额目标。由此可见，只有加强项目决策的深度，采用科学的估算方法和可靠的数据资料，合理地计算投资估算造价，才能保证其他阶段的造价被控制在合理范围内，使投资控制目标得以实现，避免"三超"现象的发生。

四、项目前期工程造价管理的主要内容

项目前期的工程造价管理，主要从整体上把握项目的投资，分析确定影响项目投资决策的主要因素，编制建设项目的投资估算，对项目进行经济财务分析，考察项目的国民经济评价与社会效益评价，结合项目前期阶段的不确定性因素并对项目进行风险管理等。具体内容有以下几点。

1. 分析确定影响项目投资决策的主要因素

（1）确定建设项目的资金来源。目前，我国建设项目的资金来源有多种渠道，一般从国内资金和国外资金两大渠道来筹集。国内资金来源一般包括国内贷款、国内证券市场筹集、国内外汇资金和其他投资等。国外资金来源一般包括国外直接投资、国外贷款、融资性贸易、国外证券市场筹集等。不同的资金来源其筹集资金的成本不同，应根据建设项目的实际情况和所处环境选择恰当的资金来源。

（2）选择资金筹集方法。从全社会来看，筹资方法主要有利用财政预算投资、利用自筹资金安排的投资、利用银行贷款安排的投资、利用外资、利用债券和股票等资金筹集方法。各种筹资方法的筹资成本不尽相同，对建设项目工程造价均有影响，应选择适当的几种筹资方法进行组合，使得建设项目的资金筹集不仅可行，而且经济。

（3）合理处理影响建设项目工程造价的主要因素。在建设项目投资决策阶段，应合理地确定项目的建设规模、建设地区和厂（场）址，科学地选定项目的建设标准并适当地选择项目生产工艺和设备，这些都直接地关系到项目的工程造价和全生命周期成本。

2. 建设项目决策阶段的投资估算

投资估算是进行建设项目技术经济评价和投资决策的基础，在项目建议书、预可行性研究、可行性研究、方案设计阶段（包括概念方案设计和报批方案设计）应编制投资估算。投资估算应参考相应工程造价管理部门发布的投资估算指标，依据工程所在地市场价格水平合理确定估算编制期的人工、材料、机械台班价格，全面反映建设项目建设前期和建设期的全部投资，确保投资估算的编制质量。

提高投资估算的准确性，可以从以下几点做起：①认真收集整理各种建设项目的竣工决算的实际造价资料；②不能生搬硬套工程造价数据，要结合时间、物价及现场条件和装备水平等因素做出充分的调查研究；③提高造价专业人员和设计人员的技术水平；④提高计算机的应用水平；⑤合理估算工程预备费；⑥对引进设备和技术项目要考虑每年的价格浮动和外汇的折算变化等。

3. 建设项目决策阶段的经济分析（经济评价）

建设项目的经济分析是指以建设工程和技术方案为对象的经济方面的研究。它是可行性研究的核心内容，是建设项目决策的主要依据。其主要内容是对建设项目的经济效果和投资效益进行分析。进行项目经济评价就是在可行性研究和评价过程中，采用现代化经济分析方法，对拟建项目计算期（包括建设期和生产期）内投入产出等诸多经济因素进行调查、预测、研究、计算和论证，做出全面的经济评价，提出投资决策的经济依据，确定最佳投资方案。

（1）决策阶段建设项目经济评价的基本要求。

1）动态分析与静态分析相结合，以动态分析为主。

2）定量分析与定性分析相结合，以定量分析为主。

3）全过程经济效益分析与阶段性经济效益分析相结合，以全过程分析为主。

4）宏观效益分析与微观效益分析相结合，以宏观效益分析为主。

5）价值量分析与实物量分析相结合，以价值量分析为主。

6）预测分析与统计分析相结合，以预测分析为主。

（2）财务评价。财务评价是项目可行性研究中经济评价的重要组成部分，它是根据国家现行财税制度和价格体系，分析、计算项目直接发生的财务效益和费用，编制财务报表，计算评价指标，考察项目的盈利能力、偿债能力、财务生存能力及外汇平衡等财务状况，据以判别项目的财务可行性。其评价结果是决定项目取舍的重要决策依据。

1）财务盈利能力分析。财务评价的盈利能力分析主要是考察项目投资的盈利水平，主要指标有：

①财务内部收益率（FIRR），这是考察项目盈利能力的主要动态评价指标。

②投资回收期（P_t），这是考察项目在财务上投资回收能力的主要静态评价指标。

③财务净现值（$FNPV$），这是考察项目在计算期内盈利能力的动态评价指标。

④总投资收益率（ROI），表示总投资的盈利水平，系指项目达到设计能力后正常年份的年息税前利润或运营期内年平均息税前利润（$EBIT$）与项目总投资（TI）的比率。

⑤项目资本金净利润率（ROE），表示项目资本金的盈利水平，是指项目达到设计能力后正常年份的年净利润或运营期内年平均净利润（NP）与项目资本金（EC）的比率。

建设项目财务评价中，总投资收益率和项目资本金净利润率是采用非折现方法判断项目盈利能力的指标。

2）项目偿债能力分析。项目偿债能力分析主要是考察计算期内各年的财务状况及偿债能力，主要指标有：

①固定资产投资国内借款偿还期。

②利息备付率，表示使用项目利润偿付利息的保证倍率。利息备付率＝息税前利润/应付利息。

③偿债备付率，表示可用于还本付息的资金偿还借款本息的保证倍率。偿债备付率＝（息税前利润＋折旧＋摊销－企业所得税）/应还本息。

3）财务生存能力分析，又可称为资金平衡分析。在项目（企业）运营期间，确保从各项经济活动中得到足够的净现金流量是项目能够持续生存的条件。

4）财务外汇效果分析。建设项目涉及产品出口创汇及替代进口节汇时，应进行项目的外汇效果分析。在分析时，计算财务外汇净现值、财务换汇成本、财务节汇成本等指标。

（3）国民经济评价。国民经济评价是按照资源合理配置的原则，从国家整体角度考察项目的效益和费用，用货物影子价格、影子工资、影子汇率和社会折现率等经济参数分析和计算项目对国民经济的净贡献，评价项目的经济合理性。

1）国民经济评价指标。国民经济评价的主要指标是经济内部收益率。另外，根据建设项目的特点和实际需要，可计算经济净现值和经济净现值率指标。初选建设项目时，可计算静态指标投资净效益率。其中经济内部收益率（$EIRR$）是反映建设项目对国民经济贡献程度的相对指标；经济净现值（$ENPV$）反映建设项目对国民经济所做贡献，是绝对指标；经济净现值率（$ENPVR$）是反映建设项目单位投资为国民经济所做净贡献的相对指标；投资净效益率是反映建设项目投产后单位投资对国民经济所做年净贡献的静态指标。

2）国民经济评价外汇分析。涉及产品出口创汇及替代进口节汇的建设项目，应进行外汇分析，计算经济外汇净现值、经济换汇成本、经济节汇成本等指标。

4．社会效益评价

目前，我国现行的建设项目经济评价指标体系中，还没有规定出社会效益评价指标。社会效益评价以定性分析为主，主要分析项目建成投产后，对环境保护和生态平衡的影响，对提高地区和部门科学技术水平的影响，对提供就业机会的影响，对产品用户的影响，对提高人民物质文化生活及社会福利生活的影响，对城市整体改造的影响，对提高资源利用率的影响等。

5．建设项目决策阶段的风险管理

风险，通常是指产生不良后果的可能性。在工程项目的整个建设过程中，决策阶段是进行造价控制的重点阶段，也是风险最大的阶段，因而风险管理的重点也在建设项目投资决策阶段。所以在该阶段，要及时通过风险辨识和风险分析，提出建设投资决策阶段的风险防范措施，提高建设项目的抗风险能力。

第二节　建设项目可行性研究

一、可行性研究的概念

可行性研究是指在投资决策之前，对与拟建项目有关的技术、经济、社会、环境等所有方面进行深入细致的调查研究，对各种可能采用的技术方案和建设方案进行认真的技术经济分析和比较论证，对项目建成后的经济效益、社会效益、环境效益等进行科学的预测和评价。在此基础上，对拟建项目的技术先进性和适用性、经济合理性和有效性，以及建设必要性和可行性进行全面分析、系统论证、多方案比较和综合评价，由此提出该项目是否应该投资和如何投资等结论性意见，为投资决策提供科学的依据。

在建设项目投资决策之前，通过项目的可行性研究，使项目的投资决策工作建立在科学性、可靠性的基础之上，从而实现项目投资决策科学化，减少和避免投资决策的失误，提高项目投资的经济效益。

二、可行性研究的作用

可行性研究作为项目前期工作的重要组成部分，其作用主要有以下几点。

（1）作为建设项目投资决策的依据。可行性研究作为一种投资决策方法，从市场、技术、工程建设、经济及社会等多方面对建设工程项目进行全面综合的分析和论证，依其结论进行投资决策可大大提高投资决策的科学性。

（2）作为编制设计文件的依据。可行性研究报告一经审批通过，意味着该项目正式批准立项，可以进行初步设计。在可行性研究工作中，对项目选址、建设规模、主要生产流程、设备选型等方面都进行了比较详细的分析和研究，设计文件的编制应以可行性研究报告为依据。

（3）作为筹集资金和向金融机构申请贷款的依据。可行性研究报告详细预测了建设工程项目的财务效益、经济效益和社会效益。金融机构通过审查项目可行性研究报告，确认项目的经济效益水平和偿债能力及风险水平，才做出是否贷款的决策。

（4）作为建设单位与各协作单位签订合同及有关协议的依据。在可行性研究工作中，对建筑规模、主要生产流程、设备选型等都进行了充分的论证。建设单位在与有关协作单位签订原材料、燃料、动力、工程建筑、设备采购等方面的协议时，应以批准的可行性研究报告为基础，保证预定建设目标的实现。

（5）作为向当地政府和有关部门审批的依据。工程建设需要获得当地政府及有关部门的审批，例如国有土地使用证、建设用地规划许可证、建设工程规划许可证、建设工程施工许可证等。建设项目在建设过程中和建成后的运营过程中对市政建设、环境及生态都有影响，因此，项目的开工建设还需要经过当地市政、环保部门的审批和认可。在可行性研究报告中，对选址、总图布置、环境及生态保护方案等诸方面都作了论证，为申请和批准建设执照提供了依据。

（6）作为施工组织、工程进度安排及竣工验收的依据。可行性研究报告对以上工作都有明确的要求，所以可行性研究又是检验施工进度及工程质量的依据。

（7）作为项目后评估的依据。建设工程项目后评估是在项目建成运营一段时间后，评价项目实际运营效果是否达到预期目标。建设工程项目的预期目标是在可行性研究报告中确定的，因此项目后评估应以可行性研究报告为依据，评价项目目标的实现程度。

三、可行性研究的内容

项目可行性研究是在对项目进行深入细致的技术经济论证的基础上，对多种方案所做的比较和优选，以及就项目投资最后决策提出结论性意见。因此，在内容上应能满足作为项目投资决策的基础和重要依据的基本要求。可行性研究的基本内容和深度应符合国家的有关规定。一般工业建设项目的可行性研究包括以下几个方面的内容。

（1）总论。主要说明项目提出的背景、项目概况、可行性研究报告编制的依据、项目建设条件及问题和建议。

（2）市场调查与预测。市场分析包括市场调查和市场预测，是可行性研究的重要环节。其主要内容包括市场现状调查、产品供需预测、价格预测、竞争力分析和市场风险分析。

（3）资源条件评价。主要内容包括资源可利用量、资源品质情况、资源储存条件和资源开发价值。

（4）建设规模与产品方案。主要内容包括建设规模与产品方案构成、建设规模与产品方案的比选、推荐的建设规模与产品方案及技术改造项目与原有设施利用情况。

（5）场（厂）址选择。主要内容包括场址现状、场址方案比选、推荐的场址方案及技术改造项目现有场址的利用情况。

（6）技术方案、设备方案和工程方案。主要内容包括技术方案选择、主要设备方案选择、工程方案选择和技术改造项目改造前后的比较。

（7）原材料和燃料及动力供应。主要内容包括主要原材料供应方案、燃料供应方案和动力供应方案。

（8）总图、运输与公用辅助工程。主要内容包括总图布置方案、场内运输方案、公用工程与辅助工程方案，以及技术改造项目、现有公用辅助设施利用情况。

（9）节能措施。主要内容包括节能措施和能耗指标分析。

（10）节水措施。主要内容包括节水措施和水耗指标分析。

（11）环境影响评价。主要内容包括环境条件调查、影响环境因素分析、环境保护措施。

（12）劳动、安全、卫生与消防。主要内容包括危险因素与危害程度分析、安全防范措施、卫生保健措施和消防设施。

（13）组织机构与人力资源配置。主要内容包括组织机构设置及其适应性分析、人力资源配置、员工培训。

（14）项目实施进度。主要内容包括建设工期、实施进度安排、技术改造项目建设与生产的衔接。

（15）投资估算。主要内容包括建设投资估算、流动资金估算和投资估算。

（16）融资方案。主要内容包括融资组织形式、资本金筹措、债务资金筹措和融资方案分析。

（17）财务评价。主要内容包括财务评价基础数据与参数选取、销售收入与成本费用估算、财务评价报表、盈利能力分析、偿债能力分析、不确定分析、财务评价结论。

（18）国民经济评价。主要内容包括影子价格及评价参数选取、效益费用范围与数值调整、国民经济评价报表、国民经济评价结论。

（19）社会评价。主要内容包括项目对社会的影响分析、项目所在地互适性分析、社会风险分析和社会评价结论。

（20）风险分析。主要内容包括项目主要风险识别、风险程度分析和防范风险对策。

（21）研究结论与建议。主要内容包括推荐方案总体描述、推荐方案优缺点描述、主要对比方案及结论与建议。

四、可行性研究报告的编制

1. 编制程序

根据我国现行的工程项目建设程序和国家颁布的《关于建设项目进行可行性研究的试行管理办法》，可行性研究的工作程序如下：

（1）建设单位提出项目建议书和预可行性研究报告。投资单位在广泛调查研究、收集资料、踏勘建设地点、初步分析投资效果的基础上，提出需要进行可行性研究的项目建议书和预可行性研究报告。跨地区、跨行业的建设工程项目，以及对国计民生有重大影响的大型项目，由有关部门和地区联合提出项目建议书和预可行性研究报告。

（2）项目业主、承办单位委托有资格的单位进行可行性研究。当项目建议书经国家计划部门、贷款部门审定批准后，该项目即可立项。项目业主或承办单位就可以通过签订合同的方式，委托有关资格的工程咨询公司（或设计单位）着手编制拟建项目可行性研究报告。双方签订的合同中，应规定研究工作的依据、研究范围和内容、前提条件、质量和进度安排、费用支付办法、协作方式及合同双方的责任和关于违约处理的方法等。

（3）设计或咨询单位进行可行性研究工作，编制完整的可行性研究报告。可行性研究工作一般按以下 5 个步骤开展工作。

1）了解有关部门与委托单位对建设工程项目的意图，并组建工作小组，制订工作计划。

2）调查研究与收集资料。可行性研究小组在了解清楚委托单位对项目建设的意图和要求后，即可拟订调研提纲，组织人员进行实地调查，收集、整理数据与资料，从市场和资源两方面着手分析论证研究项目建设的必要性。

3）方案设计和优选。结合市场和资源调查，在收集基础资料和基准数据的基础上，建立几种可供选择的技术方案和建设方案，并进行论证和比较，从中选出最优方案。

4）经济分析和评价。项目经济分析人员根据调查资料和上级管理部门有关规定，选定与本项目有关的经济评价基础数据和定额指标参数，对选定的最佳建设方案进行详细的财务预测、财务效益分析、国民经济评价和社会效益评价。

5）编写可行性研究报告。项目可行性研究各专业方案，经过技术经济论证和优化后，由各专业组分工编写，经项目负责人衔接协调，综合汇总，提出可行性研究报告初稿。与委托单位交换意见后定稿。

2. 编制依据

（1）项目建议书（预可行性研究报告）及其批复文件。

（2）国家和地方的经济和社会发展规划，行业部门发展规划。

（3）国家有关法律、法规和政策。

（4）对于大中型骨干项目，必须具有国家批准的资源报告、国土开发整治规划、区域规划、江河流域规划、工业基地规划等有关文件。

（5）有关机构发布的工程建设方面的标准、规范和定额。

（6）合资、合作项目各方签订的协议书或意向书。

（7）委托单位的委托合同。

（8）经国家统一颁布的有关项目评价的基本参数和指标。

（9）有关的基础数据。

3. 编制要求

（1）编制单位必须具备承担可行性研究的条件。可行性研究报告的质量取决于编制单位的资质和编写人员的素质。因此，编制单位必须具有经国家有关部门审批登记的资质等级证明，并且具有承担编制可行性研究报告的能力和经验。

（2）确保可行性研究报告的真实性和科学性。可行性研究报告是投资者进行项目最终决策的重要依据。其质量如何影响重大。报告编制单位和人员应坚持独立、客观、公正、科学、可靠的原则，实事求是，对提供的可行性研究报告质量负完全责任。

（3）可行性研究的深度要规范化和标准化。可行性研究报告内容要完整、文件要齐全、结论要明确、数据要准确、论据要充分，能满足决策者确定方案的要求。

（4）可行性研究报告必须经签证和审批。可行性研究报告编制完成后，应由编制单位的行政、技术、经济方面的负责人签字，并对研究报告质量负责。另外，还需上报主管部门审批。

五、可行性研究报告的审批、核准或备案

1. 预审

咨询或设计单位编制和上报的可行性研究报告及有关文件，按项目大小应在预审前1～3个月提交预审主持单位。预审单位认为有必要时，可委托有关方面提出咨询意见，报告提出单位应向咨询单位提供必要的资料并积极配合。预审主持单位组织有关设计、科研机构，企业和有关方面的专家参加，广泛听取意见，对可行性研究报告提出预审意见。当发现可行性研究报告有原则性错误或报告的基础数据与社会环境条件有重大的变化时，应对可行性研究报告进行修改和复审。可行性研究报告的修改和复审工作仍由原编制单位和预审主持单位按照规定进行。

2. 审批、核准或备案

依据2004年发布的《国务院关于投资体制改革的决定》，对于政府投资项目实行审批制，对于企业不使用政府投资建设的项目，一律不再实行审批制，区别不同情况实行核准制和备案制，以贯彻"谁投资、谁决策、谁收益、谁承担风险"的基本原则，落实企业投资自主权，改变了过去不分投资主体、不分资金来源、不分项目性质，一律按投资规模大小分别由各级政府及有关部门审批的投资管理办法。

政府投资建设的项目，简化和规范政府投资项目审批程序，合理划分审批权限。按照项目性质、资金来源和事权划分，合理确定中央政府与地方政府之间、国务院投资主管部门与有关部门之间的项目审批权限。对于政府投资项目，采用直接投资和资本金注入方式的，从投资决策角度只审批项目建议书和可行性研究报告，除特殊情况外不再审批开工报告。

对于社会投资建设的项目，政府仅对重大项目和限制类项目从维护社会公共利益角度进行核准，其他项目无论规模大小，均改为备案制，项目的市场前景、经济效益、资金来源和产品技术方案等均由企业自主决策、自担风险，并依法办理环境保护、土地使用、资源利用、安全生产、城市规划等许可手续和减免税确认手续。对于企业使用政府补助、转贷、贴息投资建设的项目，政府只审批资金申请报告。

企业投资建设实行核准制的项目，仅需向政府提交项目申请报告，不再经过批准项目建设书、可行性研究报告和开工报告的程序。政府对企业提交的项目申请报告，主要从维护经济安全、合理开发利用资源、保护生态环境、优化重大布局、保障公共利益、防止出现垄断等方面进行核准。对于外商投资项目，政府还要从市场准入、资本项目管理等方面进行核准。

第三节　投资估算的编制与审查

一、投资估算概述

1. 投资估算的概念

在项目投资决策过程中，依据现有的资料和特定的方法，在对拟建项目的建设规模、技术方案、设备方案、工程方案及项目实施进度等进行研究并基本确定的基础上，对建设项目投资数额（包括工程造价和流动资金）进行的估计。

2. 投资估算的作用

（1）投资估算是拟建项目项目建议书、可行性研究报告的重要组成部分，是有关部门审批项目建议书和可行性研究报告的依据之一，并对制订项目规划、控制项目规模起参考作用。

（2）投资估算是项目投资决策的重要依据，对于制订融资方案、进行经济评价和方案比选、优化设计起着重要的作用。

（3）投资估算是编制设计概算的依据，同时还对设计概算起控制作用，是项目投资控制的目标之一。

3. 投资估算的内容

建设项目投资估算包括拟建项目从筹建、设计、施工直至竣工投产所需的全部费用，分为建设投资估算、建设期利息估算和流动资金估算等部分。

建设项目总投资构成见图1-3、表2-1。按照费用的性质划分，建设投资由工程费用、工程建设其他费、预备费组成。其中，工程费用包括建筑工程费、设备及工器具购置费、安装工程费，预备费包括基本预备费、价差预备费。工程费用、工程建设其他费和基本预备费组成项目的静态投资。静态投资是指建设项目在不考虑物价上涨、建设期贷款利息等动态因素情况下估算的建设投资。动态投资是指建设项目考虑物价上涨、建设期贷款利息等动态因素情况，包括静态投资和固定资产投资动态部分的价差预备费和建设期贷款利息。

流动资金是指生产经营性项目投产后，用于购买原材料、燃料、备品备件，以保证生产经营及产品销售所需要的周转资金。流动资金是伴随着建设投资而发生的长期占用的流动资产投资，即为财务中的营运资金。

为了确定投资，不留缺口，不仅要准确地计算出静态投资，而且还应该充分考虑动态投资部分及流动资金的估算，这样，投资估算才能全面地反映项目总投资的构成和对拟建项目的经济论证、评价、决策等起重要的作用。

4. 投资估算的阶段划分

对应于项目前期工作的需要，拟建项目前期工作以大中型工程为例，投资估算一般可以分为以下五个阶段，见表 5-2。

表 5-2　　　　　　　　　　　投资估算阶段划分表

	投资估算阶段划分	投资估算误差率（%）	投资估算的主要作用
投资决策过程	规划阶段的投资估算	≥30	1. 说明有关各项目之间的相互关系； 2. 作为否定或决定一个项目是否继续进行研究的依据之一
	项目建议书阶段的投资估算	±30 以内	1. 从经济上判断项目是否应列入投资计划； 2. 作为审批项目建议书的依据之一； 3. 可否定一个项目，但不能完全肯定一个项目是否真的可行
	预可行性研究阶段的投资估算	±20 以内	可对项目是否真正可行做出初步的决定
	可行性研究阶段的投资估算	±10 以内	作为项目投资决策的基础和重要依据
	评价阶段的投资估算	±10 以内	1. 可作为对可行性研究结果进行最后评价的依据； 2. 可作为对拟建项目是否真正可行进行最后决定的依据

二、投资估算的编制依据、程序

投资估算编制一般应依据建设项目的特征、设计文件和相应的工程造价计价依据或资料，对建设项目总投资及其构成进行编制，并对主要技术经济指标进行分析。

1. 投资估算的编制依据

投资估算的编制依据是指在编制投资估算时需要计量、价格确定、工程计价有关参数、率值确定的基础资料。投资估算的编制依据主要有以下几个方面：

（1）国家、行业和地方政府的有关规定。

（2）工程勘察与设计文件，图示计量或有关专业提供的主要工程量和主要设备清单。

（3）行业部门、项目所在地工程造价管理机构或行业协会等编制的投资估算指标、概算指标（定额）、工程建设其他费用定额（规定）、综合单价、价格指数和有关造价文件等。

（4）类似工程的各种技术经济指标和参数。

（5）工程所在地的同期的工、料、机市场价格，建筑、工艺及附属设备的市场价格和有关费用。

（6）政府有关部门、金融机构等部门发布的价格指数、利率、汇率、税率等有关参数。

（7）与建设项目相关的工程地质资料、设计文件、图纸等。

（8）委托人提供的其他技术经济资料，如项目建议书、可行性研究报告，政府批文等。

在编制投资估算时，上述资料越具体、越完备，编制的投资估算就越准确、越全面。投资估算编制时除应符合国家法律、行政法规及有关强制性文件的规定外，尚应遵循《建设项目投资估算编审规程》的规定。

2. 投资估算的编制程序

不同类型的工程项目选用不同的投资估算编制方法，不同的投资估算编制方法有不同的估算结果。投资估算的编制需要符合《建设项目投资估算编审规程》的要求。现从工程项目费用组成考虑，介绍较为常用的投资估算编制程序。

（1）熟悉工程项目的特点、组成、内容和规模等；

（2）收集有关资料、数据和计算指标等；

（3）选择相应的投资估算编制方法；

（4）估算工程项目各单位工程的建筑面积及工程量；

（5）进行单项工程的投资估算编制；

（6）进行附属工程的投资估算编制；

（7）进行工程建设其他费用的投资估算编制；

（8）进行预备费用的投资估算编制；

（9）计算固定资产投资方向调节税；

（10）计算贷款利息；

（11）汇总工程项目投资估算总额；

（12）检查、调整不适当的费用，确定工程项目的投资估算总额；

（13）估算工程项目主要材料、设备需用量。

三、投资估算的方法

建设投资估算的方法，主要以类似工程对比为主要思路，利用各种数学模型和统计经验公式进行估算，大体包括简单估算法、投资分类估算法和以现代数学为理论基础的估算方法。流动资金的估算主要有扩大指标估算法和分项详细估算法。

投资估算时需要根据主体专业设计的阶段和深度，结合各自行业的特点，所采用生产工艺流程的成熟性，以及编制者所掌握的国家及地区、行业或部门相关投资估算基础资料和数据的合理、可靠、完整程度（包括造价咨询机构自身统计和积累的可靠的相关造价基础资料），采用适当的方法进行。

（一）简单估算方法

1. 生产能力指数法

生产能力指数法是根据已建成的类似建设项目生产能力和投资额，进行粗略估算拟建建设项目相关投资额的方法。本办法主要应用于设计深度不足，拟建建设项目与类似建设项目的规模不同，设计定型并系列化，行业内相关指数和系数等基础资料完备的情况。其计算公式为

$$C = C_1 \left(\frac{Q}{Q_1} \right)^X f \tag{5-1}$$

式中　C——拟建建设项目的投资额；

　　　C_1——已建成类似建设项目的投资额；

　　　Q——拟建建设项目的生产能力；

　　　Q_1——已建成类似建设项目的生产能力；

　　　X——生产能力指数，$0 \leqslant X \leqslant 1$；

　　　f——不同的建设时期及不同的建设地点而产生的定额水平、设备购置和建筑安装材料价格、费用变更和调整等综合调整系数。

运用这种方法的重要条件是要有合理的生产能力指数。当已建类似项目和拟建类似项目规模相差不大，生产规模比值关系在 0.5～2 之间时，X 的取值近似为 1；当已建类似项目和拟建类似项目规模相差小于 50 倍，且拟建项目生产规模的扩大仅靠增大设备规模达到时，

则 X 取 $0.6\sim0.7$ 之间；若是靠增加相同规模设备的数量达到时，则 X 取 $0.8\sim0.9$ 之间。

2. 系数估算法

系数估算法也称为因子估算法，它是根据已知的拟建建设项目主体工程费或主要生产工艺设备费为基数，以其他辅助或配套工程费占主体工程费或主要生产工艺设备费的百分比为系数，进行估算拟建建设项目相关投资额的方法。系数估算法的方法较多，有代表性的包括设备系数法、主体专业系数法、朗格系数法等。

（1）设备系数法。该法以拟建项目中的最主要、投资比重较大并与生产能力直接相关的工艺设备投资（包括运杂费）为基数，根据同类型的已建项目的有关统计资料，计算出拟建项目的其他辅助或配套工程费占工艺设备投资的百分比，据以求出拟建项目的相关投资额。计算公式为

$$C = E(1 + f_1 P_1 + f_2 P_2 + f_3 P_3 + \cdots) + I \qquad (5-2)$$

式中　　　C——拟建项目或装置的投资额；

E——拟建项目的主要生产工艺设备费，可根据设备清单按现行价格进行计算；

P_1，P_2，P_3——已建成类似项目的辅助或配套工程费占主要生产工艺设备费的比重；

f_1，f_2，f_3——由于建设时间及地点而产生的定额水平、建筑安装材料价格、费用变更和调整等综合调整系数；

I——根据具体情况计算的拟建项目各项其他基本建设费用。

本办法主要应用于设计深度不足，拟建建设项目与类似建设项目的主要生产工艺设备投资比重较大，行业内相关系数等基础资料完备的情况。

（2）主体专业系数法。以拟建项目中的投资比重较大的主体工程费为基数，根据已建成的同类项目中其他辅助或配套工程费占主体工程费投资的百分比，据以求出拟建项目的相关投资额。计算公式为

$$C = E(1 + f_1 P_1' + f_2 P_2' + f_3 P_3' + \cdots) + I \qquad (5-3)$$

式中　　　E——拟建建设项目的主体工程费；

P_1'，P_2'，P_3'——已建成类似项目的辅助或配套工程费占主体工程费的比重。

本办法主要应用于设计深度不足，拟建建设项目与类似建设项目的主体工程费投资比重较大，行业内相关系数等基础资料完备的情况。

【例 5-1】　某中资公司拟在内地某处兴建年产 300 万 t 的某种产品的化工厂，根据公司提供的统计资料，年产 120 万 t 的该种产品化工厂的主要生产系统工艺设备投资为 4200 万元，已知该项目的生产能力指数为 0.6，因不同时期、不同地点的综合调整系数为 1.35。已建类似项目统计资料：主要生产系统内其他各专业工程投资占工艺设备费的比例，见表 5-3；项目其他辅助生产系统、配套工程费、工程建设其他费等占主要生产系统投资的比例，见表 5-4。

表 5-3　　　　主要生产系统内其他专业工程投资占工艺设备投资的比例表

名称	建筑安装工程	空气净化设备	蒸馏设备	汽化冷却	工艺金属结构	工业筑炉	变配电设备	自动化仪表
比例（%）	30	0.05	0.06	0.08	0.26	0.12	0.8	2.1

表 5 - 4 其他辅助生产系统、配套工程费、工程建设其他费等占主要生产系统投资的比例表

名称	辅助生产系统	公用及福利设施	外部工程	工程建设其他费
比例（%）	40	15	8	18

问题：（1）试用生产能力指数法估算该项目主要生产系统工艺设备投资。

（2）用系数估算法估算该项目主要生产系统投资和项目的工程费用与工程建设其他费用。

解

1）拟建项目主要生产系统工艺设备投资

$=4200×（300/120）^{0.6}×1.35=9825.328\ 2$ 万元

2）拟建项目主要生产系统投资

$=9825.328\ 2×（1+30\%+0.05\%+0.06\%+0.08\%+0.26\%+0.12\%+0.8\%+2.1\%）$

$=9825.328\ 2×（1+0.334\ 7）$

$=13\ 113.865\ 6$ 万元

其中，建安工程费 $=9825.328\ 2×0.30=2947.598\ 5$ 万元

设备购置费 $=9825.328\ 2×1.0347=10\ 166.267\ 1$ 万元

3）拟建项目工程费用与工程建设其他费用

$=13\ 113.865\ 6×（1+40\%+15\%+8\%+18\%）$

$=13\ 113.865\ 6×1.81$

$=23\ 736.096\ 7$ 万元

（3）郎格系数法。该法以设备费为基础，乘以相应系数来推算建设项目的总费用。其基本公式为

$$C=EK_l=E(1+\sum K_i)K_c \tag{5-4}$$

式中 C——总建设费用；

E——主要工艺设备费用；

K_i——管线、仪表、建筑物等项费用的估算系数；

K_c——包括工程费、合同费、应急费等间接费在内的总估算系数。

总建设费用与设备费用之比为朗格系数 K_l，即

$$K_l=(1+\sum K_i)K_c \tag{5-5}$$

朗格系数包含的内容见表 5-5。此法比较简单，但没有考虑设备材质、规格的差异，所以某些情况下误差性较大。

表 5 - 5 朗格系数包含的内容

项目		固体流程	固流流程	流体流程
朗格系数 K_l		3.1	3.63	4.74
内容	（1）包括设备基础、绝热、油漆及设备安装费	$E×1.43$		
	（2）包括上述在内和配管工程费	（1）×1.1	（1）×1.25	（1）×1.6
	（3）装置费	（2）×1.5		
	（4）包括上述在内和间接费	（3）×1.31	（3）×1.35	（3）×1.38

【例5-2】　某集团公司在某地建设一座年产600万t的化工厂（流体流程），已知该工厂的设备到达工地的费用为8000万元。请用朗格系数法估算该厂的投资额。

解　该工厂为流体流程，朗格系数采用表5-5中流体流程栏中的数据。

（1）设备到达现场的费用：8000万元。

（2）费用（1）＝$E×1.43＝8000×1.43＝11\,440$万元

其中，设备基础、绝热、油漆及设备安装费用为

$11\,440－8000＝3440$万元

（3）费用（2）＝$E×1.43×1.6＝8000×1.43×1.6＝18\,304$万元

其中，配管工程费用为

$18\,304－11\,440＝6864$万元

（4）费用（3）＝$E×1.43×1.6×1.5＝8000×1.43×1.6×1.5＝27\,456$万元

其中，装置费用为$27\,456－18\,304＝9152$万元

（5）投资额$C＝$费用（4）＝$E×1.43×1.6×1.5×1.38＝8000×1.43×1.6×1.5×1.38＝37\,889.28$万元

其中，间接费用为$37\,889.28－27\,456＝10\,433.28$万元

（6）或投资额$C＝$ $E×4.74＝8000×4.74＝37\,920$万元（与前面计算的结果37 889.28万元误差不到0.1%。）

3. 比例估算法

比例估算法是根据已知的同类建设项目主要生产工艺设备投资占整个建设项目的投资比例，先逐项估算出拟建项目主要生产工艺设备投资，再按比例进行估算拟建项目相关投资额的方法。该法主要应用于设计深度不足，拟建项目与类似项目的主要生产工艺设备投资比重较大，行业内相关系数等基础资料完备的情况。方法是根据统计资料，先求出已有同类企业主要设备占全厂建设投资的比例，然后估算出拟建项目的主要设备投资，即可以按比例求出拟建项目的建设投资。其计算公式为

$$I＝\frac{1}{K}\sum_{i=1}^{n}Q_i P_i \qquad (5-6)$$

式中　I——拟建项目的投资额；

　　　K——主要生产工艺设备费占拟建项目投资的比例；

　　　Q_i——第i种主要生产工艺设备的数量；

　　　P_i——第i种主要生产工艺设备的单价（到厂价格）；

　　　n——主要生产工艺设备的种类。

4. 混合法

混合法是根据主体专业设计的阶段和深度，投资估算编制者所掌握的国家及地区、行业或部门相关投资估算基础资料和数据（包括造价咨询机构自身统计和积累的相关造价基础资料），对一个拟建建设项目采用生产能力指数法与比例估算法，或系数估算法与比例估算法混合进行估算其相关投资额的方法。

5. 指标估算法

指标估算法是把拟建建设项目以单项工程或单位工程，按建设内容纵向划分为各个主要生产设施、辅助及公用设施、行政及福利设施以及各项其他基本建设费用，按费用性质横向

划分为建筑工程、设备购置、安装工程等，根据各种具体的投资估算指标，进行各单位工程或单项工程投资的估算，在此基础上汇集编制成拟建建设项目的各个单项工程费用和拟建建设项目的工程费用投资估算。再按相关规定估算工程建设其他费用、预备费、建设期贷款利息等，形成拟建建设项目总投资。

投资估算指标是编制和确定项目可行性研究报告中投资估算的基础和依据，是以独立的建设项目、单项工程或单位工程为对象，综合项目全过程投资和建设中的各类成本和费用，具有较强的综合性和概括性。

投资估算指标分为建设项目综合指标、单项工程指标和单位工程指标三种。建设项目综合指标一般以项目的综合生产能力单位投资表示，或以使用功能表示。单项工程指标一般以单项工程生产能力单位投资表示。单位工程指标按规定应列入能独立设计、施工的工程项目的费用，即建筑安装工程费，一般以如下方式表示：房屋区别不同结构形式以元/m²；管道区别不同的材质、管径以元/m。

一般的，项目建议书阶段的投资估算可以采用生产能力指数法、系数估算法、比例估算法、混合法（生产能力指数法与比例估算法、系数估算法与比例估算法等综合使用）、指标估算法进行。可行性研究阶段的投资估算原则上应采用指标估算法。对于对投资有重大影响的主体工程应估算出分部分项工程量，参考相关综合定额（概算指标）或概算定额编制主要单项工程的投资估算。

（二）建设投资分类估算法

建设投资由建筑工程费、设备及工器具购置费、安装工程费、工程建设其他费用、基本预备费、价差预备费构成。预备费在投资估算或概算编制阶段按第一、二部分费用比例分摊进相应资产，在工程决算时按实际发生情况计入相应资产。

1. 建筑工程费的估算方法

（1）工业与民用建筑物和构筑物的一般土建及装修、给排水、采暖、通风、照明工程，建筑物以建筑面积或建筑体积为单位，套用规模相当、结构形式和建筑标准相适应的投资估算指标或类似工程造价资料进行估算。构筑物以延长米、平方米、立方米或座为单位，套用技术标准、结构形式相适应的投资估算指标或类似工程造价资料进行估算；当无适当估算指标或类似工程造价资料时，可采用计算主体实物工程量套用相关综合定额或概算定额进行估算。

（2）大型土方、总平面竖向布置、道路及场地铺砌、厂区综合管网和线路、围墙大门等，分别以立方米、平方米、延长米或座为单位，套用技术标准、结构形式相适应的投资估算指标或类似工程造价资料进行估算；当无适当估算指标或类似工程造价资料时，可采用计算主体实物工程量套用相关综合定额或概算定额进行估算。

（3）矿山井巷开拓、露天剥离工程、坝体堆砌等，分别以立方米、延长米为单位，套用技术标准、结构形式、施工方法相适应的投资估算指标或类似工程造价资料进行估算；当无适当估算指标或类似工程造价资料时，可采用计算主体实物工程量套用相关综合定额或概算定额进行估算。

（4）公路、铁路、桥梁、隧道、涵洞设施等，分别以公里（铁路、公路），100m² 桥面（桥梁），100m² 断面（隧道）、道（涵洞）为单位，套用技术标准、结构形式、施工方法相适应的投资估算指标或类似工程造价资料进行估算；当无适当估算指标或类似工程造价资料时，可采用计算主体实物工程量套用相关综合定额或概算定额进行估算。

2. 设备及工器具购置费估算方法

设备购置费估算应根据项目主要设备表及价格、费用资料编制。工器具购置费一般按占设备费的一定比例计取。

设备及工器具购置费，包括设备的购置费、工器具购置费、现场制作非标准设备费、生产用家具购置费和相应的运杂费。对于价值高的设备应按单台（套）估算购置费；价值较小的设备可按类估算。国内设备和进口设备的购置费应分别估算。

国内设备购置费为设备出厂价加运杂费，运杂费可按设备出厂价的一定百分比计算。

进口设备购置费由进口设备货价、进口从属费用及国内运杂费组成。进口从属费用包括国外运费、国外运输保险费、进口关税、消费税、进口环节增值税、外贸手续税、银行财务费和海关监管手续费。国内运杂费包括运输费、装卸费、运输保险费等。

现场制作非标准设备，由材料费、人工费和管理费组成，按其占设备总费用的一定比例估算。

3. 安装工程费估算方法

（1）工艺设备安装费估算。以单项工程为单元，根据单项工程的专业特点和各种具体的投资估算指标，采用按设备费百分比估算指标。或根据单项工程设备总重，采用元/t 估算指标进行估算。

（2）工艺金属结构和工艺管道估算。以单项工程为单元，根据设计选用的材质、规格，以吨为单位，套用技术标准、材质和规格、施工方法相适应的投资估算指标或类似工程造价资料进行估算。

（3）工业炉窑砌筑和工艺保温或绝热估算。以单项工程为单元，根据设计选用的材质、规格，以吨、立方米或平方米为单位，套用技术标准、材质和规格、施工方法相适应的投资估算指标或类似工程造价资料进行估算。

（4）变配电安装工程估算。以单项工程为单元，根据该专业设计的具体内容，一般先按材料费占变配电设备费百分比投资估算指标计算出安装材料费。再分别根据相适应的占设备百分比或占材料百分比的投资估算指标或类似工程造价资料，计算设备安装费和材料安装费。

（5）自控仪表安装工程估算。以单项工程为单元，根据该专业设计的具体内容，一般先按材料费占自控仪表设备费百分比投资估算指标计算出安装材料费，再分别根据相适应的占设备百分比［或按自控仪表设备台数，用元/台（套）指标估算］或占材料百分比的投资估算指标或类似工程造价资料，计算设备安装费和材料安装费。

4. 工程建设其他费用估算

工程建设其他费用按各项费用科目的费率或者取费标准估算。具体内容参见本书第二章第四节。

5. 预备费的估算

预备费分为基本预备费和价差预备费两部分，具体内容参加本书第二章第五节。

（三）流动资金的估算方法

流动资金是指生产经营性项目投产后，为维持生产经营所必须长期占用的周转资金，不包括运营中需要的临时性营运资金。铺底流动资金是指生产经营性项目为保证投产后正常的生产营运所需，并在项目资本金中筹措的自有流动资金。对铺底流动资金有要求的建设项

目，应按国家或行业的有关规定计算铺底流动资金。非生产经营性建设项目不列铺底流动资金。铺底流动资金的计算公式为

$$铺底流动资金＝流动资金×30\%$$

流动资金是指生产经营性项目投产后，为维持正常生产经营，用于购买原材料、燃料、备品备件，以保证生产经营和产品销售所需要的周转资金。它是伴随着固定资产投资而发生的永久性流动投资，它等于项目投产运营后所需全部流动资产扣除流动负债后的余额。其中，流动资产主要考虑应收与预付账款（简单估算时可不考虑预付账款）、现金和存货；流动负债主要考虑应付与预收账款（简单估算时可不考虑预收账款）。由此看出，这里所指的流动资金的概念，实际上就是财务中的营运资金。流动资金的估算一般采用扩大指标估算法和分项详细估算法。

1. 扩大指标估算法

扩大指标估算法是按照流动资金占某种基数的比率来进行估算。一般常用的基数有销售收入、经营成本、总成本费用和固定资产投资等。究竟采用何种基数依行业习惯而定。所采用的比率根据经验确定，或根据现有同类企业的实际资料确定，或依行业、部门给定的参考值确定。扩大指标估算法简便易行，但准确度不高，适用于项目建议书阶段的估算。

（1）产值（或销售收入）资金率估算法，公式为

$$流动资金额＝年产值（年销售收入额）×产值（销售收入）资金率$$

（2）经营成本（或总成本）资金率估算法。经营成本是一项反映物质、劳动消耗水平和技术、生产管理水平的综合指标。一些工业项目，尤其是采掘工业项目常用经营成本（或总成本）资金率估算流动资金，公式为

$$流动资金额＝年经营成本（年总成本）×经营成本资金率（总成本资金率）$$

（3）固定资产投资资金率估算法。固定资产投资资金率是流动资金占固定资产投资的百分比。如化工项目流动资金约占固定资产投资的15%～20%，一般工业项目流动资金占固定资产投资的5%～12%，公式为

$$流动资金额＝固定资产投资×固定资产投资资金率$$

（4）单位产量资金率估算法。单位产量资金率，即单位产量占用流动资金的数额，公式为

$$流动资金额＝年生产能力×单位产量资金率$$

2. 分项详细估算法

分项详细估算法，也称分项定额估算法。它是国际上通行的流动资金估算方法，可按照下列公式计算

$$流动资金＝流动资产－流动负债$$
$$流动资产＝应收账款＋预付账款＋存货＋现金$$
$$流动负债＝应付账款＋预收账款$$
$$流动资金本年增加额＝本年流动资金－上年流动资金$$

（1）周转次数的计算，即

$$周转次数＝360天/最低周转天数$$

各类流动资产和流动负债的最低周转天数参照同类企业的平均周转天数并结合项目特点确定，或按部门（行业）规定，在确定最低周转天数时应考虑储存天数、在途天数，并考虑适当的保险系数。

（2）流动资产的估算。

1）存货的估算。存货是指企业在日常生产经营过程中持有以备出售，或者仍然处在生产过程，或者在生产或提供劳务过程中将消耗的材料或物料等，包括各类材料、商品、在产品、半成品和产成品等。为简化计算，项目评价中仅考虑外购原材料、燃料、其他材料、在产品和产成品，并分项进行计算。计算公式为

$$存货＝外购原材料、燃料＋其他材料＋在产品＋产成品$$
$$外购原材料、燃料＝年外购原材料、燃料费用/按种类分项周转次数$$
$$其他材料＝年其他材料费用/其他材料周转次数$$
$$在产品＝（年外购原材料、燃料动力费用＋年工资及福利费$$
$$＋年修理费＋年其他制造费用）/在产品周转次数$$
$$产成品＝（年经营成本－年营业费用）/产成品周转次数$$

其他制造费用是指由制造费用中扣除生产单位管理人员工资及福利费、折旧费、修理费后的其余部分。

2）应收账款估算。应收账款是指企业对外销售商品、提供劳务尚未收回的资金，计算公式为

$$应收账款＝年经营成本/应收账款周转次数$$

3）预付账款估算。预付账款是指企业为购买各类材料、半成品或服务所预先支付的款项，计算公式为

$$预付账款＝外购商品或服务年费用金额/预付账款周转次数$$

4）现金需要量估算。项目流动资金中的现金是指为维持正常生产运营必须预留的货币资金，计算公式为

$$现金＝（年工资及福利费＋年其他费用）/现金周转次数$$
$$年其他费用＝制造费用＋管理费用＋营业费用－（以上三项费用中所含的工资及$$
$$福利费、折旧费、维简费、摊销费、修理费）$$

（3）流动负债估算。流动负债是指将在一年（含一年）或者超过一年的一个营业周期内偿还的债务，包括短期借款、应付票据、应付账款、预收账款、应付工资、应付福利费、应付股利、应交税金、其他暂收应付款项、预提费用和一年内到期的长期借款等。在项目评价中，流动负债的估算可以只考虑应付账款和预收账款两项。计算公式为

$$应付账款＝年外购原材料、燃料动力及其他材料年费用/应付账款周转次数$$
$$预收账款＝预收的营业收入年金额/预收账款周转次数$$

四、投资估算文件的组成

投资估算文件一般由封面、签署页、编制说明、投资估算分析、总投资估算表、单项工程估算表、主要技术经济指标等内容组成。

（1）编制说明。投资估算编制说明一般阐述以下内容：

1）工程概况。

2）编制范围。

3）编制方法。

4）编制依据。

5）主要技术经济指标。

6）有关参数、率值选定的说明。

7）特殊问题的说明（包括采用新技术、新材料、新设备、新工艺）；必须说明的价格的确定；进口材料、设备、技术费用的构成与计算参数；采用巨形结构、异形结构的费用估算方法；环保（不限于）投资占总投资的比重；未包括项目或费用的必要说明等。

8）采用限额设计的工程还应对投资限额和投资分解做进一步说明。

9）采用方案比选的工程还应对方案比选的估算和经济指标做进一步说明。

（2）投资估算分析。投资估算分析应包括以下内容：

1）工程投资比例分析。一般建筑工程要分析土建、装饰、给排水、电气、暖通、空调、动力等主体工程和道路、广场、围墙、大门、室外管线、绿化等室外附属工程占总投资的比例；一般工业项目要分析主要生产项目（列出各生产装置）、辅助生产项目、公用工程项目（给排水、供电和电信、供气、总图运输及外管）、服务性工程、生活福利设施、厂外工程占建设总投资的比例。

2）分析设备购置费、建筑工程费、安装工程费、工程建设其他费用、预备费占建设总投资的比例；分析引进设备费用占全部设备费用的比例等。

3）分析影响投资的主要因素。

4）与国内类似工程项目的比较，分析说明投资高低的原因。

（3）投资估算汇总表。总投资估算包括汇总单项工程估算、工程建设其他费用，估算基本预备费、价差预备费，计算建设期利息等。

（4）单项工程投资估算汇总表。单项工程投资估算，应按建设项目划分的各个单项工程分别计算组成工程费用的建筑工程费、设备购置费、安装工程费。

（5）工程建设其他费用估算表。工程建设其他费用估算，应按预期将要发生的工程建设其他费用种类，逐项详细估算其费用金额。

（6）主要技术经济指标。投资估算人员应根据项目特点，计算并分析整个建设项目、各单项工程和主要单位工程的主要技术经济指标。

五、投资估算的审查

为了保证建设项目投资估算的准确性和估算质量，以便确保其应有的作用，必须加强对项目投资估算的审查工作。项目投资估算的审查部门和单位，在审查投资估算时，应注意审查以下几点。

1. 编制依据的时效性、准确性

投资估算依据的数据资料很多，如有关的定额、指标、标准和有关规定，以及已建同类型项目的投资、设备和材料价格、运杂费率等，依据这些资料时要注意它们的时效性和准确性，必要时要进行调整。

2. 投资估算方法的科学性、适用性

投资估算方法有多种，每种估算方法都有各自的适用条件和范围，并具有不同的精确度。选用的投资估算方法要与项目的客观条件和情况相适应，不能超出该方法的适用范围，保证投资估算的质量。

3. 编制内容与规划要求的一致性

（1）审查投资估算包括的工程内容与规划要求是否一致，是否漏掉了某些辅助工程、室外工程等的建设费用。

（2）审查项目投资估算中生产装置的技术水平和自动化程度是否符合规划要求的先进程度。

4．费用项目、费用数额的真实性

（1）审查费用项目与规划要求、实际情况是否相符，有否漏项或重项，估算的费用项目是否符合国家规定，是否针对具体情况作了适当的增减。

（2）审查"三废"处理所需投资是否进行了估算，其估算数额是否符合实际。

（3）审查是否考虑了物价上涨和汇率变动对投资额的影响，考虑的波动变化幅度是否合适。

（4）审查项目投资主体自有的稀缺资源是否考虑了机会成本，沉没成本有否剔除。

（5）审查是否考虑了采用新技术、新材料以及现行标准和规范比已运行项目的要求提高所需增加的投资额，考虑的额度是否合适。

第四节　建设项目财务评价

项目评价是对拟建项目进行的环境影响评价、财务评价、国民经济评价、社会评价及风险分析，以判别项目的环境可行性、经济可行性、社会可行性和抗风险能力。其中财务评价是项目评价的核心内容。

一、财务评价的概念

财务评价也称财务分析，是在国家现行会计制度、税收法规和市场价格体系下，预测估计项目的财务效益和费用，编制财务报表，计算评价指标，进行财务盈利能力、偿债能力和财务生存能力分析，考察拟建项目的获利能力和偿债能力等财务状况，据以判断项目的财务可行性。财务评价应在初步确定的建设方案、投资估算和融资方案的基础上进行，财务评价结果又可以反馈到方案设计中，用于方案比选，优化方案设计。

财务评价是建设项目经济评价中的微观层次，它主要从微观投资主体的角度分析项目可以给投资主体带来的效益及投资风险。作为市场经济微观主体的企业进行投资时，一般都进行项目财务评价。建设项目经济评价中的另一个层次是国民经济评价，它是一种宏观层次的评价，一般只对某些在国民经济中有重要作用和影响的大中型重点建设及特殊行业和交通运输、水利等基础性、公益性建设项目展开国民经济评价。

财务评价的内容应根据项目的性质和目标确定。对于经营性项目，财务评价应通过编制财务分析报表，计算财务指标，分析项目的盈利能力、偿债能力和财务生存能力，判断项目的财务可接受性，明确项目对财务主体及投资者的价值贡献，为项目决策提供依据；对于非经营性项目，财务分析应主要分析项目的财务生存能力。

二、财务评价的程序

财务评价分为融资前分析和融资后分析两个阶段。它是在项目市场研究、生产条件及技术研究的基础上进行的，它主要利用有关的基础数据，通过编制财务报表，计算财务评价指标，进行财务分析，做出评价结论。财务分析的内容和步骤及与财务效益与费用估算的关系如图 5-2 所示。

（1）收集、整理和计算有关财务基础数据资料。根据项目市场研究和技术研究的结果、现行价格体系及财税制度进行财务预测，获得项目投资、销售收入、生产成本、利润、税金

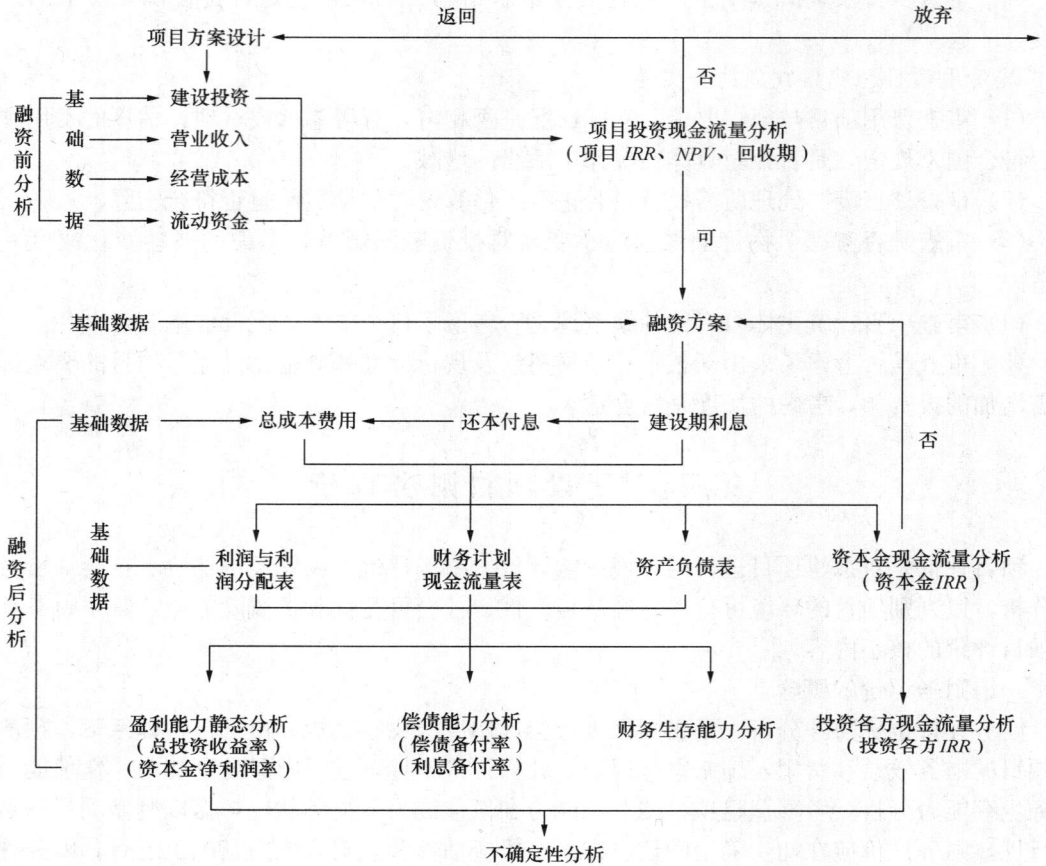

图 5-2 财务分析图

及项目计算期等一系列财务基础数据，并将所得的数据编制成辅助财务报表。

（2）编制财务基本报表。由上述财务预测数据及辅助报表，分别编制反映项目财务盈利能力、偿债能力及财务生存能力的基本财务报表。

（3）财务评价指标的计算与评价。根据财务基本报表计算各财务评价指标，并分别与对应的评价标准或基准值进行对比，对项目的各项财务状况做出评价，得出结论。

（4）进行不确定性分析。通过盈亏平衡分析、敏感性分析、概率分析等不确定性分析方法，分析项目可能面临的风险及项目在不确定情况下的抗风险能力，得出项目在不确定情况下的财务评价结论或建议。

（5）做出项目财务评价的最终结论。由上述确定性分析和不确定性分析的结果，对项目的财务可行性做出最终结论。

三、财务评价基本报表

财务分析可分为融资前分析和融资后分析，一般宜先进行融资前分析，在融资前分析结论满足要求的情况下，初步设定融资方案，再进行融资后分析。

1. 融资前分析

融资前分析排除融资方案变化的影响，从项目投资总获利能力的角度，考察项目是否有投资价值。融资前分析应以动态分析（折现现金流量）为主，静态分析（非折现现金流量分析）为辅。

　　融资前动态分析应以营业收入、建设投资、经营成本和流动资金的估算为基础，考察整个计算期内现金流入和现金流出，编制项目投资现金流量表，利用资金时间价值的原理进行折现，计算项目投资内部收益率和净现值等动态盈利能力分析指标；计算项目静态投资回收期。

　　项目投资现金流量表见表5-6。

表5-6　　　　　　　　　　　**项目投资现金流量表**　　　　　　　单位：万元

序号	项目	合计	计算期					
			1	2	3	4	…	n
1	现金流入							
1.1	营业收入							
1.2	补贴收入							
1.3	回收固定资产余值							
1.4	回收流动资金							
2	现金流出							
2.1	建设投资							
2.2	流动资金							
2.3	经营成本							
2.4	营业税金及附加							
2.5	维持运营投资							
3	所得税前净现金流量（1—2）							
4	累计所得税前净现金流量							
5	调整所得税							
6	所得税后净现金流量（3—5）							
7	累计所得税后净现金流量							

计算指标：

项目投资财务内部收益率（%）（所得税前）

项目投资财务内部收益率（%）（所得税后）

项目投资财务净现值（所得税前）（$i_c=$ %）

项目投资财务净现值（所得税后）（$i_c=$ %）

项目投资回收期（年）（所得税前）

项目投资回收期（年）（所得税后）

　　注　1. 本表适用于新设法人项目与既有法人项目的增量和"有项目"的现金流量分析。

　　　　2. 调整所得税为以息税前利润为基数计算的所得税，区别于"利润与利润分配表"、"项目资本金现金流量表"和"财务计划现金流量表"中的所得税。

　　（1）现金流入为营业（产品销售）收入、补贴收入、回收固定资产余值、回收流动资金4项之和。其中，营业（产品销售）收入是项目建成投产后对外销售产品或提供劳务所取得

的收入，是项目生产经营成果的货币表现。计算销售收入时，假设生产出来的产品全部售出，销售量等于生产量，即

$$销售收入＝销售量×销售单价＝生产量×销售单价$$

销售价格一般采用出厂价格，也可根据需要采用送达用户的价格或离岸价格。产品营业（产品销售）收入的各年数据取自营业收入、营业税金及附加和增值税估算表。另外，固定资产余值和流动资金均在计算期最后一年回收。固定资产余值回收额为固定资产折旧费估算表中固定资产期末净值合计，流动资金回收额为项目全部流动资金。

（2）现金流出包含有建设投资、流动资金、经营成本、营业税金及附加、维持运营投资。建设投资和流动资金的数额取自建设投资估算表（形成资产法）中有关项目。经营成本是指总成本费用扣除固定资产折旧费、无形资产及递延资产摊销费和财务费用（利息支出）以后的余额。其计算公式为

$$经营成本＝总成本费用－折旧费－摊销费－财务费用（利息支出）$$

经营成本取自总成本费用表（生产成本加期间费用法）。销售税金及附加包含有增值税、营业税、消费税、资源税、城市维护建设税和教育费附加，它们取自营业收入、营业税金及附加和增值税估算表。

（3）项目投资现金流量表中的"所得税"应根据息税前利润（$EBIT$）乘以所得税率计算，称为"调整所得税"。

$$息税前利润＝利润总额＋利息支出$$

或　　　$$息税前利润＝年营业收入－营业税及附加－息税前总成本（不含利息支出）$$

$$息税前总成本＝经营成本＋折旧费＋摊销费$$

原则上，息税前利润的计算应完全不受融资方案变动的影响，即不受利息多少的影响，包括建设期利息对折旧的影响（因为这些变化会对利润总额产生影响，进而影响息税前利润）。但如此将会出现两个折旧和两个息税前利润（用于计算融资前所得税的息税前利润和利润表中的息税前利润）。为简化起见，当建设期利息占总投资比例不是很大时，也可按利润与利润分配表中的息税前利润计算调整所得税。

（4）项目计算期各年的所得税前净现金流量为各年现金流入量减对应年份的现金流出量，累计所得税前净现金流量为本年及以前各年所得税前净现金流量之和。

（5）所得税后累计净现金流量的计算方法与上述所得税前累计净现金流量的方法相同。

2. 融资后分析

融资后分析应以融资前分析和考虑融资方案为基础，考察项目在拟定融资条件下的盈利能力、偿债能力和财务生存能力，判断项目方案在融资条件下的可行性。融资后分析用于比选融资方案，帮助投资者做出融资决策。

（1）融资后的盈利能力分析应包括动态分析和静态分析两种。

1）动态分析。动态分析是通过编制财务现金流量表，根据资金时间价值原理，计算财务内部收益率、财务净现值等指标，分析项目的获利能力。融资后的动态分析包括下列两个层次：

①项目资本金现金流量分析。项目资本金现金流量分析是从项目权益投资者整体的角度，考察项目给项目权益投资者带来的收益水平。它是在拟定的融资方案下进行的息税后分析，依据的报表是项目资本金现金流量表（表5-7）。

表 5 - 7　　　　　　　　　　　　　**项目资本金现金流量表**　　　　　　　　　　单位：万元

序号	项 目	合计	计 算 期					
			1	2	3	4	…	n
1	现金流入							
1.1	营业收入							
1.2	补贴收入							
1.3	回收固定资产余值							
1.4	回收流动资金							
2	现金流出							
2.1	项目资本金							
2.2	借款本金偿还							
2.3	借款利息支付							
2.4	经营成本							
2.5	营业税金及附加							
2.6	所得税							
2.7	维持运营投资							
3	净现金流量（1—2）							

计算指标：

资本金财务内部收益率（%）

注　1. 项目资本金包括用于建设投资、建设期利息和流动资金的资金。

　　　2. 对外商投资项目，现金流出中应增加职工奖励及福利基金科目。

　　　3. 本表适用于新设法人项目与既有法人项目"有项目"的现金流量分析。

②投资各方现金流量分析。应从投资各方实际收入和支出的角度，确定其现金流入和现金流出，分别编制投资各方现金流量表（表 5 - 8），计算投资各方的财务内部收益率指标，考察投资各方可能获得的收益水平。

表 5 - 8　　　　　　　　　　　　　**投资各方现金流量表**　　　　　　　　　　单位：万元

序号	项 目	合计	计 算 期					
			1	2	3	4	…	n
1	现金流入							
1.1	实分利润							
1.2	资产处置收益分配							
1.3	租赁费收入							
1.4	技术转让或使用收入							
1.5	其他现金流入							

续表

序号	项 目	合计	计 算 期					
			1	2	3	4	⋯	n
2	现金流出							
2.1	实缴资本							
2.2	租赁资产支出							
2.3	其他现金流出							
3	净现金流量（1−2）							

计算指标：

投资各方财务内部收益率（%）

注 本表可按不同投资方分别编制。

1. 投资各方现金流量表既适用于内资企业也适用于外商投资企业；既适用于合资企业也适用于合作企业。

2. 投资各方现金流量表中现金流入是指出资方因该项目的实施将实际获得的各种收入；现金流出是指出资方因该项目的实施将实际投入的各种支出。表中科目应根据项目具体情况调整。

(1) 实分利润是指投资者由项目获取的利润。

(2) 资产处置收益分配是指对有明确的合营期限或合资期限的项目，在期满时对资产余值按股比或约定比例的分配。

(3) 租赁费收入是指出资方将自己的资产租赁给项目使用所获得的收入，此时应将资产价值作为现金流出，列为租赁资产支出科目。

(4) 技术转让收入是指出资方将专利或专有技术转让或允许该项目使用所获得的收入。

2) 静态分析。静态分析是不采取折现方式处理数据，主要依据利润与利润分配表（表5-9），并借助现金流量表计算相关盈利能力指标。

表5-9 利润与利润分配表 单位：万元

序号	项 目	合计	计 算 期					
			1	2	3	4	⋯	n
1	营业收入							
2	营业税金及附加							
3	总成本费用							
4	补贴收入							
5	利润总额（1−2−3+4）							
6	弥补以前年度亏损							
7	应纳税所得额（5−6）							
8	所得税							
9	净利润（5−8）							
10	期初未分配利润							
11	可供分配的利润（9+10−6）							
12	提取法定盈余公积金							

序号	项　　目	合计	计　算　期					
			1	2	3	4	…	n
13	可供投资者分配的利润（11—12）							
14	应付优先股股利							
15	提取任意盈余公积金							
16	应付普通股股利（13—14—15）							
17	各投资方利润分配 　　其中：××方 　　　　　××方							
18	未分配利润（13—14—15—16—17）							
19	息税前利润（利润总额＋利息支出）							
20	息税前折旧摊销利润（息税前利润＋折旧＋摊销）							

注　1. 对于外商出资项目由第 11 项减去储备基金、职工奖励与福利基金和企业发展基金后，得出可供投资者分配的利润。

2. 第 14～16 项根据企业性质和具体情况选择填列。

3. 法定盈余公积金按净利润计提。

①营业收入、营业税金及附加各年度数据取自营业收入、营业税金及附加和增值税估算表，总成本费用各年度数据取自总成本费用表。

②利润总额＝营业收入－营业税金及附加－总成本费用＋补贴收入

③所得税＝应纳税所得额×所得税税率。应纳税所得额为该年利润总额减以前年度亏损。即前年度亏损不缴纳所得税，按现行《工业企业财务制度》规定，企业发生的年度亏损，可以用下一年度的税前利润等弥补，下一年度利润不足弥补的，可以在 5 年内延续弥补，5 年内不足弥补的，用税后利润弥补。

④净利润＝利润总额－所得税

⑤可供分配利润＝净利润－上年度亏损＋期初未分配利润

期初未分配利润＝上年度剩余的未分配利润（LR）

LR＝上年可供投资者分配利润－上年应付投资者各方股利－上年还款未分配利润

⑥可供投资者分配利润＝可供分配利润－法定盈余公积金

⑦法定盈余公积金＝净利润×10％

可供投资者分配利润按借款合同规定的还款方式，编制等额还本利息照付的利润与利润分配表时，可能会出现以下两种情况：

可供投资者分配利润＋折旧费＋摊销费≤该年应还本金，则该年的可供投资者分配利润全部作为还款未分配利润，不足部分为该年的资金亏损，不提取应付投资者各方的股利，并需用临时借款来弥补偿还本金的不足部分。

可供投资者分配利润＋折旧费＋摊销费＞该年应还本金，则该年为资金盈余年份，还款未分配利润按以下公式计算

　　　　　该年还款未分配利润＝该年应还本金－折旧费－摊销费

⑧应付各投资方的股利＝可供投资者分配利润×约定的分配利率（经营亏损或资金亏损年份均不得提取股利）。

（2）偿债能力分析。主要需编制借款还本付息计划表和资产负债表。

1）借款还本付息计划表（表5-10）。该表反映项目计算期内各年借款本金偿还和利息支付情况。

表 5-10　　　　　　　　借款还本付息计划表　　　　　单位：万元

序号	项　目	合计	计算期					
			1	2	3	4	...	n
1	借款1							
1.1	期初借款余额							
1.2	当期还本付息							
	其中：还本							
	付息							
1.3	期末借款余额							
2	借款2							
2.1	期初借款余额							
2.2	当期还本付息							
	其中：还本							
	付息							
2.3	期末借款余额							
3	借款3							
3.1	期初借款余额							
3.2	当期还本付息							
	其中：还本							
	付息							
3.3	期末借款余额							
4	借款合计							
4.1	期初借款余额							
4.2	当期还本付息							
	其中：还本							
	付息							
4.3	期末借款余额							

续表

序号	项　目	合计	计　算　期					
			1	2	3	4	…	n
计算指标	利息备付率（％）							
	偿债备付率（％）							

　　注　1. 本表与财务分析辅助表"建设期利息估算表"可合二为一。

　　　　2. 本表直接适用于新设法人项目，如有多种借款或债券，必要时应分别列出。

　　　　3. 对于既有法人项目，在按有项目范围进行计算时，可根据需要增加项目范围内原有借款的还本付息计算；在计算企业层次的还本付息时，可根据需要增加项目范围外借款的还本付息计算；当简化直接进行项目层次新增借款还本付息计算时，可直接按新增数据进行计算。

　　　　4. 本表可另加流动资金借款的还本付息计算。

　　2）资产负债表（表 5-11）。资产负债表用于综合反映项目计算期内各年年末资产、负债和所有者权益的增减变化及对应关系，用以考察项目资产、负债、所有者权益的结构是否合理，进行偿债能力分析。资产负债表的编制依据是"资产＝负债＋所有者权益"。

表 5-11　　　　　　　　　　　资 产 负 债 表　　　　　　　单位：万元

序号	项　目	合计	计　算　期					
			1	2	3	4	…	n
1	资产							
1.1	流动资产总额							
1.1.1	货币资金							
1.1.2	应收账款							
1.1.3	预付账款							
1.1.4	存货							
1.1.5	其他							
1.2	在建工程							
1.3	固定资产净值							
1.4	无形及其他资产净值							
2	负债及所有者权益（2.4＋2.5）							
2.1	流动负债总额							
2.1.1	短期借款							
2.1.2	应付账款							
2.1.3	预收账款							
2.1.4	其他							
2.2	建设投资借款							
2.3	流动资金借款							

续表

序号	项　　目	合计	计　算　期					
			1	2	3	4	…	n
2.4	负债小计（2.1+2.2+2.3）							
2.5	所有者权益							
2.5.1	资本金							
2.5.2	资本公积							
2.5.3	累计盈余公积金							
2.5.4	累计未分配利润							
计算指标	资产负债率（%）							

注　1. 对外商投资项目，第2.5.3项改为累计储备基金和企业发展基金。

　　2. 对既有法人项目，一般只针对法人编制，可按需要增加科目，此时表中资本金是指企业全部实收资本，包括原有和新增的实收资本。必要时，也可针对"有项目"范围编制。此时表中资本金仅指"有项目"范围的对应数值。

　　3. 货币资金包括现金和累计盈余资金。

①资产由流动资产、在建工程、固定资产净值、无形及递延资产净值4项组成。其中：

流动资产总额为应收账款、预付账款、存货、现金、其他之和。前三项数据来自流动资金估算表。

在建工程是指项目总投资使用计划与资金筹措表中的年固定资产投资额，其中包括固定资产投资方向调节税和建设期利息。

固定资产净值和无形及递延资产净值分别从固定资产折旧费估算表及无形资产和其他资产摊销估算表取得。

②负债包括流动负债和长期负债。流动负债为应付账款与预收账款之和。应付账款、预收账款数据可由流动资金估算表直接取得。流动资金借款和其他短期借款两项流动负债及长期借款均指借款余额，需根据项目总投资使用计划与资金筹措表中的对应项及相应的本金偿还项进行计算。

a）长期借款及其他短期借款余额的计算按下式进行

$$第\ T\ 年借款余额 = \sum_{t=1}^{T}（借款-本金偿还）_t$$

其中，（借款-本金偿还）$_t$为资金来源与运用表中第t年借款与同一年度本金偿还之差。

b）按照流动资金借款本金在项目计算期末用回收流动资金一次偿还的一般假设，流动资金借款余额的计算按下式进行

$$第\ T\ 年借款余额 = \sum_{t=1}^{T}（借款）_t$$

c）所有者权益包括资本金、资本公积金、累计盈余公积金及累计未分配利润。其中，累计未分配利润可直接得自利润与利润分配表；累计盈余公积金也可由利润与利润分配表中盈余公积金项计算各年份的累计值，但应根据有无用盈余公积金弥补亏损或转增资本金的情况进行相应调整。

资产负债表应满足下式

$$资产 = 负债 + 所有者权益$$

（3）财务生存能力分析。针对非营利性项目的特点，在项目（企业）运营期间，确保从各项经济活动中得到足够的净现金流量是项目能够持续生存的条件。财务分析中应根据财务计划现金流量表（表5-12），综合考虑项目计算期内各年的投资活动、融资活动和经营活动所产生的各项现金流入和流出，计算净现金流量和累计盈余资金，分析项目是否有足够的净现金流量维持正常运营。为此，财务生存能力分析又可称为资金平衡分析。

表 5-12   财务计划现金流量表   单位：万元

序号	项 目	合计	计 算 期					
			1	2	3	4	…	n
1	经营活动净现金流量（1.1—1.2）							
1.1	现金流入							
1.1.1	营业收入							
1.1.2	增值税销项税额							
1.1.3	补贴收入							
1.1.4	其他流入							
1.2	现金流出							
1.2.1	经营成本							
1.2.2	增值税进项税额							
1.2.3	营业税金及附加							
1.2.4	增值税							
1.2.5	所得税							
1.2.6	其他流出							
2	投资活动净现金流量（2.1—2.2）							
2.1	现金流入							
2.2	现金流出							
2.2.1	建设投资							
2.2.2	维持运营投资							
2.2.3	流动资金							
2.2.4	其他流出							
3	筹资活动净现金流量（3.1—3.2）							
3.1	现金流入							
3.1.1	项目资本金投入							
3.1.2	建设投资借款							
3.1.3	流动资金借款							

续表

序号	项　目	合计	计算期					
			1	2	3	4	...	n
3.1.4	债券							
3.1.5	短期借款							
3.1.6	其他流入							
3.2	现金流出							
3.2.1	各种利息支出							
3.2.2	偿还债务本金							
3.2.3	应付利润（股利分配）							
3.2.4	其他流出							
4	净现金流量（1＋2＋3）							
5	累计盈余资金							

注　1. 对于新设法人项目，本表投资活动的现金流入为零。

　　2. 对于既有法人项目，可适当增加科目。

　　3. 必要时，现金流出中可增加应付优先股股利科目。

　　4. 对外商投资项目应将职工奖励与福利基金作为经营活动现金流出。

财务生存能力分析应结合偿债能力分析进行，如果拟安排的还款期过短，致使还本付息负担过重，导致为维持资金平衡必须筹措的短期借款过多，可以调整还款期，减轻各年还款负担。

通常因运营期前期的还本付息负担过重，故应特别注重运营期前期的财务生存能力分析。

通过以下相辅相成的两个方面可具体判断项目的财务生存能力：

1）拥有足够的经营净现金流量是财务可持续的基本条件，特别是在运营初期。一个项目具有较大的经营净现金流量，说明项目方案比较合理，实现自身资金平衡的可能性大，不会过分依赖融资来维持运营；反之，一个项目不能产生足够的经营净现金流量，或经营净现金流量为负值，说明维持项目正常运行会遇到财务上的困难，项目方案缺乏合理性，实现自身资金平衡的可能性小，有可能要靠短期融资来维持运营；或者是非经营项目本身无能力实现自身资金平衡，提示要靠政府补贴。

2）各年累计盈余资金不出现负值是财务生存的必要条件。在整个运营期间，允许个别年份的净现金流量出现负值，但不能容许任一年份的累计盈余资金出现负值。一旦出现负值时应适时进行短期融资，该短期融资应体现在财务计划现金流量表中，同时短期融资的利息也应纳入成本费用和其后的计算。较大的或较频繁的短期融资，有可能导致以后的累计盈余资金无法实现正值，致使项目难以持续经营。

财务计划现金流量表是项目财务生存能力分析的基本报表，其编制基础是财务分析辅助报表和利润与利润分配表。

四、财务评价指标体系及评价目的

财务评价指标体系见表5-13。

表 5 - 13　　　　　　　　　　　**财 务 评 价 指 标 体 系**

评价内容	基 本 报 表		评 价 指 标	
			静态指标	动态指标
盈利能力分析	融资前分析	项目投资现金流量表	项目投资回收期	项目投资财务内部收益率 项目投资财务净现值
	融资后分析	项目资本金现金流量表	—	项目资本金财务内部收益率
		投资各方现金流量表	—	投资各方财务内部收益率
		利润与利润分配表	总投资收益率 项目资本金净利润率	—
偿债能力分析	借款还本付息计划表		偿债备付率 利息备付率	—
	资产负债表		资产负债率	—
财务生存能力分析	财务计划现金流量表		累计盈余资金	—
外汇平衡分析	财务外汇平衡表		—	—
不确定性分析	盈亏平衡分析		盈亏平衡产量 盈亏平衡生产能力利用率	—
	敏感性分析		灵敏度 不确定因素的临界值	—
风险分析	概率分析		$NPV \geqslant 0$ 的累计概率	—
			定性分析	—

（1）财务盈利能力分析主要考察投资项目的盈利水平。为此目的，需编制项目投资现金流量表、项目资本金现金流量表、利润与利润分配表三个基本财务报表。计算财务内部收益率、财务净现值、投资回收期、总投资收益率、项目资本金净利润率等指标。

（2）项目偿债能力分析可在编制借款还本付息计划表、资产负债表的基础上进行。计算偿债备付率、利息备付率、资产负债率等指标。为了表明项目的偿债能力，可按尽早还款的方法计算。在计算中，贷款利息一般做如下假设：长期借款，当年贷款按半年计息，当年还款按全年计息。

（3）财务的生存能力分析，是通过考察项目计算期内的投资、融资和经营活动所产生的各项现金流入和流出，计算净现金流量和累计盈余资金，分析项目是否有足够的净现金流量维持正常运营，以实现财务可持续性。而财务可持续性应首先体现在有足够大的经营活动净现金流量，其次各年累计盈余资金不应出现负值。若出现负值，应进行短期借款，同时分析该短期借款的年份长短和数额大小，进一步判断项目的财务生存能力。短期借款应体现在财务计划现金流量表中，其利息应计入财务费用。为维持项目正常运营，还应分析短期借款的可靠性。

（4）外汇平衡分析主要是考察涉及外汇收支的项目在计算期内各年的外汇余缺程度，在编制外汇平衡表的基础上，了解各年外汇余缺状况，对外汇不能平衡的年份根据外汇短缺程度，提出切实可行的解决方案。

（5）不确定性分析包括盈亏平衡分析和敏感性分析。

（6）风险分析主要包括概率分析定量法和定性分析，并依此来判断风险的大小，给出合适的风险管理措施。

五、评价指标的计算与分析

1. 财务盈利能力评价指标

（1）财务净现值（FNPV）。根据项目投资现金流量表计算的项目投资财务净现值，是指按照一个给定的标准折现率（i_c）或行业基准收益率将项目计算期内各年财务净现金流量折现到建设期初（项目计算期第一年年初）的现值之和。它是考察项目在计算期内盈利能力的主要动态评价指标，其表达式为

$$FNPV = \sum_{i=1}^{n} (CI - CO)_t (1 + i_c)^{-t} \qquad (5-7)$$

式中　　$FNPV$——财务净现值；

CI——现金流入；

CO——现金流出；

$(CI-CO)_t$——第 t 年的净现金流量；

n——项目计算期；

i_c——基准折现率。

算出的项目投资财务净现值大于或等于零时，表明项目在计算期内的盈利能力大于或等于基准收益率或折现率水平。因此，当财务净现值 $FNPV \geq 0$ 时，则项目在财务上可以考虑被接受。

（2）财务内部收益率（FIRR）。财务内部收益率是使项目整个计算期内各年净现金流量现值累计等于零时的折现率，也就是使项目的财务净现值等于零时的折现率。它反映项目所占用资金的盈利率，是考察项目盈利能力的主要动态评价指标，其表达式为

$$\sum_{i=1}^{n} (CI - CO)_t \times (1 + FIRR)^{-t} = 0$$

财务内部收益率可根据现金流量表中折现净现金流量用插值法进行求解。如图 5-3 所示。具体计算公式为

$$FIRR = i_1 + \frac{FNPV_1}{FNPV_1 + |FNPV_2|} (i_2 - i_1) \qquad (5-8)$$

$$FNPV_1 = \sum_{i=1}^{n} (CI - CO)_t (1 + i_1)^{-t}$$

$$FNPV_2 = \sum_{i=1}^{n} (CI - CO)_t (1 + i_2)^{-t}$$

式中　　i_1——较低的试算折现率，使 $FNPV_1 > 0$；

i_2——较高的试算折现率，使 $FNPV_2 < 0$。

由此计算出的财务内部收益率通常为一近似值，计算值比理论值偏大。为控制误差，一般要求 $(i_2 - i_1) \leq 5\%$。

基于项目投资现金流量表计算的全部投资所得税前及所得税后的财务内部收益率，是反映项目在设定的计算期内全部投资的盈利能力指标。将求出的项目投资财务内部收益率（所

得税前、所得税后）与行业的基准收益率或设定的折现率（i_c）比较，当$FIRR \geqslant i_c$时，则认为从项目投资角度，项目盈利能力已满足最低要求，在财务上可以考虑被接受。

（3）投资回收期（P_t）。投资回收期是指以项目的净收益抵偿全部投资（固定资产投资、流动资金）所得的时间。它是考察项目在财务上的投资回收能力的主要静态评价指标。投资回收期以年表示，一般从建设开始年算起，其表达式为

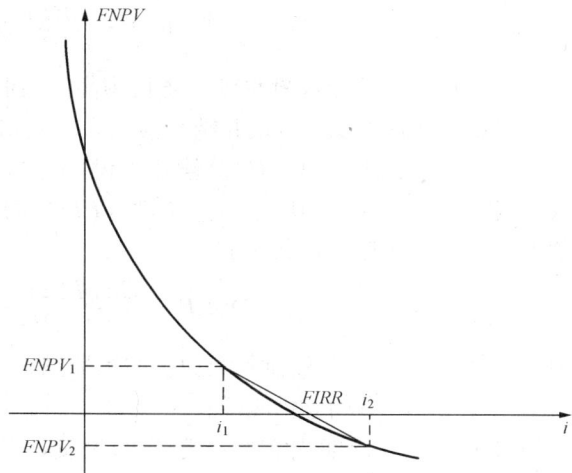

图 5-3　插值法计算财务内部收益率

$$\sum_{t=1}^{P_t} (CI - CO)_t = 0$$

投资回收期可根据全部投资的现金流量表，分别计算出项目所得税前及所得税后的全部投资回收期。计算公式为

$$P_t = （累计净现金流量开始出现正值的年份数 - 1）$$
$$+ \frac{上年累计净现金流量的绝对值}{当年净现金流量} \qquad (5-9)$$

求出的投资回收期（P_t）与行业的基准投资回收期（P_c）比较，当$P_t < P_c$时，表明项目投资能在规定的时间内收回，则项目在财务上可以考虑被接受。

（4）总投资收益率（ROI）。总投资收益率表示总投资的盈利水平，是指项目达到设计能力后正常年份的年息税前利润或运营期内年平均息税前利润（$EBIT$）与项目总投资（TI）的比率，总投资收益率应按下式计算

$$ROI = \frac{EBIT}{TI} \times 100\% \qquad (5-10)$$

总投资收益率高于同行业的收益率参考值，表明用总投资收益率表示的盈利能力满足要求。

（5）项目资本金净利润率（ROE）。项目资本金净利润率表示项目资本金的盈利水平，是指项目达到设计能力后正常年份的年净利润或运营期内年平均净利润（NP）与项目资本金（EC）的比率；项目资本金净利润率应按下式计算

$$ROE = \frac{NP}{EC} \times 100\% \qquad (5-11)$$

项目资本金净利润率高于同行业的净利润率参考值，表明用项目资本金净利润率表示的盈利能力满足要求。

2. 财务偿债能力评价指标

（1）利息备付率（ICR）。利息备付率是指在借款偿还期内的息税前利润（$EBIT$）与应付利息（PI）的比值，它从付息资金来源的充裕性角度反映项目偿付债务利息的保障程度，应按下式计算

$$ICR = \frac{EBIT}{PI} \times 100\% \qquad (5-12)$$

利息备付率应分年计算。利息备付率高，表明利息偿付的保障程度高。

利息备付率应当大于1，并结合债权人的要求确定。

（2）偿债备付率（DSCR）。偿债备付率是指在借款偿还期内，用于计算还本付息的资金（$EBITDA - T_{AX}$）与应还本息金额（PD）的比值，它表示可用于还本付息的资金偿还借款本息的保障程度，应按下式计算

$$DSCR = \frac{EBITDA - T_{AX}}{PD} \times 100\% \qquad (5-13)$$

式中 $EBITDA$——息税前利润加折旧和摊销；

T_{AX}——企业所得税。

如果项目在运行期内有维持运营的投资，可用于还本付息的资金应扣除维持运营的投资。

偿债备付率应分年计算，偿债备付率高，表明可用于还本付息的资金保障程度高。

偿债备付率应大于1，并结合债权人的要求确定。

（3）资产负债率。根据资产负债表可计算资产负债率，以分析项目的偿债能力。资产负债率是负债总额与资产总额之比，是反映项目各年所面临的财务风险程度及偿债能力的指标。其计算公式为

$$资产负债率 = \frac{负债总额}{资产总额} \times 100\% \quad 财务比率 \qquad (5-14)$$

3. 不确定性分析

（1）盈亏平衡分析。盈亏平衡分析的目的是寻找盈亏平衡点（BEP），据此判断项目风险大小及对风险的承受能力，为投资决策提供科学依据。盈亏平衡点就是盈利与亏损的分界点，在这一点"项目总收益＝项目总成本"。项目总收益（TR）及项目总成本（TC）都是产量（Q）的函数，根据 TC、TR 与 Q 的关系不同，盈亏平衡分析分为线性盈亏平衡分析和非线性盈亏平衡分析。如图 5-4 所示，在线性盈亏平衡分析中：

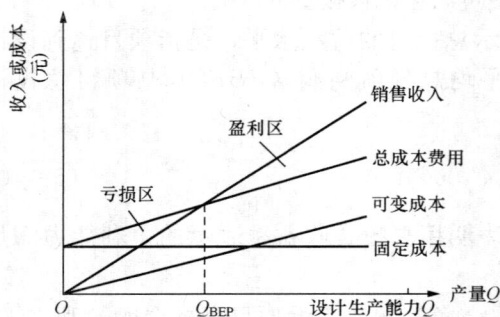

图 5-4 线性盈亏平衡分析图

$$\left. \begin{array}{l} TR = P(1-t)Q \\ TC = F + VQ \end{array} \right\} \qquad (5-15)$$

式中 TR——项目总收益；

P——产品销售单价；

t——销售税率；

TC——项目总成本；

F——固定成本；

V——单位产品可变成本；

Q——产量或销售量。

令 $TR = TC$ 即可分别求出盈亏平衡产量、盈亏平衡价格、盈亏平衡单位产品可变成本、盈亏平衡生产能力利用率。它们的表达式分别为

$$盈亏平衡产量 Q^* = \frac{F}{P(1-t)-V}$$

$$盈亏平衡单价 P^* = \frac{F+VQ_c}{(1-t)Q_c}$$

$$盈亏平衡单位产品可变成本 V^* = P(1-t) - \frac{F}{Q_c}$$

$$盈亏平衡生产能力利用率 \alpha^* = \frac{Q^*}{Q_c} \times 100\%$$

式中　　Q_c——设计生产能力。

盈亏平衡产量表示项目的保本产量，盈亏平衡点产量越低，项目保本越容易，则项目风险越低；盈亏平衡价格表示项目可接受的最低价格，该价格仅能收回成本，该价格水平越低，表示单位产品成本越低，项目的抗风险能力就越强；盈亏平衡单位产品可变成本表示单位产品可变成本的最高上限，实际单位产品可变成本低于 V^* 时，项目盈利。因此，V^* 越大，项目的抗风险能力越强。

（2）敏感性分析。敏感性分析是通过分析、预测项目主要影响因素发生变化时对项目经济评价指标（如 NPV、IRR 等）的影响，从中找出敏感因素，并确定其影响程度的一种分析方法。敏感性分析的核心是寻找敏感因素，并将其按影响程度大小排序。敏感性分析根据同时分析敏感因素数量的多少分为单因素敏感性分析和多因素敏感性分析。单因素敏感性分析的步骤为：

1）确定敏感性分析的对象，也就是确定要分析的评价指标。

2）选择需要分析的不确定性因素。

3）分别计算单个不确定因素变化百分率为 $\pm 5\%$、$\pm 10\%$、$\pm 15\%$、$\pm 20\%$ 时对评价指标的影响程度。

4）确定敏感因素。敏感因素是指对评价指标产生较大影响的因素。

5）风险评价。通过分析和计算敏感因素的影响程度，确定项目可能存在风险的大小及风险影响因素。

单因素敏感性分析中敏感因素的确定方法有相对测定法和绝对测定法。

1）相对测定法。即设定要分析的因素均从初始值开始变动，且假设各个因素每次均变动相同的幅度，然后计算在相同变动幅度下各因素对经济评价指标的影响程度，即灵敏度，灵敏度越大的因素越敏感。在单因素敏感性分析图上，表现为变量因素的变化曲线与横坐标相交的角度（锐角）越大的因素越敏感，即

$$灵敏度(\beta) = \frac{评价指标变化幅度}{变量因素变化幅度} = \frac{\left|\frac{Y_1-Y_0}{Y_0}\right|}{\Delta X_i} \qquad (5-16)$$

2）绝对测定法。让经济评价指标等于其临界值，然后计算变量因素的取值，假设为 X_1，变量因素原来的取值为 X_0，则该变量因素最大允许变化范围为 $\left|\frac{X_1-X_0}{X_0}\right|$，最大允许

变化范围越小的因素越敏感。在单因素敏感性分析图上，表现为变量因素的变化曲线与评价指标临界值曲线相交的横截距越小的因素越敏感。

知 识 点 总 结

决策阶段工程造价管理的主要任务、使用方法与造价管理业务内容（见表 5-14）。

表 5-14　　　决策阶段工程造价管理的主要任务、使用方法与造价管理业务内容

任务		方 法 运 用		业务内容
项目建议书的编制		1. 项目建设必要性的初步论证方面：宏观分析和定性分析； 2. 项目建设必要性的初步分析方面：定量分析和静态分析		
建设项目投资估算	投资估算的方法	建设投资简单估算方法	生产能力指数法	根据项目的功能要求，结合本项目的特点，编制投资控制分解规划书和相应的投资估算供建设单位参考； 在建设方案确定后，编制投资使用规划，明确土建、安装等投资控制目标； 针对工程进度计划为建设单位及其他顾问公司提供建议和意见
			系数估算法〔设备或主体专业系数法 郎格系数法	
			比例估算法	
			指数估算法	
		建设投资分类估算法	建筑工程费的估算	
			设备及工器具购置费估算	
			安装工程费估算	
		流动资金的估算方法	扩大指标估算法 分项详细估算法	
		以现代数学为理论基础的投资估算方法	指数平滑法 模糊数学估算法 基于人工神经网络的估算法	
建设项目财务评价	财务评价方法	1. 财务盈利能力分析 （1）项目财务净现值 $FNPV$； （2）项目财务内部收益率 $FIRR$； （3）投资回收期； （4）项目资本金财务内部收益率； （5）投资各方财务内部收益率； （6）总投资收益率； （7）项目资本金净利润率 2. 项目偿债能力分析的指标计算与评价 （1）偿债备付率； （2）利息备付率； （3）资产负债率 3. 不确定性分析 （1）盈亏平衡分析； （2）敏感性分析：①相对测定法；②绝对测定法		

案　例

背景：某生产性建设工程，建设前期 0 年，建设期 2 年，运营期 6 年。其他有关基础数据如下：

（1）按当地现行价格估算，该工程的设备购置费为 3000 万元，已建类似工程的建筑工程费、安装工程费占设备购置费的比例分别为 40%、10%，由于建设时间、地点等因素引起的上述两项费用的综合调整系数分别为 1.1、1.3。

（2）该工程的工程建设其他费按 890 万元估算（其中，建设期第一年 700 万元，第二年 190 万元）。

（3）基本预备费率为 10%。建设期第一年投入工程费用的 40%，第二年投入工程费用的 60%。建设期预计年均投资价格上涨率为 4%。

（4）该工程建设投资来源为资本金和银行贷款，建设期贷款总额为 3000 万元，贷款年利率为 8%（按季计息），建设期第一年贷款 1000 万元，第二年贷款 2000 万元，贷款按年中均衡发放。

（5）该工程动态投资中预计形成无形资产 60 万元，其余形成固定资产。无形资产在运营期 6 年中均匀摊入成本。固定资产使用年限为 10 年，残值率为 10%。固定资产余值在项目的运营期末收回。

问题：

（1）试分别计算该工程的工程费用、基本预备费、价差预备费、建设投资、建设期贷款利息、静态投资、动态投资。

（2）贷款合同约定的还款方式为运营期的前四年，按等额本息偿还法进行还款。请列表计算该工程的还本付息计划表。

（3）试计算该工程的无形资产摊销费。

（4）按照直线法折旧，试计算年固定资产折旧费、运营期末回收的固定资产余值。

（5）该工程设计生产能力为年产 100 万件某种产品，产品预计售价为 30 元/件，营业税金及附加为 6%，所得税率为 25%，投产第一年达到设计生产能力的 60%，经营成本为 480 万元，第二年达到设计生产能力，达产期年经营成本为 800 万元。流动资金占用额为每件产品 8 元。试估算该工程的流动资金，并计算运营期第一年、第二年的总成本费用。

（6）编制项目投资现金流量表，计算所得税后投资回收期。

解

问题（1）：

该工程的工程费用 $= E (1 + f_1 P_1 + f_2 P_2) = 3000 \times (1 + 1.1 \times 40\% + 1.3 \times 10\%) = 4710$ 万元

基本预备费 $= (4710 + 890) \times 10\% = 5600 \times 10\% = 560$ 万元

价差预备费的计算：

第一年价差预备费 $= 4710 \times 40\% \times [(1 + 0.04)^{0.5} - 1] = 37.31$ 万元

第二年价差预备费 $= 4710 \times 60\% \times [(1 + 0.04)^{0.5} (1 + 0.04)^1 - 1] = 171.24$ 万元

合计：$37.31 + 171.24 = 208.55$ 万元

建设投资＝4710＋890＋560＋208.55＝6368.55 万元

建设期贷款利息计算：

$$i_{实}＝(1＋0.08/4)^4-1＝8.24\%$$

第一年贷款利息＝0.5×1000×8.24%＝41.20 万元

第二年贷款利息＝(1000＋41.20＋0.5×2000)×8.24%＝168.19 万元

建设期贷款合计：41.20＋168.19＝209.39 万元

静态投资＝4710＋890＋560＝6160 万元

动态投资＝6160＋208.55＋209.39＝6577.94 万元

问题（2）：

运营期前四年每年偿还本息合计＝3209.39×(A/P,8.24%,4)＝3209.39×1.082 4⁴×0.082 4/(1.0824⁴-1)＝3209.39×0.303 535＝974.16 万元

还本付息计划表计算结果见表 5 - 15。

表 5 - 15　　　　　　　　　　某工程还本付息计划表　　　　　　　　　　　万元

借款	1	2	3	4	5	6	7	8
1.1 期初借款余额		1041.20	3209.39	2499.68	1731.49	900.00		
1.2 当期还本付息			974.16	974.16	974.16	974.16		
其中：还本			709.71	768.19	831.49	900.00		
付息			264.45	205.97	142.67	74.16		
1.3 期末借款余额	1041.20	3209.39	2499.68	1731.49	900.00			

问题（3）：

无形资产年摊销费＝60/6＝10 万元/年

问题（4）：

固定资产总额＝动态投资-无形资产＝6577.94-60＝6517.94 万元

年固定资产折旧费＝6517.94×(1-10%)/10＝586.61 万元/年

运营期末回收固定资产余值＝6517.94-586.61×6＝2998.28 万元

问题（5）：

流动资金的计算：

达产期需要的流动资金＝8×100＝800 万元

运营期第一年投入的流动资金＝8×100×60%＝480 万元

运营期第二年再次投入的流动资金＝800-480＝320 万元

运营期总成本费用的计算：

运营期第一年总成本费用＝经营成本＋折旧费＋摊销费＋利息支出
＝480＋586.61＋10＋264.45＝1341.06 万元

运营期第二年总成本费用＝800＋586.61＋10＋205.97＝1602.58 万元

问题（6）：

第一年建设投资＝(4710×40%＋700)×(1＋10%)＋37.31＝2879.71 万元

第二年建设投资＝(4710×60%＋190)×(1＋10%)＋171.24＝3488.84 万元

息税前利润＝利润总额＋利息支出

$$= 年营业收入 - 营业税金及附加 - (经营成本 + 折旧费 + 摊销费)$$

$$运营期第一年息税前利润 = 1800 - 108 - (480 + 586.61 + 10) = 615.39 万元$$

$$调整所得税 = 615.39 \times 25\% = 153.85 万元$$

$$运营期第二年息税前利润 = 3000 - 180 - (800 + 586.61 + 10) = 1423.39 万元$$

$$调整所得税 = 1423.39 \times 25\% = 355.85 万元$$

项目投资现金流量表见表 5-16。

表 5-16　　　　　　　　　　　　某项目投资现金流量表　　　　　　　　单位：万元

	计算期（年）							
	1	2	3	4	5	6	7	8
1 现金流入			1800.00	3000.00	3000.00	3000.00	3000.00	6798.28
1.1 营业收入			1800.00	3000.00	3000.00	3000.00	3000.00	3000.00
1.2 回收固定资产余值								2998.28
1.3 回收流动资金								800.00
2 现金流出	2879.71	3488.84	1221.85	1655.85	1335.85	1335.85	1335.85	1335.85
2.1 建设投资	2879.71	3488.84						
2.2 流动资金			480.00	320.00				
2.3 经营成本			480.00	800.00	800.00	800.00	800.00	800.00
2.4 营业税金及附加			108.00	180.00	180.00	180.00	180.00	180.00
2.5 调整所得税			153.85	355.85	355.85	355.85	355.85	355.85
3 税后净现金流量	-2879.71	-3488.84	578.15	1344.15	1664.15	1664.15	1664.15	5462.43
累计税后净现金流量	-2879.71	-6368.55	-5790.40	-4446.25	-2782.10	-1117.95	546.20	6008.63

所得税后投资回收期 $= 4 + 1117.9/1664.15 = 4.67$ 年（运营期第 4.67 年，即计算期第 6.67 年）

复 习 与 思 考 题

1. 名词解释

（1）投资估算。在项目投资决策过程中，依据现有的资料和特定的方法，在对拟建项目的建设规模、技术方案、设备方案、工程方案及项目实施进度等进行研究并基本确定的基础上，对建设项目投资数额（包括工程造价和流动资金）进行的估计。

（2）可行性研究。可行性研究是指在投资决策之前，对与拟建项目有关的技术、经济、社会、环境等所有方面进行深入细致的调查研究，对各种可能采用的技术方案和建设方案进行认真的技术经济分析和比较论证，对项目建成后的经济效益、社会效益、环境效益等进行科学的预测和评价。在此基础上，对拟建项目的技术先进性和适用性、经济合理性和有效性，以及建设必要性和可行性进行全面分析、系统论证、多方案比较和综合评价，由此提出该项目是否应该投资和如何投资等结论性意见，为投资决策提供科学的依据。

（3）财务评价。财务评价也称财务分析，是在国家现行会计制度、税收法规和市场价格体系下，预测估计项目的财务效益和费用，编制财务报表，计算评价指标，进行财务盈利能力、清偿能力和财务生存能力分析，考察拟建项目的获利能力和偿债能力等财务状况，据以判断项目的财务可行性。

2. 思考题

（1）建设项目前期一般分为哪几个阶段？

（2）项目前期工程造价管理有哪些主要内容？

（3）项目决策阶段经济评价有哪些基本要求？

（4）财务评价的主要内容有哪些？

（5）项目可行性研究的作用有哪些？

（6）简述可行性研究报告包含哪些内容。

（7）简述投资估算的作用。

（8）投资估算有哪些方法？

（9）简述项目评价包含哪些内容。

（10）项目财务融资前分析的基本报表有哪些？对应的评价指标有哪些？

（11）项目财务融资后分析的基本报表有哪些？对应的评价指标有哪些？

第六章　项目设计阶段的造价管理

　　建设项目设计阶段是决定建筑产品价值形成的关键阶段，它对建设项目的建设工期、工程造价、工程质量及建成后能否产生较好的经济效益和使用效益，起到决定性的作用。

　　工程项目设计阶段的造价管理贯穿于工程设计的各个阶段，包括设计方案的比选、优化与价值分析、限额设计、设计概算与施工图预算的编制与审查等主要工作内容，需要遵循一定的控制程序，综合运用组织、技术、经济、合同等控制措施。

第一节　设计阶段造价管理概述

一、建筑设计及其特点

1. 建筑设计

　　广义的建筑设计是指设计一个建筑物（群）要做的全部工作，包括场地、建筑、结构、设备、室内环境、室内外装修、园林景观等设计和工程概预算。

　　（1）场地设计是指对建筑用地内的建筑布局、道路、竖向、绿化及工程管线等进行综合性的设计，又称为总图设计或总平面设计。

　　（2）狭义的建筑设计是指解决建筑物使用功能和空间合理布置、室内外环境协调、建筑造型及细部处理，并与结构、设备等工种配合，使建筑物达到适用、安全、经济和美观。

　　（3）建筑结构设计是指为确保建筑物能承担规定的荷载，并保持其刚度、强度、稳定性和耐久性进行的设计。

　　（4）建筑设备设计是指对建筑物中给水排水、暖通空调、电气和动力等设备设计的总称。

　　（5）建筑室内设计是指为满足建筑室内使用和审美要求，对室内平面、空间、材质、色彩、光照、景观、陈设、家具和灯具等进行布置和艺术处理的设计。

　　建筑设计是全面规划和具体描述工程项目实施意图的过程，是建设项目由计划变为现实具有决定意义的工作阶段，它是工程建设的灵魂，是处理技术与经济关系的关键性环节，是工程造价管理的重点阶段。设计文件是建筑安装施工的依据。拟建工程在建设过程中能否保证质量、保证进度和节约投资，在很大程度上取决于设计工作的优劣（准时和高质量）。

2. 设计过程特点

　　与施工过程相比，设计过程具有三个方面的特点：

　　（1）创造性。设计过程是一个创造过程，它是一个从无到有、从粗到细、从轮廓到清晰的过程。在建筑设计中，设计的原始构思就是一种创造，应最大限度地发挥建筑师的创造性思维。但是在整个设计过程中又并非所有的设计工作都是无中生有的，每个阶段的设计都应当是在上一阶段的设计成果及相关文件依据下而进行的，后阶段设计的重点应该是把设计的原始构思在优化的基础上进行细化，并将好的创意贯彻到底。

　　（2）专业性。设计过程是一项高度专业化的工作，它是由各工程专业设计工种协作配合的一项工作，这表现在以下三个方面：

1) 我国对设计市场实行从业单位资质、个人执业资格准入管理制度，只有取得设计资质的单位和取得执业资格的个人才允许进行设计工作。

2) 工程建设项目的设计工作是一项非常复杂的系统工程，绝不是某一个人可以独立完成的。

3) 随着社会经济的发展和科学技术的进步，建设项目的规模越来越大，标准越来越高，越来越多的新技术、新材料得到应用，导致专业设计分工越来越细化。

(3) 参与性。业主在设计阶段参与活动主要包括两方面内容：

1) 业主要明确提出各阶段设计的功能要求；

2) 业主要及时确认有关的设计文件和需要业主解决的其他问题，承担及时决策的责任。

二、建设项目设计阶段的划分

我国基本建设工作的设计程序一般分为初步设计、技术设计和施工图设计三个阶段，或初步设计（或称扩大初步设计）、施工图设计两个阶段。不同专业类型的工业建设项目规定有所不同，例如工业建设项目中的建材工厂可分为初步设计和施工图设计两阶段设计（对于技术简单、方案明确的小型规模的项目，可直接采用一阶段施工图设计）。而《建筑工程设计文件编制深度规定》（2008 年版），民用建筑工程的设计程序一般分为方案设计、初步设计和施工图设计三个阶段。下面以民用建筑工程为例讲述。

1. 方案设计

方案设计是对拟建的项目按设计依据的规定进行建筑设计创作的过程。对拟建项目的总体布局、功能安排、建筑造型等提出可能且可行的技术文件，是建筑工程设计全过程的最初阶段。方案设计文件用于办理工程建设的有关手续。

2. 初步设计

初步设计是在方案设计文件的基础上进行的深化设计，解决总体、使用功能、建筑用材、工艺、系统、设备选型等工程技术方面的问题，符合环保、节能、防火、人防等技术要求，并提交工程概算，以满足编制施工图设计文件的需要。初步设计文件用于审批（包括政府主管部门和/或建设单位对初步设计文件的审批）。

3. 施工图设计

施工图设计是在已批准的初步设计文件基础上进行的深化设计，提出各有关专业详细的设计图纸，以满足设备材料采购、非标准设备制作和施工的需要。施工图设计文件用于施工。

对于技术要求相对简单的民用建筑工程，经有关主管部门同意，且合同中没有做初步设计约定时，可在方案设计审批后直接进入施工图设计。

设计单位在施工阶段还要做好设计交底、配合施工，参加试运转和竣工验收、投产及进行全面的工程设计总结工作。

三、设计阶段工程造价管理的意义

工程项目造价管理重点应该在项目的投资决策和设计阶段，而当项目投资决策确定以后，设计阶段的造价管理就变得十分重要了。

(1) 在设计阶段控制工程造价效益最显著。在设计阶段控制工程造价的效益显著，体现在以下两个方面。

　　1）设计阶段对投资的影响度最大（见图1-10），控制效果显著。"设计人员笔下一条线，影响投资千千万"正是设计影响直接投资的形象体现。由于设计阶段的设计工作具有很大的创造性和灵活性，设计结果随设计师的不同可能会产生较大的差别。因此，充分发挥设计人员的主动性和创造性，综合运用具有高科技含量的设计技术和理论，进行多方案的技术经济分析与比选，设计出最大限度的满足各种要求的设计方案，可以产生很大的经济效益。

　　2）设计阶段造价控制的效率高，投入产出比大。实践表明，设计费一般只相当于项目全生命周期费用的1%以下，但正是这少于1%的费用对投资的影响却高达75%以上。由此可见，控制工程造价的关键在设计阶段。在设计一开始就应该将控制造价的思想植根于设计人员的头脑中，以保证选择恰当的设计标准和合理的功能水平，实现设计阶段的造价控制目标。

　　（2）在设计阶段进行工程造价的计划与控制可以使造价构成更合理，有利于提高资金利用效率。在设计阶段，通过编制设计概预算可以了解工程造价的构成，分析资金分配的合理性，并可以利用价值工程理论分析项目各个组成部分功能与成本的匹配程度，调整项目功能与成本使其更趋于合理。

　　（3）在设计阶段控制工程造价便于技术与经济相结合。建筑师等专业技术人员在设计过程中往往更关注工程的使用功能，力求采用比较先进的技术方法实现项目所需功能，而对经济因素考虑较少。由于技术与经济关系密切，是不可分割的统一体，存在着既对立又统一的关系。如果在设计阶段吸收造价工程师参与全过程设计，使设计从一开始就建立在健全的经济基础之上，在制定和选择设计方案时充分考虑经济的合理性。采用限额设计，运用技术经济分析等方法，选择具有最佳经济效果的技术方案，从而确保设计方案能较好地体现技术与经济的结合。

　　（4）在设计阶段控制工程造价会使控制工作更主动。由于建筑产品具有单件性、价值大的特点，在造价控制中单纯采用被动控制方法，只能发现差异，不能消除差异，也不能预防差异的发生，而且差异一旦发生，损失往往很大。如果在设计阶段采用如设计方案的技术经济分析、价值分析、限额设计等控制手段，与投资估算、设计概算和施工图预算相结合，可实现项目造价控制的主动性。

　　（5）设计阶段的资金规划与控制体现了控制的系统性思想。设计阶段根据投资决策阶段确立的建设项目总目标，从对项目的筹划、研究、构思、设计、直至形成设计图纸和说明等相关文件，使得建设目标和水平具体化。这一过程从解决总体开发方案和建设项目总体部署等重大问题开始，至建筑设计、结构设计和其他各专业设计方案的确定，最后到确定并绘制出能满足施工要求的反映工程尺寸、布置、选材、构造、相互关系、质量要求等的详细图纸和说明。这一过程充分体现了控制的系统思想。

四、设计阶段工程造价管理的内容

　　设计阶段的造价管理贯穿于设计程序全过程，包含了资金（投资）规划与控制两方面的内容。

　　1. 设计阶段的资金规划

　　项目管理的核心任务是项目的目标控制。设计阶段的资金规划正是设计阶段及其后续阶段进行造价控制与管理的目标与基础。设计阶段的资金规划包括两个方面的内容：一是以工程设计费用为对象编制的设计阶段的资金使用计划；二是以工程建设费用为对象编制的建设项目投资计划。

（1）设计阶段的资金使用计划。设计费的管理属于建设单位设计阶段造价管理的主要内容之一。一般来说，设计费用占到建筑安装工程造价的 5% 左右，一些大型工程项目设计费达到数百万元，甚至上千万元。设计费用的支付和管理与设计阶段的设计质量控制、进度控制密切相关。因此，建设单位应当根据设计周期的长短、设计费的大小和对设计质量的审核要求编制设计阶段的资金使用计划，对设计费的使用支出做出合理安排，并在设计实施过程中予以跟踪审查。

（2）建设项目的投资计划。工程设计对建设项目的工程造价具有重要影响。设计阶段应当根据决策阶段确定的项目总投资编制项目的投资计划，确定设计阶段的投资控制目标，并按照专业、内容等进行分解，用以指导设计工作的开展，进行设计方案的技术经济分析比较。设计阶段的投资计划根据设计阶段的进展变化进行动态地变化调整。

2. 设计阶段的造价控制

设计阶段的造价控制贯穿于设计各阶段，通过对设计过程中所形成的设计概算、施工图预算的层层控制，以实现拟建项目的投资控制目标，如图 6-1 所示。

1）方案设计阶段编制投资估算，作为初步设计的投资控制目标。对投资估算进行合理分解，用以控制初步设计的各项工作。

2）初步设计阶段编制设计概算，控制设计概算不超过项目投资估算。

3）设计概算是项目施工图设计的投资控制目标。对设计概算进行合理分解，通过限额设计、设计方案比选与优化控制施工图设计的各项工作。

4）施工图设计阶段编制施工图预算，控制施工图预算不超过项目设计概算。

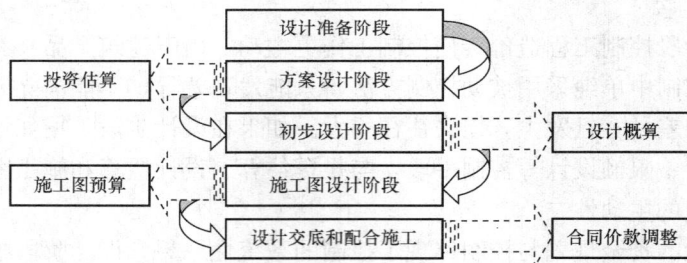

图 6-1 设计阶段各阶段造价控制目标及控制程序

3. 设计阶段的造价控制措施

设计阶段造价控制措施包括组织、技术、经济、合同等，主要措施如下：

（1）组织措施。

1）建立并完善业主的设计管理组织，落实设计管理人员，加强设计管理中的审查、参与、组织、协调和监督职能。

2）外聘咨询专家或委托咨询机构实施设计监理。

3）实行设计招标或方案竞赛。

4）加强对设计单位自控系统的监控，监督设计单位完善自控系统，如督促设计单位严格执行专业会签制度，方案审核制度。

5）编制在设计阶段所进行的设计方案的审查，概算、预算的审查，设计费用的支付等造价控制措施的详细工作流程图等。

（2）技术措施。

1）正确处理技术经济关系。

2）注重设计方案优选及设备选型。

3）推行限额设计。

4）运用价值工程优化设计。

5）重视设计概预算的编制与审查等。

（3）经济措施。

1）编制设计阶段资金使用计划。

2）进行设计进度款的支付。

3）在设计过程中进行设计资金使用的跟踪检查。

4）进行设计方案的经济性分析比较。

5）设置奖惩措施等。

（4）合同措施。

1）参与合同的签订与修改。

2）实施合同管理，跟踪合同执行，防止合同纠纷。

3）做好与设计阶段相关的设计文件、管理文件的收集与整理等。

上述设计阶段的控制措施中，技术措施或方法极为重要，如设计方案技术经济分析、限额设计、价值工程等。

五、设计阶段影响工程造价的因素

设计阶段影响工程造价的因素很多，不同专业、类型、特征的工程项目会有显著差异，这需要结合具体项目的专业实际进行分析研究。

一般而言，从项目总体方案确定的占地面积、土地利用、项目组成及布局、工艺流程、建设规模、建筑面积、主要设备选型及配置、公用设施的配置、外部协作条件、环境保护等因素，到各专业设计方案确定的设计标准、设计形式、设计参数、功能和使用价值等因素均对项目造价有不同程度的影响。

另外，反映设计工作最终质量的设计图纸及说明的质量也会对工程造价产生重要影响。设计图纸中的错误或不完善，会导致工程施工过程中出现停工、返工、工程变更，有的甚至造成质量事故和安全隐患，从而引起造价的极大浪费。设计质量差还会导致建筑产品功能不合理，影响正常使用，有的还体现在影响项目使用阶段的经常性费用，如暖通、照明、保养、维修等，造成投资浪费。

第二节　设计方案的评价与优化

一、设计方案的评价原则

为了提高建设项目的投资效果，从选择建设场地和工程总平面布置开始，直至建筑节点的设计，都应进行多方案比选，从中选取功能完善、技术先进、经济合理的最佳设计方案。设计方案优选应遵循以下原则：

（1）设计方案必须兼顾建设与使用，考虑项目全生命费用。造价水平的变化，会影响到项目将来的使用成本。如果单纯降低造价，建造质量得不到保障，就会导致使用过程中的维修费用很高，甚至有可能发生重大事故，给社会财产和人民安全带来严重损害。

（2）设计方案必须处理好经济合理性与技术先进性之间的关系。技术先进性与经济合理性既相互统一又相互矛盾，设计者应妥善处理好二者的关系，使采用的方案达到技术上可行（不一定是当前最先进的技术）与经济上合理的有机统一。一般情况下，要在满足使用者功能要求的前提下，尽可能降低工程造价；或在资金限制范围内，尽可能提高项目功能水平。

（3）设计必须兼顾近期与远期的要求。一项工程建成后，往往会在很长的时间内发挥作用。如果仅按照目前的要求设计工程，将来可能会出现由于项目功能水平无法满足需要而重新建造的情况。但是如果按照未来的需要设计工程，又会出现由于功能水平过高而资源闲置、浪费的现象。所以设计者要兼顾近期和远期的要求，选择项目合理的功能水平，同时也要根据远景发展需要，适当留有发展余地。

二、设计方案的评价方法

评价是对被评价对象的优缺点及价值进行判断的活动。

设计方案评价最常用的方法是比较分析方法和多指标综合评价法。运用比较分析方法进行比较时往往针对某一个评价指标或一组适用的评价指标体系进行比较。比较分析方法分为单指标比较分析法和多指标比较分析法。

1. 单指标比较分析法

单指标评价时可以选择效益性指标，也可以选择费用性指标。效益性指标主要是对于其收益或者功能有差异的多方案的比较选择。对于专业工程设计方案和建筑结构方案的比选来说，尽管设计方案不同，但方案的收益或功能一般没有太大的差异，这种情况下可选用费用性指标，即采用最小费用法选择方案。采用费用法比较设计方案也有两种方法：一种是只考察方案初期的一次性费用（投资）；另一种方法是考虑全生命期的费用。考虑全生命周期费用往往是比较全面合理的分析方法，但对于某些设计方案，如果建成后在日常使用费上没有明显的差异或者以后的日常使用费难以估计时，可直接用初始费用（投资）来比较优劣。

由于评价指标较多，就某一个评价指标来说较优的方案，换成另外一个评价指标时不见得较优，即仁者见仁、智者见智，很难有统一的标准，所以在进行评价时，选择合适的评价指标很重要。下面以两个建筑设计方案分析比较实例介绍设计方案选择的具体过程。

【例 6-1】　某住宅工程项目设计为六层单元式住宅，现有如下两个备选方案供选择。

方案一：砖混结构，一梯两户，由三个单元组成，共 36 户。建筑面积 3549.32m²（含 1/2 阳台面积）。基础采用浅埋砖砌条形基础，钢筋混凝土地圈梁。按该地区建筑节能有关规定要求，外墙为 240 厚砖墙，外做保温层；内墙为 240 厚砖墙。结构按 7 度抗震设防进行设计，采用现浇钢筋混凝土楼板，层层设置圈梁，沿外墙的拐角及内外墙的交接处、楼梯间的四角等部位均设构造柱进行加强。

方案二：将砖混结构改为内浇外砌结构体系。经设计人员核定，内横墙厚度为 140mm，内纵墙为 160mm，选 C20 混凝土。其他部位的做法、选材及建筑标准均按原方案不变。

解　（1）根据两个方案建立对比条件，进行技术经济分析与比较。

1）平面技术经济指标。

因方案一与方案二的外墙做法相同，建筑面积不变。但方案二的内墙厚度减薄，所以增加了使用面积。其对比参见表 6-1。

表 6-1　　　　　　　　　　　　平面技术经济指标对比

结构类型	建筑面积（m²）		使用面积（m²）		使用系数（%）	使用面积净增	
	总面积	每户	总面积	每户		m²	增加率（%）
砖　混	3549.32	98.60	2527.21	70.20	71.20	—	—
内浇外砌	3549.32	98.60	2599.26	72.20	73.23	72.05	2.85

从对比可以看出，在保持方案一的平面布局、使用功能不变的原则上，方案二由于内墙厚度减薄，增加使用面积 72.05 m²，每户平均增加 2.00 m²，增加率为 2.85%。

2）造价。

按当时当地市场价格计算，方案一的概算总值为 4 412 727.58 元（含基础、设备、电气，下同），每平方米建筑面积折合 1243.26 元；方案二概算总值为 4 578 125.90 元，每平方米建筑面积折合 1289.86 元。如按使用面积计算，单方造价方案一为 1746.09 元，方案二为 1761.32 元。参见表 6-2。

表 6-2　　　　　　　　　　　　方 案 造 价 比 较

结构类型	概算总值	单方造价（元）						
		建筑面积			使用面积			
		每平方米面积折合	差　额	差　率（%）	每平方米面积折合	差　额	差　率（%）	
砖　混	4 412 727.58	1243.26	—	—	1746.09	—	—	
内浇外砌	4 578 125.90	1289.86	46.60	3.75	1761.32	15.23	0.87	

按单方建筑面积计算，方案二比方案一高 46.60 元，约高 3.75%。如按使用面积计算，每平方米高 15.23 元，约高 0.87%，大大缩小了两者的差距。

3）综合比较。

从平面技术经济指标和造价两个因素的分析比较看，方案二增加使用面积较多，增加造价较少。

（2）将其他有关费用计入后进行比较。

按该地区有关规定，砖混结构住宅每平方米建筑面积需交 14 元黏土砖限制使用费，内浇外砌结构须交 7 元。方案一计交 49 690.48 元，方案二计交 24 845.24 元，计入该项费用后的造价比较参见表 6-3。

表 6-3　　　　　　　　　　计入费用后造价比较表　　　　　　　单位：元

结构类型	黏土砖限制使用费	计入使用费后概算总值	建筑面积			使用面积		
			每平方米面积折合	差额	差率（%）	每平方米面积折合	差额	差率（%）
砖　混	49 690.48	4 462 418.06	1257.26	—	—	1765.75	—	—
内浇外砌	24 845.24	4 602 971.14	1296.86	39.60	3.15	1770.88	5.13	0.29

　　将实心黏土砖限制使用费计入后，两者的差距又进一步缩小。按建筑面积计算，方案二由未计入该项费用前的 3.75% 降至 3.15%。按使用面积计算，由原来的 0.87% 降至 0.29%。综合比较后的结果是：每户增加使用面积 2.00m²，多投入 3904.25 元（每平方米使用面积 1952.13 元），综合经济效果砖混结构较好。

　　（3）经济效益。

　　1）当每平方米建筑面积的售价为 4600 元时，折算后使用面积售价的经济效益参见表6-4。

表6-4　　　　　　　　　　　　　　售价的经济效益表

结构类型	建筑面积 （m²）	使用面积 （m²）	建筑面积售价 （元/m²）	售价总值 （元）	折合使用面积售价 （元/m²）
砖　　混	3549.32	2527.21	4600	16 326 872	6460.43
内浇外砌	3549.32	2599.26	4600	16 326 872	6281.35

　　在总售价不变的情况下，方案二还可降低使用面积单方售价。按使用面积计价方法计算，方案二的每平方米使用面积售价比方案一低 179.09 元，即低 2.77%。

　　2）单方售价不变的情况下，按使用面积计价的总售价值对比参见表6-5。

表6-5　　　　　　　　　　　按使用面积计价的总售价值的对比

结构类型	使用面积 （m²）	单方售价 （元）	总售价 （元）	比　　较	
				差额（元）	差率（%）
砖　　混	2527.21	6460.43	16 326 863.30	—	—
内浇外砌	2599.26	6460.43	16 792 337.28	465 473.98	2.85%

　　单方使用面积售价不变，方案二的全楼总售价比方案一多465 473.98元，约多收入 2.85%，经济效益可观。

　　（4）综合评价。

　　综合上述分析，在同等级、同标准的情况下，将砖混结构方案改为内浇外砌，平均每户可增加使用面积 2.00m²，多投入 3904.25 元。如作为商品房按照单方使用面积价格出售，在原建筑面积不变的情况下，全楼可多 2.85% 收益，能收到较好的经济效益。

　　2. 多指标比较分析法

　　选用一组适用的指标体系，将对比方案的指标值列出，按重要性分为主要指标和辅助指标，然后一一进行对比分析，根据指标值的高低分析判断方案的优劣。

　　指标体系中的主要指标是指能够比较充分地反映工程的技术经济特点的指标，是确定工程项目经济效果的主要依据。辅助指标在技术经济分析中处于次要地位，是主要指标的补充，当主要指标不足以说明方案的技术经济效果优劣时，辅助指标就成为进一步进行技术经济分析的依据。

　　该方法的优点是：指标全面、分析确切；可通过各种技术经济指标定性或定量直接反映方案技术经济性能的主要方面。缺点是：容易出现不同指标的评价结果相悖的情况，这样就使分析工作复杂化。有时，也会因方案的可比性而产生客观标准不统一的现象。因此在进行综合分析时，要特别注意检查对比方案在使用功能和工程质量方面的差异，并分析这些差异对各指标的影响，避免导致错误的结论。

通过综合分析，最后应给出如下结论：

（1）分析对象的主要技术经济特点及适用条件；

（2）现阶段实际达到的经济效果水平；

（3）找出提高经济效果的潜力和途径及相应采取的主要技术措施；

（4）预期经济效果。

3. 综合评价法

综合评价法是对评价对象进行全面的综合考察，运用多个指标对评价对象进行评价，以得到综合性结论的方法。综合评价方法分为三类：第一类是基于经验的综合评价法，这类方法是通过向各方面专家咨询，将得到的评价进行简单处理，从而得出综合评价结果的方法；第二类是基于数值和统计的方法，它以数学理论和解析方法对评价系统进行严密的定量描述和计算；第三类是基于决策和智能的综合评价方法，这类方法或是重视决策支持或是模仿人脑的功能，使评价过程具有人类思维那样的信息处理能力。下面介绍第一类方法。

该方法的步骤是，将选定的若干个评价指标按其重要程度确定各指标的权重，然后确定评分标准，并将各方案对各指标的满足程度打分，最后计算各方案的加权得分，以加权得分高者为最优方案。其计算公式为

$$S = \sum_{i=1}^{n} W_i S_i \qquad\qquad (6-1)$$

式中　S——设计方案总得分；

　　　S_i——某方案在第 i 个评价指标上的得分；

　　　W_i——第 i 个评价指标的权重；

　　　n——评价指标数。

综合评价法是一种定性分析与定量分析相结合的方法。采用该方法的关键在于评价指标的选取和指标权重的确定。该方法的优点是避免了多指标比较分析法间可能发生的相互矛盾现象，评价结果唯一。缺点是确定权重及评分过程中存在主观臆断成分。

综合评价法的步骤如下：

（1）确定评价指标体系；

（2）依据重要程度确定各指标的权重（W_i）；

（3）确定评分标准；

（4）按照标准就各方案对各指标的满足程度打分（S_i）；

（5）计算各方案的加权得分，即 $S = \sum_{i=1}^{n} W_i S_i$；

（6）比较各方案综合得分，按照得分最高者为最优设计方案。

【例 6-2】　某房地产公司拟开发一个项目，现有两个设计方案，需要对两个方案进行综合评价，有关专家提出了 4 个评价指标：先进性、实用性、可靠性、经济性，权重分别是0.25、0.25、0.20、0.30。邀请多位专家对其进行评价，分项评价结果见表 6-6。请从整体上选择设计方案。

表 6 - 6　　　　　　　　　　　　　　两个设计方案的综合评价

评价指标		先进性	实用性	可靠性	经济性
权重		0.25	0.25	0.20	0.30
方案	A	6	7	7	9
	B	7	7	6	8

解　两个设计方案的综合评价值计算如下：

$$S_A = \sum_{i=1}^{n} W_i S_i = 0.25 \times 6 + 0.25 \times 7 + 0.20 \times 7 + 0.30 \times 9 = 7.35$$

$$S_B = \sum_{i=1}^{n} W_i S_i = 0.25 \times 7 + 0.25 \times 7 + 0.20 \times 6 + 0.30 \times 8 = 7.10$$

因为 $S_A > S_B$，所以方案 A 为优，选择 A 方案。

三、设计方案的优化途径

在设计阶段实行设计招标和设计方案竞选，执行设计标准，推行标准化设计，运用价值工程，实行限额设计都可以对设计方案进行优化。

（一）通过设计招标和设计方案竞选优化设计方案

建筑工程设计招标依法可以采用公开招标或邀请招标方式。采用公开招标的，招标人应当发布招标公告；采用邀请招标的，招标人应当向三个以上设计单位发出投标邀请书。

评标由评标委员会负责，按照招标文件确定的评标原则和方法进行评定。评标委员会由招标人代表和有关专家组成，人数一般为 5 人以上单数，其中技术方面的专家不得少于成员总数的 2/3。采用公开招标的，评标委员会应当向招标人推荐 2～3 个中标候选方案；采用邀请招标的，应推荐 1～2 个中标候选方案。招标人认为评标委员会推荐的所有候选方案均不能最大限度满足招标文件规定要求的，应当依法重新招标。

设计方案竞选与设计招标是有区别的，设计方案竞选可以吸取未中标候选方案的优点，并以中标候选方案作为新设计方案的基础，把其他方案的优点加以吸收综合，取长补短，使设计更完美，达到集思广益、博采众长的优点。招标人、中标人使用未中标方案的，应当征得提交方案的投标人同意并付给使用费，或者在招标公告或投标邀请书中加以明确。

采用设计招标和设计方案竞选优化设计方案，有利于控制建设工程造价，因为选中的方案设计概算一般能控制在投资者限定的投资范围之内。

（二）执行设计标准、推行标准化设计优化设计方案

（1）设计标准是国家经济建设的重要技术规范，是进行工程建设勘察、设计、施工及验收的重要依据。各类建设的设计部门制定与执行相应的不同层次的设计标准、规范，对于提高工程设计阶段的投资控制水平是十分必要的。

（2）工程标准设计通常指工程设计中，可在一定范围内通用的标准图、通用图和复用图，一般统称为标准图。

标准设计根据适应范围分为国家标准设计、部级标准设计、省市自治区标准设计、设计单位自行制定的标准等。

1）国家标准设计是指在全国范围内需要统一的标准设计。

2）部级标准设计是指在全国各行业范围内需要统一的标准设计，应由主编单位提出并

报告主管部门审批颁发。

3）省、市、自治区标准设计是指在本地区范围内需要统一的标准设计，由主编单位提出并报省、市、自治区主管基建的综合部门审批颁发。

4）设计单位自行制定的标准，是指在本单位范围内需要统一，在本单位内部使用的设计技术原则、设计技术规定，由设计单位批准执行，并报上一级主管部门备案。

标准设计覆盖范围很广，重复建造的建筑类型及生产能力相同的企业、单独的房屋构筑物均应采用标准设计或通用设计。在设计阶段投资控制工作中，对不同用途和要求的建筑物，应按统一的建筑模数、建筑标准、设计规范、技术规定等进行设计。若房屋或构筑物整体不便定型化时，应将其中重复出现的建筑单元、房间和主要的结构节点构造，在构配件标准化的基础上定型化。建筑物和构筑物的柱网、层高及其他构件参数尺寸应力求统一化，在基本满足使用要求和修建条件的情况下，尽可能具有通用互换性。

在工程设计中采用标准设计可促进工业化水平、加快工程进度、节约材料、降低建设投资。据统计，采用标准设计一般可加快设计进度 1～2 倍，节约建设投资 10％～15％以上。

（三）运用价值工程优化设计方案

价值工程（Value Engineering，简称 VE），也称为价值分析（Value Analysis，简称 VA），是当前广泛应用的一种技术经济分析方法，是一门显著降低成本、提高效率、提升价值的资源节约型管理技术。价值工程从技术和经济相结合的角度，以独有的多学科团队工作方式，注重功能分析和评价，通过持续创新活动优化方案，降低项目、产品或服务的全生命期费用，提升各利益相关方的价值。价值工程于 20 世纪 40 年代产生于美国，其创始人为通用电气公司工程师劳伦斯·迈尔斯（Lawrence Miles）。关于价值管理的内容参见本书第四章的相关内容。

1. 价值工程原理

价值工程是通过各相关领域的协作，对所研究对象的功能与费用进行系统分析，不断创新，旨在提高所研究对象价值的思想方法和管理技术。其目的，是以对象的最低生命周期成本，可靠地实现使用者所需功能，以获取最佳的综合效益。

$$价值＝功能／成本　\quad 或\quad　V＝F/C \qquad (6-2)$$

其中功能（Functions）是指价值工程研究对象所具有的能够满足某种需要的一种属性，即某种特定效能、功用或效用。成本（Total Cost）是指生命周期成本，即产品在生命期内所花费的全部费用，包括产品的生产成本和使用费用。价值（Value Idex）是指功能对成本的比值，接近人们日常生活常用的"合算不合算"、"值得不值得"的意思，是指事物的有益程度。

2. 提高产品价值的基本途径

价值的提高取决于功能与成本两个要素，所以可以通过以下五种途径来提高价值。

（1）降低成本，功能保持不变。

例如，重庆某电影院的空调制冷系统，若采用机械制冷系统（氟利昂制冷）需要资金 50 万元；若结合项目本身具体情况改为利用人防地道风降温，功能不变，造价可以大大降低（所需资金约 5 万元，而且运行费、电耗、维修费也大大降低）。

（2）成本保持不变，提高功能。

例如，当前工程建设中的人防工程，是为了备战需要而投资建设的。若设计时考虑平战结合，将部分人防工程平时利用为地下商场、地下城、地下招待所等，在投资不变的情况下，将大大提高人防工程的功能，增加经济效益。

（3）成本略有增加，功能提高很多。

例如，某省对现有部分住宅进行节能改造，增加外墙外保温系统、改双层断桥铝合金窗，虽然增加了一些投资，但是从使用期节省的空调费用、采暖费用、调节房屋的温度及舒适度来说，功能是大大提高了。

再例如，广州某电视塔，主要功能是发射电视和广播节目信号，塔的功能较为单一，并且每年针对塔及内部设备的维护和更新费用也不少。运用价值工程原理，利用塔的高度，在塔上部增加综合利用机房，可为气象、环保、交通消防、通信等部门服务，在塔的上部增加观景厅和旋转餐厅等，虽然增加了工程造价，但每年的综合服务和游览收入显著增加。既可加快投资回收，又可实现以塔养塔。

（4）功能减少一部分，成本大幅度下降。

例如，某市地铁五号线，原计划在 A 地和 B 地之间修建甲、乙、丙三个地铁站，每个地铁站的成本在一亿元左右。价值工程小组对该段线路进行价值工程研究，通过调整甲、丙两个地铁站的位置，就可不必建设乙地铁站。虽然这样调整使得 AB 段之间的乘客出入地铁的方便程度比原方案差了一些，但是仍然在设计标准允许的范围内，而整个工程的建设成本就大大地降低了。

（5）成本降低的同时，功能有所提高。

这可使价值大幅提高，是最理想的提高价值的途径。例如，当前在 20 层左右的高层住宅项目建设中广泛采用的"短肢剪力墙"结构体系，相对于传统的框架—剪力墙、全剪力墙结构体系而言，既提高了项目功能，又降低了项目成本。

高层住宅采用框架—剪力墙结构体系，虽具有建筑布置灵活、受力明确、计算简单等优点，但由于房间布置一般都不规整，柱网难以布置，而且因为框架柱截面较大，无论如何布置柱网，都会存在柱截面大于隔墙厚度而造成房间内柱子外露，影响美观和家居布置，在平面复杂多变的情况下，结构布置难趋合理，结构计算分析困难。

全剪力墙结构体系的优点是抗震潜力大、结构延性好、墙体能与建筑平面较好的配合，而且房间内没有梁柱外露，克服了框架—剪力墙结构的缺点；但是由于墙体数量多，混凝土用量和结构自重大，造成基础和上部主体结构费用高；造成整个建筑的抗侧刚度大，自震周期短，引起地震反应加大；剪力墙的配筋基本上按照构造配筋就满足承载力要求，由于配筋率低，结构延性有限，对抗震不利；因此，墙体的承载能力得不到充分发挥。

短肢剪力墙（通常认为肢长为 2m 左右或以下）结构体系由框架—剪力墙、全剪力墙结构体系演变而来，兼具二者的优点，既具有足够的抗侧能力，又能减轻结构自重，减少结构费用，是当前在高层住宅中采用较多的一种结构体系。

3. 价值工程的主要工作内容

开展价值工程活动一般分为 4 个阶段、12 个步骤，见表 6-7。

（1）对象选择。对象的正确选择对于整个价值工程活动具有决定性的意义，它将直接决定整个价值工程后续工作的努力方向和改进对象。

1）对象选择的原则。

①价值提高最大化原则；

表 6 - 7　　　　　　　　　　　　　价 值 工 程 活 动 内 容

阶段	步骤	阶段	步骤
准备阶段	①对象选择 ②组成价值工程小组 ③制定工作计划	创新阶段	⑦方案创新 ⑧方案评价 ⑨提案编写
分析阶段	④收集、整理信息资料 ⑤功能系统分析 ⑥功能评价	实施阶段	⑩审批 ⑪实施与检查 ⑫成果鉴定

②价值提高易于实现原则；

③选择量大面广的建筑产品和构配件；

④选择成本高的建筑产品和构配件；

⑤选择结构复杂的建筑产品和构配件；

⑥选择关键的结构和构配件；

⑦选择维修费用高、耗能大或使用期总费用较大的建筑产品和构配件。

2）选择方法。对象选择可以依据价值工程小组成员的经验，也可以采用一些定量的分析方法，每种方法有各自的优点和适应性。

①ABC 分析法。运用数理统计分析原理，按照局部成本在整体成本中所占比重的大小来选择价值工程改善对象的方法。基于帕雷托法则，一般地，对于每个建筑产品来说，其成本不是均匀的分配在每个分项工程上，如图 6-2 所示。据统计，有占全部分项工程数目 10%～20% 的主要分项工程，其成本要占建筑产品总成本的60%～80%（称为 A 类因素）；有 10%～20% 数量的分项工程，其成本占建筑

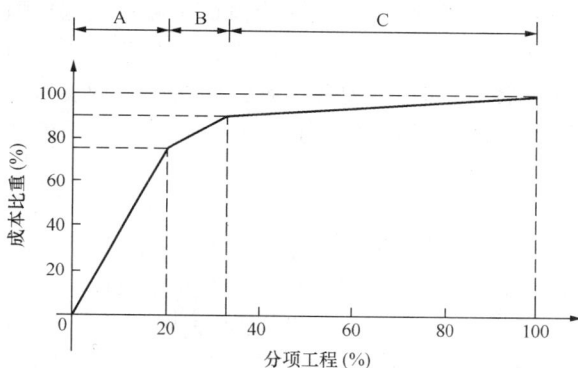

图 6-2　ABC 分类图

产品总成本的 10%～20%（称为 B 类因素）；还有 60%～80% 数量左右的分项工程，其成本占建筑产品总成本的 10%～20%（称为 C 类因素）。

ABC 分析法的优点在于简单易行，便于抓重点，能选择影响成本的关键因素作为研究对象。

②强制确定法。该方法在对象选择、功能评价、方案评价中都可以使用。在对象选择中，首先通过计算各待选因素（对象）的功能系数和成本系数，得到其价值系数，进而选择确定价值工程改善对象的方法（选择价值系数小于 1 的）。成本系数可以通过待选对象占总成本的比例来确定，功能系数的确定可以采用一些量化方法，例如 0～1 评分法、0～4 评分法、环比评分法等。按照 0～4 评分法的规定，对两个功能因素进行比较的时候，按相对重要程度进行打分：很重要的得 4 分，另一个不重要的得 0 分；较重要的得 3 分，另一较不重要的得 1 分；同样重要或基本同样重要时，各得 2 分。

（2）信息资料的收集。明确收集资料目的，确定资料内容和调查范围，有针对性地收集信息。这些信息往往与被研究的工程有关：业主提供的有关项目的目标说明、地形地貌资料、规划资料、设计任务书、可行性研究报告、市场调查报告、设计图纸和项目建设的相关约束条件等。必要时进行现场踏勘，深入了解项目建设的现场条件。

（3）功能系统分析。功能系统分析是价值工程活动的中心环节。具有明确业主对整个项目的功能要求，明确功能之间的相互关系，找出哪些是基本功能、哪些是辅助功能，哪些是必要功能、哪些是不必要功能。继而转向对可靠实现必要功能方面的研究。功能系统分析中的功能定义、功能整理、功能计量紧密衔接、有机地结合一体运行。三者的作用和相互关系见表6-8。

表6-8　　　　　　　　　　　　功能系统分析步骤

分析步骤	分析目的	分析类别	回答问题
功能定义 ↓	部件的功能本质 ↓	功能单元的定性分析 ↓	它的功能是什么 ↓
功能整理 ↓	功能之间的相互关系 ↓	功能相互关系的定性分析 ↓	它的目的或手段是什么 ↓
功能计量	必要功能的价值标准	单元功能的量化	它的功能是多少

（4）功能评价。功能评价包括研究对象的价值评价和成本评价两方面的内容。

价值评价着重计算、分析、研究对象的成本与功能间的关系是否协调、平衡，评价功能价值的高低，评定需要改进的具体对象。功能价值的一般计算公式与对象选择时价值的基本计算公式相同，所不同的是功能价值计算所用的成本按功能成本统计。

$$V_i = \frac{F_i}{C_i} \tag{6-3}$$

式中　　F_i——对象的功能评价值，元；

　　　　C_i——对象 i 功能的目前成本，元；

　　　　V_i——对象的价值（系数）。

成本评价是计算对象的目前成本和目标成本，分析、测算成本降低期望值，排列改进对象的优先顺序。成本评价的计算公式如下

$$\Delta C = C - C' \tag{6-4}$$

式中　　C'——对象的目标成本，元；

　　　　C——对象的目前成本，元；

　　　　ΔC——成本降低期望值，元。

（5）方案创新。根据价值分析结果及目标成本分配结果的要求，进而创造和构思实现改进对象功能的新方案，这是价值工程能否取得成效的关键步骤。在创造阶段，必须要打破等级、部门和传统的障碍，尽量多的提出改进方案。在此阶段，必须坚持对任何人提出的任何方案都不评价和批评的原则。

方案创造应遵循：一切从功能出发；积极思考、大胆创新；集思广益、发挥专长；多提方案，以利择优等原则。方案创新的方法包括：头脑风暴法、哥顿法、联想类比法等。

（6）方案评价与提案编写。方案评价就是从众多的备选方案中选出价值最高的可行方案。方案评价可分为概略评价和详细评价，均包括技术评价、经济评价和社会评价等方面的

内容。将这三个方面联系起来进行权衡，则称为综合评价。

为争取决策部门的理解和支持、使提案获得批准，要有侧重地撰写出具有充分说服力的提案书（表）。提案编写应扼要阐明提案内容，提案应具有说服力，使决策者理解并采纳提案。

4. 价值工程应用中应注意的问题

（1）价值工程活动的开展不仅需要掌握价值分析的方法，还需要有组织的实施方法。

（2）价值分析方法在实际应用中有很大的灵活性，可以根据具体的问题选择价值分析的全部过程或采用其中某一方面的技术和思想。

（3）在价值工程活动开展过程中，不要将价值工程与成本管理、成本控制和成本减少相混淆，实际上成本的降低只是价值工程活动中的一个可能的结果而不是目标。

（4）设计人员进行价值分析时应广泛收集和积累资料，要非常清楚造价限额是多少，功能要求是什么，现实成本是多少。而且，设计者必须有创新精神，善于打破常规，不断开拓新的领域。

（5）进行价值分析时，设计单位的技术、经济人员应吸收建筑材料、设备制造、施工单位的有关专家参加。

第三节　限　额　设　计

技术与经济相结合是控制工程成本最有效的手段。限额设计就是要正确地处理工程建设过程中技术与经济的对立统一关系，通过经济目标的设置控制工程设计过程，从而达到控制工程成本的目的。

一、限额设计的概念

所谓限额设计就是按照批准的可行性研究报告及投资估算，控制初步设计；按照批准的初步设计总概算控制技术设计和施工图设计；同时各专业在保证达到使用功能的前提下按照分配的投资限额控制设计，并严格控制设计的不合理变更，保证不突破总投资限额的工程设计过程。

二、限额设计的目标设置

限额设计的投资额一般是指静态的建筑安装工程费用，在确定投资限额时，要充分地考虑不同时间投资额的可比性，即考虑资金的时间价值。限额设计并不是一味地考虑节约投资，而是以实事求是的态度精心设计，保证投资地合理性和设计科学性。

将上一阶段审定的投资额作为下一设计阶段投资控制的总体目标。将该项总体限额目标层层分解后确定各专业、各工种或各分部分项工程的分项目标。该项工作中，提高投资估算的合理性与准确性是进行限额设计目标设置的关键环节，特别是各专业、各单位工程或分部、分项工程如何合理划分、分解到的限额数量的多少、设计指标制订的高低等都将约束项目投资目标的实现，都将会对项目的建造标准、使用功能、工程质量等方方面面产生影响。

三、限额设计的过程

投资分解和工程量控制是实行限额设计的有效途径和主要方法。投资分解就是把投资限额合理地分配到单项工程、单位工程，甚至分部工程中去，通过层层限额设计，实现对投资

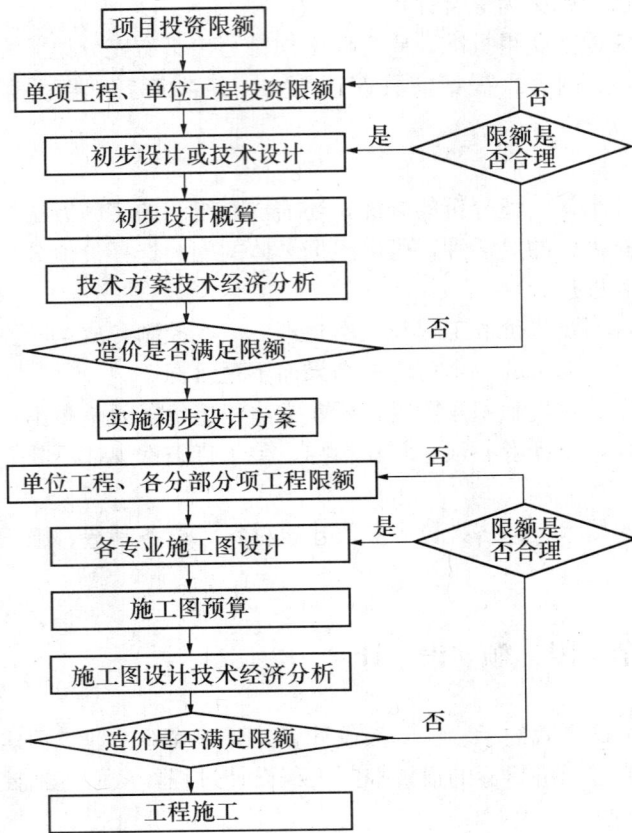

图6-3 限额设计流程图

限额的控制与管理。工程量控制是实现限额设计的主要途径，工程量的大小直接影响工程造价，但是工程量的控制应以设计方案的优选为手段，不应牺牲质量和安全。

限额设计过程，是一个目标分解与计划、目标实施、目标实施检查、信息反馈的控制循环过程，如图6-3所示。

限额设计体现了设计标准、规模、原则的合理确定，体现了有关概预算基础资料的合理确定，通过层层限额设计，实现了对投资限额的控制。

四、限额设计的控制

限额设计控制工程造价可以从两个角度入手，一种是按照限额设计过程从前往后依次进行控制，称为纵向控制；另外一种是对设计单位及其内部各专业、科室及设计人员进行考核，实施奖惩，进而保证设计质量，称为横向控制。

横向控制首先必须明确各设计单位，以及设计单位内部各专业科室对限额设计所负的责任，将工程投资按专业进行分配，并分段考核，下段指标不得突破上段指标，责任落实越接近于个人，效果就越明显，并赋予责任者履行责任的权利；其次，要建立健全奖惩制度。设计单位在保证工程安全和不降低工程功能的前提下，采用新材料、新工艺、新设备、新方案节约了投资的，应根据节约投资额的大小，对设计单位给予奖励；因设计单位设计错误，漏项或扩大规模和提高标准而导致工程静态投资超支，要视其超支比例扣减相应比例的设计费。

五、限额设计控制工作的主要内容

限额设计贯穿项目可行性研究、初步勘察、初步设计、详细勘察、技术设计、施工图设计各个阶段，而在每一个阶段中贯穿于各个专业的每一道工序。在每个专业、每项设计中都应将限额设计作为重点工作内容。明确限额目标，实行工序管理。各专业限额设计的实现是限额目标得以实现的重要保证。限额设计控制工作包括如下内容。

（1）重视设计中的方案选择。在初步设计阶段，由于初步设计应为多方案比较选择的结果，是项目投资估算的进一步具体化。在初步设计开始时，项目总设计师应将可行性研究报告的设计原则向设计人员交底，对关键设备、工艺流程、总图方案、主要建筑和各项费用指标要提出技术经济比选方案，要研究实现可行性研究报告中投资限额的可能性。特别要注意对投资有较大影响的因素并将任务和规定的投资额分专业下达到设计人员，促使设计人员进行多方案比选。

初步设计采用限额设计，各专业设计人员应强化控制建设投资意识，在拟定设计原则、技术方案和选择设备材料过程中应先掌握工程的参考造价和工程量，严格按照限额设计所分解的投资额和控制工程量进行设计，并以单位工程为考核单元，实现做好专业内部平衡调整、提出节约投资的措施，力求将造价和工程量控制在限额范围之内。

在施工图设计阶段，施工图设计实际上已决定了工程量的大小和资源的消耗量，从而决定了工程的造价，因而施工图设计阶段的限额设计更具有现实意义，其重点应该放在工程量的控制上。另外，应严格按照批准的可行性研究报告的建设规模、建设标准、建设内容进行设计，不得任意突破。如有确实需要设计方案的重大变更，必须报原审批部门审批。

（2）注重新技术、新设备、新工艺的应用。设计理论的落后往往带来工程造价的增加，要促使设计人员进行多方案的比选，尤其要注意运用技术经济比较的方法，使选择的设计方案真正做到技术可行、经济合理。

（3）确定研究重点，考虑对限额设计有较大影响的因素。设计方案、结构选型、平面布置、空间组合等都是影响工程造价最为敏感的因素，在设计过程中应该重点研究这些因素。

六、限额设计的不足与完善

1. 限额设计的不足

在积极推行限额设计的同时，还应该认识到它的不足，以便在推行的过程中加以完善和改进。

（1）限额设计的本质特征是投资控制的主动性，因而贯彻限额设计，重要的一环是在初步设计和施工图设计前就对各工程项目、各单位工程、分部工程进行合理的投资分配，以控制设计，体现控制投资的主动性。如果在设计完成后，发现概预算超了再进行设计变更以满足限额设计要求，则会使投资控制处于被动地位，也会降低设计的合理性。

（2）限额设计由于突出地强调了设计限额的重要性，而忽视了功能水平的要求，以及功能与成本的匹配性。因此，适当提高成本、得到功能大幅度提高和成本不变、功能提高这两条提高产品价值的途径在限额设计中不能得到充分地运用。

（3）限额设计中的限额包括投资估算、设计概算、施工图预算等，均是指建设项目的一次性投资，而对项目建成后的维护使用费、项目使用期满后的报废拆除费用则考虑较少，这样就可能出现限额设计效果较好，但项目的全生命费用不一定很经济的现象。

2. 限额设计的完善

（1）正确理解限额设计的含义。限额设计的本质特征是投资控制的主动性，因此，应在正确考虑建设项目的全生命成本的基础上，加强限额设计的过程控制与管理。

（2）合理确定和正确理解设计限额。在限额设计目标值（限额额度）确定之前应加深可行性研究深度，充分进行方案的比较选择，提高投资估算的合理性和准确性。在限额设计目标值确定之后，正确处理限额与项目功能、寿命周期成本之间的关系。

（3）合理分解和使用投资限额。可以根据项目的具体情况适当增加、调节使用比例，如留 15%～20% 作调节使用，按 80%～85% 下达分解投资限额目标。这样为具有创造性、确有成效的设计方案脱颖而出创造了有利条件，也为好的设计变更提供了方便。

第四节　设计概算的编制与审查

一、设计概算的概念与作用

设计概算是指在建设项目的初步设计（或扩大初步设计）阶段，在投资估算的控制下，由设计单位根据初步设计（或扩大初步设计）图纸、概算定额或概算指标、材料价格、费用定额和有关取费规定，编制和确定建设项目从筹建至竣工交付生产或使用所需的全部费用的经济文件。

设计概算是设计文件的重要组成部分，是确定和控制建设项目全部投资的文件，是编制固定资产投资计划、设计方案经济评价与选择、实行建设项目投资包干、签订承发包合同的依据，是签订贷款合同、项目实施全过程造价控制管理及考核项目经济合理性的依据。

二、设计概算的组成内容及关系

设计概算可分为单位工程概算、单项工程综合概算和建设项目总概算三个级别。各级概算之间的相互关系如图 6-4 所示。

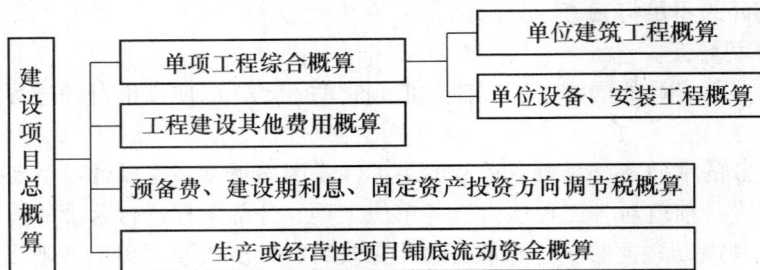

图 6-4　设计概算的三级概算关系图

（1）单位工程概算。单位工程概算按工程性质分为建筑工程概算和设备及安装工程概算两大类，是确定单项工程中各单位工程建设费用的文件，是编制单项工程综合概算的依据。其中，建筑工程概算分为土建工程概算，给排水、采暖工程概算，通风、空调工程概算，电气照明工程概算，弱电工程概算，特殊构筑物工程概算等；设备及安装工程概算分为机械设备及安装工程概算，电气设备及安装工程概算，热力设备及安装工程概算，工具、器具及生产家具购置费概算等。

（2）单项工程综合概算。单项工程综合概算是确定一个单项工程所需建设费用的文件，是由单项工程中的各单位工程概算汇总编制而成的，是建设项目总概算的组成部分。对一般工业与民用建筑工程而言，单项工程综合概算的组成内容如图 6-5 所示。

（3）建设项目总概算。建设项目总概算是确定整个建设项目从筹建开始到竣工验收、交付使用全过程所需费用的文件。它由各单项工程综合概算、工程建设其他费用概算、预备费、建设期利息和投资方向调节税概算汇总编制而成的。建设项目总概算的组成内容如图 6-6 所示。

在编制时注意，只由一个单项工程组成的建设项目可不单独编制建设项目总概算，其余项目的概算文件应包括上述三个级别的概算书。三级编制（总概算、综合概算、单位工程概

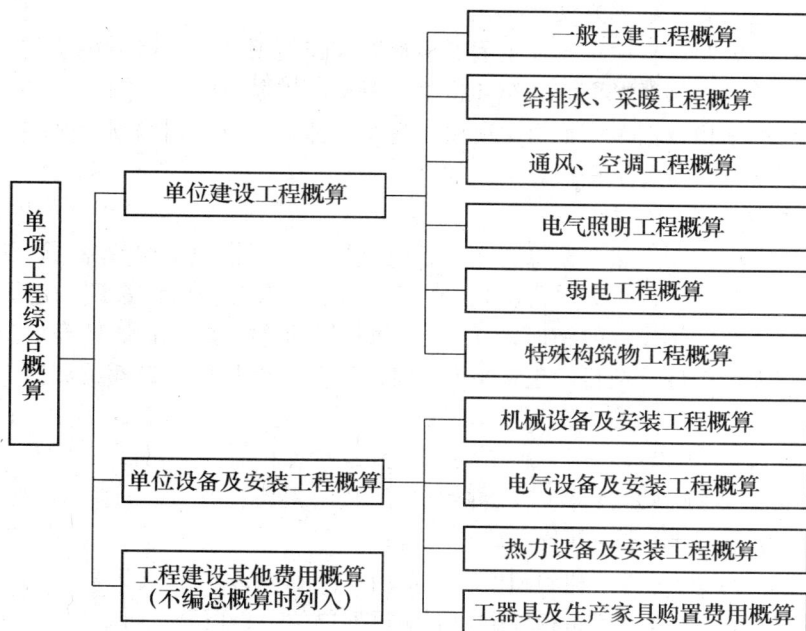

图 6-5　单项工程综合概算的组成内容

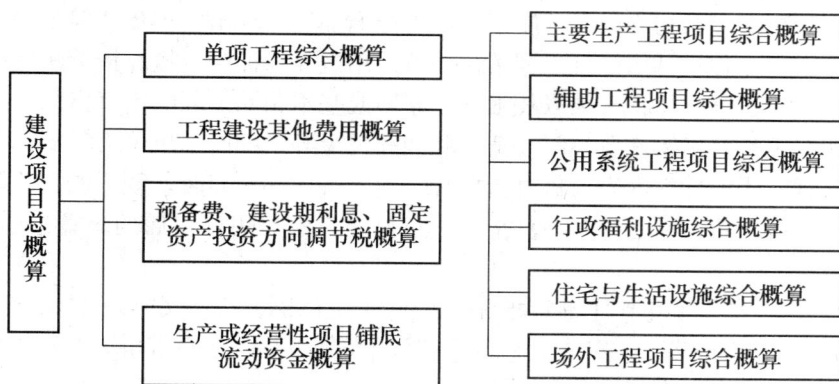

图 6-6　建设项目总概算的组成内容

算）形式设计概算文件的组成包括：封面、签署页及目录，编制说明，总概算表，其他费用表，综合概算表，单位工程概算表，附件（补充单位估价表）。

三、设计概算的编制依据

设计概算的编制依据主要有以下几方面：批准的可行性研究报告；设计文件及工程量；项目涉及的概算指标或定额；国家、行业和地方政府有关法律、法规或规定；资金筹措方式；正常的施工组织设计；项目涉及的设备材料供应及价格；类似工程概算及技术经济指标；项目的管理（含监理）、施工条件；项目所在地区有关的气候、水文、地质地貌等自然条件；项目所在地区有关的经济、人文等社会条件；项目的技术复杂程度，以及新技术、专利使用情况等；有关文件、合同、协议等。

四、单位工程概算的编制方法

在设计概算的编制过程中，单项工程综合概算和建设项目总概算主要是在单位工程概算的基础上逐级汇总后得到的。下面介绍单位工程概算的编制方法。

单位工程概算项目根据单项工程中所属的每个单体按专业分别编制。单位工程概算包括建筑工程概算和设备及安装工程概算两大类。

1. 建筑工程概算的编制方法

建筑工程概算的编制方法有概算定额法、概算指标法、类似工程预算法。

（1）概算定额法（又称扩大单价法）。概算定额法要求初步设计达到一定深度，建筑结构比较明确，能按照初步设计的平面、立面、剖面图纸计算出楼地面、墙身、门窗和屋面等分部工程（或扩大结构件）项目的工程量时，才可采用。利用概算定额编制概算的具体步骤如下：

1）熟悉图纸，了解设计意图、施工条件和施工方法；

2）列出分部工程项目，计算工程量；

3）根据工程量和概算定额基价计算直接费；

4）计算措施费、间接费、利润和税金等费用；

5）将直接费、间接费、利润和税金相加即得到单位工程概算造价；

6）计算单方造价（如每平方米建筑面积造价）；

7）编写概算编制说明。

（2）概算指标法。当初步设计深度不够，不能准确地计算出工程量，但工程设计技术比较成熟而又有类似工程概算指标可以利用时，可采用概算指标法。概算指标法是用拟建的厂房、住宅的建筑面积（或体积）乘以技术条件相同或基本相同工程的概算指标，得出直接工程费，然后按规定计算出措施费、间接费、利润和税金等，编制出单位工程概算的方法。

如拟建工程初步设计的内容与概算指标规定内容有局部差异时，就不能简单按照类似工程的概算指标直接套用，而必须对概算指标进行修正，然后用修正后的概算指标编制概算。修正公式如下

$$结构变化修正概算指标(元/m^2) = J + Q_1 P_1 - Q_2 P_2 \qquad (6-5)$$

式中　J——原概算指标；

　　　Q_1——换入新结构的数量；

　　　Q_2——换出旧结构的数量；

　　　P_1——换入新结构的单价；

　　　P_2——换出旧结构的单价。

（3）类似工程预算法。拟建工程初步设计与已完工程或在建工程的设计相类似而又没有可用的概算指标时，就可以利用已建工程或在建工程造价资料来编制拟建工程的设计概算。类似工程预算法是以类似工程的预算或结算资料，按照编制概算指标的方法，求出工程的概算指标，再按概算指标法编制拟建工程概算。

利用类似工程编制概算时，应考虑到拟建工程在建筑与结构、地区工资、材料价格、机械台班单价、间接费上的差异，这些差异的调整公式如下

$$D = AK \qquad (6-6)$$

$$K = a\%K_1 + b\%K_2 + c\%K_3 + d\%K_4 + e\%K_5 \qquad (6-7)$$

式中　　　　　　　　　　D ——拟建工程单方概算造价；

　　　　　　　　　　　　A ——类似工程单方预算造价；

　　　　　　　　　　　　K ——综合调整系数；

$a\%$、$b\%$、$c\%$、$d\%$、$e\%$ ——类似工程预算的人工费、材料费、机械台班费、措施费、间接费占预算造价的比重，如 $a\%=$ 类似工程人工费（或工资标准）/类似工程预算造价 $\times 100\%$，$b\%$、$c\%$、$d\%$、$e\%$ 类同；

　　K_1、K_2、K_3、K_4、K_5 ——拟建工程地区与类似工程预算造价在人工费、材料费、机械台班费、措施费和间接费之间的差异系数，如 $K_1=$ 拟建工程概算的人工费（或工资标准）/ 类似工程预算人工费（或地区工资标准），K_2、K_3、K_4、K_5 类同。

【例 6-3】 　某研究所拟建一试验楼，建筑面积为 9600m^2。由于初步设计深度不够，不能准确地计算出工程量，又没有类似工程概算指标可以利用，所以采用类似工程预算法编制概算。类似工程的建筑面积为 8700m^2，预算造价 11 310 000 元。经测算人工费修正系数 $K_1=1.04$，占预算造价的比重为 8%；材料费 $K_2=1.05$，比重为 56%；机械费 $K_3=1.02$，比重为 11%；管理费 $K_4=1.03$，比重为 5%。试计算拟建试验楼的概算造价。

解　类似工程单方造价 $=11\ 310\ 000/8700=1300$ 元 $/\text{m}^2$

综合调整系数 $=1.04\times8\%+1.05\times56\%+1.02\times11\%+1.03\times5\%+1\times21\%$（不调整部分的比例）$=1.034\ 9$

则拟建试验楼的概算造价 $=1300$ 元 $/\text{m}^2\times1.034\ 9\times9600\text{m}^2=12\ 915\ 552$ 元

2. 设备及安装工程概算的编制方法

设备及安装工程概算的编制方法是根据初步设计深度和要求明确的程度来确定的，主要有预算单价法、扩大单价法、设备价值百分比法和综合吨位指标法。

（1）预算单价法。当初步设计较深，有详细的设备清单时，可直接按安装工程预算定额单价编制安装工程概算，概算编制程序基本与安装工程施工图预算相同。

（2）扩大单价法。当初步设计深度不够，设备清单不完备，只有主体设备或仅有成套设备重量时，可采用主体设备、成套设备的综合扩大安装单价来编制概算。

（3）设备价值百分比法，又称安装设备百分比法。当初步设计深度不够，只有设备出厂价而无详细规格、重量时，安装费可按占设备费的百分比计算，其百分比值（即安装费率）由主管部门制定或由设计单位根据已完类似工程确定。该法常用于价格波动不大的定型产品和通用设备产品。

（4）综合吨位指标法。当初步设计提供的设备清单有规格和设备重量时，可采用综合吨位指标编制概算，其综合吨位指标由主管部门或由设计院根据已完类似工程资料确定。该法常用于设备价格波动较大的非标准设备和引进设备的安装工程概算。

五、设计概算的编制要求

设计概算应按《建设项目设计概算编审规程》的要求进行编制，同时应按编制时项目所在地的价格水平编制，总投资应完整地反映编制时建设项目的实际投资；设计概算应考虑建设项目施工条件等因素对投资的影响；还应按项目合理工期预测建设期价格水平，以及资产租赁和贷款的时间价值等动态因素对投资的影响。概算编制要求如下：

（1）实事求是的原则。编制概算文件既不能高估冒算，又要注意避免缺、漏项。凡与实现项目功能无关的工程一律不能列入概算；凡工程建设必须发生的费用也一律不隐瞒，如实计列。

（2）单位工程概算应套用国家及省、市有关概预算定额编制。建设项目总概算中的工程建设其他费用的科目设置和取费标准，应按国家有关规定和相应的费用定额、指标及项目实际情况计列，不得随意增加费用科目和提高取费标准。

（3）各级概算之间的换算关系应准确无误。概算文件的编制格式应按统一规定执行，不得自行更改。

（4）建设项目总概算除编制总概算表外，还应按规定编制概算说明书，就工程概况、编制依据、投资分析、主要材料和设备购置及概算编制范围、编制方法存在和应注意的问题予以说明。

六、设计概算的审查内容及方法

设计概算的审查是设计阶段控制工程建设项目投资的重要手段，有利于核定工程建设项目的投资规模，可以使工程建设项目总投资力求做到准确、完整，防止任意扩大投资规模或出现漏项，从而减少投资缺口、缩小概算与预算之间的差距，避免故意压低概算投资，搞"钓鱼"项目，最后导致实际造价大幅度突破概算。

1. 设计概算的审查内容

（1）审查设计概算的编制依据。

1）审查编制依据的合法性。采用的各种编制依据必须经过国家和授权机关的批准，不能强调情况特殊，擅自提高概算定额、指标或费用标准。

2）审查编制依据的时效性。各种依据，如定额、指标、价格、取费标准等，都应根据国家有关部门的现行规定进行。

3）审查编制依据的适用范围。各种编制依据都有规定的适用范围，如各主管部门规定的各种专业定额及其取费标准，只适用于该部门的专业工程；各地区规定的各种定额及其取费标准，只适用于该地区范围内。

（2）审查概算编制深度。一般大中型项目的设计概算，应有完整的编制说明和"三级概算"（即总概算表、单项工程综合概算表、单位工程概算表），并按有关规定的深度进行编制。审查各级概算的编制、核对、审核是否按规定编制并进行了相关的签署。

（3）审查概算的编制范围。审查概算编制范围及具体内容是否与主管部门批准的工程建设项目范围及具体工程内容一致；审查分期工程建设项目的建筑范围及具体工程内容有无重复交叉，是否重复计算或漏算；审查其他费用应列的项目是否符合规定，静态投资、动态投资和经营性项目铺底流动资金是否分别列出等。

（4）审查建设规模（投资规模、生产能力等）、建设标准（用地指标、建筑标准等）、配套工程、设计定员等是否符合原批准的可行性研究报告或立项批文的标准。对总概算投资超过批准投资估算 10% 以上的，应查明原因，重新上报审批。

（5）审查设备规格、数量和配置是否符合设计要求，是否与设备清单相一致，材质、自动化程度有无提高标准，引进设备是否配套、合理，备用设备台数是否恰当，消防、环保设备是否计算等。除此之外还要重点审查设备价格是否合理、是否合乎有关规定等。

（6）审查工程量是否正确。工程量的计算是否是根据初步设计图纸、概算定额、工程量计算规则和施工组织设计的要求进行的，有无多算、重算和漏算，尤其对工程量大、造价高的项目要重点审查。

（7）审查计价指标。应审查建筑与安装工程采用的计价定额、价格指数和有关人工、材料、机械台班单价是否符合工程所在地（或专业部门）定额要求和实际价格水平，费用取值是否合理并审查概算指标调整系数，主材价格，人工、机械台班和辅材调整系数是否正确与合理。

（8）审查其他费用。对工程建设其他费用要按国家和地区规定逐项审查，不属于总概算范围的费用项目不能列入概算，具体费率或计取标准是否按国家、行业有关部门规定计算，有无随意列项、多列、交叉计列和漏项等。

2. 设计概算的审查方法

设计概算审查前要熟悉设计图纸和有关资料，深入调查研究，进行经济对比分析，使审批后的概算更符合实际。较常用的方法有：

（1）对比分析法。对比分析法主要是通过建设规模、标准与立项批文对比；工程数量与设计图纸对比；综合范围、内容与编制方法及规定对比；各项取费与规定标准对比；材料、人工单价与统一信息对比；技术经济指标与同类工程对比等。通过以上对比，容易发现设计概算存在的主要问题和偏差。

（2）查询核实法。查询核实法是对一些关键设备和设施、重要装置、引进工程图纸不全、难以核算的较大投资进行多方查询核对，逐项落实的方法。主要设备的市场价向设备供应部门或招标公司查询核实；重要生产装置、设施向同类企业（工程）查询了解；引进设备价格及有关费税向进出口公司调查落实；复杂的建安工程向同类工程的建设、施工单位征求意见；深度不够或不清楚的问题直接向原概算编制人员、设计者询问。

（3）联合会审法。联合会审前，可先采取多种形式分头审查，包括设计单位自审，主管、建设、承包单位初审，工程造价咨询公司评审，邀请同行专家预审，审批部门复审等，经层层审查把关后，由有关单位和专家进行联合会审。在会审大会上，由设计单位介绍概算编制情况及有关问题，各有关单位、专家汇报初审和预审意见。然后进行认真分析、讨论，结合对各专业技术方案的审查意见所产生的投资增减，逐一核实原概算出现的问题。经过充分协商，认真听取设计单位意见后，进行处理、调整。

第五节　施工图预算的编制与审查

一、施工图预算的概念

施工图预算是施工图设计预算的简称，又称设计预算。它是由设计单位在施工图设计完成后，根据施工图设计图纸、现行预算定额、费用定额，以及地区设备、材料、人工、施工机械台班等预算价格编制和确定的建筑安装工程造价文件。

二、施工图预算的内容

施工图预算包括单位工程施工图预算、单项工程施工图预算和建设项目总预算。首先做出单位工程施工图预算，然后汇总所有单位工程施工图预算，得到单项工程施工图预算；再汇总所有单项工程施工图预算，便得到建设项目的总预算。

单位工程施工图预算包括建筑工程预算和设备安装工程预算。对一般工业与民用建筑工程而言，建筑工程预算按其工程性质分为一般土建工程预算、卫生工程预算（包括室内外给排水工程）、采暖通风工程预算、煤气工程预算、电气照明工程预算、特殊构筑物（如炉窑、烟囱、水塔等）工程预算和工业管道工程预算等。设备安装工程预算可分为机械设备安装工程预算、电气设备安装工程预算和化工设备、热力设备安装工程预算等。

三、施工图预算的编制依据

1. 经批准和会审的施工图设计文件及有关标准图集

施工图纸需经主管部门批准，经业主、设计单位参加图纸会审并签署"图纸会审纪要"。通过施工图设计文件及有关标准图集，可熟悉编制对象的工程性质、内容、构造等工程情况。

2. 反映社会平均水平的施工组织设计

施工组织设计是编制施工图预算的重要依据之一，通过它可充分了解各分部分项工程的施工方法、施工进度计划、施工机械的选择、施工平面图的布置及主要技术措施等内容，是传统计价中工程量计算和定额套用的依据，也是工程量清单计价中计取措施费的依据。

3. 与施工图预算计价模式有关的计价依据

所采用的预算造价计价模式不同，预算编制依据也不同。根据所采用的计价模式，需要相应的计价依据。若采用传统计价模式，则需要预算定额（消耗量定额）、地区单位估价表、费用定额和相应的工程量计算规则等计价依据。若采用工程量清单计价模式，则需要人、材、机的市场价格，有关分部分项工程项目、措施项目、其他项目、规费和税金等的计价规定和《工程量清单计价规范》中规定的相关工程量计算规则等计价依据。

4. 经批准的设计概算文件

经批准的设计概算文件是控制工程拨款或贷款的最高限额，也是控制单位工程预算的主要依据。如果工程预算确定的投资总额超过设计概算，需补做调整设计概算，经原批准机构批准后方可实施。

5. 预算工作手册

预算工作手册是编制预算必备的工具书之一，主要有各种常用数据、计算公式、金属材料的规格、单位重量等项内容。查用预算手册可以加快预算编制速度。

四、施工图预算的编制方法

施工图预算的编制方法有工料单价法和综合单价法两种。工料单价法是传统计价模式采用的计价方式，综合单价法是工程量清单计价模式采用的计价方式。

1. 工料单价法

工料单价法是指以分部分项工程单价为直接工程费单价，用分部分项工程量乘以对应分部分项工程单价后的合计为单位工程直接工程费。直接工程费汇总后另加措施费、间接费、利润、税金生成工程造价。

按照分部分项工程单价产生方法的不同，工料单价法又可以分为预算单价法和实物法。

（1）预算单价法。预算单价法就是用地区统一单位估价表中的各分项工料预算单价乘以相应的各分项工程的工程量，求和后得到包括人工费、材料费和机械使用费在内的单位工程直接工程费。措施费、间接费、利润和税金可根据统一规定的费率乘以相应的计取基数求得。将上述费用汇总后得到单位工程的施工图预算。

预算单价法编制施工图预算的基本步骤如下：

1）准备资料，熟悉施工图纸。准备施工图纸、施工组织设计、施工方案、现行建筑安装定额、取费标准、统一工程量计算规则和地区材料预算价格等各种资料。在此基础上详细了解施工图纸，全面分析工程各分部分项工程，充分了解施工组织设计和施工方案，注意影响费用的关键因素。

2）计算工程量。工程量计算一般按如下步骤进行：

①根据工程内容和定额项目，列出需计算工程量的分部分项工程；

②根据一定的计算顺序和计算规则，列出分部分项工程量的计算式；

③根据施工图纸上的设计尺寸及有关数据，代入计算式进行数值计算；

④对计算结果的计量单位进行调整，使之与定额中相应的分部分项工程的计量单位保持一致。

3）套预算单价，计算直接工程费。核对工程量计算结果后，利用地区统一单位估价表中的分项工程预算单价，计算出各分项工程合价，汇总求出单位工程直接工程费。单位工程直接工程费计算公式如下

$$单位工程直接工程费 = \sum（分项工程量 \times 预算单价）$$

计算直接工程费时需注意以下几项内容：

①分项工程的名称、规格、计量单位与预算单价或单位估价表中所列内容完全一致时，可以直接套用预算单价；

②分项工程的主要材料品种与预算单价或单位估价表中规定材料不一致时，不可以直接套用预算单价；需要按实际使用材料价格换算预算单价；

③分项工程施工工艺条件与预算单价或单位估价表不一致而造成人工、机械的数量增减时，一般调量不换价；

④分项工程不能直接套用定额或不能换算和调整时，应编制补充单位估价表。

4）编制工料分析表。根据各分部分项工程项目实物工程量和预算定额项目中所列的用工及材料数量，计算各分部分项工程所需人工及材料数量，汇总后算出该单位工程所需各类人工、材料的数量。

5）按计价程序计取其他费用，并汇总造价。根据规定的税率、费率和相应的计取基础，分别计算措施费、间接费、利润、税金。将上述费用累计后与直接工程费进行汇总，求出单位工程预算造价。

6）复核。对项目名称、工程量计算公式、计算结果、套用的单价、采用的取费费率、数字计算、数据精确度等进行全面复核，以便及时发现差错，及时修改，提高预算的准确性。

7）填写封面、编制说明。封面应写明工程编号、工程名称、预算总造价和单方造价、编制单位名称、负责人和编制日期，以及审核单位的名称、负责人和审核日期等。编制说明主要应写明预算所包括的工程内容范围、依据的图纸编号、有关部门现行的调价文件号、套用单价需要补充说明的问题及其他需说明的问题等。

（2）实物法。实物法编制施工图预算是按工程量计算规则和预算定额确定分部分项工程的人工、材料、机械消耗量，先按类相加求出单位工程所需的各种人工、材料、施工机械台班的消耗量，再分别乘以当时当地各种人工、材料、机械台班的实际单价，求得人工费、材料费和施工机械使用费并汇总求和得到直接工程费。然后，按照费用程序计

算措施费、间接费、利润和税金等，汇总得到单位工程费用。实物法中单位工程直接工程费的计算公式为

分部分项工程工料单价＝∑（材料预算定额用量×当时当地材料预算价格）

$\qquad$ ＋∑（人工预算定额用量×当时当地人工工资单价）

$\qquad$ ＋∑（施工机械预算定额台班用量×当时当地机械台班单价） (6 - 8)

单位工程直接工程费＝∑（分部分项工程量×分部分项工程工料单价） (6 - 9)

　　实物法编制施工图预算的步骤与预算单价法基本相似，但在具体计算人工费、材料费和机械使用费及汇总上述三种费用之和方面有一定区别。实物法编制施工图预算所用人工、材料和机械台班的单价都是当时当地的实际价格，编制出的预算可较准确地反映实际水平，误差较小，适用于市场经济条件波动较大的情况。由于采用该方法需要统计人工、材料、机械台班消耗量，还需搜集相应的实际价格，因而工作量较大、计算过程繁琐。

　　2. 综合单价法

　　综合单价是指分部分项工程单价综合了除直接工程费以外的多项费用内容。按照单价综合内容的不同，综合单价可分为全费用综合单价和部分费用综合单价。

　　（1）全费用综合单价。全费用综合单价即单价中综合了直接工程费、措施费、管理费、利润、规费和税金等，以各分项工程量乘以综合单价的合价汇总后，就生成工程造价。

　　（2）部分费用综合单价。我国目前实行的工程量清单计价采用的综合单价是部分费用综合单价。部分费用综合单价是指完成一个规定计量单位的分部分项工程量清单项目或措施清单项目所需的人工费、材料费、施工机械使用费和企业管理费与利润，以及一定范围内的风险费用。以各分部分项工程量乘以部分费用综合单价的合价汇总得到分部分项工程费，再加上措施项目费、其他项目费、规费和税金后，生成工程造价。

　　五、施工图预算的审查

　　施工图预算审查的目的是合理确定建筑安装工程造价，使建设项目的施工图预算控制在设计概算之内。

　　1. 施工图预算审查的内容

　　施工图预算审查内容包括审查编制依据的合法性及预算定额的时效性，工程量计算的准确性，定额或单价套用的合理性，取费标准、取费程序是否符合规定，材料、设备订购取价是否合理等。

　　（1）审查工程量。主要检查工程量计算是否遵守工程量计算规则，以及预算定额项目的划分，是否有重算、漏算和错算工程量的现象等。

　　（2）审查单价。预算中所列各分项工程预算单价是否与预算定额的预算单价相符，其名称、规格、计量单位和所包括的工程内容是否与单位估价表一致。对换算的单价，首先要审查换算的分项工程是否是定额中允许换算的，其次审查换算是否正确。对补充定额和单位估价表要审查补充定额的编制是否符合编制原则，单位估价表计算是否正确。

　　（3）审查间接费和税金。主要检查费用定额与预算定额是否配套，费用程序是否正确，间接费项目、费率标准与工程类别是否一致；间接费的计算基础是否符合规定；预算外调增的材料差价是否计取了间接费，直接费或人工费增减后，有关费用是否相应作了调整。审查税金计算基础及税率标准是否符合规定。

　　（4）审查设计变更、工程项目及单位工程增减内容是否合理，审批手续是否完备，施工

图设计是否合理。

（5）审查人工单价是否符合规定要求、材料预算价格是否是计算期造价信息的价格、机械台班单价是否符合造价管理部门的规定。

2. 施工图预算审查的方法

（1）全面审查法（又称逐项审查法）。即按定额顺序或施工顺序，对各分项工程中的工程细目逐项全面详细审查的一种方法。其优点是全面、细致，审查质量高、效果好。缺点是工作量大，时间较长。这种方法适合于一些工程量较小、工艺比较简单的工程。

（2）重点审查法。重点审查法就是抓住工程预算中的重点进行审核的方法。审查的重点一般是工程量大或者造价较高的各种工程、补充定额、计取的各项费用（计取基础、取费标准）等。重点审查法的优点是突出重点、审查时间短、效果明显。

（3）对比审查法。对比审查法是当工程条件相同时，用已完工程的预算或未完但已经过审查修正的工程预算，对比审查拟建工程的同类工程预算的一种方法。采用该方法一般须符合下列条件：

1）拟建工程与已完或在建工程采用同一施工图，但基础部分和现场施工条件不同，则相同部分可采用对比审查法。

2）工程设计相同，但建筑面积不同，两工程的建筑面积之比与两工程各分部分项工程量之比大体一致。此时可按分项工程量的比例，审查拟建工程各分部分项工程的工程量，或用两工程每平方米建筑面积造价、每平方米建筑面积的各分部分项工程量对比进行审查。

3）两工程面积相同，但设计图纸不完全相同，则对相同的部分，如厂房中的柱子、屋架、屋面、砖墙等，可进行工程量的对照审查。对不能对比的分部分项工程可按图纸计算。

（4）标准预算审查法。标准预算审查法就是对利用标准图纸或通用图纸施工的工程，先集中力量编制标准预算，以此为准来审查工程预算的一种方法。按标准设计图纸或通用图纸施工的工程，一般上部结构和做法相同，只是根据现场施工条件或地质情况不同，仅对基础部分做局部改变。凡这样的工程，以标准预算为准，对局部修改部分单独审查即可，不需逐一详细审查。该方法的优点是时间短、效果好、易定案。其缺点是适用范围小，仅适用于采用标准图纸的工程。

（5）分组计算审查法。分组计算审查法就是把预算中有关项目按类别划分若干组，利用同组中的一组数据审查分项工程量的一种方法。这种方法首先将若干分部分项工程按相邻且有一定内在联系的项目进行编组，利用同组分项工程间具有相同或相近计算基数的关系，审查一个分项工程数量，由此判断同组中其他几个分项工程的准确程度。如一般的建筑工程中将底层建筑面积、地面面层、地面垫层、楼面面层、楼面找平层、楼板体积、天棚抹灰、天棚刷浆及屋面层可编为一组。先计算底层建筑面积或楼（地）面面积，从而得知楼面找平层、天棚抹灰、刷白的面积。该面积与垫层厚度乘积即为垫层的工程量，与楼板折算厚度乘积即为楼板的工程量等，依此类推。该方法特点是审查速度快、工作量小。

（6）筛选审查法。该方法是能较快发现问题的一种方法。建筑工程虽面积和高度不同，但其各分部分项工程的单位建筑面积指标变化却不大。将这样的分部分项工程加以汇集、优选，找出其单位建筑面积工程量、单价、用工的基本数值，归纳为工程量、价格、用工三个单方基本指标，并注明基本指标的适用范围。这些基本指标用来筛分各分部分项工程，对不符合条件的应进行详细审查，若审查对象的预算标准与基本指标的标准不符，就应对其进行调整。筛选法的优点是简单易懂，便于掌握，审查速度快，便于发现问题。但问题出现的原因尚需继续审查。该方法适用于审查住宅工程或不具备全面审查条件的工程。

知 识 点 总 结

设计阶段工程造价管理的主要任务、使用方法与造价管理业务内容（见表 6-9）。

表 6-9　　　　　设计阶段工程造价管理的主要任务、使用方法与造价管理业务内容

任务	方法运用	业务内容
设计方案的选择与优化	限额设计、标准设计、设计招投标制度、可持续设计、价值工程	协助建设单位指导设计单位进行限额设计或设计方案优化，选择经济合理的方案；发现可能导致工程概算超支的因素时，如设计变更、市场价格大幅度的浮动，立即向建设单位提出咨询意见；根据概算和工程进度表，制定资金流量表（全费用）及用款计划（全费用）并及时提交建设单位；配合建设单位编制需要进口的机电设备和建材表，作为报关清单；根据已确定的施工图编制施工图预算，并提供施工图预算报告，包括钢筋及预埋件重量的计算；进行方案估算、调整概算及施工图预算三算比较分析，并及时提交分析报告给建设单位；参加设计交底及组织协调会
设计概算的编制	概算定额法、概算指标法、类似工程预算法、预算单价法、扩大单价法、设备价值百分比法、综合吨位指标法	
设计概算的审查	对比分析法、查询核实法、联合会审法	
施工图预算的编制	综合单价法、工料单价法、实物法	
施工图预算的审核	全面审查法、标准预算审查法、分组计算审查法、对比审查法、筛选审查法、重点审查法	
价值工程的运用	ABC法、比较法、经验分析法、强制确定法	

案　　例

背景：某建设工程通过公开招标，现有 A、B、C 三个设计方案，有关专家决定从四个功能（平面设计 F_1、立面设计 F_2、结构形式 F_3、绿色节能 F_4）对三个方案进行评价，各方案的功能得分见表 6-10。若四个功能之间的重要性关系为：F_1 比 F_2 很重要，F_3 比 F_4 很重要，F_3 比 F_2 较重要。

据造价工程师估算，A、B、C 三个设计方案的目前成本及成本组成见表 6-11。

表 6 - 10　　　　　　　　　　　　　　各方案功能得分表

功能项目	各方案功能得分		
	A	B	C
F_1	8	10	9
F_2	8	9	8
F_3	10	9	8
F_4	9	7	10

表 6 - 11　　　　　　　　　　　各方案目前成本及成本组成表

方案	单位工程成本（万元）				目前总成本（万元）
	空调工程	外装饰工程	内装饰工程	主体工程	
A	700	1300	3000	3600	8600
B	800	1400	3050	3650	8900
C	800	1300	3050	3650	8800

问题：

（1）试采用 0~4 评分法确定各功能的权重，并应用价值工程法从中选择最优的设计方案。

（2）该工程由四个单位工程组成，各单位工程的功能得分见表 6 - 12，请按限额及优化设计要求，对选中的设计方案进行价值工程分析，要求总的目标成本额控制为 8500 万元。试分析各单位工程的目标成本及其可能降低的额度，并确定功能改进顺序。

表 6 - 12　　　　　　　　　　各单位工程功能项目评分表

单位工程	空调工程	外装饰工程	内装饰工程	主体工程	合计
功能得分	8	14	34	40	96

解

问题（1）：

①计算各功能权重，结果见表 6 - 13。

表 6 - 13　　　　　　　　　　　　　功能权重计算表

	F_1	F_2	F_3	F_4	得分	权重
F_1		4	3	4	11	11/24＝0.458
F_2	0		1	3	4	4/24＝0.167
F_3	1	3		4	8	8/24＝0.333
F_4	0	1	0		1	1/24＝0.042
合计					24	1.000

②计算各方案的功能指数，结果见表 6 - 14。

表 6 - 14　　　　　　　　　　　各方案的功能指数计算表

功能	功能权重	功能加权得分		
		A	B	C
F_1	0.458	8×0.458＝3.664	10×0.458＝4.580	9×0.458＝4.122
F_2	0.167	8×0.167＝1.336	9×0.167＝1.503	8×0.167＝1.336
F_3	0.333	10×0.333＝3.330	9×0.333＝2.997	8×0.333＝2.664
F_4	0.042	9×0.042＝0.378	7×0.042＝0.294	10×0.042＝0.420
合计		8.708	9.374	8.542
功能指数		8.708/26.624＝0.327	0.352	0.321

注　各方案功能加权得分之和为 8.708＋9.374＋8.542＝26.624。

③计算各方案的成本指数，结果见表 6 - 15。

表 6 - 15　　　　　　　　　　　各方案的成本指数计算表

方案	A	B	C	合计
成本（万元）	8600	8900	8800	26300
成本指数	8600/26300＝0.327	0.338	0.335	1.000

④计算各方案的价值指数，结果见表 6 - 16。

表 6 - 16　　　　　　　　　　　各方案的价值指数计算表

方案	功能指数	成本指数	价值指数	备注
A	0.327	0.327	1.000	
B	0.352	0.338	1.041	最优方案√
C	0.321	0.335	0.958	

结论：因为 B 方案的价值指数最大，所以应选择 B 方案。

问题（2）：

对选定的 B 方案进行价值工程分析，在计算给定的各单位工程的功能指数基础上，针对给定的总目标成本控制额，分别计算各单位工程的目标成本额，从而确定其成本降低额，见表 6 - 17。根据成本降低额的大小，确定功能改进顺序依次为：外装饰工程、主体工程、空调工程、内装饰工程。

表 6 - 17　　　　　　　功能指数、目标成本降低额及功能改进顺序表

功能项目	功能评分	功能指数	目前成本（万元）	目标成本（万元）	成本降低额（万元）	功能改进顺序
空调工程	8	0.0833	800.00	708.33	91.67	3
外装饰工程	14	0.1458	1400.00	1239.58	160.42	1
内装饰工程	34	0.3542	3050.00	3010.42	39.58	4
主体工程	40	0.4167	3650.00	3541.67	108.33	2
合计	96	1.0000	8900.00	8500.00	400.00	

复 习 与 思 考 题

1. 名词解释

（1）价值工程。价值工程是通过各相关领域的协作，对所研究对象的功能与费用进行系统分析，不断创新，旨在提高所研究对象价值的思想方法和管理技术。其目的是以对象的最低生命周期成本，可靠地实现使用者所需功能，以获取最佳的综合效益。

（2）限额设计。限额设计就是按照批准的可行性研究报告及投资估算，控制初步设计；按照批准的初步设计总概算控制技术设计和施工图设计；同时各专业在保证达到使用功能的前提下按照分配的投资限额控制设计，并严格控制设计的不合理变更，保证不突破总投资限额的工程设计过程。

（3）设计概算。设计概算是指在建设项目的初步设计（或扩大初步设计）阶段，在投资估算的控制下，由设计单位根据初步设计（或扩大初步设计）图纸、概算定额或概算指标、材料价格、费用定额和有关取费规定，编制和确定建设项目从筹建至竣工交付生产或使用所需的全部费用的经济文件，它是设计文件的重要组成部分。

（4）施工图预算。施工图预算是施工图设计预算的简称，又称设计预算。它是由设计单位在施工图设计完成后，根据施工图设计图纸、现行预算定额、费用定额，以及地区设备、材料、人工、施工机械台班等预算价格，编制和确定的建筑安装工程造价的文件。

2. 思考题

（1）建筑设计有哪些特点？建筑设计阶段是怎样划分的？

（2）简述设计阶段造价管理的意义。

（3）简述设计阶段造价管理的主要内容。

（4）简述设计方案的评价原则、方法。

（5）简述设计方案的优化途径。

（6）简述提高产品价值的基本途径。

（7）简述价值工程的原理。

（8）简述价值管理、价值工程、价值分析的关系。

（9）什么是限额设计？

（10）什么是限额设计的纵向控制和横向控制？

（11）设计概算的内容包含哪三级？

（12）简述单位工程概算的编制方法。

（13）设计概算的审查方法有哪些？

（14）施工图预算的编制依据有哪些？

（15）施工图预算的编制方法有哪些？

（16）施工图预算的审查方法有哪些？

第七章 项目招投标阶段的造价管理

在施工招投标阶段，编制招标计划，选择和确定合适的招标方式、工程发承包模式、工程的发承包范围、施工合同类型和计价方式、评标方法，编制规范的招标文件（包含工程量清单）和招标控制价，择优选择承包人，签订完善的承包合同，对于减少施工阶段合同执行过程中的纠纷、有效控制工程造价、合理规避工程风险，具有重要的意义。

第一节 招投标概述

建设项目实行招标投标是我国建筑市场趋向法制化、规范化、完善化的重要举措，对于择优选择承包单位、实现建设项目目标、合理降低工程造价，进而使工程造价得到有效的控制，具有十分重要的意义。招投标制有利于发挥市场经济条件下竞争的优势、提高市场信息的透明度，有利于促进技术进步、降低产品生产成本，有利于供求双方的互相了解，有利于产品的需求者以最经济的手段实现需求目标。

一、招投标的概念

建设项目招标是指招标人在发包建设项目之前，以公告或邀请书的方式提出招标项目的有关要求，公布招标条件，投标人根据招标人的意图和要求提出报价，择日当场开标，以便从中择优选定中标人的一种经济活动。

建设项目投标是建设项目招标的对称概念，指具有合法资格和能力的投标人根据招标条件，经过初步研究和估算，在指定期限内填写标书，根据自己的实际情况提出报价，并等待开标，决定能否中标的经济活动。

招标实际上是邀请特定的或不特定的投标人对招标人提出要约（即报价），属于要约邀请。投标则是一种要约，它符合要约的所有条件，如具有缔结合同的主观目的；一旦中标，投标人将受投标书的约束；投标书的内容具有足以使合同成立的主要条件等。招标人向中标的投标人发出的中标通知书，则是招标人同意接受中标的投标人的投标条件，即同意接受该投标人的要约的意思表示，应属于承诺。

二、招投标的原则

建设项目招投标要遵循公开、公平、公正、诚实信用的基本原则。

（1）公开原则，是指有关招投标的法律、政策、程序和招标投标活动都要公开，即招标前发布公告，公开发售招标文件，公开开标，中标后公开中标结果，使每个投标人拥有同样的信息、同等的竞争机会和获得中标的权利。

（2）公平原则，是指所有参加竞争的投标人机会均等，并受到同等待遇。

（3）公正原则，是指在招标投标的立法、管理和进行过程中，立法者应制定法律。司法者和管理者按照法律和规则公正地执行法律和规则，对一切被监管者给予公正待遇。

（4）诚实信用原则，是指民事主体在从事民事活动时，应诚实守信，以善意的方式履行其义务，在招投标活动中体现为采购人（招标人）、中标人在依法进行采购和招投标活动中要有良好的信用。

三、强制招标的范围及规模标准

1. 强制招标的范围

《中华人民共和国招标投标法》（以下简称《招标投标法》）规定：中华人民共和国境内进行下列工程建设项目，包括项目的勘察、设计、施工、监理以及与工程建设有关的重要设备、材料等的采购，必须进行招标：

（1）大型基础设施、公用事业等关系社会公共利益、公众安全的项目；

（2）全部或者部分使用国有资金投资或者国家融资的项目；

（3）使用国际组织或者外国政府贷款、援助资金的项目。

《工程建设项目招标范围和规模标准规定》（2000年5月1日国家发展计划委员会发布）对上述项目的具体范围和规模标准又做了进一步的具体规定：

（1）关系社会公共利益、公众安全的基础设施项目；

（2）关系社会公共利益、公众安全的公用事业项目；

（3）使用国有资金投资项目；

（4）国家融资项目；

（5）使用国际组织或者外国政府资金的项目。

2. 强制招标的规模标准

建设项目招标的规模标准，是指对于上述建设项目必须达到一定规模标准，才是必须进行招标的项目。上述各类工程建设项目，包括项目的勘察、设计、施工、监理，以及与工程建设有关的重要设备、材料等的采购，达到下列标准之一的，必须进行招标：

（1）施工单项合同估算价在200万元人民币以上的；

（2）重要设备、材料等货物的采购，单项合同估算价在100万元人民币以上的；

（3）勘察、设计、监理等服务的采购，单项合同估算价在50万元人民币以上的；

（4）单项合同估算价低于前三项规定的标准，但项目总投资额在3000万元人民币以上的。

对上述必须进行招标的工程建设项目，任何个人或者单位不得将其化整为零或者以其他任何方式规避招标。

3. 依法不进行招标的情形

除涉及国家安全、国家秘密、抢险救灾或者属于利用扶贫资金实行以工代赈、需要使用农民工等特殊情况，不适宜进行招标的项目，按照国家有关规定可以不进行招标外，有下列情形之一的，可以不进行招标：

（1）需要采用不可替代的专利或者专有技术；

（2）采购人依法能够自行建设、生产或者提供；

（3）已通过招标方式选定的特许经营项目投资人依法能够自行建设、生产或者提供；

（4）需要向原中标人采购工程、货物或者服务，否则将影响施工或者功能配套要求；

（5）国家规定的其他特殊情形。

四、建设项目的招标方式

《招标投标法》规定的招标方式有公开招标和邀请招标两种类型。

1. 公开招标

公开招标也称无限竞争性招标，是一种无限制的竞争方式。招标人利用网络、报纸、专业性刊物等媒介发布招标公告，简述招标工程的名称、性质、规模、建造地点和建设要求等主要事项，邀请不特定的法人或其他组织参与投标竞争，招标人从中择优选择投标人的招标方式。

其优点是招标人有较大的选择范围，可以在众多的投标人竞争中择优选择报价合理、工期较短和信誉良好的承包人，有助于打破垄断，实现公平竞争。

因此，《招标投标法》要求：全部使用国有资金投资或者国有资金投资占控股或者主导地位的依法必须招标项目，以及法律、行政法规或者国务院规定应当公开招标的其他项目，应当公开招标。

2. 邀请招标

邀请招标也称有限竞争性招标，即招标人以投标邀请书的方式邀请特定的法人或其他组织参加投标竞争。招标人采用邀请招标方式的，应当向三个以上具备承担招标项目的能力和资信良好的特定的法人或其他组织发出投标邀请书。未受到邀请的单位，不能参加投标。

邀请招标虽能邀请到有经验的和资信可靠的投标者投标，减小了合同履行的违约风险，并且招标时间相对缩短、招标费用相对也少，但限制了竞争范围，因而使投标的竞争程度减弱，中标的合同价格相对较高，可能会失去技术上和报价上有竞争力的投标者。

有下列情形之一不宜进行公开招标的，经过批准后可以进行邀请招标：

（1）涉及国家安全、国家秘密不适宜公开招标的；

（2）项目技术复杂、有特殊要求或者受自然地域环境限制，只有少量潜在投标人可供选择的；

（3）采用公开招标方式的费用占招标项目合同金额的比例过大的；

（4）法律、行政法规或者国务院规定不宜公开招标的。

国家重点建设项目的邀请招标，应当经国务院发展计划部门批准；地方重点建设项目的邀请招标，应当经各省、自治区、直辖市人民政府批准。

原建设部第 89 号令《房屋建筑和市政基础设施工程施工招标投标管理办法》中指出：凡按照规定应该招标的工程不进行招标，应该公开招标的工程不公开招标的，招标单位所确定的承包单位一律无效。建设行政主管部门按照《中华人民共和国建筑法》（以下简称《建筑法》）第八条的规定，不予颁发施工许可证；对于违反规定擅自施工的，依据《建筑法》第六十四条的规定，追究其法律责任。

五、招标采购的内容

招标采购的内容包括工程、货物和服务。其中，《招标投标法》所称的工程建设项目，是指工程及与工程建设有关的货物和服务。招标项目，是指属于采购合同标的的工程、货物或者服务；工程、货物或者服务划分多个标段或者合同包的，指具体的标段或者合同包。

（1）工程，是指建设工程，包括建筑物和构筑物的新建、改建、扩建及其相关的装修、拆除、修缮等。

（2）与工程建设有关的货物，是指构成工程不可分割的组成部分，且为实现工程基本功能所必需的设备、材料等。

（3）与工程建设有关的服务，是指为完成工程所需的勘察、设计、监理等服务。

六、招标组织形式

工程项目招标组织形式分为自行招标和委托招标。

（1）自行招标。招标单位具备下列条件，按规定向主管部门备案同意后，可以依法自行办理和完成招标项目的招标任务。

1）是法人或依法成立的其他组织。

2）有与招标工程相适应的经济、技术管理人员。

3）有组织编写招标文件的能力。

4）有审查投标单位资质的能力。

5）有组织开标、评标、定标的能力。

（2）委托招标。不具备上述条件的建设单位，须委托具有相应资质的中介机构代理招标，建设单位与中介机构签订委托代理招标的协议，并报招标管理机构备案。

七、施工招标应具备的条件

《工程建设项目施工招标投标办法》规定，依法必须招标的工程建设项目，应当具备下列条件才能进行施工招标：

（1）招标人已经依法成立；

（2）初步设计及概算应当履行审批手续的，已经批准；

（3）招标范围、招标方式和招标组织形式等应当履行核准手续的，已经核准；

（4）有相应资金，或资金来源已经落实；

（5）有招标所需的设计图纸及技术资料。

第二节　施工招标投标程序及规定

工程施工招标投标过程包括招标、投标、开标、评标、定标几个阶段，招标投标程序如图7-1所示（见文后插页）。

一、施工招标

施工招标分为公开招标与邀请招标，公开招标有资格预审和资格后审两种方法，邀请招标没有资格预审的环节，而直接发出投标邀请书，在评标时进行资格后审。

1. 建设工程项目报建

根据《工程建设项目报建管理办法》的规定，凡在我国境内投资兴建的工程建设项目，都必须实行报建制度，接受当地建设行政主管部门的监督管理。

建设工程项目报建，是建设单位开展招标活动的前提，报建的内容主要包括：工程名称、建设地点、投资规模、工程规模、发包方式、计划开竣工日期和工程筹建情况。

在建设工程项目的立项批准文件或投资计划下达后，建设单位根据《工程建设项目报建管理办法》规定的要求进行报建，并由建设行政主管部门审批。具备招标条件的，方可开始办理建设单位资质审查。

2. 审查建设单位资质

审查建设单位资质是指政府招标管理机构审查建设单位是否具备自行招标条件。对不具备自行招标条件的建设单位，须委托具有相应资质的中介机构代理招标，建设单位与中介机构签订委托代理招标的协议，并报招标管理机构备案。

3. 招标申请

招标单位填写工程建设项目招标申请表，并经上级主管部门批准后，连同工程建设项目报建审查登记表一起报招标管理机构审批。

申请表的主要内容包括：工程名称、建设地点、招标建设规模、结构类型、招标范围、招标方式、要求施工企业资质等级、施工前期准备情况（土地征用、拆迁情况、勘察设计情况、施工现场条件等）、招标机构组织情况等。

一般的，工程施工招标应当完善下列条件：

（1）办理了工程项目计划批文；

（2）招标人依法办理了招标登记；

（3）办妥建设工程用地手续；

（4）办妥建设工程规划有关手续；

（5）施工现场已基本具备"三通一平"条件，能满足施工要求；

（6）有满足施工需要的施工图纸及技术资料；

（7）建设资金已落实或部分落实（资金落实是指建设工期不足一年的，到位资金不得少于合同价的 50%；建设工期超过一年的，到位资金不得少于合同价的 30%）。

4. 发布资格预审公告、招标公告或投标邀请书

采用公开招标方式的，招标人应当发布招标公告，邀请不特定的法人或者其他组织投标。采用公开招标时，招标人采用资格预审办法对潜在投标人进行资格审查的，应当发布资格预审公告、编制资格预审文件。

依法必须进行招标的项目的资格预审公告和招标公告，应当在国务院发展改革部门依法指定的媒介发布。在不同媒介发布的同一招标项目的资格预审公告或者招标公告的内容应当一致。指定媒介发布依法必须进行招标的项目的境内资格预审公告、招标公告，不得收取费用。

采用邀请招标方式的，招标人应当向三家以上具备承担施工招标项目的能力、资信良好的特定的法人或者其他组织发出投标邀请书。

5. 资格预审文件与招标文件的编制、送审

资格预审文件是指公开招标时，招标人要求对投标的施工单位进行资格预审，只有通过资格预审的施工单位才可以参加投标。

编制依法必须进行招标的项目的资格预审文件和招标文件，应当使用国务院发展改革部门会同有关行政监督部门制定的标准文本。

资格预审文件和招标文件都必须经过招标管理机构审查，审查同意后方可刊登资格预审公告、招标公告。

6. 出售资格预审文件或招标文件

招标人应当按资格预审公告规定的时间、地点发售资格预审文件；按招标公告或者投标邀请书规定的时间、地点发售招标文件。资格预审文件或者招标文件的发售期不得少于5 日。

招标人可以通过信息网络或者其他媒介发布招标文件，通过信息网络或者其他媒介发布的招标文件与书面招标文件具有同等法律效力，但出现不一致时以书面招标文件为准。招标人应当保持书面招标文件原始正本的完好。

对招标文件或者资格预审文件的收费应当合理，不得以盈利为目的。对于所附的设计文件，招标人可以向投标人酌收押金；对于开标后投标人退还设计文件的，招标人应当向投标人退还押金。

招标文件或资格预审文件售出后，不予退还。招标人在发布招标公告、发出投标邀请书后或者售出招标文件或资格预审文件后不得擅自终止招标。

招标人可以对已发出的资格预审文件进行必要的澄清或者修改。澄清或者修改的内容可能影响资格预审申请文件编制的，招标人应当在提交资格预审申请文件截止时间至少 3 日前，以书面形式通知所有获取资格预审文件的潜在投标人；不足 3 日的，招标人应当顺延提交资格预审申请文件的截止时间。

招标人可以对已发出的招标文件进行必要的澄清或者修改。澄清或者修改的内容可能影响投标文件编制的，招标人应当在投标截止时间至少 15 日前，以书面形式通知所有获取招标文件的投标人或者潜在投标人；不足 15 日的，招标人应当顺延提交投标文件的截止时间。

潜在投标人或者其他利害关系人对资格预审文件有异议的，应当在提交资格预审申请文件截止时间 2 日前提出；对招标文件有异议的，应当在投标截止时间 10 日前提出。招标人应当自收到异议之日起 3 日内作出答复；作出答复前，应当暂停招标投标活动。

7. 投标人资格审查

招标人可以根据招标项目本身的特点和需要，要求潜在投标人或者投标人提供满足其资格要求的文件，对潜在投标人或者投标人进行资格审查；法律、行政法规对潜在投标人或者投标人的资格条件有规定的，依照其规定。

资格审查分为资格预审和资格后审。资格预审，是指在投标前对潜在投标人进行的资格审查。资格后审，是指在开标后对投标人进行的资格审查。

进行资格预审的，一般不再进行资格后审，但招标文件另有规定的除外。

采取资格预审的，招标人应当合理确定提交资格预审申请文件的时间。依法必须进行招标的项目提交资格预审申请文件的时间，自资格预审文件停止发售之日起不得少于 5 日。

采取资格预审的，招标人应当在资格预审文件中载明资格预审的条件、标准和方法；采取资格后审的，招标人应当在招标文件中载明对投标人资格要求的条件、标准和方法。招标人不得改变载明的资格条件或者以没有载明的资格条件对潜在投标人或者投标人进行资格审查。

经资格预审后，招标人应当及时向资格预审合格的潜在投标人发出资格预审合格通知书，告知获取招标文件的时间、地点和方法，并同时向资格预审不合格的潜在投标人告知资格预审结果。资格预审不合格的潜在投标人不得参加投标。通过资格预审的申请人少于 3 个的，应当重新招标。经资格后审不合格的投标人的投标应当作废标处理。

资格审查应主要审查潜在投标人或者投标人是否符合下列条件：

（1）具有独立订立合同的权利；

（2）具有履行合同的能力，包括专业、技术资格和能力，资金、设备和其他物质设施状况，管理能力、经验、信誉和相应的从业人员；

（3）没有处于被责令停业，投标资格被取消，财产被接管、冻结、破产状态；

（4）在最近三年内没有骗取中标和严重违约及重大工程质量问题；

（5）法律、行政法规规定的其他资格条件。

资格审查时，招标人不得以不合理的条件限制、排斥潜在投标人或者投标人，不得对潜在投标人或者投标人实行歧视对待。任何单位和个人不得用行政手段或者其他不合理方式限制投标人的数量。不得强制其委托招标代理机构办理招标事宜。

8. 踏勘现场

招标人根据招标项目的具体情况，可以组织通过资格预审的潜在投标人踏勘现场，目的在于了解工程场地和周围环境情况，以获取潜在投标人认为有必要的信息。招标人不得组织单个或者部分潜在投标人踏勘项目现场。

9. 投标预备会

投标预备会由招标单位组织。目的在于澄清招标文件中的疑问，解答投标单位对招标文件和踏勘现场中所提出的问题，并以书面形式同时送达所有获得招标文件的投标人或潜在投标人。

10. 招标控制价的编制与送审

政府投资项目施工招标需要编制招标控制价，当招标文件的商务条款一经确定，即可开始编制。招标控制价是工程项目限定的最高工程造价，也可称其为拦标价、预算控制价或最高报价等。招标控制价编制完后应将必要的资料报送招标管理机构审定并公布。

11. 投标文件的接收

投标单位根据招标文件的要求，编制投标文件，并进行密封和标识，在投标截止时间前按规定的地点递交至招标单位。招标单位接收投标文件并将其秘密封存。

12. 开标

开标时间一般为投标截止时间的同一时间，按招标文件规定的时间、地点，在投标单位法定代表人或授权代理人在场的情况下举行开标会议，按规定的议程进行公开开标。

13. 评标

按有关规定成立评标委员会，在招标管理机构监督下，依据评标原则、评标方法，对投标单位的报价、工期、质量、施工方案、以往业绩、社会信誉、优惠条件等方面进行综合评价。公正合理地择优选择中标单位。

14. 定标

中标单位选定后，由招标管理机构核准，获准后招标单位向中标单位发出中标通知书。

15. 合同签订

投标人与中标人自中标通知书发出之日起 30 天内，按招标文件和中标人的投标文件的有关内容签订书面合同。

二、施工投标

施工招标与投标是工程承发包活动的两个方面，投标与招标是相对应的，投标程序中的内容是从投标人角度考虑的，投标程序（如图 7-2 所示）中的主要内容如下：

1. 参加资格预审

资格预审是投标工作的第一关。投标人应按资格预审文件要求的内容认真填写各种表格，在规定有效期限内递送到规定的地点，接受审查。

2. 熟悉招标文件

招标文件是投标人投标报价的主要依据，研究招标文件重点放在投标者须知、专用条款、设计图纸、工程范围及工程量清单上。

```
          ┌─────────────────────────────────────────────┐
前期工作   │        分析市场，寻找投资机会，获得招标信息        │
          │                      ↓                        │
          │            报名参加投标，准备资料                │
          │                      ↓                        │
          │          办理资格审查，取得招标文件              │
          │                      ↓                        │
          │      组建投标报价班子，调查、分析投标环境          │
          │          ┌───────────┴───────────┐            │
          │      研究招标文件          收集投标信息、有关资料   │
          └─────────────┴─────────────────────┘
调查询价   ┌───────┬───────────┬───────────┐
          │  各种询价   复核工程量   工程现场调查  │
          └───────┴─────┬─────┴───────────┘
          ┌─────────────┴─────────────┐
投标报价   │      拟订工程项目管理规划      │
          │            ↓              │
          │  计算分部分项工程综合单价及措施费等  │
          │            ↓              │
          │    调整标价，选择报价策略     │
          │            ↓              │
          │  确定投标报价，编制投标文件    │
          │            ↓              │
          │        投送标书           │
          └───────────────────────────┘
```

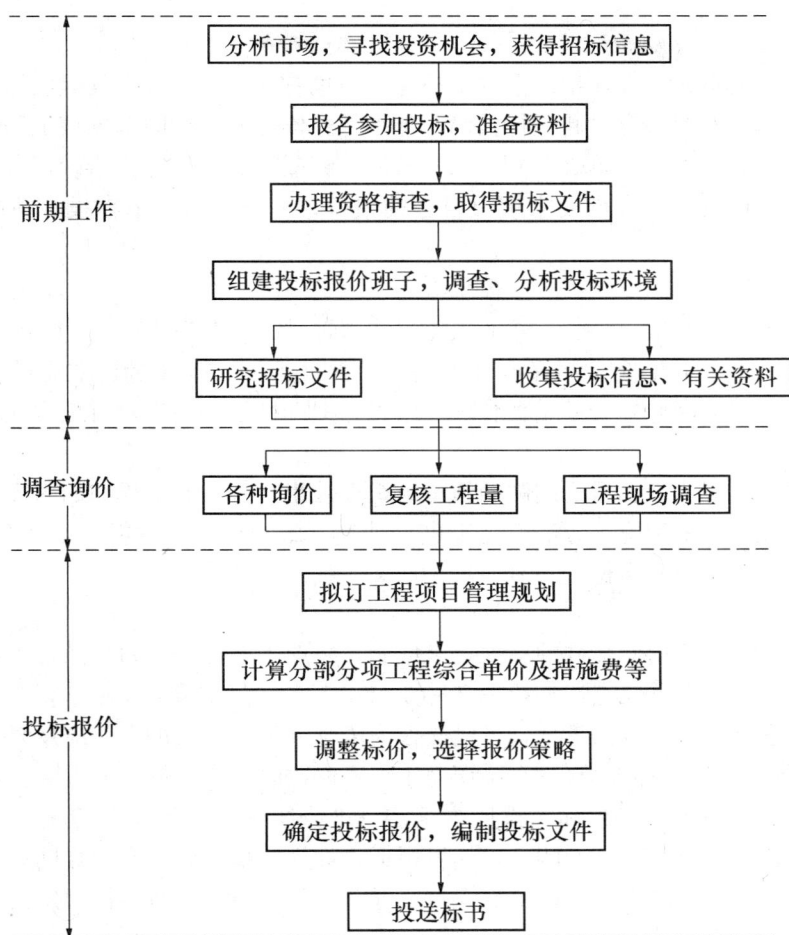

图 7-2　工程项目施工投标程序

（1）首先要通读招标文件。其目的是"吃"透招标文件，搞清楚报价范围和承包者的责任，弄清各项技术要求，了解工程中使用哪些特殊的材料和设备，理出招标文件中含糊不清的问题，并及时提请招标人予以澄清。

（2）投标人在通读招标文件的基础上，一定要明确：合同条件采用的是什么合同文本，是总价合同还是单价合同。其次要深入了解：工期及工期奖惩，维修期限和维修期间的担保，各种保函的要求，税收与保险，付款的条件；是否有预付款，何时回扣；中期付款方法，调价的方法，保留金的比例及扣回的方法与时间；延期付款利息的支付；合同争议的解决方式等。

（3）关于材料、设备和施工技术要求，投标人要了解：工程项目采用哪些技术标准和施工验收规范，特殊的施工要求，材料的技术要求等。

（4）关于工程范围，应当明确：工程量表的编制方法和体系，工程量清单中是否列入工程的全部工作内容；对与承包工程有关联的项目有何报价要求。例如，对旧建筑物的拆迁、工程监理现场办公室等怎样列入工程总价中；关于分包有何规定，承包商对分包商提供何种条件及承担的责任。

　　3. 校核工程量

　　工程量清单一般由招标人在招标文件中提供，但也有的工程招标人仅提供图纸。招标人提供的工程量清单，投标人应对此进行核对。如果是总价合同，按图纸校核工程量和细目是否有漏项就更为重要。如果是单价合同，工程量清单有漏项或数量计算错误，投标人不要在招标文件上修改，仍按招标文件要求填报自己的报价，一般的情况下在投标策略和技巧中考虑。

　　4. 编制施工规划

　　投标人编制施工规划很重要，一方面招标人根据投标人拟订的工程进度计划和施工方案，考察投标人是否采取了充分而又合理的措施，保证按期、按质量要求完成工程施工任务。另一方面，工程进度计划安排是否合理，施工方案选择是否妥当，对工程成本有着直接的影响。

　　施工规划的深度要比中标后所编制的施工组织设计粗略些。施工规划的内容，一般包括施工部署，主要施工方案和施工方法，施工进度计划，施工机械、材料、设备和劳务计划，以及临时生产、生活设施的安排。

　　5. 编制投标文件

　　投标文件应完全按照招标文件的各项要求编制，一般不能带任何附加条件，否则将会按废标处理。因此要注意以下几点：如招标文件要求每一空格都要填写，则不得空着不填。否则即被视为放弃意见。重要数据不填，可能被作为废标处理。填报的文件应反复校对，保证分项和汇总计算均无错误。如填写中有错误而不得不修改时，应在修改处签字。最好用打字方式填写或用墨笔正楷书写。投标文件应当整洁，纸张统一，字迹端正清晰，装帧美观大方，给招标人和评审人员一个好的印象。如果招标文件规定投标保证金为合同价的某一百分数时，开具的投标保函不要太早，以防从银行处泄漏自己的报价。应当按规定对标书进行分类和封记，在规定的投标截止日期以前报送投标文件。

　　三、施工开标

　　1. 开标的时间和地点

　　招标人应当按照招标文件规定的时间、地点开标。投标人少于3个的，不得开标，招标人应当重新招标。投标人对开标有异议的，应当在开标现场提出，招标人应当当场作出答复，并制作记录。出现以下情况时征得建设行政主管部门的同意后，可以暂缓或者推迟开标时间：

　　（1）招标文件发售后对原招标文件做了变更或者补充。

　　（2）开标前发现有影响招标公正性的不正当行为。

　　（3）出现突发事件等。

　　2. 出席开标会议的规定

　　开标由招标人主持，并邀请所有投标人的法定代表人或其委托代理人准时参加。招标人可以在投标人须知前附表中对此做进一步说明，同时明确投标人的法定代表人或其委托代理人不参加开标的法律后果，通常不应以投标人不参加开标为由将其投标作废标处理。

　　3. 开标程序

　　根据《中华人民共和国标准施工招标文件》（以下简称《标准施工招标文件》）的规定，

主持人按下列程序进行开标，并将开标过程记录，并存档备查：

（1）宣布开标纪律。

（2）公布在投标截止时间前递交投标文件的投标人名称，并点名确认投标人是否派人到场。

（3）宣布开标人、唱标人、记录人、监标人等有关人员姓名。

（4）按照投标人须知前附表规定检查投标文件的密封情况。

（5）按照投标人须知前附表的规定确定并宣布投标文件开标顺序。

（6）设有标底的，公布标底。

（7）按照宣布的开标顺序当众开标，公布投标人名称、标段名称、投标保证金的递交情况、投标报价、质量目标、工期及其他内容，并记录在案。

（8）投标人代表、招标人代表、监标人、记录人等有关人员在开标记录上签字确认。

（9）开标结束。

4. 招标人不予受理的投标

投标文件有下列情形之一的，招标人不予受理：

（1）逾期送达的或者未送达指定地点的；

（2）未按招标文件要求密封的；

（3）无单位盖章且无法定代表人签字或盖章的；

（4）未按规定格式填写，内容不全或关键字迹模糊、无法辨认的；

（5）投标人递交两份或多份内容不同的投标文件，或在一份投标文件中对同一招标项目报有两个或多个报价，且未声明哪一个有效（按招标文件规定提交备选投标方案的除外）；

（6）投标人名称或组织机构与资格预审时不一致的；

（7）未按招标文件要求提交投标保证金的；

（8）联合体投标未附联合体各方共同投标协议的。

四、施工评标

评标是招投标过程中的核心环节。

1. 评标的原则

工程项目的评标活动应遵循公平、公正、科学、择优的原则，招标人应当采取必要的措施，保证评标工作在严格保密的情况下进行。如果对评标过程不进行保密，则有可能发生影响公正评标的不正当行为。

评标委员会成员名单一般应于开标前确定，而且该名单在中标结果确定前应当保密。评标委员会在评标过程中是独立的，任何单位和个人都不得非法干预、影响评标过程和结果。

2. 评标委员会的组建

招标人负责组建评标委员会，评标委员会负责评标活动，向招标人推荐中标候选人或者根据招标人的授权直接确定中标人。评标委员会由招标人或其委托的招标代理机构的代表，以及有关技术、经济等方面的专家组成，成员人数为5人以上的单数，其中技术、经济等方面的专家不得少于成员总数的2/3。评标委员会设负责人，负责人由评标委员会成员推举产生或者由招标人确定，评标委员会负责人与评标委员会的其他成员有同等的表决权。评标委员会的专家成员，应当从省级以上人民政府有关部门提供的专家名册，或者招标代理机构专家库内的相关专家名单中确定。确定评标专家，可以采取随机抽取或者直接确定的方式。一般项目，可以采取随机抽取的方式；技术特别复杂、专业性要求特别高或者国家有特殊要求的招标项目，采取随机抽取的方式确定的专家难以胜任的，可以经过规定的程序由招标人直接确定。

3. 评标准备工作

评标委员会成员熟悉招标文件等相关文件资料，做出清标工作安排，对暗标进行编号。对招标文件至少应了解和熟悉以下内容：

（1）招标的目标；

（2）招标项目的范围和性质；

（3）招标文件中规定的主要技术要求、标准和商务条款；

（4）招标文件规定的评标标准、评标方法和在评标过程中考虑的相关因素。

招标人应当向评标委员会提供评标所必需的重要信息和数据，并根据项目规模和技术复杂程度等确定合理的评标时间；必要时可向评标委员会说明招标文件有关内容，但不得以明示或者暗示的方式偏袒或者排斥特定投标人。

采用资格后审的，对投标人资格进行审查。

4. 清标

清标是指通过核对、比较、筛选等方法，对投标文件的基础性数据进行分析和整理工作。清标仅对各投标文件的商务标做出客观性比较，不能改变各投标文件的实质性内容。

清标的内容包括：投标文件中对招标文件理解的偏差，投标报价的算术性错误、错漏项、报价过高过低的项目、不平衡报价，以及清单报价中不得更改的内容等。

清标一般由评标委员会负责完成，也可以由招标人组织成立的清标小组完成，清标小组应由专业技术人员组成，其清标报告应经评标委员会审核认可。

清标工作结束后应形成书面的清标情况报告，清标情况报告应当包括以下内容：

（1）对投标报价进行换算的依据和换算结果；

（2）投标文件存在的算术计算错误和修正结果；

（3）列出投标报价过高或者过低的清单项目的序号、项目编码、项目名称、项目特征、工程量、工程内容；

（4）列出投标报价中错报、漏报项目；

（5）列出不平衡报价项目；

（6）清标过程中发现的其他问题。

清标情况报告未经招标人依法组建的评标委员会确认，不得作为评标依据。

5. 初步评审

初步评审的内容包括：对投标文件的响应性评审，投标文件计算错误的修正，投标文件的澄清、说明或补正，根据评标标准和方法的需要为详细评审作必要的数据准备，确定进入详细评审阶段的投标人名单。

评标委员会应当根据招标文件规定的评标标准和方法，对投标文件进行评审。招标文件中没有规定的标准和方法不得作为评标的依据。

根据《评标委员会和评标方法暂行规定》和《标准施工招标文件》的规定，目前我国评标中主要采用的方法，包括经评审的最低投标价法和综合评估法，两种评标方法在初步评审的内容和标准上基本是一致的。

（1）初步评审标准，包括以下四方面：

1）形式评审标准。主要包括投标人名称与营业执照、资质证书、安全生产许可证一致；投标函上有法定代表人或其委托代理人签字或加盖单位章；投标文件格式符合要求；联合体投标人已提交联合体协议书，并明确联合体牵头人（如有）；只有一个有效报价等。

2）资格评审标准。如果是未经过资格预审的，应具备有效的营业执照，安全生产许可证；并且资质等级、财务状况、类似项目业绩、信誉、项目经理、其他要求、联合体投标人等，均符合规定；如果是已通过资格预审的，仍按资格审查办法中的详细审查标准来进行。

3）响应性评审标准。主要的投标内容包括投标报价校核，审查全部报价数据计算的正确性；分析报价构成的合理性，并与招标控制价进行对比分析；还有工期、工程质量、投标有效期、投标保证金、权利义务、已标价工程量清单、技术标准和要求等，均应符合招标文件的有关要求。即投标文件应实质上响应招标文件的所有条款、条件，无显著的差异或保留。

4）施工组织设计和项目管理机构评审标准。主要包括工程项目施工方案与技术措施、质量管理体系与措施、安全管理体系与措施、环境保护管理体系与措施、工程进度计划与措施、资源配备计划、技术负责人、其他主要人员、施工设备、试验、检测仪器设备等，符合有关标准。

（2）投标文件的澄清和补正。评标委员会可以书面方式要求投标人对投标文件中含义不明确、对同类问题表述不一致，或者有明显文字和计算错误的内容作必要的澄清、说明或补正，直至满足评标委员会的要求，以利于评标委员会对投标文件的审查、评审和比较。但是澄清、说明或补正不得超出投标文件的范围或者改变投标文件的实质性内容。此外，评标委员会不得向投标人提出带有暗示性或诱导性的问题，或向其明确投标文件中的遗漏和错误。同时，评标委员会不接受投标人主动提出的澄清、说明或补正。招标人应当拒绝投标文件不响应招标文件的实质性要求和条件，且不允许投标人通过修正或撤销其不符合要求的差异或保留，使之成为具有响应性的投标。

（3）投标报价有算术错误的修正。评标委员会对投标报价进行修正的原则：①投标文件中的大写金额与小写金额不一致的，以大写金额为准。②总价金额与依据单价计算出的结果不一致的，以单价金额为准修正总价，但单价金额小数点有明显错误的除外。评标委员会修正的价格经投标人书面确认后具有约束力；投标人不接受修正价格的，其投标作废标处理。

（4）经初步评审后作为废标处理的情况。评标委员会应当审查每一投标文件是否对招标文件提出的所有实质性要求和条件做出响应。未能在实质上响应的投标，应作废标处理。具体情形包括：

1）投标文件未经投标单位盖章和单位负责人签字；

2）投标联合体没有提交共同投标协议；

3）未按招标文件要求提交投标保证金或投标保函；

4）投标文件未按规定的格式填写，内容不全或关键字迹模糊、无法辨认；

5）投标人不符合国家或者招标文件规定的资格条件；

6）投标人名称或者组织结构与资格预审时不一致且未提供有效证明；

7）同一投标人提交两个以上不同的投标文件或者投标报价，但招标文件要求提交备选投标的除外；

8）投标人有串通投标、弄虚作假、行贿等违法行为；

9）投标报价低于成本或者高于招标文件设定的最高投标限价；

10）无正当理由不按照要求对投标文件进行澄清、说明或者补正的；

11）投标文件没有对招标文件的实质性要求和条件作出响应；

12）招标文件明确规定可以废标的其他情形。

6. 详细评审

经初步评审合格的投标文件，评标委员会应当根据招标文件确定的评标标准和方法，对其技术部分和商务部分做进一步评审、比较。详细评审的方法，包括经评审的最低投标价法和综合评估法。

（1）经评审的最低投标价法，是指评标委员会对满足招标文件实质要求的投标文件，根据详细评审标准规定的量化因素和标准进行价格折算，按照经评审的投标价由低到高的顺序推荐中标候选人，或根据招标人授权直接确定中标人，但投标报价低于工程项目成本的除外。经评审的投标价相等时，投标报价低的优先；投标报价也相等的，由招标人自行确定。

1）经评审的最低投标价法的适用范围。按照《评标委员会和评标方法暂行规定》的规定，此法适用于具有通用技术、性能标准或者招标人对其技术性能没有特殊要求的招标项目。

2）详细评审标准及规定。采用此法时，评标委员会应当根据招标文件中规定的量化因素和标准进行价格折算，对所有投标人的投标报价及其投标文件的商务部分作必要的价格调整。根据《标准施工招标文件》的规定，主要的量化因素包括单价遗漏和付款条件等，招标人可以根据工程项目的具体特点和实际需要，进一步删减、补充或细化量化因素和标准。另外，世界银行贷款项目采用此种评标方法时，通常考虑的量化因素和标准包括：一定条件下的优惠（借款国国内投标人有 7.5% 的评标优惠）；工期提前的效益对报价的修正；同时投多个标段的评标修正等。所有的这些修正因素都应当在招标文件中有明确的规定。对同时投多个标段的评标修正，一般的做法是，如果投标人的某一个标已被确定为中标，则在其他标段的评标中按照招标文件规定的百分比（通常为 4%）乘以报价额后，在评标价中扣减此值。

根据经评审的最低投标价法完成详细评审后，评标委员会应当拟订一份价格比较一览表，连同书面评标报告提交招标人。价格比较一览表应当载明投标人的投标报价、对商务偏差的价格调整和说明及已评审的最终投标价。

（2）综合评估法。不宜采用经评审的最低投标价法的招标项目，一般应当采用综合评估法进行评审。综合评估法是指评标委员会对满足招标文件实质性要求的投标文件，按照规定的评分标准进行打分，并按得分由高到低顺序推荐中标候选人，或根据招标人授权直接确定中标人，但投标报价低于其成本的除外。综合评分相等时，以投标报价低的优先；投标报价也相等的，由招标人自行确定。

1）详细评审中的分值构成与评分标准。综合评估法中评标分值构成分为四个方面，即施工组织设计，项目管理机构，投标报价，其他评分因素。总计分值为 100 分。各方面所占比例和具体分值由招标人自行确定，并在招标文件中明确载明。

2）投标报价偏差率的计算。在评标过程中，可以对各个投标文件按下式计算投标报价偏差率

$$偏差率 ＝（投标人报价 － 评标基准价）/ 评标基准价 \times 100\%$$

评标基准价的计算方法应在投标人须知前附表中予以明确。招标人可依据招标项目的特点、行业管理规定给出评标基准价的计算方法，确定时也可适当考虑投标人的投标报价。

3）详细评审过程。评标委员会按分值构成与评分标准规定的量化因素和分值进行打分，并计算出各标书综合评估得分。

1）按规定的评审因素和标准对施工组织设计计算出得分 A。

2）按规定的评审因素和标准对项目管理机构计算出得分 B。

3）按规定的评审因素和标准对投标报价计算出得分 C。

4）按规定的评审因素和标准对其他部分计算出得分 D。

评分分值计算保留小数点后两位，小数点后第三位"四舍五入"。投标人得分计算公式为

投标人得分＝A＋B＋C＋D。由评委对各投标人的标书进行评分后加以比较，最后以总得分最高的投标人为中标候选人。

根据综合评估法完成评标后，评标委员会应当拟定一份综合评估比较表，连同书面评标报告提交招标人。综合评估比较表应当载明投标人的投标报价、所做的任何修正、对商务偏差的调整、对技术偏差的调整、对各评审因素的评估，以及对每一投标人的最终评审结果。

7. 评标结果

除招标人授权直接确定中标人外，评标委员会应当按照招标文件的规定，推荐 1～3 名中标候选人，并标明排列顺序。评标委员会完成评标后，应当向招标人提交书面评标报告，并抄送有关行政监督部门。评标报告应当如实记载以下内容：

（1）基本情况和数据表。

（2）评标委员会成员名单。

（3）开标记录。

（4）符合要求的投标人一览表。

（5）废标情况说明。

（6）评标标准、评标方法或者评标因素一览表。

（7）经评审的价格或者评分比较一览表。

（8）经评审的投标人排序。

（9）推荐的中标候选人名单与签订合同前要处理的事宜。

（10）澄清、说明、补正事项纪要。

评标报告由评标委员会全体成员签字。对评标结论持有异议的评标委员会成员可以书面方式阐述其不同意见和理由。评标委员会成员拒绝在评标报告上签字且不陈述其不同意见和理由的，视为同意评标结论。评标委员会应当对此做出书面说明并记录在案。

五、定标

1. 中标候选人的确定

除招标文件中特别规定了授权评标委员会直接确定中标人外，招标人应依据评标委员会

推荐的中标候选人确定中标人，评标委员会推荐中标候选人的人数应符合招标文件的要求，一般应当限定在1～3人，并标明排列顺序。

中标人的投标应当符合下列条件之一：

（1）能够最大限度满足招标文件中规定的各项综合评价标准。

（2）能够满足招标文件的实质性要求，并且经评审的投标价格最低；但是投标价格低于成本的除外。

对使用国有资金投资或者国家融资的项目，招标人应当确定排名第一的中标候选人为中标人。排名第一的中标候选人放弃中标，因不可抗力提出不能履行合同，或者招标文件规定应当提交履约保证金（履约保证金不得超过中标合同额的10%）而在规定的期限内未能提交的，招标人可以确定排名第二的中标候选人为中标人。排名第二的中标候选人因上述同样原因不能签订合同的，招标人可以确定排名第三的中标候选人为中标人。

招标人可以授权评标委员会直接确定中标人。

招标人不得向中标人提出压低报价、增加工作量、缩短工期或其他违背中标人意愿的要求，以此作为发出中标通知书和签订合同的条件。

2. 发出中标通知书并订立书面合同

（1）中标通知。中标人确定后，招标人应当向中标人发出中标通知书，并同时将中标结果通知所有未中标的投标人。中标通知书对招标人和中标人具有法律效力。中标通知书发出后，招标人改变中标结果，或者中标人放弃中标项目的，应当依法承担法律责任。依据《招标投标法》的规定，依法必须进行招标的项目，招标人应当自确定中标人之日起15日内，向有关行政监督部门提交招标投标情况的书面报告。

书面报告中至少应包括下列内容：

1）招标范围；

2）招标方式和发布招标公告的媒介；

3）招标文件中投标人须知、技术条款、评标标准和方法、合同主要条款等内容；

4）评标委员会的组成和评标报告；

5）中标结果。

（2）履约担保。在签订合同前，中标人及联合体的中标人应按招标文件有关规定的金额、担保形式和招标文件规定的履约担保格式，向招标人提交履约担保。履约担保有现金、支票、履约担保书和银行保函等形式，可以选择其中的一种作为招标项目的履约担保，一般采用银行保函和履约担保书。履约担保金额一般为中标价的10%。中标人不能按要求提交履约担保的，视为放弃中标，其投标保证金不予退还，给招标人造成的损失超过投标保证金数额的，中标人还应当对超过部分予以赔偿。中标后的承包人应保证其履约担保在发包人颁发工程接收证书前一直有效。发包人应在工程接收证书颁发后28天内把履约担保退还给承包人。

（3）签订合同。招标人和中标人应当依照《招标投标法》及其条例的规定签订书面合同（一般为中标通知书发出之日起30天内），合同的标的、价款、质量、履行期限等主要条款应当与招标文件和中标人的投标文件的内容一致。招标人和中标人不得再行订立背离合同实质性内容的其他协议。招标人最迟应当在书面合同签订后5日内向中标人和未中标的投标人退还投标保证金及银行同期存款利息。

（4）履行合同。中标人应当按照合同约定履行义务，完成中标项目。中标人不得向他人转让中标项目，也不得将中标项目肢解后分别向他人转让。中标人按照合同约定或者经招标人同意，可以将中标项目的部分非主体、非关键性工程分包给他人完成。接受分包的人应当具备相应的资格条件，并不能再次分包。中标人应当就分包项目向招标人负责，接受分包的人就分包项目承担连带责任。招标人发现中标人转包或违法分包的，应当要求中标人改正；拒不改正的，可终止合同，并报请有关行政监督部门查处。

3. 重新招标和不再招标

（1）重新招标。有下列情形之一的，招标人将重新招标：

1）投标截止时间止，投标人少于3个的；

2）经评标委员会评审后否决所有投标的。

（2）不再招标。《标准施工招标文件》规定，重新招标后投标人仍少于3个或者所有投标被否决的，属于必须审批或核准的工程建设项目，经原审批或核准部门批准后不再进行招标。

4. 招标投标活动中的纪律和监督

（1）对招标人的纪律要求。招标人不得泄露招标投标活动中应当保密的情况和资料，不得与投标人串通损害国家利益、社会公共利益或者他人合法权益。

（2）对投标人的纪律要求。投标人不得相互串通投标或者与招标人串通投标，不得向招标人或者评标委员会成员行贿谋取中标，不得以他人名义投标或者以其他方式弄虚作假骗取中标；投标人不得以任何方式干扰、影响评标工作。

（3）对评标委员会成员的纪律要求。评标委员会成员不得收受他人的财物或者其他好处，不得向他人透漏对投标文件的评审和比较、中标候选人的推荐情况，以及与评标有关的其他情况。在评标活动中，评标委员会成员不得擅离职守，影响评标程序正常进行，不得使用招标文件评标办法中没有规定的评审因素和标准进行评标。

（4）对与评标活动有关的工作人员的纪律要求。与评标活动有关的工作人员不得收受他人的财物或者其他好处，不得向他人透漏对投标文件的评审和比较、中标候选人的推荐情况及与评标有关的其他情况。在评标活动中，与评标活动有关的工作人员不得擅离职守，影响评标程序正常进行。

（5）投诉。投标人和其他利害关系人认为本次招标活动违反法律、法规和规章规定的，有权向有关行政监督部门投诉。

第三节　施 工 招 标 计 划

施工招标计划就是对建设项目的招标范围、内容、合同方式和招标活动等作出的预先安排。好的招标计划有利于招投标活动的顺利进行，可以提高投标的竞争性、降低工程造价、保证工程质量、缩短建设工期。编制招标计划也就是确定一个建设项目需要招哪些标、怎样招标、何时招标等问题，其主要内容包括划分标段、编制招标进度计划、发包模式及总分包界定、确定合同形式等。

一、发承包模式的选择

建设项目发承包模式影响建设项目各实施主体形成的项目组织结构形式，对建设项目的规划、控制、协调起着重要作用。不同的发承包模式有不同的合同体系和管理特点，对建设项目的造价控制有不同的影响。工程发包采取什么模式，不仅取决于设计图纸深度，还取决于工程技术复杂程度和发包人对项目建设周期的要求。

1. 建设项目总承包模式

发包人将实施阶段中所有时段的工作内容发包给一个承包人完成，即具有建设项目发包权的发包人，将建设项目的勘察、设计、施工和设备采购权一并发包给具备相应资质条件的工程总承包人组织完成，由发包人支付工程价款的一种建设项目承（发）包方式，这就是所谓的建设项目总承包。

建设项目总承包模式有多种方式，如设计—施工总承包（Design Build）和设计—采购—施工总承包（Engineering Procurement Construction，EPC）。国内常见的设计—施工一体化承包模式的工程有：①钢结构工程；②幕墙工程；③室内二次装饰工程；④建筑智能化系统工程等。

工程总承包的特点及对工程造价的影响：便于实现设计、采购、施工集成化动态管理，在时间上、资金上及人力上避免了不必要的重复，一般用于特大型建设工程项目。需要对总承包方的诚信度、专业技术水平和管理协调能力均有较高的要求和认识，一般而言，采用建设项目总承包模式有利于工程造价的控制。

这种承包模式对发包人来说，其关键点在于对总承包人承建项目能力的判断。

2. 总包加分包模式

具有建设项目发包权的发包人，将建设项目的勘察承包权，或设计承包权，或施工承包权分别发包给具备相应资质条件的承包人组织完成，而勘察总承包人、设计总承包人或施工总承包人在经发包人同意的前提下，将其中一部分工作发包给分包人完成的一种建设项目承（发）包方式，这就是所谓的总包加分包模式。

总包加分包模式的特点及对工程造价的影响：便于发挥总承包人和各分包人各自的专业特点，通常适用于常规的大、中型建设项目。一般情况下，无论是对工程造价，还是对建设工期和工程质量，容易控制在正常范围内。

由于发包人只负责总承包人的管理及组织协调，其组织与协调量比平行发包会大大减少。该模式对发包人来说，其关键点在于必须在招标文件中事先明确总包、分包工程界面接口，明确总包配合协调的工作内容及配合费与总包管理费的界定。

3. 平行发包模式

具有建设项目发包权的发包人，将建设项目的勘察承包权，或设计承包权，或施工承包权分别发包给几个具备相应资质条件的承包人组织完成，而中间没有所谓的总承包这一层，例如：发包方将施工承包权中的桩基、土建、安装及各专业项目直接发包给各承包人的一种建设项目承（发）包方式，这就是所谓的平行发包模式。

平行发包模式的特点及对工程造价的影响：一般适应于无需招标投标的小型简单项目或施工难度不高的项目。如果平行发包的项目较多，对工程造价的控制会产生一定的难度，尤其是对建设项目需要进行一定配合的，则还需要签订履行配合义务的合同，这一点也会影响最终的工程造价。

这种模式对发包人来说，其关键点在于发包人建设项目的管理能力及协调能力，要求其有较强的专业水平、合同管理能力及对项目的协调能力。

二、合同价格类型的选择

建设工程项目施工合同是发包人与承包人就完成特定工程项目的建筑施工、设备安装、工程保修等工作内容，确定双方权利和义务的协议。建设工程施工合同是建设工程的主要合同之一，是工程建设质量控制、进度控制、投资控制的主要依据。发包人或建设单位可以通过选择适宜的合同类型和设定合同条款而与承包人合理分担工程项目风险，同时最大限度的减少自己的风险。

1. 施工合同价格类型

建设工程施工合同根据合同计价方式的不同，一般可以划分为单价合同、总价合同和成本加酬金合同三种类型。

（1）单价合同。发承包双方约定以工程量清单及其综合单价进行合同价款计算、调整和确认的建设工程施工合同。

（2）总价合同。发承包双方约定以施工图及其预算和有关条件进行合同价款计算、调整和确认的建设工程施工合同。

（3）成本加酬金合同。发承包双方约定以施工工程成本再加合同约定酬金进行合同价款计算、调整和确认的建设工程施工合同。成本加酬金合同是承包人不承担任何价格变化和工程量变化的风险，不利于发包人对工程造价的控制。成本加酬金合同适用于如下情况：

1）工程特别复杂，工程技术、结构方案不能预先确定，或者尽管可以确定工程技术和结构方案，但不可能进行竞争性的招标活动并以总价合同或单价合同的形式确定承包人。

2）时间特别紧迫，来不及进行详细的计划和商谈，如抢险、救灾工程。

成本加酬金合同有多种形式，主要有成本加固定费用合同，成本加固定比例费用合同、成本加奖金合同等。

弄清各种合同的计价方式，优缺点和适用范围，选择正确、适宜的合同形式，对于保证项目目标的顺利实现，对于成本计划与控制具有重要意义。发包人在决定采用什么合同价格类型时，应主要根据设计图纸深度、工期长短、工程规模和复杂程度来综合考虑。

2. 工程量清单计价条件下合同类型的选择

建设工程发承包，必须在招标文件、合同中明确计价中的风险内容及其范围，不得采用无限风险、所有风险或类似语句规定计价中的风险内容及范围。《工程量清单计价规范》对合同计价方式做了如下规定：

（1）单价合同。实行工程量清单计价的工程，应采用单价合同。即合同中的工程量清单项目综合单价在合同约定的条件内固定不变，超过合同约定条件时，依据合同约定进行调整；工程量清单项目及工程量依据承包人实际完成且应予计量的工程量确定。

（2）总价合同。对于建设规模较小，技术难度较低，工期较短，且施工图设计已审查批准的建设工程可采用总价合同；总价合同是以施工图纸、规范为基础，在工程任务内容明确、发包人的要求条件清楚、计价依据和要求确定的条件下，发承包双方依据承包人编制的施工图预算商谈确定合同价款。当合同约定工程施工内容和有关条件不发生变化时，发包人付给承包人的工程价款总额就不会发生变化。当工程施工内容和有关条件发生变化时，发承包双方根据变化情况和合同约定调整工程价款，但对工程量变化引起的合同价款调整应遵循以下原则：

1）当合同价款是依据承包人根据施工图自行计算的工程量确定时，除工程变更造成的工程量变化外，合同约定的工程量是承包人完成的最终工程量，发承包双方不能以工程量变化作为合同价款调整的依据。

2）当合同价款是依据发包人提供的工程量清单确定时，发承包双方应依据承包人最终实际完成的工程量（包括工程变更，工程量清单错、漏）调整确定工程合同价款。

（3）成本加酬金合同。对于紧急抢险、救灾以及施工技术特别复杂的建设工程，可采用成本加酬金合同。

三、施工合同格式文本的选择

建设工程施工合同是承包人进行工程建设和发包人支付工程价款的依据，是约束双方义务和权利的具有法律效力的文书。合同内容能够使合同双方在合同履行过程中有章可循、有法可依，对于规范市场主体的交易行为，促进建筑市场的健康稳定发展具有积极的意义。

1. 合同文本的选择

合同文本要对应于建设工程发承包模式和招标文件编制时参照的行业标准。

（1）对于设计施工一体化的总承包项目，可以采用《标准设计施工总承包招标文件》合同条款文本、GF - 2011 - 0216《建设项目工程总承包合同示范文本》。

（2）对于设计施工分别发包的一定规模以上，且设计和施工不是由同一承包人承担的房屋建筑和市政工程施工合同，可以采用《房屋建筑和市政工程标准施工招标文件》（2010 年版）合同条款文本。

（3）对于工期不超过 12 个月、技术相对简单，且设计和施工不是由同一承包人承担的小型建设工程项目，可以采用《简明标准施工招标文件》合同条款文本。

（4）一般的，房屋建筑工程、土木工程、线路管道和设备安装工程、装修工程等建设工程的施工承发包活动，可以采用 GF - 2013 - 0201《建筑工程施工合同（示范文本）》。

2. 合同文本简介

下面对《建筑工程施工合同（示范文本）》、《标准施工招标文件》（2007 年版）合同条款、《房屋建筑和市政工程标准施工招标文件》（2010 年版）合同条款进行简单介绍。

（1）《建筑工程施工合同（示范文本）》。为了指导建设工程施工合同当事人的签约行为，维护合同当事人的合法权益，住房城乡建设部、国家工商行政管理总局对 GF - 1999 - 0201《建设工程施工合同（示范文本）》进行了修订，制定了 GF - 2013 - 0201《建设工程施工合同（示范文本）》（以下简称《示范文本》）。《示范文本》由合同协议书、通用合同条款和专用合同条款三部分组成。

《示范文本》为非强制性使用文本，适用于房屋建筑工程、土木工程、线路管道和设备安装工程、装修工程等建设工程的施工承发包活动，合同当事人可结合建设工程具体情况，根据《示范文本》订立合同，并按照法律法规规定和合同约定，承担相应的法律责任及合同权利义务。

《示范文本》具有如下特点：

1）施工合同结构体系更趋完善，建立了以监理人为施工管理和文件传递核心的合同体系，使合同权利义务分配更加具体明确，提高了施工管理的合理性和科学性。

2）合同价格类型适应工程计价模式发展和工程管理实践需要，增加了暂估价、暂列金额的专门规定，明确了暂估价、暂列金额项目的操作程序。

3）根据建设市场实际，增加了双向担保、合理调价、缺陷责任期、工程系列保险、商定与确定、索赔期限、双倍赔偿、争议评审解决八项新的合同管理制度。

4）注重对发包人及承包人市场行为的引导、规范和权益平衡，使施工合同民事行为更趋公平、公正。

5）强化与现行法律和其他文本的衔接，保证了合同的适用性。

（2）《标准施工招标文件》（2007年版）合同条款。2007年，国务院九部委56号令发布《标准施工招标文件》，适用于一定规模以上，且设计和施工不是由同一承包人承担的土木建筑工程的施工招标。在招标阶段，招标人和招标代理机构要以招标项目的所在地和具体工程情况，采用各部委规定的标准合同条款作为招标项目的通用合同条款和专用合同条款，并依此作为投标人投标报价的商务条件；在合同实施阶段它是合同双方的行为准则，是双方履行各自义务和责任，监理人依次对合同进行管理，以及支付项目价款，承包人依此承建工程项目，达到发包人在资金得到控制的条件下按期获得合格的工程，使承包人获得合理地报酬的依据。

其通用合同条款主要阐述了合同双方的权利、义务、责任和风险，以及监理人遇到合同问题时，处理合同问题的原则。该条件应全文纳入招标文件（合同文件）中，并适用所有土木建筑工程。专用合同条款是指结合工程所在地、工程本身的特点和实际需要，对通用合同条款进行补充、细化或进行修改，但不得违反法律、行政法规的强制性规定和平等、自愿、公平和诚实信用原则。这两部分条件组成为一个适合某一特定地区和特定工程的完整的施工合同条款。

《标准施工招标文件》（2007年版）合同条款可以使合同双方的权利、义务、责任和风险达到总体平衡；便于承包人事先反复分析和运用标准合同条款，较准确的评估风险和可能获得的利益，使其报价更趋合理；可吸引有实力和有能力的投标人参与投标。

（3）《房屋建筑和市政工程标准施工招标文件》（2010年版）合同条款。《房屋建筑和市政工程标准施工招标文件》（2010年版）（以下简称《行业标准施工招标文件》）是《标准施工招标文件》的配套文件，适用于一定规模以上，且设计和施工不是由同一承包人承担的房屋建筑和市政工程的施工招标。《行业标准施工招标文件》第四章第一节"通用合同条款"和第二节"专用合同条款"（除以空格表示的由招标人填空的内容和选择性内容外）内容，对于房屋建筑和市政工程来说，比《标准施工招标文件》更有针对性，均应不加修改地直接引用。填空内容由招标人根据国家和地方有关法律法规的规定，以及招标项目具体情况确定。

3.编制合同条款应注意的问题

（1）明智发包人对分摊风险的原则是，"一个有经验的承包人不可预见的或没有合理的手段防范的风险，应由发包人承担"。

（2）编制一个可操作性的合同条款，既是招标阶段投标人有一个明确的投标报价条件，也意味着合同实施时监理人给承包人结算的条件也清楚。

四、招标方式的选择

建筑工程施工招标按竞争程度分为公开招标和邀请招标。公开招标又分资格预审和资格后审两种。除结构复杂、技术要求较高的特殊性工程或技术规格、性能、制作工艺要求难以统一的设备、材料招标外，应当实行资格后审。

公开招标，招标人有较大的选择范围，可在众多的投标人中选定报价合理、工期较短、信誉良好的承包人，有助于打破垄断，实行公平竞争；邀请招标由于限制了竞争的范围，可能会失去技术上和报价上有竞争力的投标者。

因此，工程项目招标方式的选择，除了遵守有关法律规定外，从有利于降低造价角度，应结合项目规模、复杂程度、招标采购费用进行综合考虑。公开招标比邀请招标具有选择满足招标文件实质性要求的更低报价的可能。但是，公开招标由于参加竞争的投标者较多，建设单位审查投标者资格及其标书的工作量较大，招标费用支出较多。对投标者而言，参与的投标者越多，每个投标者中标的概率越小，损失投标费用的风险就越大。

五、施工招标内容范围的确定

施工招标内容、范围要依据法律和有关规定进行确定，包括工程施工现场准备、土木建筑工程和设备安装工程等内容。

（1）工程施工现场准备，指工程建设必须具备的现场施工条件，包括通路、通水、通电、通信，乃至通气、通热，以及施工场地平整，各种施工和生活设施的建设等。

（2）土木建筑工程，是指房屋、市政、交通、水利水电、铁路等永久性的土木建筑工程，包括土石方工程、基础工程、混凝土工程、金属结构工程、装饰工程、道路工程、构筑物工程等。

（3）设备安装工程，包括机械、化工、冶金、电气、自动化仪表、给排水等设备和管线安装，计算机网络、通信、消防、声像系统，以及检测、监控系统的安装等。

工程施工招标内容、范围应正确描述工程建设项目数量与边界、工作内容、施工边界条件等。其中，施工的边界条件包括地理边界条件及与周边工程承包人的工作分工、衔接、协调配合等内容。

六、标段的划分

1. 标段划分的概念和意义

项目的标段划分就是对项目的实施阶段（如勘察、设计、监理、施工等）和内容进行科学的分类，各分类的子项或单独或组合，形成若干标段，然后将每个标段分别"打包"，由投标人对每个标段展开竞争，以标段为基本单位确定相应的承包人和供应人。

合理划分标段或标包是工程招标的主要内容。按照《工程建设项目施工招标投标办法》规定，施工招标工程项目需要划分标段、确定工期的，招标人应当合理划分标段、确定工期，并在招标文件中载明。对工程技术上紧密相连、不可分割的单位工程不得分割标段。招标人不得以不合理的标段或工期限制或排斥潜在投标人或者投标人。

合理划分标段，既可以使各投标人发挥所长，保证工程质量，又能使项目更经济，同时又不会使招标人陷入疑似肢解发包的困境。标段划分的最终目的是更好地满足招标人在建设项目质量、进度和造价控制等方面的价值要求，标段划分对项目实施的效率乃至成败有重大影响。

2. 标段划分的影响因素

工程施工招标应该依据工程建设项目管理承包模式、工程设计进度、工程施工组织规划和各种外部条件、工程进度计划和工期要求、各单项工程之间的技术管理关联性，以及投标竞争状况等因素，综合分析研究划分标段，并结合标段的技术管理特点和要求设置投标资格预审的资格能力条件标准，以及投标人可以选择投标标段的空间。招标标段划分主要考虑以下相关因素：

（1）法律法规。《招标投标法》和《工程建设项目招标范围和规模标准规定》对必须招标项目的范围、规模标准和标段划分作了明确规定，这是确定工程招标范围和划分标段的法律依据，招标人应依法、合理地确定项目招标内容及标段规模，不得通过细分标段、化整为零的方式规避招标。

（2）工程承包管理模式。工程承包模式采用总承包合同与多个平行承包合同对标段划分的要求有很大差别。采用工程总承包模式，招标人期望把工程施工的大部分工作都交给总承包人，并且希望有实力的总承包人投标。同时，总承包人也期望发包的工程规模足够大，否则不能引起其投标的兴趣。因此，总承包方式发包的一般是较大标段工程，否则就失去了总承包的意义。而多个平行承包模式是将一个工程建设项目分成若干个可以独立、平行施工的标段，分别发包给若干个承包人承担，工程施工的责任、风险随之分散。但是工程施工的协调管理工作量随之加大。

（3）工程管理力量。招标项目划分标段的数量，确定标段规模，与招标人的工程管理力量有关。标段的数量、规模决定了招标人需要管理合同的数量、规模和协调工作量，这对招标人的项目管理机构设置和管理人员的数量、素质、工作能力都提出了要求。如果招标人拟建立的项目管理机构比较精简或管理力量不足，就不宜划分过多的标段。

（4）竞争格局。工程标段规模的大小和标段数量，与招标人期望引进的承包人的规模和资质等级有关，除具备总承包特级资质的承包人之外，施工承包人可以承揽的工程范围、规模取决于其工程承包资质类别、等级和注册资本金的数量。同时，工程标段规模过大必然减少投标承包人的数量，从而会影响投标竞争的效果。

（5）技术层面。从技术层面考虑标段的划分有以下三个基本因素：

1）工程技术关联性。凡是在工程技术和工艺流程上关联性比较密切的部位，无法分别组织施工，不适宜划分给两个以上承包人去完成。

2）工程计量的关联性。有些工程部位或分部、分项工程，虽然在技术和工艺流程方面可以区分开，但在工程量计量方面则不容易区分，这样的工程部位也不适合划分为不同的标段。

3）工作界面的关联性。划分标段必须要考虑各标段区域及其分界线的场地容量和施工界面，能否容纳两个承包人的机械和设施的布置及同时施工，或者更适合于哪个承包人进场施工。如果考虑不周，则有可能制约或影响施工质量和工期。

（6）工期与规模。工程总工期及其进度松紧对标段划分也会产生很大的影响。标段规模小，标段数量多，进场施工的承包人多，容易集中投入资源，多个工点齐头并进赶工期，但需要发包人有相应的管理措施和充足、及时的资金保障。划分多个标段虽然能引进多个承包人进场，但也可能标段规模偏小，发挥不了规模效益，不利于吸引大型施工企业前来投标，也不利于发挥特种大型施工设备的使用效率，从而提高工程造价，并容易导致产生转包、分包现象。

图 7-3 所示为合同标段划分及合同分包关系示意图。

七、工程招标顺序

一般的，工程施工招标前应首先安排相应工程的项目管理咨询、工程设计、监理或设备监造招标，以便为工程施工项目管理奠定组织条件。

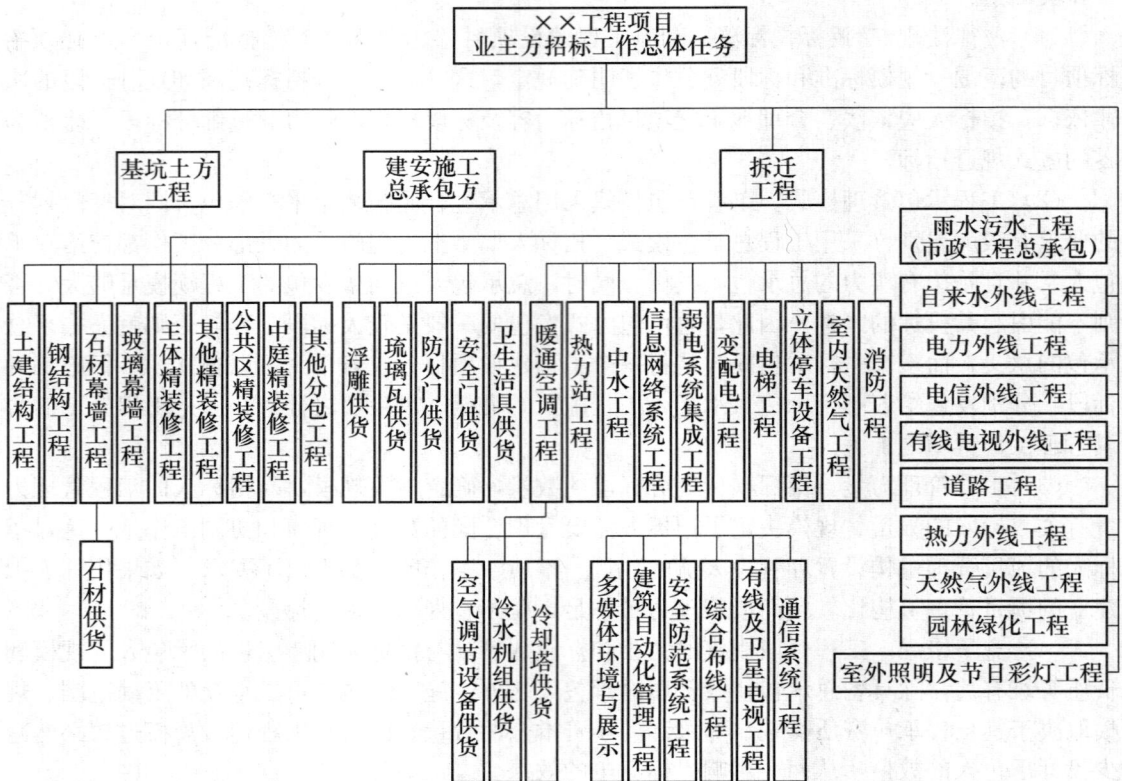

图 7 - 3　建设项目合同标段划分及合同分包关系示意图

工程施工招标应根据工程施工总体进度顺序确定工程招标顺序，并要考虑各单项工程的技术管理关联度对它的影响。一般施工准备工程在前，主体工程在后；制约工期的关键工程在前，辅助工程在后；土建工程在前，设备安装在后；结构工程在先，装饰工程在后；制约后续工程在前，紧前工程在后；工程施工在前，工程货物采购在后，但部分主要设备采购应在工程施工之前招标，以便据此确定工程设计或施工的技术参数。工程招标的实际顺序应根据工程施工的特点、条件和需要安排确定。

八、招标进度计划的编制

招标进度计划是表达招标采购工作中各项工作的开展顺序、开始和完成时间及相互衔接关系的计划。

招标进度计划包括招标进度总计划和相应的详细计划，应依据国家及省、市行业法规（规程）的要求和项目自身特点，根据划分确定的标段（标包）进行编制。在编制详细计划时，应重点考虑施工总进度计划及施工工序等影响因素，即对于发生在关键线路上的影响总工期的各项工程，应重点考虑其招标时间的合理性，以避免总体工期的延误。

工程施工详细招标计划的工作阶段划分、工作内容及时间安排示例见表 7 - 1，具体的时间安排需要参见相关法规的规定。

表 7 - 1 　　　　　　　　　　　　　施工招标详细计划表

序号	工作阶段		工作内容	时间安排
1	招标策划阶段	1.1	进行招标策划，完成招标策划书（主要包括合理划分段段、发包模式及总分包界定、选定合同形式、选择计价方式、选定材料的采购方式、初步确定投资人入围方案）	2～7 个工作日
2	招标准备阶段	2.1	进行招标登记备案	一般 1～2 个工作日
		2.2	草拟招标公告或投标邀请书、资格预审公告	一般 1 个工作日
		2.3	编制资格预审文件	草拟资格预审文件一般 1～2 个工作日，与招标人商讨修改 2～3 个工作日，校核、审定 1 个工作日
		2.4	编制招标文件及其附件	草拟招标文件及其附件一般 2～4 个工作日，与招标人商讨修改 2～3 个工作日，校核、审定 1 个工作日
3	编制工程量清单	3.1	编制工程量清单	编制工程量清单一般 20～25 个工作日；校核、审定 1～2 个工作日（可交叉进行）
		3.2	编制招标控制价	编制招标控制价一般 5～10 个工作日，校核、审定 1～2 个工作日（可交叉进行）
		3.3	钢筋翻样	翻样一般 15～20 个工作日，校核、审定 1～2 个工作日（可交叉进行）
4	招标阶段	4.1 公开招标	发布招标公告	3～5 个工作日
			协助招标人确定招标人方案	1～2 个工作日
			接受投标报名	1 个工作日
		4.1 邀请招标	确定投标人	根据所选用的不同方法，一般 1～2 个工作日
			协助招标人考察候选投标人	1 个工作日
			编制并提交考察报告	1 个工作日
			确定投标人	1 个工作日
		4.2	发放招标文件	按有关规定执行
		4.3	组织投标人踏勘现场	1 个工作日
		4.4	组织答疑	0.5～1 个工作日
		4.5	编制招标文件补充文件	2～3 个工作日
		4.6	发放招标文件补充文件	0.5～1 个工作日

序号	工作阶段		工作内容	时间安排
5	开标、评标、协助定标阶段	5.1	接收投标文件	0.5～1 个工作日
		5.2	开标（一般与投标截止时间同时举行）	0.5～1 个工作日
		5.3	评标	评标准备、回标分析等 1～5 个工作日，组织评标 1～3 个工作日
		5.4	协助定标	协助决标 1 个工作日，签发中标（未中）通知书 1～2 个工作日，编制招标报告 1～2 个工作日
6	协助招标人形成合同阶段	6.1	主要工作包括草拟合同、协助招标人和中标人谈判、协助招标人签订施工合同、向中标人及未中标人退还投标保证金	一般 7 个工作日
7	成果资料整理及交付阶段	7.1	成果资料整理及归档	2～4 个工作日

第四节　招标文件与招标控制价的编制

一、施工招标文件的编制

施工招标文件是由招标人或其委托的咨询机构编制发布的，既是投标人编制投标文件的依据，也是招标人与将来中标人签订工程施工承包合同的基础。招标文件中提出的各项要求，对整个招标工作乃至承发包双方都有约束力。

1. 行业标准施工招标文件

招标文件的编制是招标投标活动的一个重要环节。为了规范招标文件的编制，提高招标文件编制质量，促进招标投标活动的公开、公平和公正，招标文件及资格审查文件的编制应该参照行业标准施工招标文件。

国务院九部委 56 号令联合发布了《标准施工招标资格预审文件》（2007 年版）、《标准施工招标文件》（2007 年版），自 2008 年 5 月 1 日起在政府投资项目中试行，适用于一定规模以上，且设计和施工不是由同一承包人承担的工程施工招标时，资格预审文件和招标文件的编制。有关行业主管部门根据《标准施工招标文件》并结合本行业工程项目招标特点和管理需要，编制行业标准施工招标文件。例如，住房和城乡建设部发布了与上述文件配套的《房屋建筑和市政工程标准施工招标资格预审文件》（2010 年版）和《房屋建筑和市政工程标准施工招标文件》，适用于一定规模以上，且设计和施工不是由同一承包人承担的房屋建筑和市政工程的施工招标时，资格预审文件和招标文件的编制。行业标准施工招标文件重点对专用合同条款、工程量清单、图纸、技术标准和要求做出具体规定。招标人可根据工程项目的性质，确定是否使用标准文件。其他行业，如：《公路工程标准施工招标资格预审文件》（2009 年版）、《公路工程标准施工招标文件》（2009 年版）、《水利水电工程标准施工招标资格预审文件》（2009 年版）、《水利水电工程标准施工招标文件》（2009 年版）。

对于依法必须进行招标的工程建设项目，工期不超过 12 个月、技术相对简单且设计和施工不是由同一承包人承担的小型项目，其施工招标文件应当根据《简明标准施工招标文件》（2012 年版）编制；设计施工一体化的总承包项目，其招标文件应当根据《标准设计施工总承包招标文件》（2012 年版）编制。

2. 招标文件编制应注意的问题

招标人应当依照相关法律法规，并根据工程招标项目的特点和需要编制招标文件。在编制过程中，针对工程项目控制目标的要求，应该抓住重点，根据不同需求合理确定对投标人资格审查的标准、投标报价要求、评标标准和方法、标段（或标包）划分、工期（或交货期）和拟签订合同的主要条款等实质性内容，而且注意做到符合法规要求，内容完整无遗漏，文字严密、表达准确。不管招标项目有多么复杂，在编制招标文件中都应当做好以下工作：

（1）依法编制招标文件，满足招标人使用要求。招标文件的编制应当遵照《招标投标法》等国家相关法律法规的规定，文件的各项技术标准应符合国家强制性标准，满足招标人要求。

（2）选择适宜的招标方式。

（3）合理划分标段或标包。

（4）明确规定具体而详细的使用与技术要求。招标人应当根据招标工程项目的特点和需要编制招标文件，招标文件应载明招标项目中每个标段或标包的各项使用要求、技术标准、技术参数等各项技术要求。

（5）规定的实质性要求和条件用醒目方式标明。按照《工程建设项目施工招标投标办法》和《工程建设项目货物招标投标办法》的规定，招标人应当在招标文件中规定实质性要求和条件，说明不满足其中任何一项实质性要求和条件的投标将被拒绝，并用醒目的方式标明。

（6）规定的评标标准和评标方法不得改变，并且应当公开规定评标时除价格以外的所有评标因素。按照《工程建设项目施工招标投标办法》、《工程建设项目货物招标投标办法》的规定，招标文件应当明确规定评标时除价格以外的所有评标因素，以及如何将这些因素量化或者据以进行评估。在评标过程中，不得改变招标文件中规定的评标标准、方法和中标条件。评标标准和评标方法不仅要作为实质性条款列入招标文件，而且还要强调在评标过程中不得改变。

（7）明确投标人是否可以提交投标备选方案及对备选投标方案的处理办法。按照有关规定，招标人可以要求投标人在提交符合招标文件规定要求的投标文件外，提交备选投标方案，但应当在招标文件中做出说明，并提出相应的评审和比较办法，不符合中标条件的投标人的备选投标方案不予考虑。符合招标文件要求且评标价最低或综合评分最高而被推荐为中标候选人的投标人，其所提交的备选投标方案方可予以考虑。

（8）规定投标人编制投标文件所需的合理时间，载明招标文件最短发售期。按照《工程建设项目勘察设计招标投标办法》和《工程建设项目施工招标投标办法》规定，招标文件应明确"自招标文件开始发出之日起至停止发出之日止，最短不得少于 5 日"。

（9）招标文件需要载明踏勘现场的时间与地点。按照《工程建设项目施工招标投标办法》规定，"招标人根据招标项目的具体情况，可以组织潜在投标人踏勘项目现场"，且"招标人不得单独或者分别组织任何一个投标人进行现场踏勘"。在招标文件内容中须载明踏勘现场的时间和地点。

（10）充分利用和发挥招标文件范本的作用。为了规范招标文件的编制工作，在编制招标文件过程中，应当按规定执行（或参照执行）招标文件范本，保证和提高招标文件的质量。

二、招标控制价的编制与审查

国有资金投资的建设工程发承包必须实行工程量清单计价，招标时为了体现公平、公正性，客观、合理地评审投标报价，防止招标人有意抬高或压低工程造价，招标人必须编制招标控制价，规定最高投标限价。

招标控制价是指招标人根据国家或省级、行业建设主管部门颁发的有关计价依据和办法，以及拟定的招标文件和招标工程量清单，结合工程具体情况编制的招标工程的最高投标限价。

（一）一般规定

（1）国有资金投资的建设工程招标，招标人必须编制招标控制价。

（2）招标控制价应由具有编制能力的招标人或受其委托具有相应资质的工程造价咨询人编制和复核。

（3）工程造价咨询人接受招标人委托编制招标控制价，不得再就同一工程接受投标人委托编制投标报价。

（4）招标控制价应按照《工程量清单计价规范》的规定编制，不应上调或下浮。

（5）当招标控制价超过批准的概算时，招标人应将其报原概算审批部门审核。

（6）招标人应在发布招标文件时公布招标控制价，同时应将招标控制价及有关资料报送工程所在地或有该工程管辖权的行业管理部门工程造价管理机构备查。

（二）招标控制价的编制

1. 编制依据

招标控制价的编制依据是指在编制招标控制价时，需要进行工程量计量、价格确认、工程计价的有关参数、率值的确定等工作时所需的基础性资料。招标控制价应根据下列依据编制与复核：

（1）国家、行业和地方政府的法律、法规及有关规定；

（2）《工程量清单计价规范》；

（3）国家或省级、行业建设主管部门颁发的计价定额和计价办法；

（4）建设工程设计文件及相关资料；

（5）拟定的招标文件及招标工程量清单、设备清单；

（6）与建设项目相关的标准、规范、技术资料；

（7）施工现场情况、工程特点及常规施工方案；

（8）工程造价管理机构发布的工程造价信息，当工程造价信息没有发布时，参照市场价；

（9）答疑文件、澄清和补充文件以及有关会议纪要；

（10）其他的相关资料。

2. 组成内容及编制方法

(1) 招标控制价的文件组成包括：封面、签署页及目录、编制说明、有关表格等。封面、签署页、文件表格应按规定格式填写，所有文件经签署并加盖工程造价咨询单位资质专用章和造价工程师或造价员执业或从业印章后才能生效。编制说明应包括：工程概况，编制范围，编制依据，编制方法，有关材料、设备、参数和费用的说明，以及其他有关问题的说明。

(2) 对于分部分项工程费用计价应采用单价法。采用单价法计价时，应依据招标工程量清单的分部分项工程项目名称、项目特征和工程量，确定其综合单价，综合单价的内容应包括人工费、材料费、机械费、管理费和利润，以及一定范围内的风险费用。

(3) 对于措施项目的单价项目和总价项目应分别采用单价法和费率法（或系数法），对于可计量部分的措施项目，应参照分部分项工程费用的计算方法采用单价法计价，对于以项计量或综合取定的措施费用应采用费率法。采用费率法时应先确定某项费用的计费基数，再测定其费率，然后将计费基数与费率相乘得到费用。

(4) 在确定综合单价时，应考虑一定范围内的风险因素。在招标文件中应通过预留一定的风险费用，或明确说明风险所包括的范围及超出该范围的价格调整方法。对于招标文件中未做要求的可按以下原则确定：

1) 对于技术难度较大和管理复杂的项目，可考虑一定的风险费用，并纳入到综合单价中。

2) 对于设备、材料价格的市场风险，应依据招标文件的规定，工程所在地或行业工程造价管理机构的有关规定，以及市场价格趋势考虑一定率值的风险费用，纳入到综合单价中。

3) 税金及规费等法律、法规、规章和政策变化的风险和人工单价等风险费用不应纳入综合单价。

(5) 建设工程的招标控制价应由组成建设工程项目的各单项工程费用组成。各单项工程费用应由组成单项工程的各单位工程费用组成。各单位工程费用应由分部分项工程费、措施项目费、其他项目费、规费和税金组成。

(6) 招标控制价的分部分项工程费，应由各单位工程的招标工程量清单乘以其相应综合单价汇总而成。

(7) 招标工程发布的分部分项工程量清单对应的综合单价，应按照招标人发布的分部分项工程量清单的项目名称、工程量、项目特征描述，依据工程所在地区颁发的计价定额和人工、材料、机械台班价格信息等进行组价确定，并应编制工程量清单综合单价分析表。

(8) 分部分项工程量清单综合单价的组价，应先依据提供的工程量清单和施工图纸，按照工程所在地区颁发的计价定额的规定，确定所组价的定额项目名称，并计算出相应的工程量；其次依据工程造价信息确定其人工、材料、机械台班单价；同时，按照定额规定，在考虑风险因素确定管理费率和利润率的基础上，按规定程序计算出所组价定额项目的合价，见式（7-1）。然后将若干项所组价的定额项目合价相加除以工程量清单项目工程量，便得到工程量清单项目综合单价，见式（7-2）。对于未计价材料费（包括暂估单价的材料费）应计入综合单价。

$$定额项目合价＝定额项目工程量 \times [\sum （定额人工消耗量 \times 人工单价）$$
$$+\sum （定额材料消耗量 \times 材料单价）$$
$$+\sum （定额机械台班消耗量 \times 机械台班单价）$$
$$+价差（基价或人工、材料、机械费用）+管理费和利润] \qquad (7\text{-}1)$$

$$工程量清单综合单价＝\frac{\sum （定额项目合价）+未计价材料费}{工程量清单项目工程量} \qquad (7\text{-}2)$$

（9）措施项目费应分别采用单价法、费率法计价。凡可精确计量的措施项目应采用单价法；不能精确计量的措施项目应采用费率法，以"项"为计量单位来综合计价，见式（7-3）。

$$某项措施项目清单费＝措施项目计费基数 \times 费率 \qquad (7\text{-}3)$$

（10）采用单价法计价的措施项目的计价方式，应参照分部分项工程量清单计价方式计价。

（11）采用费率法计价的措施项目的计价方法，应依据招标人提供的工程量清单项目，按照国家或省级、行业建设主管部门的规定，合理确定计费基数和费率。其中安全文明施工费应按国家或省级、行业建设主管部门的规定计价，不得作为竞争性费用。

（12）其他项目费应采用下列方式计价：

1）暂列金额应按招标人在其他项目清单中列出的金额填写。

2）暂估价包括材料暂估价、专业工程暂估价。材料单价按招标人列出的材料单价计入综合单价，专业工程暂估价按招标人在其他项目清单中列出的金额填写。

3）计日工按招标人列出的项目和数量，根据工程特点和有关计价依据确定综合单价并计算费用。

4）总承包服务费应根据招标文件中列出的内容和向总承包人提出的要求计算总承包费，其中：招标人仅要求对分包的专业工程进行总承包管理和协调时，按分包的专业工程估算造价的 1.5％计算；招标人要求对分包的专业工程进行总承包管理和协调并同时要求提供配合服务时，根据招标文件中列出的配合服务内容和提出的要求，按分包的专业工程估算造价的 3％～5％计算；招标人自行供应材料的，按招标人供应材料价值的 1％计算。

（13）规费应采用费率法编制，应按照国家或省级、行业建设主管部门的规定确定计费基数和费率计算，不得作为竞争性费用。

（14）税金应采用费率法编制，应按照国家或省级、行业建设主管部门的规定，结合工程所在地情况确定综合税率并参照式（7-4）计算，不得作为竞争性费用。

$$税金 ＝（分部分项工程量清单费＋措施项目清单费$$
$$＋其他项目清单费＋规费） \times 综合税率 \qquad (7\text{-}4)$$

（三）招标控制价的审查

（1）审查依据。包括前述招标控制价的编制依据，以及招标人发布的招标控制价。

（2）审查方法。依据项目的规模、特征、性质及委托方的要求等可采用重点审查法、全面审查法。重点审查法适用于投标人对个别项目进行投诉的情况，全面审查法适用于各类项目的审查。

（3）审查重点。招标控制价应重点审查以下几个方面：

1）招标控制价的项目编码、项目名称、工程数量、计量单位等是否与发布的招标工程量清单项目一致。

2）招标控制价的总价是否全面，汇总是否正确。

3）分部分项工程综合单价的组成是否符合《工程量清单计价规范》和其他工程造价计价依据的要求。

4）措施项目施工方案是否正确、可行，费用的计取是否符合《工程量清单计价规范》和其他工程造价计价依据的要求。安全文明施工费是否执行了国家或省级、行业建设主管部门的规定。

5）管理费、利润、风险费以及主要材料及设备的价格是否正确、得当。

6）规费、税金是否符合《工程量清单计价规范》的要求，是否执行了国家或省级、行业建设主管部门的规定。

（四）投诉与处理规定

（1）投标人经复核认为招标人公布的招标控制价未按照规范的规定进行编制的，应在招标控制价公布后5天内向招投标监督机构和工程造价管理机构投诉。

（2）投诉人不得进行虚假、恶意投诉，阻碍招投标活动的正常进行。

（3）工程造价管理机构在接到投诉书后应在两个工作日内进行审查，对有下列情况之一的，不予受理：

1）投诉人不是所投诉招标工程招标文件的收受人；

2）投诉书提交的时间不符合规定的；

3）投诉书未由单位盖章和法定代表人或其委托人签名或盖章的；

4）投诉事项已进入行政复议或行政诉讼程序的。

（4）工程造价管理机构应在不迟于结束审查的次日将是否受理投诉的决定，书面通知投诉人、被投诉人，以及负责该工程招投标监督的招投标管理机构。

（5）工程造价管理机构受理投诉后，应立即对招标控制价进行复查，组织投诉人、被投诉人或其委托的招标控制价编制人等单位人员对投诉问题逐一核对。有关当事人应当予以配合，并应保证所提供资料的真实性。

（6）工程造价管理机构应当在受理投诉的10天内完成复查，特殊情况下可适当延长，并作出书面结论通知投诉人、被投诉人及负责该工程招投标监督的招投标管理机构。

（7）当招标控制价复查结论与原公布的招标控制价误差大于±3%时，应当责成招标人改正。

（8）招标人根据招标控制价复查结论需要重新公布招标控制价的，其最终公布的时间至招标文件要求提交投标文件截止时间不足15日的，应相应延长投标文件的截止时间。

第五节　施工投标报价的编制

一、施工投标单位应具备的条件

施工投标单位参加投标，应具备招标文件规定的资格条件。

二、投标报价的编制

投标价是投标人投标时响应招标文件要求所报出的对已标价工程量清单汇总后标明的总价。它是在投标过程中，由投标人按照招标文件的要求，根据工程项目特点，并结合自身的施工技术、装备和管理水平，依据有关计价规定自主确定的工程造价，是投标人希望达成工程承包交易的期望价格，它不能高于招标人设定的招标控制价（投标报价高于招标控制价的应予废标），并且不得低于成本。

1. 投标报价的编制依据

(1)《工程量清单计价规范》和专业工程计量规范；

(2) 国家或省级、行业建设主管部门颁发的计价办法；

(3) 企业定额，国家或省级、行业建设主管部门颁发的计价定额和计价办法；

(4) 招标文件、招标工程量清单及其补充通知、答疑纪要；

(5) 建设工程设计文件及相关资料；

(6) 施工现场情况、工程特点及投标时拟定的施工组织设计或施工方案；

(7) 与建设项目相关的标准、规范等技术资料；

(8) 市场价格信息或工程造价管理机构发布的工程造价信息；

(9) 其他的相关资料。

2. 投标报价的编制与审核

投标报价的组成内容与招标控制价相同，但是计价依据和计价结果不同。编制与审核时应符合下列规定：

(1) 投标人应按招标人提供的招标工程量清单填报价格。填写的项目编码、项目名称、项目特征、计量单位、工程量必须与招标工程量清单一致。

(2) 招标工程量清单与计价表中列明的所有需要填写单价和合价的项目，投标人均应填写且只允许有一个报价。未填写单价和合价的项目，可视为此项费用已包含在已标价工程量清单中其他项目的单价和合价之中。当竣工结算时，此项目不得重新组价予以调整。

(3) 分部分项工程和措施项目中的单价项目，应根据招标文件和招标工程量清单项目中的特征描述确定综合单价计算。综合单价中应包括招标文件中划分的应由投标人承担的风险范围及其费用。招标文件中提供了暂估单价的材料，按暂估的单价计入综合单价。招标文件中没有明确的，应提请招标人明确。

(4) 措施项目中的总价项目金额应根据招标文件及投标时拟定的施工组织设计或施工方案，由企业自主确定，报价应包括除规费和税金以外的全部费用。其中安全文明施工费必须按国家或省级、行业建设主管部门的规定确定。

(5) 其他项目费应按下列规定报价：

1) 暂列金额应按招标工程量清单中其他项目清单中列出的金额填写，不得变动。

2) 暂估价不得变动和更改。材料、工程设备暂估价应按招标工程量清单中其他项目清单中列出的单价计入综合单价，专业工程暂估价应按招标工程量清单中其他项目清单中列出的金额填写。

3) 计日工按招标工程量清单中其他项目清单中列出的项目和数量，自主确定综合单价并计算计日工费用。

4) 总承包服务费应根据招标工程量清单中列出的分包专业工程内容和供应材料、设备情况，按照招标人提出的协调、配合与服务要求和施工现场管理需要自主确定。

(6) 规费和税金应按国家或省级、行业建设主管部门的有关规定计算，不得作为竞争性费用。

(7) 投标总价应当与分部分项工程费、措施项目费、其他项目费和规费、税金的合计金额一致。投标人在投标报价时，不能进行投标总价优惠（或降价、让利），投标人对招标人的任何优惠（或降价、让利）均应反映在相应清单项目的综合单价中。

三、投标报价策略与技巧

投标报价时，投标人往往根据招标工程项目的特点及自身实际情况，而采用适当的投标报价策略与技巧，其目的是为了提高中标概率，隐蔽报价规律，在中标后获得更多的盈利或者索赔机会等。对招标人或建设单位来说，熟悉投标人常用的投标报价策略与技巧，可以掌握投标人投标报价规律，正确审查和评价投标人的投标报价，保护自身利益不受侵害，以便对建设工程项目造价目标进行有效的控制。

1. 投标报价策略

投标策略是投标人在工程投标竞争中的指导思想、系统工作部署及其参与投标竞争的方式和手段。投标人投标时，应该根据自身的经营状况、经营目标，既要考虑自身的优势和劣势，也要考虑市场竞争的状况，还要分析工程项目的整体特点，按照工程项目的特点、类别、施工条件等确定报价策略。

（1）生存型报价策略。由于社会、政治、经济环境的变化和投标人自身经营管理方面的原因，都可能造成投标人的生存危机。如市场竞争激烈，工程项目减少；政府调整固定资产投资方向，使某些投标人擅长的工程项目减少；投标人信誉降低，接到的投标邀请越来越少等。这时投标人采取生存型报价策略，报价时持微利、不盈利甚至亏损也要夺标的态度，来维持生存，度过困难时期，等待东山再起的机会。

（2）竞争型报价策略。投标人在遇到以下几种情况，如经营状况不景气，近期接受到的投标邀请较少；竞争对手有威胁性；试图开拓新的地区、新的市场；承担新的工程项目类型或施工工艺；投标项目风险小，施工工艺简单、工程量大、社会效益好的项目；附近有本企业其他正在施工的项目。投标人应采取竞争型报价策略，以竞争为手段，以开拓市场、低盈利为目标，在精确计算成本的基础上，充分估计各竞争对手的报价，用具有竞争力的报价达到中标的目的。

（3）盈利型报价策略。投标人在工程项目所在地区已经打开局面，且施工能力饱和、信誉度高；竞争对手少、技术密集型项目；工程项目的施工条件差、专业要求高；规模小、总价低，不得不投标的工程项目；资金支付条件不理想的项目；工期要求紧、质量要求高的工程项目；特殊工程项目，如港口码头、地下开挖工程等。投标人的策略是充分发挥自身优势，以实现最佳盈利为目标，对效益较小的项目热情不高，对盈利大的项目充满自信，其投标报价相对较高一些。

2. 投标报价技巧

所谓投标报价技巧，是指在工程项目投标报价中采用的投标方式能让招标人可以接受，而中标后又能获得更多的利润。

（1）不平衡报价法。不平衡报价法是指在一个工程项目的投标总报价基本确定后，通过调整工程项目的各个组成部分的报价，以达到既不提高总报价、不影响中标，又能在工程项目结算时得到更理想的经济效益的投标报价方法。

采用该方法要注意避免显而易见的畸高畸低，以免导致降低中标机会或成为废标。通常在以下情况可采用不平衡报价法，见表7-2。

表 7 - 2   **常见的不平衡报价法**

序号	信息类型	变动趋势	不平衡结果
1	项目的资金结算时间	较早	单价适当提高
		较晚	单价适当降低
2	预计今后工程量	增加	单价适当提高
		减少	单价适当降低
3	设计图纸不明确	增加工程量	单价适当提高
		减少工程量	单价适当降低
4	暂定项目	自己承包的可能性大	单价适当提高
		自己承包的可能性小	单价适当降低
5	单价和包干混合制合同项目	固定包干价格项目	宜报高价
		其余单价项目	单价适当降低
6	综合单价分析表	人工费和机械费	适当提高
		材料费	适当降低
7	投标时招标人要求压低单价的项目	工程量大	单价小幅度降低
		工程量小	单价较大幅度降低
8	工程量不明确的项目	没有工程量	单价适当提高
		有假定的工程量	单价适中

对投标人来讲，采用不平衡报价法进行投标报价，可以降低一定的风险，但工程项目的投标报价必须要建立在对工程量清单表中的工程量风险仔细核算、校对的基础上，特别是对于降低单价的项目，一旦工程项目的工程量增多，将会造成投标人的重大损失。同时一定要将价格调整控制在合理的幅度以内，一般控制在 10％以下，以免引起招标人反对，甚至导致个别清单项目的报价不合理而失标。有时招标人也会针对一些报价过高的项目，要求投标人进行单价分析，并对单价分析中过高的内容进行压价，以致投标人得不偿失。

（2）多方案报价法。有时招标文件中规定，可以提一个建议方案。如果发现有些招标文件工程范围不很明确，条款不清楚或很不公正，或技术规范要求过于苛刻时，则要在充分估计投标风险的基础上，按多方案报价法处理。即按原招标文件报一个价，然后再提出如某条款作某些变动，报价可降低多少，由此可报出一个较低的价格。这样可以降低总造价，吸引招标人。

投标人应组织一批有经验的设计和施工工程师，对原招标文件的设计方案仔细研究，提出更合理的方案以吸引招标人，促成自己的方案中标。这种新的建议可以降低总造价或提前竣工。但要注意，对原招标方案一定也要报价，以供招标人进行比较。

增加建议方案时，不要将方案写得太具体，保留方案的技术关键，防止招标人将此方案交给其他投标人，同时要强调的是，建议方案一定要比较成熟，或过去有这方面的实践经验，避免匆忙提出一些没有把握的建议方案，导致出现不良后果。

（3）突然降价法。投标报价是一件保密性很强的工作，但竞争对手往往会通过各种渠道、手段来刺探情报，用此法可以在报价时迷惑竞争对手。即先按一般情况报价或表现出自己对该工程兴趣不大，而在临近投标截止时间时，突然降价。采用这种方法时，一定要在准备投标报价的过程中考虑好降价的幅度，在临近投标截止日期前，根据情况信息与分析判断，再做最后决策。采用突然降价法往往降低的是总价，而要把降低的部分分摊到各清单项目内，可采用不平衡报价进行，以期取得更高的效益。

（4）先亏后盈法。对于大型分期建设的工程项目，在第一期工程投标时，可以将部分间接费分摊到第二期工程中去，并减少利润以争取中标。这样在第二期工程投标时，凭借第一期工程的经验，临时措施及创立的信誉，就会比较容易地获得第二期工程。如第二期工程遥遥无期时，则不可以这样考虑。

（5）许诺优惠条件。投标报价附带优惠条件是行之有效的一种手段。招标人评标时，除了主要考虑报价和技术方案外，还要分析其他条件，如工期、支付条件等。因此，在投标时主动提出提前竣工、低息贷款、赠予施工设备、免费转让新技术或某种技术专利、免费技术协作、代为培训人员等，均是吸引招标人、利于中标的辅助手段。

（6）计日工单价的报价。投标报价时，若是单纯报计日工单价，且不计入总价中，可以适当报高些，以便在招标人额外用工或使用施工机械时可多获得盈利；但若要将计日工单价计入总报价时，则需根据具体情况分析是否报高价，以免抬高总报价。总之，要分析招标人在工程项目开工后可能使用的计日工数量，再来确定报价策略。

（7）可供选择的项目的报价。有些工程项目的分项工程，招标人可能要求按某一方案报价，而后再提供几种可供选择方案的比较报价。投标时，投标人应对不同规格情况下的价格都进行调查，对将来有可能被选择使用的规格应适当提高其报价；对于技术难度大或其他原因导致的难以实现的规格，可将价格有意抬得更高一些，以阻挠招标人选用。但是，所谓"可供选择项目"并非由投标人任意选择，而是只有招标人才有权进行选择。因此，虽然适当提高了可供选择项目的报价，并不意味着肯定可以取得较好的利润，只是提供了一种可能性，一旦招标人今后选用，投标人方可得到额外加价的利益。

第六节　施工合同评审

当事人对建设项目施工合同进行评审是指在合同签订前，从履行合同的角度对合同文件进行一次全面的审查分析。如发现问题，当事人应及时予以纠正，使合同目标能落实到履行合同的具体事件和工作上，最终形成一个符合要求的合同。

1. 合同合法性评审

合同合法性评审的内容有：

（1）当事人资格。发包人应具有发包工程、签订合同的资质和权能。施工承包人则需具备相应的权利能力（营业执照、许可证等）和相应的行为能力（资质等级证书）。这样，合同主体资格才为有效。

（2）项目具备招标和签订合同的全部条件：项目的批准文件、工程建设许可证、建设规划文件、已批准的设计文件、合法的招标投标程序和已列入年度计划等。

（3）合同内容及其所指行为符合法律要求。

（4）有些需经公证或官方批准方可生效的合同，是否已办妥了这方面手续，获得了证明或批准。对于基础设施工程建设项目的合同评审尤应注意这点。

2. 合同完备性评审

合同的完备性包括合同文件完备性和合同条款完备性两个方面。

（1）合同所包括的各种文件齐全，一般包括合同协议书、中标函、投标书、工程设计、规范、工程量清单和合同条款等。

（2）对各有关问题进行规定的条款要齐全。合同应尽量采用标准合同文件（包括通用条款和专用条款两部分），除了通用条款外，要根据工程具体情况和合同双方的特殊要求，在合同专用条款中进行约定。若未采用标准合同文本，则应以标准文本作样本，对照所签合同，寻找缺陷，补齐必需的条款。

3. 合同公平性评审

合同公平性评审主要是指合同所规定的双方的权利和义务的对等、平衡和制约问题，可以从以下几个方面进行具体分析：

（1）双方的权利和义务应该是对等的、公平合理的。某些显失公平或免责条款，显然违反了公平原则，应予以删除或修改。

（2）合同规定一方的权力，则同时应考虑到该权力应如何制约，有无滥用该项权力的可能，行使该权力应承担的责任等。

（3）合同规定一方一项义务，则也应规定其有完成该项义务所必需的相应权利，或由此义务所引申出的权利。

（4）合同规定一方一项义务，还应分析承担这一项义务的前提条件，若此前提由对方提供，则应同时规定为对方的一项义务。

4. 合同整体性评审和合同类型的选择

合同条款是一个整体，各条款之间有着一定的内在联系和逻辑关系。一个合同事件，往往会涉及若干条款，如关于合同价格就涉及工程计量、计价方式、支付程序、调价条件和方法、暂定金的使用等条款，必须认真仔细地评审这些条款在时间上和空间上、技术上和管理上、权利义务的平衡和制约上的顺序关系和相互依赖关系。各条款间不能出现缺陷、矛盾或逻辑上的不足。合同按其计价方式主要有单价合同、总价合同和成本加酬金合同等。各种类型合同有其适用条件，合同双方有不同的权力与责任分配，承担不同的风险。工程实践中应根据具体情况选择合同类型，有时一个项目的不同分项有不同的计价方式。

5. 合同条款的选用评审

合同条款和合同协议书是合同文件最重要的部分。发包人应在保证履行招标承诺的基础上，根据需要选择拟订合同条款，可以选用标准的合同条款，也可以根据需要对标准的文本作出修改、限定或补充。

（1）选用合同条款时，应注意以下几个问题：

1）应尽可能使用标准的合同条款。

2）合同条款应与双方的管理水平匹配，否则执行时有困难。

3）选用的合同条款双方都较熟悉，既利于业主管理工作，又利于承包人对条款的执行，可减少争执和索赔。

4）选用合同条款还应考虑到各方面的制约。

（2）因为招标文件由发包人起草，发包人居于合同主导地位，所以特别要关注下列重要合同条款：

1）适用合同关系的法律、合同争执仲裁的机构和程序等。

2）付款方式。

3）合同价格调整的条件、范围、方法，特别是由于物价、汇率、法律、关税等的变化对合同价格调整的规定。

4）对承包人的激励措施。如提前竣工，提出新设计，使用新技术新工艺使发包人节省投资，奖励型的成本加酬金合同，质量奖等。

5）合同双方的风险分配。

6）保证发包人对工程的控制权力。包括：工程变更权力，进度计划审批权力，实际进度监督权力，施工进度加速权力，质量的绝对检查权力，工程付款的控制权力，承包人不履约时发包人的处置权力等。

6. 合同间的协调评审

建筑工程项目的建设要签订若干合同，如勘察设计合同、施工合同、供应合同、贷款合同等。在合同体系中，相关的同级合同之间，主合同与分合同之间关系复杂，必须对此作出周密分析和协调，其中既有整体的合同策划，又有具体的合同管理问题。

（1）工作内容的完整性。业主（发包人）签订的所有合同所确定的工作范围应涵盖项目的全部工作，完成了各个合同也就实现了项目投资控制的总目标。为防止缺陷和遗漏，应做好下述工作：

1）招标前进行项目的系统分析，明确项目系统范围。

2）将项目作结构分解，系统地分成若干独立的合同，并列出各合同的工程量表。

3）进行各合同间的界面分析，特别注意划清界面上的工作责任，以及与之对应的质量、工期和造价目标要求。

（2）经济技术上的协调。各合同之间只有在经济技术上协调，才能构成符合项目投资总目标的要求。应注意下述几个方面：

1）主要合同之间设计标准的一致性，土建、设备、材料、安装等，应有统一的技术质量标准及要求，各专业工程（结构、建筑、水、电、通信、机械等）之间应有良好的协调。

2）分包合同应按照总承包合同的条件订立，全面反映总合同的相关内容；采购合同的技术要求须符合承包合同中的技术规范的要求。

3）各合同之间应界面清晰、搭接合理。如基础工程与上部结构、土建与安装、材料与运输等，它们之间都存在责任界面和搭接问题。

4）在工程实践中，各个合同签订时间、执行时间往往不是同步的，管理部门也常常不同。因此不仅在签约阶段和实施阶段，而且在合同内容和各部门管理过程上，都应统一协调。有时合同管理的组织协调甚至比合同内容更为重要。

7. 合同应变性评审

合同状态是指合同各方面要素的综合，它包括合同价格、合同条件、合同实施方案和工程环境四方面。这四个方面相互联系、相互影响、相互制约，综合成一个合同状态。建设工程一般规模较大、工期较长，受各方面的影响较多，因此在合同履行过程中，其合同状态经常会出现变化。一旦合同状态的某一方面发生变化，即打破了合同状态的"平衡"。合同应事先规定对这些变化的处理原则和措施，并以此来调整合同状态，这就是合同的应变性。合同应变性可从合同文件变化、工程环境变化和实施方案变化等方面加以评审。

8. 合同文字唯一性和准确性评审

对合同文件解释的基本原则是"诚实信用"，所有合同都应按其文字所表达的意思准确而正当地予以履行。

知 识 点 总 结

招投标阶段工程造价管理的主要任务、使用方法与造价管理业务内容（见表 7-3）。

表 7-3　　　　招投标阶段工程造价管理的主要任务、使用方法与造价管理业务内容

任务	方法运用	业务内容
施工招投标文件的编制与审核	招投标文件的内容合法、合规，全面、准确地表述项目的实际情况	根据需要对招投标工作提供咨询意见。参与项目招标工作，并编制相关招标文件、工程量清单、招标控制价，评标分析报告供发包人决策。协助发包人与有关单位进行合同谈判，根据发包人批准的内容编制合同文件，提供合同文件的正、副文本（文本数量在本合同签订前商议）
施工投标报价的编制	定额计价模式、工程量清单计价模式	
投标报价技巧	不平衡报价、多方案报价、突然降价法、先亏后盈法、许诺优惠条件等	
招标控制价的编制	以工程量清单计价模式编制招标控制价：综合单价法	
招标控制价的审查	全面审查法、重点审查法	
工程施工的评标	经评审的最低投标价法、综合评估法	

案　例

背景：某市财政资金建设的安置房工程，招标人委托本市一招标代理机构代理招标，并委托有资质的工程造价咨询企业编制招标工程量清单及招标控制价。

事件1：招标控制价总价3000万元随招标文件一起予以公布。以该招标控制价去掉管理费及利润后下浮10%作为下限拦标价。下限拦标价及计算方法予以保密。

事件2：在资格预审公告中规定，具有房建施工总承包特级资质且获得过鲁班奖5次以上的大型央企或国企，才有资格提交本工程的资格预审申请。

事件3：报名通过资格预审的单位都是外地企业，数量只有三家，为了加大竞争程度，招标人遂降低资质要求，邀请本市两家具有房建施工总承包一级资质的企业参与竞争。

事件4：招标人在招标文件中更改资质要求为具有房建施工总承包一级资质及以上企业可以参与投标。要求工期比按工期定额计算的工期缩短2个月。要求质量达到国家相应验收标准且必须能被评为本市优良工程，否则结算时扣罚总造价的3%。报价时要求按照《工程量清单计价规范》及省级建设主管部门颁发的计价定额和计价办法、工程造价管理机构发布的工程造价信息编制，不得上浮且不得超过招标控制价，不得低于工程成本价。评标方法为

最低价中标法。

事件 5：投标有效期从发售招标文件起计算为 90 天，投标保证金为 70 万元，与投标文件同时递交，投标保证金有效期比投标有效期长 10 天。

事件 6：在踏勘现场时，仅组织通过资格审查的三家单位参加，而两家本市单位可以自由踏勘现场。

事件 7：招标代理机构组建的评标委员会，在评标时认为本市其中一家单位的报价中有 2 项工程量清单没有填报价格，认为不按照招标文件的规定报价，属于不响应招标文件的实质性要求，被认定为废标。另一家本市单位的报价低于下限拦标价被直接认定为废标。

事件 8：评标结束后，外地某参与投标的企业接到了中标通知书，在与业主签订合同时提出：该工程的工期紧，比按常规施工方法（工期定额）缩短 2 个月，需要业主另外增加赶工措施费，另外原报价没有包含优良工程申报、评审的费用，因此需要追加费用。在上级主管部门的某位领导打来电话要求给予关照的情况下，业主与中标人签订了施工承包合同，比原报价超出 100 万元。

事件 9：签订合同十天后，中标人在递交了履约保函后退还了其投标保证金，同时退还了其他未中标人的投标保证金。

问题：

（1）请指出上述事件中的不妥之处，必要时说明理由。

（2）集中指出招标人在招投标活动中的不妥之处。

解

问题（1）：

事件 1 中设置下限拦标价不妥。根据《中华人民共和国招标投标法实施条例》（以下简称《实施条例》）第二十七条规定：招标人设有最高投标限价的，应当在招标文件中明确最高投标限价或者最高投标限价的计算方法。招标人不得规定最低投标限价。

事件 2 中设置的资格条件不妥，违反了《实施条例》第三十二条规定：招标人不得以不合理的条件限制、排斥潜在投标人或者投标人。招标人有下列行为之一的，属于以不合理条件限制、排斥潜在投标人或者投标人：

①就同一招标项目向潜在投标人或者投标人提供有差别的项目信息；

②设定的资格、技术、商务条件与招标项目的具体特点和实际需要不相适应或者与合同履行无关；

③依法必须进行招标的项目以特定行政区域或者特定行业的业绩、奖项作为加分条件或者中标条件；

④对潜在投标人或者投标人采取不同的资格审查或者评标标准；

⑤限定或者指定特定的专利、商标、品牌、原产地或者供应商；

⑥依法必须进行招标的项目非法限定潜在投标人或者投标人的所有制形式或者组织形式；

⑦以其他不合理条件限制、排斥潜在投标人或者投标人。

安置房工程属于一般项目，事件 2 中符合上述第②、③、⑥款规定的限制、排斥潜在投标人或者投标人。

事件 3 中招标人的行为不妥，本工程不符合邀请招标的条件，不能将公开招标变成邀请招标。

根据《实施条例》第八条，邀请招标需要符合下列规定：①技术复杂、有特殊要求或者受自然环境限制，只有少量潜在投标人可供选择；②采用公开招标方式的费用占项目合同金额的比例过大。同时违反了《实施条例》第十九条规定：未通过资格预审的申请人不具有投标资格。

事件4中投标人的报价按照招标文件的要求不得上浮不妥，《工程量清单计价规范》第6.2.1条规定，投标报价应根据施工现场情况、工程特点及投标时拟定的施工组织设计或施工方案编制，也可以根据企业定额编制。第6.2.2条规定，综合单价中应包括招标文件中划分的应由投标人承担的风险范围及其费用，招标文件中没有明确的，应提请招标人明确。事件4中：①要求工期比按工期定额计算的工期缩短2个月；②施工质量达到国家相应验收标准且必须能被评为本市优良工程，否则结算时扣罚总造价的3%。这样的风险投标人必须予以考虑。

事件4中评标方法为最低价中标法不妥，根据《标准施工招标文件》的规定，评标方法有综合评估法和经评审的最低投标价法两种，最低价中标法不是经评审的最低投标价法。

事件5中投标有效期计算方法不妥，《实施条例》第二十五条规定：招标人应当在招标文件中载明投标有效期。投标有效期从提交投标文件的截止之日起算。事件5中投标保证金数量、投标保证金有效期不妥，《实施条例》第二十六条规定：招标人在招标文件中要求投标人提交投标保证金的，投标保证金不得超过招标项目估算价的2%，招标控制价为3000万元，投标保证金不能高于60万元。投标保证金有效期应当与投标有效期一致。

事件6从两家本市单位不具有投标资格条件的角度来说妥当；从邀请招标的角度来说不妥，《实施条例》第二十八条规定，招标人不得组织单个或者部分潜在投标人踏勘项目现场。

事件7，从公开招标的角度来说，两家本市企业没有通过资格预审，不具有投标资格，其投标应予拒绝。从邀请招标的角度来说，评标委员会对第一家废标不妥。《工程量清单计价规范》第6.2.7款：招标工程量清单与计价表中列明的所有需要填写单价和合价的项目，投标人均应填写且只允许有一个报价。未填写单价和合价的项目，可视为此项费用已包含在已标价工程量清单中其他项目的单价和合价之中。另根据《实施条例》第四十九条规定：评标委员会成员应当依照《招标投标法》和《实施条例》的规定，按照招标文件规定的评标标准和方法，客观、公正地对投标文件提出评审意见。招标文件没有规定的评标标准和方法不得作为评标的依据。

评标委员会直接认定第二家单位废标不妥，根据《评标委员会和评标方法暂行规定》（国家发展计划委员会等七部委第12号令）第二十一条规定，"在评标过程中，评标委员会发现投标人的报价明显低于其他投标报价或者在设有标底时明显低于标底的，使得其投标报价可能低于其个别成本的，应当要求该投标人作出书面说明并提供相关证明材料。投标人不能合理说明或者不能提供相关证明材料的，由评标委员会认定该投标人以低于成本报价竞标，其投标应作废标处理"。

事件8中投标人与招标人的行为都不妥，《实施条例》第五十七条规定：招标人和中标人应当依照《招标投标法》和《实施条例》的规定签订书面合同，合同的标的、价款、质量、履行期限等主要条款应当与招标文件和中标人的投标文件的内容一致。招标人和中标人不得再行订立背离合同实质性内容的其他协议。

招标文件已经载明了工期及质量要求，投标人参加投标，在报价时应该充分考虑到应由投标人承担的风险范围及其费用，否则造成的损失自己承担。

另外，上级主管部门的某位领导违反了《实施条例》第六条规定："禁止国家工作人员以任何方式非法干涉招标投标活动"。招标人也不应因受到干扰而不坚持原则。

事件9中招标人的行为不妥，招标人应在中标人递交履约保函后才能与其签订合同，根据《实施条例》第五十七条规定：招标人最迟应当在书面合同签订后5日内，向中标人和未中标的投标人退还投标保证金及银行同期存款利息。

问题（2）：

招标人在招投标活动中的不妥之处：

①以不合理条件限制、排斥潜在投标人或者投标人，违反了在招投标活动中应遵循的公平原则。

②招标人不得规定最低投标限价。

③依法应当公开招标的不应改为采用邀请招标。

④不应接受未通过资格预审的单位参加投标。

⑤应该拒收未通过资格预审的申请人提交的投标文件。

⑥招标人和中标人应当依照《招标投标法》和《实施条例》的规定签订书面合同，合同的标的、价款、质量、履行期限等主要条款，应当与招标文件和中标人的投标文件的内容一致。招标人不应该与中标人再行订立背离合同实质性内容的其他协议。

⑦招标人应在中标人递交履约保函后才能与其签订合同。

⑧招标人最迟应当在书面合同签订后5日内，向中标人和未中标的投标人退还投标保证金及银行同期存款利息。

⑨招标人在招投标活动中不应因受到干扰而违反规定及纪律和原则。

⑩招标人在招投标活动中违犯了《招标投标法》及《实施条例》的若干规定。

复 习 与 思 考 题

1. 名词解释

（1）建设项目招标。建设项目招标是指招标人在发包建设项目之前，以公告或邀请书的方式提出招标项目的有关要求，公布招标条件，投标人根据招标人的意图和要求提出报价，择日当场开标，以便从中择优选定中标人的一种经济活动。

（2）建设项目投标。建设项目投标是建设项目招标的对称概念，指具有合法资格和能力的投标人根据招标条件，经过初步研究和估算，在指定期限内填写标书，根据自己的实际情况提出报价并等待开标，决定能否中标的经济活动。

（3）经评审的最低投标价法。经评审的最低投标价法是指评标委员会对满足招标文件实质要求的投标文件，根据详细评审标准规定的量化因素和标准进行价格折算，按照经评审的投标价由低到高的顺序推荐中标候选人，或根据招标人授权直接确定中标人，但投标报价低于工程项目成本的除外。

（4）综合评估法。综合评估法是指评标委员会对满足招标文件实质性要求的投标文件，按照规定的评分标准进行打分，并按得分由高到低顺序推荐中标候选人，或根据招标人授权直接确定中标人，但投标报价低于其成本的除外。

（5）招标控制价。招标人根据国家或省级、行业建设主管部门颁发的有关计价依据和办法，以及拟定的招标文件和招标工程量清单，结合工程具体情况编制的招标工程的最高投标限价。

2. 思考题

（1）简述招投标的原则。

（2）简述建设项目强制招标的范围及规模标准。

（3）简述依法不进行招标的情况。

（4）简述建设项目招标方式、招标采购的内容。

（5）简述招标组织形式。

（6）简述招投标程序。

（7）简述评标的原则及评标委员会的组建要求。

（8）简述中标人的投标应当符合哪些条件。

（9）简述建设工程施工发承包模式及合同类型的选择。

（10）简述建设工程施工发包标段划分的影响因素。

（11）简述招标控制价的编制依据。

（12）简述投标人的投标报价策略及技巧。

（13）简述合同评审的内容。

第八章　项目施工阶段的造价管理

工程施工是将项目由设想变为实体的过程，是工程建设的重要阶段。在施工阶段承包人按照合同约定进行施工，发包人按照合同约定支付价款。施工阶段是资金投入和资源消耗最大的阶段，无论是发包人还是承包人，做好施工阶段的造价管理尤为重要；对于发包人来说，虽然节约投资的可能性很小，但是浪费投资的可能性却很大；对于承包人来说，做好施工阶段的成本控制，可以增加利润，有利于企业的发展。

第一节　施工阶段造价管理概述

一、施工阶段造价管理的主要内容

施工阶段造价管理的主要内容包含如下几个方面：
(1) 施工方案的技术经济分析；
(2) 投资目标的分解与资金使用计划的编制；
(3) 工程计量与合同价款管理；
(4) 工程变更控制；
(5) 工程索赔控制；
(6) 投资偏差分析；
(7) 竣工结算的审核。

二、施工阶段造价管理的措施

由于建设项目施工是一个系统的动态过程，具有参与单位及人员多，资源消耗大，建设周期长，施工条件复杂，施工时受到各种客观原因、业主原因、设计原因、施工原因及其他原因的影响等特点，使得这一阶段的造价管理最为复杂。

施工阶段的造价管理应遵循动态控制原理和主动控制原理。根据项目总投资目标及工程承包合同，编制施工阶段的资金使用计划，把计划投资额作为投资控制的目标值，在工程实施过程中定期的进行资金支出实际值与目标值的比较，通过比较发现并找出实际支出额与计划目标值之间的偏差。然后分析产生偏差的原因，并采取有效措施加以控制，以保证投资控制目标的实现，其控制原理如图 1-8 所示。

施工阶段的造价管理需要从组织、经济、技术、合同等多方面采取措施，仅仅靠控制工程价款的支付来实现是远远不够的。

1. 组织措施
(1) 建立合理的项目组织结构，明确组织分工，落实各个组织、人员的任务分工及职能分工等。例如，针对工程款的支付，从质量检验、计量、审核、签证、付款、偏差分析等程序落实需要涉及的组织及人员。
(2) 编制施工阶段投资控制工作计划，建立主要管理工作的详细工作流程，如资金支付的程序、采购的程序、设计变更的程序、索赔的程序等。

（3）委托或聘请有关咨询机构或工程经济专家做好施工阶段必要的技术经济分析与论证。

2. 经济措施

（1）编制资金使用计划，确定分解投资控制目标。

（2）定期收集工程项目成本信息、已完成的任务量情况信息和建筑市场相关造价指数等数据，对工程施工过程中的资金支出做好分析与预测，对工程项目投资目标进行风险分析，并制订防范性对策。

（3）严格工程计量；复核工程付款账单，签发付款证书。

（4）对施工过程资金支出进行跟踪控制，定期地进行投资实际支出值与计划目标值的比较，进行偏差分析，发现偏差，分析原因，及时采取纠偏措施。

（5）协商确定工程变更价款，审核竣工结算。

（6）对节约造价的合理化建议进行奖励。

3. 技术措施

（1）对设计变更进行技术经济分析，严格控制不合理变更。

（2）继续寻找通过设计挖潜节约造价的可能性。

（3）审核承包商编制的施工组织设计，对主要施工方案进行技术经济分析。

4. 合同措施

（1）合同实施、修改、补充过程中进一步进行合同评审。

（2）施工过程中及时收集和整理有关的施工、监理、变更等工程信息资料，为正确的处理可能发生的索赔提供证据。

（3）参与并按一定程序及时处理索赔事宜。

（4）参与合同的修改、补充工作，着重考虑其对造价的影响。

第二节　施工方案的技术经济分析

对施工方案进行技术经济分析是施工阶段降低造价的主要途径之一。不同的施工方案，不但会影响项目的工期、安全和质量目标，也会显著的影响项目的造价。

体现项目施工方案的主要技术文件是施工组织设计或项目管理实施规划。施工组织设计是指导施工准备和组织施工的全面性技术、经济文件，是指导现场施工的纲领性文件。项目管理实施规划也是旨在指导项目实施阶段管理的文件。由于两者在某些方面是相同或相似的，下面以施工组织设计为例来进行分析。

一、施工组织设计的编制与审查

1. 施工组织设计的内容与编制

施工组织设计根据作用和详细程度不同，可以分为投标阶段的施工组织设计大纲和施工准备阶段的施工组织设计。投标阶段的施工组织设计大纲，是为了满足投标的需要而由投标人的管理层在投标阶段根据招标文件的深度和项目的复杂程度编制而成。它主要对投标项目拟采用的主要施工方案、进度计划和技术措施等内容进行明确，用以向招标人表明投标人具有顺利完成项目施工任务的能力。而施工准备阶段的施工组织设计则是在招标阶段施工组织设计大纲的基础上，由施工项目的负责人根据更详细的工程资料及工程客观情况编制的，它是承包人进行施工作业的纲领性文件，并具有战略部署和战术安排的双重作用。

编制施工组织设计的主要目的是根据合同约定的质量、工期、成本等要求，选择合理的施工顺序、施工方法和施工机械，确定合理的施工进度；拟订技术上先进、经济上合理的技术措施；采用有效的劳动组织，并计算劳动力、材料、机械设备等的需要量；确定合理的空间布置，合理组织包括基本生产、附属生产及辅助生产在内的全部生产活动等。

施工组织设计的内容要结合工程对象的实际特点、施工条件和技术水平进行综合考虑。根据施工组织设计编制的广度、深度和作用的不同，可分为：施工组织总设计、单位工程施工组织设计、分部（分项）工程施工组织设计。施工组织总设计是为解决整个建设项目施工的全局问题的，要求简明扼要、重点突出，要安排好主体工程、辅助工程和公用工程的相互衔接和配套。单位工程的施工组织设计是为具体指导施工服务的，要具体明确，要解决好各工序、各工种之间的衔接配合，合理组织平行流水和交叉作业，以提高施工效率。

单位工程施工组织设计的内容一般包括：工程概况、施工方案选择、施工进度计划、施工平面图、资源供应计划、技术组织措施计划、主要技术经济指标分析等内容。

施工方案的选择是单位工程施工组织设计的核心。方案选择的恰当与否，直接关系到工程的施工效果，以及承发包双方各项目标的实现。施工方案的选择应在拟订的若干可行的施工方案中，经过经济性比较，选用最适宜的施工方案；并作为安排施工进度计划和设计施工平面的依据。

施工方案的选择一般包括主要分部、分项工程的施工方法和施工机械的选择；工程各施工过程的施工顺序的确定；工程施工流水的确定等内容。例如，深基坑支护方案有钢板桩加锚杆支护、土钉墙支护、地下连续墙支护等施工方案；模板工程施工方案有组合钢模、大模板、滑升模板等施工方案；高层建筑垂直运输方案有塔吊＋施工电梯、塔吊＋混凝土泵＋施工电梯、塔吊＋快速提升机＋施工电梯等方案。不同的施工方案所花费的人力、物力、财力不同，进度不同、施工质量不同、安全性不同。因此，需要从实现项目目标的角度综合分析，择优选择。

2. 施工组织设计的审查

施工组织设计除了是承包人进行施工作业的纲领性文件外，还是发包人明确和控制工程质量、工期、投资目标的主要依据，也是承发包双方正确处理索赔、工程变更的重要依据。对施工组织设计进行审查是发包人在施工准备及施工阶段实施有效项目管理的主要措施之一。在审查时应注意以下内容：

（1）施工组织设计应由承包人的施工项目负责人组织编写，并需要由施工企业的技术负责人审查批准。在项目开工前施工组织设计还需要得到发包人的审核认可。承包人应当按照经过审核批准的施工组织设计施工，如果需要对其内容作较大的变更，应在变更前获得发包人的同意。

（2）发包人对施工组织设计的审核主要包括对施工方案、施工进度计划、主要技术措施、安全措施等的审查。审查包括技术上的可行性和经济上的合理性两个方面，需要对施工方案进行技术经济分析。

（3）对施工组织设计审查时，应注意承包人施工组织设计的针对性、可操作性；应注意遵循施工方案选择、总平面图布置、施工进度计划安排中的一般经济性规律。施工方案的优选应遵循"科学、经济、合理"的原则。

（4）当前建设项目的复杂化、巨型化程度日益增加，建筑功能要求和质量标准也不断提高，这对项目施工方案的内容、制订过程、关键技术路线和措施等提出了新的要求。因此，在制订施工方案时，要以合同工期为依据，综合考虑项目规模、复杂程度、现场条件、装备情况、人员素质、施工经验等多种因素，进行创新研究。一些优秀的施工方案创新，通常会带来造价的大幅度节约。

（5）在审查时，应注意由于承发包双方利益取向不同，承包人在某些情况下，会把施工方案或措施变得复杂化，好为以后进行设计变更或索赔埋下伏笔，并会努力获得发包人的认可。因此，发包人应认真审核承包人的这些施工方案或措施，以减少由于不合适的方案或不必要的措施所带来的额外费用支出。

二、施工组织设计的技术经济分析

1. 技术经济分析的目的

对施工组织设计进行技术经济分析的目的，在于论证该施工组织设计在技术上是否可行，经济上是否合理，通过科学的计算和分析比较，选择技术经济效果较优的方案，以求达到增产节约和提高经济效益的目的。

2. 技术经济分析指标体系

对施工组织设计进行技术经济分析应围绕质量目标、工期目标、造价目标、安全目标等，要体现技术上先进、经济上合理、施工上具有易操作性及安全性等方面。

（1）进度方面的指标包括总工期、分部工程工期指标。

（2）质量方面的指标包括工程整体质量标准、分部分项工程质量标准。

（3）造价方面的指标包括工程总造价或总成本、单位工程量成本、临时设施成本、措施项目成本、成本降低率等指标。

（4）资源消耗方面的指标包括总用工量、单位工程量用工量、平均劳动力投入量、高峰人数、劳动力不均衡系数、主要材料消耗量及节约量、主要大型机械使用数量及台班量等指标。

（5）施工机械化方面的指标包括施工机械化程度指标、机械效率指标、机械能力利用率指标。

（6）施工安全指标。施工方案中必须要有相应的安全措施计划及指标，常用施工安全指标有负伤率和事故严重程度两个指标。

3. 技术经济分析方法

（1）定性分析方法。定性分析法是根据经验，对单位工程施工组织设计的优劣进行分析，分析时抓住施工方案、施工进度计划和施工平面图三大重点，进行全面分析。例如，工期是否适当，可按一般规律或工期定额、施工定额进行分析；选择的施工机械是否适当，主要看它能否满足使用要求、机械提供的可能性等；流水段的划分是否适当，主要看它是否给流水施工带来方便、是否满足工期；施工平面图设计是否合理，主要看场地是否合理利用，临时设施费用是否适当。定性分析法能够快速判断方案的可行性，使用简便，但不够准确，不能优化，决策易受主观因素影响。

（2）定量分析方法。定量分析方法有对比分析法（包括单指标对比和多指标对比）、综合评估法、价值工程分析法等。定量分析方法请参见设计阶段的造价管理相关内容。

三、施工进度计划的优化

施工进度计划的优化主要通过网络计划的优化来实现。网络计划的优化是指在一定的约束条件下，按既定目标对网络计划进行不断改进，以寻求满意方案的过程。

网络计划的优化目标应按计划任务的需要和条件选定，包括工期目标、费用目标和资源目标。根据优化目标的不同，网络计划的优化分为工期优化、费用优化和资源优化三种。

1. 工期优化

工期优化是指网络计划的计算工期不满足要求工期时，通过压缩关键工作的持续时间以满足要求工期目标的过程。其基本方法是在不改变网络计划中各项工作之间逻辑关系的前提下，通过压缩关键工作的持续时间来达到优化目的，并且要注意三点：一是该工作要有充足的资源供应；二是该工作增加的费用应相对较少；三是不影响工程的质量、安全和环境。在工期优化过程中，按照经济合理的原则，不能将关键工作压缩成非关键工作。此外，当工期优化过程中出现多条关键线路时，必须将各条关键线路的总持续时间压缩相同数值，否则，不能有效地缩短工期。

2. 资源优化

网络进度计划的资源优化分为两种，即"资源有限，工期最短"的优化和"工期固定，资源均衡"的优化。前者是通过调整计划安排，在满足资源限制条件下，使工期延长最少的过程；而后者是通过调整计划安排，在工期保持不变的条件下，使资源需用量尽可能均衡的过程。

3. 费用优化

费用优化又称为工期成本优化，是指寻求工程总成本最低时的工期安排，或按要求工期寻求最低成本的计划安排的过程。

网络计划优化的步骤如下：分析进度计划检查结果，确定调整的对象和目标；选择适当的调整方法；编制调整方案；对调整方案进行评价和决策；调整；确定调整后付诸实施的新网络计划。

第三节　资金使用计划的编制

施工阶段是资金实际支出最多的阶段，资金使用计划对于资金的合理支出具有指导和控制作用。施工阶段投资控制目标（包括建设项目的投资总目标、分阶段目标和各组成部分目标值）的确定，是通过编制资金使用计划来实现的。

一、资金使用计划的编制方法

资金使用计划编制过程中最重要的步骤是投资目标的分解。根据投资控制目标和要求的不同，投资控制目标的分解可以分为按投资费用构成、按项目组成、按时间进度维度分解三种类型。

1. 按投资费用构成分解

建设项目的投资费用包括建筑安装工程投资、设备工器具购置投资及工程建设其他投资。由于建筑工程和安装工程在性质上存在着较大差异，投资的计算方法和标准也不尽相同。因此，在实际操作中往往将建筑工程投资和安装工程投资分解开来。这样，建设项目总投资就可以按图 8-1 所示进行分解，得到分目标，图中的建筑工程投资、安装工程投资、设备工器具购置投资可以根据要求进一步进行分解。

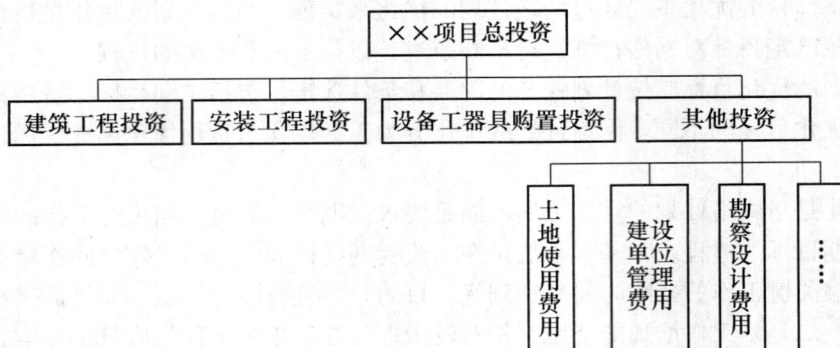

图 8-1　按投资费用构成分解投资目标

2. 按项目组成分解

一个建设项目可以由若干个单项工程组成，每个单项工程又包含若干个单位工程，而每个单位工程总是由若干个分部分项工程组成的。为了满足投资控制的需要，可以按照项目的组成将投资费用进行分解，如图 8-2 所示。

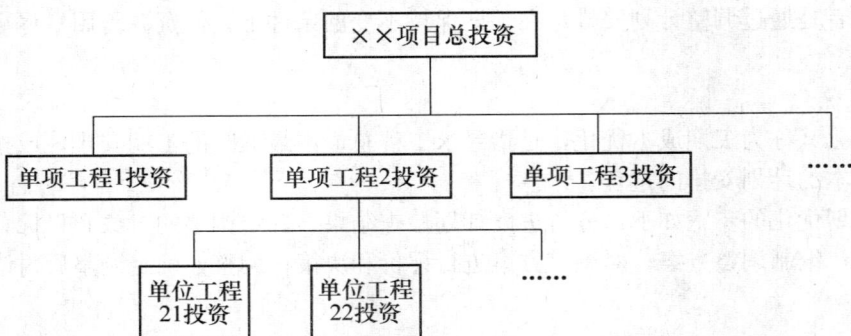

图 8-2　按项目组成分解投资目标

3. 按时间进度分解

建设项目的投资总是分阶段、分期支出的，资金应用是否合理与资金使用时间安排有密切关系。为了编制资金使用计划，并据此筹措资金，尽可能减少资金占用和利息支付，有必要将总投资目标按使用时间进行分解，确定分目标值。按时间进度编制资金使用计划，通常是利用反映项目进度的网络图或甘特图（横道图）经进一步扩充后得到。即在利用网络图或甘特图拟订建设项目的执行计划时，一方面确定完成各项施工活动所花费的时间；另一方面也要确定完成这一活动所需的资金支出计划。

注意，以上三种编制资金使用计划的方法并不是相互独立的。在实践中，往往是将这几种方法结合起来使用，从而达到扬长避短的效果。例如，将按项目组成分解项目总投资与按投资费用构成分解项目总投资两种方法相结合。横向按子项目分解，纵向按投资费用构成分解，或相反。这种分解方法有助于检查各单项工程和单位工程投资构成是否完整，有无重复计算或缺项；同时还有助于检查各项具体的投资支出的对象是否明确或落实，并且可以从数字上校核分解的结果有无错误。另外，还可将按项目组成分解项目总投资目标与按时间进度分解项目总投资目标结合起来，一般是纵向按项目组成分解，横向按时间进度分解。

二、资金使用计划的形式

1. 按项目组成分解得到的资金使用计划表

在完成工程项目投资目标分解后，接下来就要具体地分配投资，编制工程分项的投资支出计划，从而得到详细的资金使用计划表。其内容一般包括：工程分项编码、工程内容、计量单位、工程数量、计划综合单价、本分项总计等，见表8-1。

表8-1　　　　　　　　　　　　　　　资 金 使 用 计 划 表

序号	工程分项编码	工程内容	计量单位	工程数量	计划综合单价	本分项总计	备注

在编制投资支出计划时，要在主要的工程分项中安排适当的不可预见费，避免在具体编制资金使用计划时，可能发现个别单位工程或工程量表中某项内容的工程量计算有较大出入，使原来的投资估算失实，并在项目实施过程中对其尽可能地采取一些措施。

2. 时间—投资累计曲线

通过对项目投资目标按时间进行分解，在网络计划基础上，可获得项目进度计划的横道图，并在此基础上编制资金使用计划。其表示方式有两种：一种在总体控制时标网络图上按时间进度编制的资金使用计划，如图8-3所示；另一种是利用时间—投资累计曲线（S形曲线）表示，如图8-4所示。

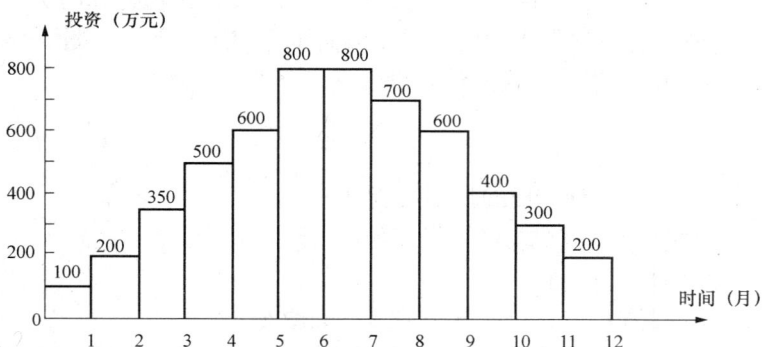

图8-3　时标网络图上按时间进度编制的资金使用计划

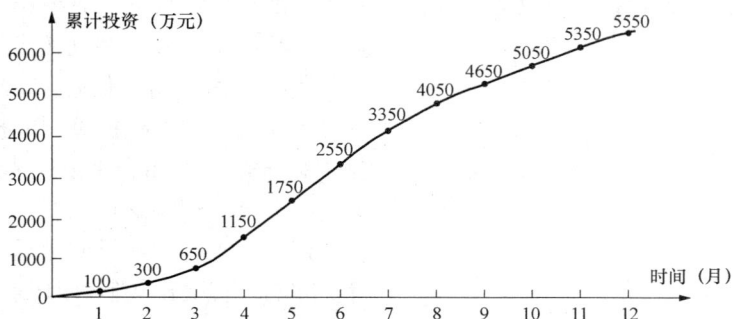

图8-4　时间—投资累计曲线

时间—投资累计曲线的绘制步骤如下：

（1）确定工程项目进度计划，编制进度计划横道图。

例如，根据某工程项目的资料数据，编制简化的进度计划横道图，如图 8-5 所示。

编码	项目名称	投资(万元)	费用强度(万元/月)	工程进度（月）											
				1	2	3	4	5	6	7	8	9	10	11	12
11	厂房1	700	100												
12	厂房2	800	100												
13	厂房3	1050	150												
14	厂房4	900	150												
15	办公楼	700	100												
16	实验楼	1400	200												
	合计	5550		100	200	350	500	600	800	800	700	600	400	300	200
	累计额	5550		100	300	650	1150	1750	2550	3350	4050	4650	5050	5350	5550
	累计百分比	100%		1.8%	5.4%	11.7%	20.7%	31.5%	46.0%	60.4%	73.0%	84.0%	91.0%	96.4%	100%

图 8-5 某项目进度计划横道图

（2）根据每单位时间内完成的实物工程量或投入的人力、物力和财力，计算单位时间（月或周）的投资，在时标网络图上按时间进度编制资金使用计划，如图 8-3 所示。

（3）计算规定时间 t 内累计完成的计划投资额，可按下式计算

$$Q_t = \sum_{n=1}^{t} q_n \tag{8-1}$$

式中 Q_t——某时间 t 内累计完成的计划投资额；

　　q_n——单位时间 n 内完成的计划投资额；

　　t——某规定计划时刻。

（4）按各规定时间的 Q_t 值，绘制 S 形曲线，如图 8-4 所示。

每一条 S 形曲线都对应某一特定的工程进度计划。因为在进度计划的非关键路线中存在许多有时差的工序或工作，所以 S 形曲线（投资计划值曲线）必然包括在由全部工作都按最早时间开始和全部工作都按最迟必须开始时间开始的曲线所组成的"香蕉图"内，如图8-6所示。其中 a 是所有活动按最迟开始时间开始的曲线，b 是所有活动按最早开始时间开始的曲线。建设单位可根据编制的投资支出预算来合理安排资金，同时建设单位也可以根据筹措的建设资金来调整 S 形曲线，即通过调整非关键线路上的工作的最早或最迟开工时间，力争将实际的投资支出控制在计划范围内。

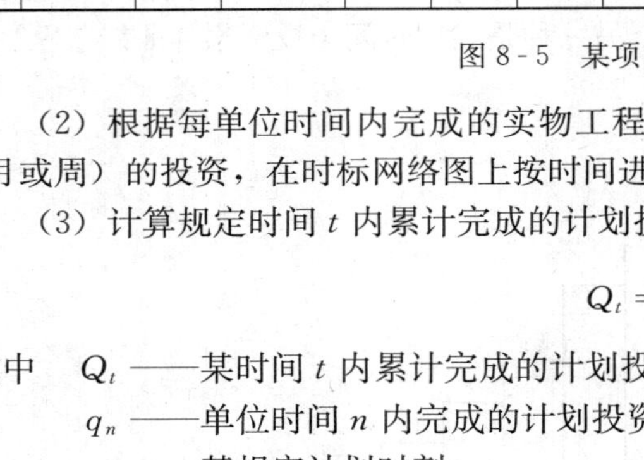

一般而言，所有活动都按最迟时间开始，对节约建设资金贷款利息是有利的，但同时也

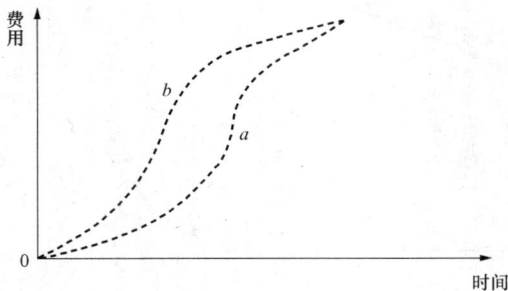

图 8-6 投资计划值的香蕉图

降低了项目按期竣工的保证率，因此必须合理地确定投资支出预算，达到既节约投资支出，又控制项目工期的目的。

3. 综合分解资金使用计划表

将投资目标的不同分解方法相结合，会得到比前者更为详尽、有效的综合分解资金使用计划表，见表8-2。综合分解资金使用计划表，一方面有助于检查单项工程和单位工程的投资构成是否合理，有无缺陷或重复计算；另一方面也可以检查各项具体的投资支出的对象是否明确和落实，并可校核分解的结果是否正确。

表8-2　　　　　　　　　　　　　　综合分解资金使用计划表

序号	工程分项编码	工程内容	计量单位	工程量	计划综合单价	计划发生时间及金额				本分项合计
						4月	5月	6月	……	
1										
⋮										
金额合计										

第四节　工程计量与合同价款管理

施工阶段是资金支出最大的阶段，是招投标阶段工作的延伸。施工阶段的合同价款管理是以合同履行为依据。合同价款管理是发包人施工阶段造价管理的主要内容。合同价款管理的主要任务是通过工程价款支付控制、工程变更费用控制、预防并处理好索赔、加强工程结算审查来实现实际发生费用不超过计划投资目标的。

一、合同价款约定

（1）实行招标的工程合同价款应在中标通知书发出之日起30天内，由发承包双方依据招标文件和中标人的投标文件，在书面合同中对涉及工程价款结算的下列10项内容进行约定。合同约定不得违背招标、投标文件中关于工期、造价、质量等方面的实质性内容。对于招标文件与中标人投标文件不一致的地方，应以投标文件为准。

1）预付工程款的数额、支付时间及抵扣方式；

2）安全文明施工措施的支付计划，使用要求等；

3）工程计量与支付工程进度款的方式、数额及时间；

4）工程价款的调整因素、方法、程序、支付及时间；

5）施工索赔与现场签证的程序、金额确认与支付时间；

6）承担计价风险的内容、范围以及超出约定内容、范围的调整办法；

7）工程竣工价款结算编制与核对、支付及时间；

8）工程质量保证金的数额、预留方式及时间；

9）违约责任以及发生合同价款争议的解决方法及时间；

10）与履行合同、支付价款有关的其他事项等。

（2）对于不实行招标的工程合同价款，应在发承包双方认可的工程价款基础上，由发承包双方在合同中对上述10项内容进行约定。

（3）合同中没有约定或约定不明的，若发承包双方在合同履行中发生争议由双方协商确定；当协商不能达成一致时，应按《工程量清单计价规范》的规定执行。

二、工程计量

工程计量是指发承包双方根据合同约定，对承包人完成合同工程的数量进行的计算和确认。工程计量是发包人费用支出的基础，也是对工程造价控制的关键环节。

1. 工程计量的重要性

（1）工程计量是发包人支付给承包人工程款项的前提，通过计量可以控制项目投资的支出。

（2）只有质量合格，且符合合同、图纸规定的工程内容才可以得到计量，因此，工程计量是约束承包人履行合同义务的手段。

（3）工程师通过计量可以及时掌握承包人工作的进展情况。

2. 工程计量的依据

（1）质量合格证书。对于承包人已完的工程，并不是全部进行计量，只有质量合格，且符合合同中规定的标准要求才予以计量。质量是计量的基础，计量又是质量的保障，通过计量支付，强化承包人的质量意识。

（2）合同中约定的计价方式、计价标准和计价办法。合同计价方式有单价合同、总价合同、成本加酬金合同，不同合同类型的风险分担范围是不同的。工程量清单计价，可以采用单价合同或总价合同计价。《工程量清单计价规范》对工程计量的一般规定、单价合同的计量、总价合同的计量进行了规定，各专业计量规范详细规定了各分部分项工程项目、措施项目的工程量计量规则。各省市与之配套的工程量清单计价办法及实施细则，也是招标控制价、投标报价、工程结算的依据。工程计量与计价的依据都应在合同中进行约定。

例如，某高速公路技术规范计量支付条款规定：所有道路工程、隧道工程和桥梁工程中的路面工程，按各种结构类型及各层不同厚度分别汇总，以图纸所示或工程师指示为依据，根据工程师验收的实际完成数量，以平方米为单位分别计量。计量方法是根据路面中心线的长度乘以图纸所表明的平均宽度，再加上单独测量的加宽路面、岔道和道路交叉处的面积，以平方米为计量单位。除工程师书面批准外，凡超过图纸所规定的任何宽度、长度、面积或体积均不予计量。

（3）施工图设计文件及合同规定。承包人完成的工程，还必须符合施工图设计文件的规定或合同约定的范围。工程师对承包人擅自超出施工图纸要求增加的工程量和自身原因造成返工的工程量，不予计量。

例如，在某高速公路施工招标文件中规定，灌注桩的计量支付条款中规定按设计图纸以延长米计量，其单价包括所有材料及施工的各项费用。根据这个规定，如果承包人实际完成的桩长超过桩的设计长度，则计量、发包人支付均按照桩的设计长度计算，而不按照承包人实际完成的长度计算。

3. 工程计量的一般规定

（1）工程量必须按照专业工程现行国家计量规范规定的工程量计算规则计算。

（2）工程计量可选择按月或按工程形象进度分段计量，具体计量周期应在合同中约定。

（3）因承包人原因造成的超出合同工程范围施工或返工的工程量，发包人不予计量。

（4）成本加酬金合同应按下列单价合同的计量规定计量。

4. 单价合同的计量

（1）工程量必须以承包人完成合同工程应予计量的工程量确定。即发承包双方竣工结算的工程量，应以承包人按照现行国家计量规范规定的工程量计算规则，计算的实际完成应予计量的工程量确定，而非招标工程量清单所列的工程量。

（2）施工中进行工程计量，当发现招标工程量清单中出现缺项、工程量偏差，或因工程变更引起工程量增减时，应按承包人在履行合同义务中完成的工程量计算。

（3）承包人应当按照合同约定的计量周期和时间向发包人提交当期已完工程量报告。发包人应在收到报告后 7 天内核实，并将核实计量结果通知承包人。发包人未在约定时间内进行核实的，承包人提交的计量报告中所列的工程量，应视为承包人实际完成的工程量。

（4）发包人认为需要进行现场计量核实时，应在计量前 24 小时通知承包人，承包人应为计量提供便利条件并派人参加。当双方均同意核实结果时，双方应在上述记录上签字确认。承包人收到通知后不派人参加计量，视为认可发包人的计量核实结果。发包人不按照约定时间通知承包人，致使承包人未能派人参加计量，计量核实结果无效。

（5）当承包人认为发包人核实后的计量结果有误时，应在收到计量结果通知后的 7 天内向发包人提出书面意见，并应附上其认为正确的计量结果和详细的计算资料。发包人收到书面意见后，应在 7 天内对承包人的计量结果进行复核后通知承包人。承包人对复核计量结果仍有异议的，按照合同约定的争议解决办法处理。

（6）承包人完成已标价工程量清单中每个项目的工程量并经发包人核实无误后，发承包双方应对每个项目的历次计量报表进行汇总，以核实最终结算工程量，并应在汇总表上签字确认。

5. 总价合同的计量

（1）采用工程量清单方式招标形成的总价合同，由于工程量由招标人提供，按照清单计价规范的规定，工程量与合同工程实施中的差异应予调整，其工程量可按照上述单价合同的计量规定计算。

（2）采用经审定批准的施工图纸及其预算方式发包形成的总价合同，由于承包人自行对施工图纸进行计量，因此除按照工程变更规定的工程量增减外，总价合同各项目的工程量应为承包人用于结算的最终工程量。

（3）总价合同约定的项目计量应以合同工程经审定批准的施工图纸为依据，发承包双方应在合同中约定工程计量的形象目标或时间节点进行计量。

（4）承包人应在合同约定的每个计量周期内对已完成的工程进行计量，并向发包人提交达到工程形象目标完成的工程量和有关计量资料的报告。

（5）发包人应在收到报告后 7 天内对承包人提交的上述资料进行复核，以确定实际完成的工程量和工程形象目标。对其有异议的，应通知承包人进行共同复核。

三、合同价款期中支付

（一）预付款

1. 预付款的定义

预付款是指在开工前，发包人按照合同约定，预先支付给承包人用于购买合同工程施工所需的材料、工程设备，以及组织施工机械和人员进场等的款项。预付款的额度、预付办法、扣回方式应在专用合同条款中约定，承包人应将预付款专用于合同工程。凡是没有签订合同或不具备施工条件的工程,发包人不得预付工程款,不得以预付款为名转移资金。

2. 预付款支付与扣回的规定

(1) 预付款的额度。包工包料工程的预付款的支付比例不得低于签约合同价(扣除暂列金额)的10%,不宜高于签约合同价(扣除暂列金额)的30%。对重大工程项目,按年度工程计划逐年预付。实行工程量清单计价的工程,实体性消耗和非实体性消耗部分宜在合同中分别约定预付款比例(或金额)。

(2) 支付时间。承包人应在签订合同或向发包人提供与预付款等额的预付款保函后,向发包人提交预付款支付申请,见表8-3。发包人应在收到支付申请的7天内进行核实,向承包人发出预付款支付证书,并在签发支付证书后的7天内向承包人支付预付款。

表8-3　　　　　　　　　　**预付款支付申请(核准)表**

工程名称:　　　　　　　　标段:　　　　　　　　编号:

致:_____(发包人全称)

我方根据施工合同的约定,现申请支付工程预付款额为(大写)_____(小写_____),请予核准。

序号	名称	申请金额(元)	复核金额(元)	备注
1	已签约合同价款金额			
2	其中,安全文明施工费			
3	应支付的预付款			
4	应支付的安全文明施工费			
5	合计应支付的预付款			

承包人(章)

造价人员_____　　　承包人代表_____　　　日　期_____

复核意见: □与合同约定不相符,修改意见见附件。 □与合同约定相符,具体金额由造价工程师复核。 监理工程师_____ 日　期_____	复核意见: 你方提出的支付申请经复核,应支付预付款金额为(大写)_____(小写_____)。 造价工程师_____ 日　期_____

审核意见:
□不同意。
□同意。支付时间为本表签发后的15天内。

发包人(章)

发包人代表_____

日　期_____

注 1. 在选择中的"□"内作标识"√"。

2. 本表一式四份,由承包人填报,发包人、监理人、造价咨询人、承包人各存一份。

（3）发包人违约规定。发包人没有按合同约定按时支付预付款的，承包人可催告发包人支付；发包人在预付款期满后的 7 天内仍未支付的，承包人可在付款期满后的第 8 天起暂停施工。发包人应承担由此增加的费用和延误的工期，并应向承包人支付合理利润。

（4）预付款的扣回。预付款的扣回方式应在合同中约定。预付款应从每一个支付期应支付给承包人的工程进度款中扣回，直到扣回的金额达到合同约定的预付款金额为止。

（5）预付款保函的退还。承包人的预付款保函的担保金额根据预付款扣回的数额相应递减，但在预付款全部扣回之前一直保持有效。发包人应在预付款扣完后的 14 天内将预付款保函退还给承包人。

3. 预付款数额的计算

（1）按合同中约定的比例。发包人根据工程特点、工期长短、市场行情、供求规律等因素，招标时在合同条件中约定预付款的百分比，按此百分比计算预付款数额。

【例 8 - 1】　某建设工程，计划完成年度建筑安装工作量为 1000 万元。合同中约定，预付款额度系数为 25%，试确定该工程的预付款数额。

解　预付款＝$1000 \times 25\% = 250$ 万元

（2）影响因素法。影响工程预付款数额的主要因素有年度承包工程价值（按合同价值）、主材比重、材料储备天数（按市场行情或材料储备定额）、年度施工日历天数，其计算公式为

$$预付款 = \frac{年度承包工程总值 \times 主要材料所占比重}{年度施工日历天数} \times 材料储备天数 \qquad (8-2)$$

【例 8 - 2】　某商住工程计划完成年度建筑安装工作量为 460 万元，计划工期为 280 天，主要材料比重为 60%，材料储备天数为 100 天，试确定工程预付款数额。

解　预付款＝$\dfrac{460 \times 0.6}{280} \times 100 = 98.57$ 万元

（3）额度系数法。根据工程类别、工期长短、市场行情、建筑材料和构件生产供应情况等，将影响工程预付款数额的因素进行综合考虑，确定为一个系数，即预付款额度系数 λ，其含义是预付款额占年度建筑安装工作量的百分比，则

$$预付款 = 年度建筑安装工程合同价 \times 预付款额度系数 \qquad (8-3)$$

预付款额度系数原则上不低于合同金额的 10%，不高于合同金额的 30%。对于采用预制构件多的工程及工业项目中钢结构和管道安装占比重较大的工程，其主要材料（包括预制构件）所占比重比一般工程要高，因而预付款数额也要相应提高；工期短的工程比工期长的工程一般备料款数额要高，材料由承包人自购的比由发包人提供的要高。包工包料工程的预付款按合同约定拨付，对于包工不包料的工程项目，则可以不支付预付款。

4. 预付款的扣回

预付款属于预支的性质，随着工程进展，发包人支付给承包人的工程进度款不断增加，工程所需主要材料、构件的用量逐步减少，原已支付的预付款应以抵扣的方式予以陆续扣回，即在承包人应得的工程进度款中扣回。工程预付款开始扣回的累计完成工程金额称为起扣点，确定起扣点是预付款扣回的关键。

（1）按公式计算。该法原则上是以未施工工程所需主要材料及构件的价值等于预付款时起扣（即达到全额备料状态时起扣）。从每次结算的工程款中按主要材料及构件比重抵扣工

程价款，竣工前全部扣清。因此，预付款起扣点可按下式计算

$$T = P - M/N \qquad\qquad (8-4)$$

式中　　T——起扣点，即预付款开始扣回的累计完成合同工程金额；

　　　　P——签约合同价；

　　　　M——预付款数额；

　　　　N——主要材料及构件所占比重。

【例 8-3】　某建设工程签约合同价总额为 420 万元，预付款额度系数为 20%，主要材料、构件所占比重为 60%，则起扣点如何确定？

　　解　　　　　　　　　预付款＝420×20%＝84 万元

　　　　　　　　　起扣点为　$T = P - M/N = 420 - 84/60\% = 280$ 万元

（2）由发包人和承包人通过洽商，以合同的形式予以明确。可采用等比例或等额扣款的方式；也可针对工程实际情况具体处理，如有些工程工期较短、造价较低，就无需分期扣还。有些工程工期较长，如跨年度施工，预付款可以不扣或少扣，并于次年按应付预付款调整，多退少补。

具体地说，跨年度工程，预计次年承包工程价值大于或相当于当年承包工程价值时，可以不扣回当年的预付款，如小于当年承包工程价值时，应按实际承包工程价值进行调整，在当年扣回部分预付款，并将未扣回部分，转入次年，直到竣工年度，再按上述办法扣回。

（二）安全文明施工费

安全文明施工费是指在合同履行过程中，承包人按照国家法律、法规、标准等规定，为保证安全施工、文明施工，保护现场内外环境和搭拆临时设施等所采用的措施而发生的费用。安全文明施工费包括的内容和使用范围，应符合国家有关文件和计量规范的规定。

（1）发包人应在工程开工后的 28 天内，预付不低于当年施工进度计划的安全文明施工费总额的 60%，其余部分应按照提前安排的原则进行分解，并应与进度款同期支付。

（2）发包人没有按时支付安全文明施工费的，承包人可催告发包人支付；发包人在付款期满后的 7 天内仍未支付的，若发生安全事故，发包人应承担相应责任。

（3）承包人对安全文明施工费应专款专用，在财务账目中应单独列项备查，不得挪作他用，否则发包人有权要求其限期改正；逾期未改正的，造成的损失和延误的工期应由承包人承担。

（三）进度款

进度款是指在合同工程施工过程中，发包人按照合同约定对付款周期内承包人完成的合同价款给予支付的款项，也是合同价款期中结算支付。发承包双方应按照合同约定的时间、程序和方法，根据工程计量结果，办理期中价款结算，支付进度款。

（1）进度款支付周期应与合同约定的工程计量周期一致。

（2）已标价工程量清单中的单价项目，承包人应按工程计量确认的工程量与综合单价计算；综合单价发生调整的，以发承包双方确认调整的综合单价计算进度款。

（3）已标价工程量清单中的总价项目和按照《工程量清单计价规范》第 8.3.2 条规定形成的总价合同，承包人应按合同中约定的进度款支付分解，分别列入进度款支付申请中的安全文明施工费和本周期应支付的总价项目的金额中。

（4）发包人提供的甲供材料金额，应按照发包人签约提供的单价和数量从进度款支付中扣除，列入本周期应扣减的金额中。

（5）承包人现场签证和得到发包人确认的索赔金额应列入本周期应增加的金额中。

（6）进度款的支付比例按照合同约定，按期中结算价款总额计，不低于60%，不高于90%。

（7）承包人应在每个计量周期到期后的7天内，向发包人提交已完工程进度款支付申请，一式四份，见表8-4，详细说明此周期认为有权得到的款额，包括分包人已完工程的价款。支付申请应包括下列内容：

1）累计已完成的合同价款。

2）累计已实际支付的合同价款。

3）本周期合计完成的合同价款包括：①本周期已完成单价项目的金额；②本周期应支付的总价项目的金额；③本周期已完成的计日工价款；④本周期应支付的安全文明施工费；⑤本周期应增加的金额。

4）本周期合计应扣减的金额包括：①本周期应扣回的预付款；②本周期应扣减的金额。

5）本周期实际应支付的合同价款。

表8-4　　　　　　　　　　　进度款支付申请（核准）表

工程名称：　　　　　　　　　标段：　　　　　　　　　编号：

致：_____（发包人全称）

我方于_____至_____期间已完成了_____工作，根据施工合同的约定，现申请支付本周期的合同款额为（大写）_____（小写_____），请予核准。

序号	名称	实际金额（元）	申请金额（元）	复核金额（元）	备注
1	累计已完成的合同价款				
2	累计已实际支付的合同价款				
3	本周期合计完成的合同价款				
3.1	本周期已完成单价项目的金额				
3.2	本周期应支付的总价项目的金额				
3.3	本周期已完成的计日工价款				
3.4	本周期应支付的安全文明施工费				
3.5	本周期应增加的合同价款				
4	本周期合计应扣减的金额				
4.1	本周期应抵扣的预付款				
4.2	本周期应扣减的金额				
5	本周期应支付的合同价款				

附：上述3、4详见附件清单。

承包人（章）

造价人员_____　　　　承包人代表_____　　　　日　期_____

续表

复核意见： □与实际施工情况不相符，修改意见见附件。 □与实际施工情况相符，具体金额由造价工程师复核。 监理工程师_____ 日　　期_____	复核意见： 你方提出的支付申请经复核，本周期已完成合同款额为（大写）_____（小写_____），本周期应支付金额为（大写）_____（小写_____）。 造价工程师_____ 日　　期_____
审核意见： □不同意。 □同意。支付时间为本表签发后的 15 天内。 　　　　　　　　　　　　　　　　　　　　　　发包人（章） 　　　　　　　　　　　　　　　　　　　　　　发包人代表_____ 　　　　　　　　　　　　　　　　　　　　　　日　　期_____	

注　1. 在选择中的"□"内作标识"√"。
　　2. 本表一式四份，由承包人填报，发包人、监理人、造价咨询人、承包人各存一份。

（8）发包人应在收到承包人进度款支付申请后的 14 天内，根据计量结果和合同约定对申请内容予以核实，确认后向承包人出具进度款支付证书。若发承包双方对部分清单项目的计量结果出现争议，发包人应对无争议部分的工程计量结果向承包人出具进度款支付证书。

（9）发包人应在签发进度款支付证书后的 14 天内，按照支付证书列明的金额向承包人支付进度款。进度款支付流程如图 8-7 所示。

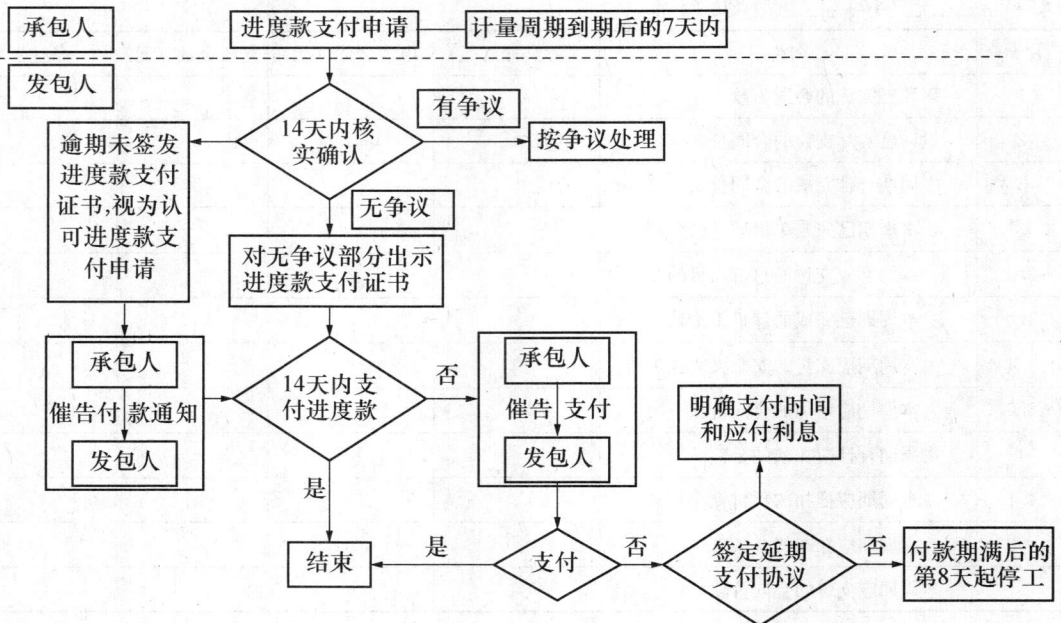

图 8-7　进度款支付流程

（10）若发包人逾期未签发进度款支付证书，则视为承包人提交的进度款支付申请已被发包人认可，承包人可向发包人发出催告付款的通知。发包人应在收到通知后的 14 天内，按照承包人支付申请的金额向承包人支付进度款。

(11) 发包人未按照《工程量清单计价规范》第 10.3.9~10.3.11 条的规定支付进度款的，承包人可催告发包人支付，并有权获得延迟支付的利息；发包人在付款期满后的 7 天内仍未支付的，承包人可在付款期满后的第 8 天起暂停施工。发包人应承担由此增加的费用和延误的工期，向承包人支付合理利润，并应承担违约责任。

(12) 发现已签发的任何支付证书有错、漏或重复的数额，发包人有权予以修正，承包人也有权提出修正申请。经发承包双方复核同意修正的，应在本次到期的进度款中支付或扣除。

四、合同价款调整

合同价款调整是指在合同价款调整因素出现后，发承包双方根据合同约定，对合同价款进行变动的提出、计算和确认。

(一) 合同价款调整范围

实行工程量清单计价的工程，应采用单价合同；建设规模较小，技术难度较低，工期较短，且施工图设计已审查批准的建设工程可采用总价合同；紧急抢险、救灾以及施工技术特别复杂的建设工程，可采用成本加酬金合同。不同类型合同的价款调整范围是不同的，见表 8-5。

表 8-5 不同类型合同价款调整范围

合同类型		调整范围
单价合同	固定单价合同	物价波动超过一定比例，或工程量变化超过一定范围时，可以对单价进行调整
	可调单价合同	根据合同约定，在工程施工中物价发生变化，可做调整；因某些不确定性因素而在合同中暂定某些分部分项工程单价，在工程结算时可根据实际情况和合同约定调整
总价合同	固定总价合同	一般只对工程变更引起的价格变化进行调整，对物价波动不调整
	可调总价合同	如果在执行合同过程中由于通货膨胀引起供货成本增加达到某一限度时，合同总价应相应调整
成本加酬金合同		由发包人承担全部风险，价格按实际发生费用调整

(二) 工程风险分配原则

合同价款调整的根源在于双方的风险分担问题，在承包人承担的风险范围内，工程价款不做调整，在发包人承担的风险范围内，按规定调整工程价款。根据我国工程建设特点，工程风险的分配原则如下：

(1) 可控性风险分配原则。谁能最有效地（有能力和经验）预测、防止和控制风险，能够有效的降低风险损失，或能将风险转移给其他方面，则应由他承担相应的风险。

(2) 经济性风险分配原则。承担者控制相关风险是经济的，能够以最低的成本来承担风险损失，同时他管理风险的成本、自我防范和市场保险费用最低。

(3) 公平性风险分配原则。分担风险的一方必须有相应的权利、报酬或机会，公平原则是合同双方"责权利"分配关系的具体体现。

其中，公平性风险分配原则体现在以下三个方面：

1) 价格之间的公平。承包人承担的风险与发包人支付的价格之间应体现公平，合同价格中应该有合理的风险准备金。合同风险越大，合同价格就应越高。例如：综合单价中包含一定的风险费用。

2）责任与权力的公平。任何一方有一项风险责任则必须有相应的权利，反之有一项权利，就必须有相应的风险责任，应防止单方面权利或单方面义务条款。例如：发包人编制招标工程量清单，对其准确性和完整性负责。

3）责任与机会的公平。风险的承担者同时应能享有风险控制获得的收益和机会收益。例如：承包人承担工期风险，则提前完工应有奖励。

在工程风险分配时应注意：

1）风险的分配应考虑现代工程管理理念和理论的应用，如双方伙伴关系、风险共担、达到双赢目的等。

2）风险的分配应符合工程惯例，符合通常的工程风险分配方法。

（三）合同价款调整因素及工程风险分配方案

1. 合同价款调整因素的分类

合同价款调整因素大致包括五大类：一是法规变化类、二是工程变更类、三是物价变化类、四是工程索赔类、五是其他类，见表8-6。表8-6中所列合同价款调整因素（但不限于）发生时，发承包双方应当按照合同约定调整合同价款。

表8-6 合同价款调整因素

类型	调整因素	类型	调整因素
法规变化类	1. 法律法规变化	工程索赔类	9. 不可抗力
工程变更类	2. 工程变更		10. 提前竣工（赶工补偿）
	3. 项目特征不符		11. 误期赔偿
	4. 工程量清单缺项		12. 索赔
	5. 工程量偏差	其他类	13. 现场签证
	6. 计日工		14. 暂列金额
物价变化类	7. 物价变化		15. 发承包双方约定的其他调整事项
	8. 暂估价		

上述合同价款的调整因素又可以分为风险因素和非风险因素两大类。其中提前竣工（赶工补偿）、误期赔偿、索赔、计日工、现场签证、暂列金额属于非风险因素。其余的属于风险因素。

2. 工程风险分配方案

建设工程发承包，必须在招标文件、合同中明确计价中的风险内容及其范围，不得采用无限风险、所有风险或类似语句，规定计价中的风险内容及其范围。对于合同价款调整的风险因素，结合工程风险分配原则和我国工程建设特点，《工程量清单计价规范》规定了如下的工程风险分配方案：

（1）发包人完全承担的外部风险——法规变化类风险，包括：法律、法规、规章和政策变化的风险，省级或行业建设主管部门发布的人工费调整（承包人对人工费或人工单价的报价高于发布的除外），由政府定价或政府指导价管理的原材料等价格的调整。

（2）发包人完全承担的内部风险——工程变更类风险中的工程变更、项目特征不符、工程量清单缺项。上述风险导致的工程变更属于发包人的主动行为，需要经过发包人（或监理人）的允许才会发生，因此属于发包人相对可控的，应由发包人完全承担的内部风险。

（3）合同约定发承包双方共同承担的风险。包括：

1）工程量偏差风险。对于任一招标工程量清单项目，当因工程量偏差和工程变更等原因导致工程量偏差超过15％时，可进行调整。当工程量增加15％以上时，增加部分的工程量的综合单价应予调低；当工程量减少15％以上时，减少后剩余部分的工程量的综合单价应予调高。当工程量出现上述变化，且该变化引起相关措施项目相应发生变化时，按系数或单一总价方式计价的，工程量增加的措施项目费调增，工程量减少的措施项目费调减。

2）物价变化的风险。由于市场物价波动影响合同价款，应由发承包双方合理分摊；合同没有约定的，发承包双方发生争议时，承包人可承担5％以内的材料、工程设备价格风险，10％以内的施工机械使用费的风险；发包人承担5％以外的材料、工程设备价格风险，10％以外的施工机械使用费的风险。

3）不可抗力风险。工程损失，发包人承担；各自损失，各自承担。

（4）投标人完全承担的风险——技术风险和管理风险，如管理费和利润。承包人据自身技术水平、管理、经营状况能自主控制的风险，承包人应结合市场情况，根据企业自身实际合理确定、自主报价，该部分风险由承包人全部承担。

（四）合同价款调整程序

1. 合同价款调整提出和时限要求

（1）出现合同价款调增事项（不含工程量偏差、计日工、现场签证、索赔）后的14天内，承包人应向发包人提交合同价款调增报告并附上相关资料；承包人在14天内未提交合同价款调增报告的，应视为承包人对该事项不存在调整价款请求。

（2）出现合同价款调减事项（不含工程量偏差、索赔）后的14天内，发包人应向承包人提交合同价款调减报告并附相关资料；发包人在14天内未提交合同价款调减报告的，应视为发包人对该事项不存在调整价款请求。

2. 合同价款调整核实、确认过程和时限要求

（1）发（承）包人应在收到承（发）包人合同价款调增（减）报告及相关资料之日起14天内对其核实，予以确认的应书面通知对方。当有疑问时，应向对方提出协商意见。

（2）发（承）包人在收到合同价款调增（减）报告之日起14天内，未确认也未提出协商意见的，应视为对方提交的合同价款调增（减）报告已被己方认可。

（3）发（承）包人提出协商意见的，对方应在收到协商意见后的14天内对其核实，予以确认的应书面通知发（承）包人。对方在收到发（承）包人的协商意见后14天内，既不确认也未提出不同意见的，应视为发（承）包人提出的意见已被对方认可。

3. 合同价款调整部分的支付

经发承包双方确认调整的合同价款，作为追加（减）合同价款，应与工程进度款或结算款同期支付。

4. 合同价款调整争议

发包人与承包人对合同价款调整的意见不能达成一致的，只要对发承包双方履约不产生实质影响，双方应继续履行合同义务，直到其按照合同约定的争议解决方式得到处理。

（五）法律法规变化引起合同价款调整

（1）招标工程以投标截止日前 28 天、非招标工程以合同签订前 28 天为基准日，其后因国家的法律、法规、规章和政策发生变化引起工程造价增减变化的，发承包双方应按照省级或行业建设主管部门，或其授权的工程造价管理机构据此发布的规定，调整合同价款。

（2）因承包人原因导致工期延误的，按上条规定的调整时间，在合同工程原定竣工时间之后，合同价款调增的不予调整，合同价款调减的予以调整。

（六）工程变更类引起合同价款调整

工程变更、项目特征不符、工程量清单缺项、工程量偏差、计日工引起合同价款调整，都属于工程变更类引起的合同价款调整。分述如下：

1. 工程变更

工程变更是指合同工程实施过程中，由发包人提出或由承包人提出，经发包人批准的合同工程任何一项工作的增、减、取消或施工工艺、顺序、时间的改变，设计图纸的修改，施工条件的改变，招标工程量清单的错、漏，从而引起合同条件的改变或工程量的增减变化。

（1）已标价工程量清单项目或其工程数量发生变化的情形。因工程变更引起已标价工程量清单项目或其工程数量发生变化时，应按照下列规定调整：

1）已标价工程量清单中有适用于变更工程项目的，应采用该项目的单价；但当工程变更导致该清单项目的工程数量增加 15% 以上时，增加部分的工程量的综合单价应予调低；当工程量减少 15% 以上时，减少后剩余部分的工程量的综合单价应予调高。且该变化引起相关措施项目相应发生变化时，按系数或单一总价方式计价的，工程量增加的措施项目费调增，工程量减少的措施项目费调减。

2）已标价工程量清单中没有适用但有类似于变更工程项目的，可在合理范围内参照类似项目的单价。

3）已标价工程量清单中没有适用也没有类似于变更工程项目的，应由承包人根据变更工程资料、计量规则和计价办法、工程造价管理机构发布的信息价格（信息价格缺价的，应由承包人通过市场调查等取得有合法依据的市场价格）和承包人报价浮动率，提出变更工程项目的单价，并应报发包人确认后调整。承包人报价浮动率可按下列公式计算：

$$招标工程：承包人报价浮动率 L = (1 - 中标价 / 招标控制价) \times 100\% \tag{8-5}$$
$$非招标工程：承包人报价浮动率 L = (1 - 报价 / 施工图预算) \times 100\% \tag{8-6}$$

（2）施工方案改变并引起措施费发生变化的情形。因工程变更引起施工方案改变并使措施项目发生变化时，承包人提出调整措施项目费的，应事先将拟实施的方案提交发包人确认，并应详细说明与原方案措施项目相比的变化情况。拟实施的方案经发承包双方确认后执行，并应按照下列规定调整措施项目费。

1）安全文明施工费应按照实际发生变化的措施项目，按国家或省级、行业建设主管部门的规定计算。

2）采用单价计算的措施项目费，应按照实际发生变化的措施项目，按上述 1）的规定确定单价。

3）按总价（或系数）计算的措施项目费，按照实际发生变化的措施项目调整，但应考虑承包人报价浮动因素，即调整金额按照实际调整金额乘以上述承包人报价浮动率计算。

如果承包人未事先将拟实施的方案提交给发包人确认，则应视为工程变更不引起措施项目费的调整或承包人放弃调整措施项目费的权利。

（3）删减合同中的任何一项工作的情形。当发包人提出的工程变更因非承包人原因删减了合同中的某项原定工作或工程，致使承包人发生的费用或（和）得到的收益不能被包括在其他已支付或应支付的项目中，也未被包含在任何替代的工作或工程中时，承包人有权提出并应得到合理的费用及利润补偿。

2. 项目特征不符

（1）发包人在招标工程量清单中对项目特征的描述，应被认为是准确的和全面的，并且与实际施工要求相符合。承包人应按照发包人提供的招标工程量清单，根据项目特征描述的内容及有关要求实施合同工程，直到项目被改变为止。

（2）承包人应按照发包人提供的设计图纸实施合同工程，若在合同履行期间出现设计图纸（含设计变更）与招标工程量清单任一项目的特征描述不符，且该变化引起该项目工程造价增减变化的，应按照实际施工的项目特征，按上述工程变更的规定重新确定相应工程量清单项目的综合单价，并调整合同价款。

3. 工程量清单缺项

（1）合同履行期间，由于招标工程量清单中缺项，新增分部分项工程清单项目的，应按照上面工程变更第（1）条的规定确定单价，并调整合同价款。

（2）新增分部分项工程清单项目后，引起措施项目发生变化的，应按照上面工程变更第（2）条的规定，在承包人提交的实施方案被发包人批准后调整合同价款。

（3）由于招标工程量清单中措施项目缺项，承包人应将新增措施项目实施方案提交发包人批准后，按照上面工程变更第（1）、（2）条的规定调整合同价款。

4. 工程量偏差

工程量偏差是指承包人按照合同工程的图纸（含经发包人批准由承包人提供的图纸）实施，按照现行国家计量规范规定的工程量计算规则，计算得到的完成合同工程项目应予计量的工程量，与相应的招标工程量清单项目列出的工程量之间出现的量差。合同履行期间，当应予计算的实际工程量与招标工程量清单出现偏差，且符合下列规定时，发承包双方应调整合同价款。

（1）对于任一招标工程量清单项目，当因工程量偏差和工程变更等原因导致工程量偏差超过15%时，可进行调整。当工程量增加15%以上时，增加部分的工程量的综合单价应予调低；当工程量减少15%以上时，减少后剩余部分的工程量的综合单价应予调高。

（2）当工程量出现上述变化，且该变化引起相关措施项目相应发生变化时，按系数或单一总价方式计价的，工程量增加的措施项目费调增，工程量减少的措施项目费调减。

5. 计日工

计日工是指在施工过程中，承包人完成发包人提出的工程合同范围以外的零星项目或工作，按合同中约定的单价计价的一种方式。发包人通知承包人以计日工方式实施的零星工作，承包人应予执行。

（1）采用计日工计价的任何一项变更工作，在该项变更的实施过程中，承包人按合同约定，提交下列报表和有关凭证送发包人复核：

1）工作名称、内容和数量；

2）投入该工作所有人员的姓名、工种、级别和耗用工时；

3）投入该工作的材料名称、类别和数量；

4）投入该工作的施工设备型号、台数和耗用台时；

5）发包人要求提交的其他资料和凭证。

（2）任一计日工项目持续进行时，承包人应在该项工作实施结束后的 24 小时内，向发包人提交有计日工记录汇总的现场签证报告，一式三份。发包人在收到承包人提交现场签证报告后的 2 天内，予以确认并将其中一份返还给承包人，作为计日工计价和支付的依据。发包人逾期未确认也未提出修改意见的，应视为承包人提交的现场签证报告已被发包人认可。

（3）任一计日工项目实施结束后，承包人应按照确认的计日工现场签证报告核实该类项目的工程数量，并应根据核实的工程数量和承包人已标价工程量清单中的计日工单价计算，提出应付价款；已标价工程量清单中没有该类计日工单价的，由发承包双方按《工程量清单计价规范》第 9.3 节（工程变更）的规定，商定计日工单价计算。

（4）每个支付期末，承包人应按照《工程量清单计价规范》第 10.3 节（进度款）的规定，向发包人提交本期间所有计日工记录的签证汇总表，并应说明本期间自己认为有权得到的计日工金额，调整合同价款，列入进度款支付。

（七）物价变化类引起合同价款调整

物价变化、暂估价引起合同价款调整都属于物价变化类引起的合同价款调整。

1. 物价变化

（1）合同履行期间，因人工、材料、工程设备、机械台班价格波动影响合同价款时，应根据合同约定，按价格指数差额调整法或者造价信息差额调整法调整合同价款。

（2）承包人采购材料和工程设备的，应在合同中约定主要材料、工程设备价格变化的范围或幅度；当没有约定，且材料、工程设备单价变化超过 5% 时，超过部分的价格应按照价格指数差额调整法或者造价信息差额调整法计算调整材料、工程设备费。

（3）发生合同工程工期延误的，应按照下列规定确定合同履行期的价格调整。

1）因非承包人原因导致工期延误的，计划进度日期后续工程的价格，应采用计划进度日期与实际进度日期两者的较高者。

2）因承包人原因导致工期延误的，计划进度日期后续工程的价格，应采用计划进度日期与实际进度日期两者的较低者。

（4）发包人供应材料和工程设备的，不适用第（1）、（2）条规定，应由发包人按照实际变化调整，列入合同工程的工程造价内。

2. 暂估价

（1）发包人在招标工程量清单中给定暂估价的材料、工程设备属于依法必须招标的，应由发承包双方以招标的方式选择供应商，确定价格，并应以此为依据取代暂估价，调整合同价款。

（2）发包人在招标工程量清单中给定暂估价的材料、工程设备不属于依法必须招标的，应由承包人按照合同约定采购，经发包人确认单价后取代暂估价，调整合同价款。

（3）发包人在工程量清单中给定暂估价的专业工程不属于依法必须招标的，应按照《工程量清单计价规范》第 9.3 节（工程变更）相应条款的规定确定专业工程价款，并应以此为依据取代专业工程暂估价，调整合同价款。

（4）发包人在招标工程量清单中给定暂估价的专业工程，依法必须招标的，应当由发承包双方依法组织招标选择专业分包人，并接受有管辖权的建设工程招标投标管理机构的监督，还应符合下列要求：

1）除合同另有约定外，承包人不参加投标的专业工程发包招标，应由承包人作为招标人，但拟定的招标文件、评标工作、评标结果需报送发包人批准。与组织招标工作有关的费用应当被认为已经包括在承包人的签约合同价（投标总报价）中。

2）承包人参加投标的专业工程发包招标，应由发包人作为招标人，与组织招标工作有关的费用由发包人承担。同等条件下，应优先选择承包人中标。

3）应以专业工程发包中标价为依据取代专业工程暂估价，调整合同价款。

3. 物价变化合同价款调整方法

《工程量清单计价规范》推荐的调整方法，包括价格指数差额调整法和造价信息差额调整法。

（1）价格指数差额调整法。

1）价格调整公式。因人工、材料和工程设备、施工机械台班等价格波动影响合同价格时，根据招标人提供的《工程量清单计价规范》附录 L.3 承包人提供主要材料和工程设备一览表，并由投标人在投标函附录中的价格指数和权重表约定的数据，应按下式计算差额并调整合同价款

$$\Delta P = P_0 \left[A + \left(B_1 \times \frac{F_{t1}}{F_{01}} + B_2 \times \frac{F_{t2}}{F_{02}} + B_3 \times \frac{F_{t3}}{F_{03}} + \cdots + B_n \times \frac{F_{tn}}{F_{0n}} \right) - 1 \right] \quad (8-7)$$

式中 ΔP——需调整的价格差额。

P_0——进度付款证书、竣工付款证书、最终结清证书中承包人应得到的已完成工程量的金额。此项金额应不包括价格调整、不计质量保证金的扣留和支付、预付款的支付和扣回。工程变更及其他金额已按现行价格计价的，也不计在内。

A——定值权重（即不调部分的权重）。

B_1，B_2，B_3，$\cdots$，B_n——各可调因子的变值权重（即可调部分的权重），为各可调因子在投标函投标总报价中所占的比例。

F_{t1}，F_{t2}，F_{t3}，$\cdots$，F_{tn}——各可调因子的现行价格指数，指进度付款证书、竣工付款证书、最终结清证书中相关周期最后一天的前 42 天的各可调因子的价格指数。

F_{01}，F_{02}，F_{03}，$\cdots$，F_{0n}——各可调因子的基本价格指数，指基准日期的各可调因子的价格指数。

以上价格调整公式中的各可调因子、定值和变值权重，以及基本价格指数及其来源，在投标函附录价格指数和权重表中约定。价格指数应首先采用有关部门提供的价格指数，缺乏上述价格指数时，可采用有关部门提供的价格代替。

2）暂时确定调整差额。在计算调整差额时得不到现行价格指数的，可暂用上一次价格指数计算，并在以后的付款中再按实际价格指数进行调整。

3）权重的调整。工程变更导致原定合同中的权重不合理时，由监理人与承包人和发包人协商后进行调整。

4）承包人工期延误后的价格调整。由于承包人原因未在约定的工期内竣工的，对原约定竣工日期后继续施工的工程，在使用上述价格调整公式时，应采用原约定竣工日期与实际竣工日期的两个价格指数中较低的一个作为现行价格指数。

5）若可调因子包括了人工在内，则该式不适用于承包人对人工费或人工单价的报价高于省级或行业建设主管部门发布的人工单价的情况。

（2）造价信息差额调整法。

1）施工期内，因人工、材料和工程设备、施工机械台班价格波动影响合同价格时，人工、机械使用费按照国家或省、自治区、直辖市建设行政管理部门、行业建设管理部门或其授权的工程造价管理机构发布的人工成本信息、机械台班单价或机械使用费系数进行调整；需要进行价格调整的材料，其单价和采购数应由发包人复核，发包人确认需调整的材料单价及数量，作为调整合同价款差额的依据。

2）人工单价发生变化（承包人对人工单价的报价高于省级或行业建设主管部门发布的除外），发承包双方应按省级或行业建设主管部门或其授权的工程造价管理机构发布的人工成本文件调整合同价款。

3）材料、工程设备价格变化，按照发包人提供的《工程量清单计价规范》附录 L.2 承包人提供主要材料和工程设备一览表，由发承包双方约定的风险范围按下列规定调整合同价款：

①承包人投标报价中材料单价低于基准单价：施工期间材料单价涨幅以基准单价为基础，超过合同约定的风险幅度值，或材料单价跌幅以投标报价为基础，超过合同约定的风险幅度值时，其超过部分按实调整。

②承包人投标报价中材料单价高于基准单价：施工期间材料单价跌幅以基准单价为基础，超过合同约定的风险幅度值，或材料单价涨幅以投标报价为基础，超过合同约定的风险幅度值时，其超过部分按实调整。

③承包人投标报价中材料单价等于基准单价：施工期间材料单价涨、跌幅以基准单价为基础超过合同约定的风险幅度值时，其超过部分按实调整。

④承包人应在采购材料前将采购数量和新的材料单价报送发包人核对，确认用于本合同工程时，发包人应确认采购材料的数量和单价。发包人在收到承包人报送的确认资料后 3 个工作日不予答复的视为已经认可，作为调整合同价款的依据。如果承包人未报经发包人核对即自行采购材料，再报发包人确认调整合同价款的，如发包人不同意，则不作调整。

4）施工机械台班单价或施工机械使用费发生变化，超过省级或行业建设主管部门或其授权的工程造价管理机构规定的范围时，按其规定调整合同价款。

【例 8-4】 某土建工程，2011 年某月计划施工合同价款为 200 万元，其中，基准日期的各可调因子的价格指数、付款证书中付款周期最后一天的前 42 天的各可调因子的价格指数见表 8-7，计算实际价款调整额。

表 8-7 某土建工程人工费、材料费构成比例及有关造价指数

项目	人工费	钢材	水泥	集料	红砖	砂	木材	不调值费用
比例（%）	45	11	11	5	6	3	4	15
基期价格指数	100.0	100.8	102.0	93.6	100.2	95.4	93.4	
计算期价格指数	110.1	98.0	112.9	95.9	98.9	91.1	117.9	

解

$$\Delta P = P_0 \left[A + \left(B_1 \times \frac{F_{t1}}{F_{01}} + B_2 \times \frac{F_{t2}}{F_{02}} + B_3 \times \frac{F_{t3}}{F_{03}} + \cdots + B_n \times \frac{F_{tn}}{F_{0n}} \right) - 1 \right]$$

$$= 200 \times (0.15 + 0.45 \times 110.1/100 + 0.11 \times 98/100.8 + 0.11 \times 112.9/102.0$$
$$+ 0.05 \times 95.9/93.6 + 0.06 \times 98.9/100.2 + 0.03 \times 91.1/95.4$$
$$+ 0.04 \times 117.9/93.4 - 1)$$
$$= 200 \times (1.064 - 1) = 12.8 \ \text{万元}$$

（八）工程索赔类引起合同价款调整

不可抗力、提前竣工（赶工补偿）、误期赔偿、索赔引起合同价款调整，都属于工程索赔类引起的合同价款调整。

1. 不可抗力

不可抗力是指发承包双方在工程合同签订时不能预见的，对其发生的后果不能避免，并且不能克服的自然灾害和社会性突发事件。因不可抗力事件导致的人员伤亡、财产损失及其费用增加，发承包双方应按下列原则分别承担并调整合同价款和工期：

（1）合同工程本身的损害、因工程损害导致第三方人员伤亡和财产损失，以及运至施工场地用于施工的材料和待安装的设备的损害，应由发包人承担。

（2）发包人、承包人人员伤亡应由其所在单位负责，并应承担相应费用。

（3）承包人的施工机械设备损坏及停工损失，应由承包人承担。

（4）停工期间，承包人应发包人要求留在施工场地的必要的管理人员及保卫人员的费用，应由发包人承担。

（5）工程所需清理、修复费用，应由发包人承担。

不可抗力解除后复工的，若不能按期竣工，应合理延长工期。发包人要求赶工的，赶工费用应由发包人承担。因不可抗力解除合同的，应按《工程量清单计价规范》第12.0.2条（因不可抗力解除合同的价款结算与支付条款）的规定办理。

2. 提前竣工（赶工补偿）

（1）招标人应依据相关工程的工期定额合理计算工期，压缩的工期天数不得超过定额工期的20%，超过者，应在招标文件中明示增加赶工费用。

（2）发包人要求合同工程提前竣工的，应征得承包人同意后与承包人商定采取加快工程进度的措施，并应修订合同工程进度计划。发包人应承担承包人由此增加的提前竣工（赶工补偿）费用。

（3）发承包双方应在合同中约定提前竣工每日历天应补偿额度，此项费用应作为增加合同价款列入竣工结算文件中，应与结算款一并支付。

3. 误期赔偿

（1）承包人未按照合同约定施工，导致实际进度迟于计划进度的，承包人应加快进度，实现合同工期。合同工程发生误期，承包人应赔偿发包人由此造成的损失，并应按照合同约定向发包人支付误期赔偿费。即使承包人支付误期赔偿费，也不能免除承包人按照合同约定应承担的任何责任和应履行的任何义务。

（2）发承包双方应在合同中约定误期赔偿费，并应明确每日历天应赔额度。误期赔偿费应列入竣工结算文件中，并应在结算款中扣除。

（3）在工程竣工之前，合同工程内的某单项（位）工程已通过了竣工验收，且该单项（位）工程接收证书中表明的竣工日期并未延误，而是合同工程的其他部分产生了工期延误时，误期赔偿费应按照已颁发工程接收证书的单项（位）工程造价占合同价款的比例幅度予以扣减。

4. 索赔

索赔是指在工程合同履行过程中，合同当事人一方因非己方的原因而遭受损失，按合同约定或法律法规规定应由对方承担责任，从而向对方提出补偿的要求。

在合同履行过程中，承包人认为非承包人原因发生的事件造成了承包人的损失，承包人应按合同约定的索赔提出程序向发包人提出索赔，发包人应按合同约定的索赔处理程序处理索赔。索赔提出程序和索赔处理程序见本章第六节内容。

（1）承包人要求赔偿时，可以选择下列一项或几项方式获得赔偿。

1）延长工期；

2）要求发包人支付实际发生的额外费用；

3）要求发包人支付合理的预期利润；

4）要求发包人按合同的约定支付违约金。

（2）当承包人的费用索赔与工期索赔要求相关联时，发包人在作出费用索赔的批准决定时，应结合工程延期，综合作出费用赔偿和工程延期的决定。

（3）发承包双方在按合同约定办理了竣工结算后，应被认为承包人已无权再提出竣工结算前所发生的任何索赔。承包人在提交的最终结清申请中，只限于提出竣工结算后的索赔，提出索赔的期限应自发承包双方最终结清时终止。

（4）根据合同约定，发包人认为由于承包人的原因造成发包人的损失，宜按承包人索赔的程序进行索赔。

（5）发包人要求赔偿时，可以选择下列一项或几项方式获得赔偿：

1）延长质量缺陷修复期限；

2）要求承包人支付实际发生的额外费用；

3）要求承包人按合同的约定支付违约金。

（6）承包人应付给发包人的索赔金额可从拟支付给承包人的合同价款中扣除，或由承包人以其他方式支付给发包人。

（九）其他因素引起合同价款调整

其他因素包括现场签证、暂列金额及发承包双方约定的其他调整事项。其中，现场签证根据签证内容，有的可归于工程变更类，有的可归于索赔类，有的可能不涉及合同价款调整。

1. 现场签证

现场签证是指发包人现场代表（或其授权的监理人、工程造价咨询人）与承包人现场代表就施工过程中涉及的责任事件所作的签认证明。

（1）承包人应发包人要求完成合同以外的零星项目、非承包人责任事件等工作的，发包人应及时以书面形式向承包人发出指令，并应提供所需的相关资料；承包人在收到指令后，应及时向发包人提出现场签证要求。

（2）承包人应在收到发包人指令后的7天内向发包人提交现场签证报告，发包人应在收到现场签证报告后的 48 小时内对报告内容进行核实，予以确认或提出修改意见。发包人在收到承包人现场签证报告后的 48 小时内未确认也未提出修改意见的，应视为承包人提交的现场签证报告已被发包人认可。

（3）现场签证的工作如已有相应的计日工单价，现场签证中应列明完成该类项目所需的人工、材料、工程设备和施工机械台班的数量。如现场签证的工作没有相应的计日工单价，应在现场签证报告中列明完成该签证工作所需的人工、材料设备和施工机械台班的数量及单价。

（4）合同工程发生现场签证事项，未经发包人签证确认，承包人便擅自施工的，除非征得发包人书面同意，否则发生的费用应由承包人承担。

（5）现场签证工作完成后的 7 天内，承包人应按照现场签证内容计算价款，报送发包人确认后，作为增加合同价款，与进度款同期支付。

（6）在施工过程中，当发现合同工程内容因场地条件、地质水文、发包人要求等不一致时，承包人应提供所需的相关资料，并提交发包人签证认可，作为合同价款调整的依据。

2. 暂列金额

暂列金额是指招标人在工程量清单中暂定并包括在合同价款中的一笔款项。用于工程合同签订时尚未确定或者不可预见的所需材料、工程设备、服务的采购，施工中可能发生的工程变更、合同约定调整因素出现时的合同价款调整，以及发生的索赔、现场签证确认等的费用。

（1）已签约合同价中的暂列金额应由发包人掌握使用。

（2）发包人按照《工程量清单计价规范》合同价款调整规定及合同约定支付后，暂列金额余额应归发包人所有。

五、合同价款争议的解决

合同价款争议是合同争议的主要内容之一，根据《合同法》的规定，合同争议的解决方式有和解、调解、仲裁或者诉讼。如前所述，发承包双方应在合同中约定发生合同价款争议的解决方法及时间。为使双方之间的争议尽可能在合同履行过程中得到解决，确保工程建设顺利进行，《工程量清单计价规范》中引入了专业调解（总监理工程师或造价工程师对发承包双方的争议进行调解）和行政调解（工程造价管理机构的解释或认定）方案，对及时化解工程合同价款争议具有重大意义。

1. 监理或造价工程师暂定

（1）若发包人和承包人之间就工程质量、进度、价款支付与扣除、工期延期、索赔、价款调整等方面发生任何法律上、经济上或技术上的争议，首先应根据已签约合同的规定，提交合同约定职责范围内的总监理工程师或造价工程师解决，并应抄送另一方。总监理工程师或造价工程师在收到此提交文件后 14 天内，应将暂定结果通知发包人和承包人。发承包双方对暂定结果认可的，应以书面形式予以确认，暂定结果成为最终决定。

（2）发承包双方在收到总监理工程师或造价工程师的暂定结果通知之后的 14 天内，未对暂定结果予以确认也未提出不同意见的，应视为发承包双方已认可该暂定结果。

（3）发承包双方或一方不同意暂定结果的，应以书面形式向总监理工程师或造价工程师提出，说明自己认为正确的结果，同时抄送另一方，此时该暂定结果成为争议。在暂定结果对发承包双方当事人履约不产生实质影响的前提下，发承包双方应实施该结果，直到按照发承包双方认可的争议解决办法被改变为止。

2. 管理机构的解释或认定

（1）合同价款争议发生后，发承包双方可就工程计价依据的争议以书面形式提请工程造价管理机构，对争议以书面文件进行解释或认定。

（2）工程造价管理机构应在收到申请的 10 个工作日内，就发承包双方提请的争议问题进行解释或认定。

（3）发承包双方或一方在收到工程造价管理机构书面解释或认定后，仍可按照合同约定的争议解决方式提请仲裁或诉讼。除工程造价管理机构的上级管理部门作出了不同的解释或认定，或在仲裁裁决或法院判决中不予采信的外，工程造价管理机构作出的书面解释或认定应为最终结果，并应对发承包双方均有约束力。

3. 争议的解决方式

（1）协商和解。合同价款争议发生后，发承包双方任何时候都可以进行协商。协商达成一致的，双方应签订书面和解协议，和解协议对发承包双方均有约束力。

（2）调解。如果协商不能达成一致协议，双方可以按合同约定的调解方式（包括司法调解、行政调解、专业调解）解决争议。

（3）仲裁或者诉讼。在履行合同时发生争议，双方不愿和解、调解或者和解、调解不成的，可根据合同约定的仲裁协议申请仲裁，或者依法向人民法院提起诉讼。

六、发包人在工程价款调整中的应对策略

（1）如果确实属于发包人应承担的风险，则发包人应及时进行合同价款调整，并随进度款支付，否则可能会影响整个施工工期，引起更大损失。

（2）做好施工图设计、招标工程量清单编制工作，避免施工图设计或招标工程量清单中标明的工程量小，在施工过程中又必不可少的大幅增加工程量的工作存在。

（3）一定程度预测法律法规变化，如不能准确预测或风险较大，发包人可在合同的专用条件中规定，将法律法规变化的风险转移给承包人。

（4）评标过程中注意是否有单价远高于市场价，或单价波动比较频繁的材料、设备报价很高的情况存在。

（5）合同中明确承包人可进行价款调整的范围和流程，对未在可调范围中的因素，或承包人未在规定时间内向发包人发出调整报告的，不予调整。

第五节　工程变更控制

一、工程变更的定义

工程项目的复杂性决定发包人在招投标阶段所确定的方案往往存在某些方面的不足。随着工程的进展和对工程本身认识的加深，以及其他外部因素的影响，常常在工程施工过程中需要对工程的范围、技术要求等进行修改，形成工程变更。

工程变更是指合同工程实施过程中，由发包人提出或由承包人提出经发包人批准的合同工程任何一项工作的增、减、取消或施工工艺、顺序、时间的改变，设计图纸的修改，施工条件的改变，招标工程量清单的错、漏从而引起合同条件的改变或工程量的增减变化。

二、工程变更的处理原则

工程变更遵循如下处理原则。

（1）工程优先原则。工程建设项目的核心是工程，所有参加各方必须以工程为基本出发点。尽管在工程施工过程中，参与各方会有利益冲突，但解决问题的出发点只有一个，就是看是否对工程有利，是否有利于保证工程质量、保证工期和降低成本。

（2）质量优先原则。工程的各种变更，质量第一的原则是不可改变的，在任何情况下均不允许有损工程质量的做法，以换取工期的缩短、成本的降低或其他利益。在这个前提下，技术方案必然是优先的。在多种可行的技术方案下，可以考虑其他目标的实现。

（3）发包人优先原则。工程的所有者是发包人，工程建设的资金提供方是发包人，工程完工后的使用者也是发包人（或发包人的代理人），因此，发包人对工程的要求是要被优先考虑的，各阶段工作都要以发包人要求优先为原则。发包人要向承包人提供变更的费用，补偿承包人的损失。

（4）合同约定原则。依据合同约定是合同双方在工程建设过程中应遵循的基本原则。对于变更的处理方法若已经在合同中加以阐明，当变更发生时，按照合同事先约定的程序、方案与办法进行相关的调整。

（5）工程常规背景原则。在实际工程中，工程背景是指一名有经验的工程技术人员与管理人员所具有的工程理论与实践基础。常规的工程背景是工程技术人员对于工程所选择的一般惯例和常规做法。如在某工程中，由于设计师的疏忽，在图纸中形成某房间既无窗户又无门。此时按照工程的一般背景，无窗无门的房间是不存在的，承包人不应按此图纸施工，而应向发包人指明问题并等待改正。如果承包人简单的按图施工，日后该部分重新改正的责任应由承包人负责。

（6）适当补偿原则。工程变更通常会导致承包人的成本支出增加、工期延长、利润减少等不利的后果，因此，对于非承包人原因引起的工程变更，发包人应根据实际情况，酌情考虑补偿承包人的损失。

三、变更情形和变更指令

在合同履行过程中，经发包人同意，监理人可按合同约定的变更程序向承包人做出变更指示，承包人应该遵照执行。没有监理人的变更指示，承包人不得擅自变更。

在合同履行过程中，发生变更的情形归结为如下三种：

1. 监理人认为可能要发生变更的情形

在合同履行过程中，可能发生变更情形的，监理人可向承包人发出变更意向书。发包人同意承包人根据变更意向书要求提交的变更实施方案的，由监理人发出变更指示。若承包人收到监理人的变更意向书后认为难以实施此项变更，应立即通知监理人，说明原因并附详细根据。监理人与承包人和发包人协商后确定撤销、改变或不改变原变更意向书。

2. 监理人认为发生了变更的情形

在合同履行过程中，发生合同约定的变更情形的，监理人应向承包人发出变更指示。变更指示应说明变更的目的、范围、变更内容，以及变更的工程量及其进度和技术要求，并附有关图纸和文件。承包人收到变更指示后，应按变更指示进行变更工作。

3. 承包人认为可能要发生变更的情形

承包人收到监理人按合同约定发出的图纸和文件，经检查认为其中存在变更情形的，可向监理人提出书面变更建议。变更建议应阐明要求变更的根据，并附必要的图纸和说明。监理人收到承包人书面建议后，应与发包人共同研究，确认存在变更的，应在收到承包人书面建议后的 14 天内做出变更指示。经研究后不同意作为变更的，应由监理人书面答复承包人。

注意：变更必须以书面形式为最终形式，如果是监理工程师发出口头变更，则应在合同约定的时间内，承包人应向监理工程师发出确认，监理工程师未在规定时间内确认或提出意见的，视为认可该变更指令。

四、工程变更处理流程

根据《标准施工招标文件》中的相关规定，工程变更的基本流程如图 8-8 所示。

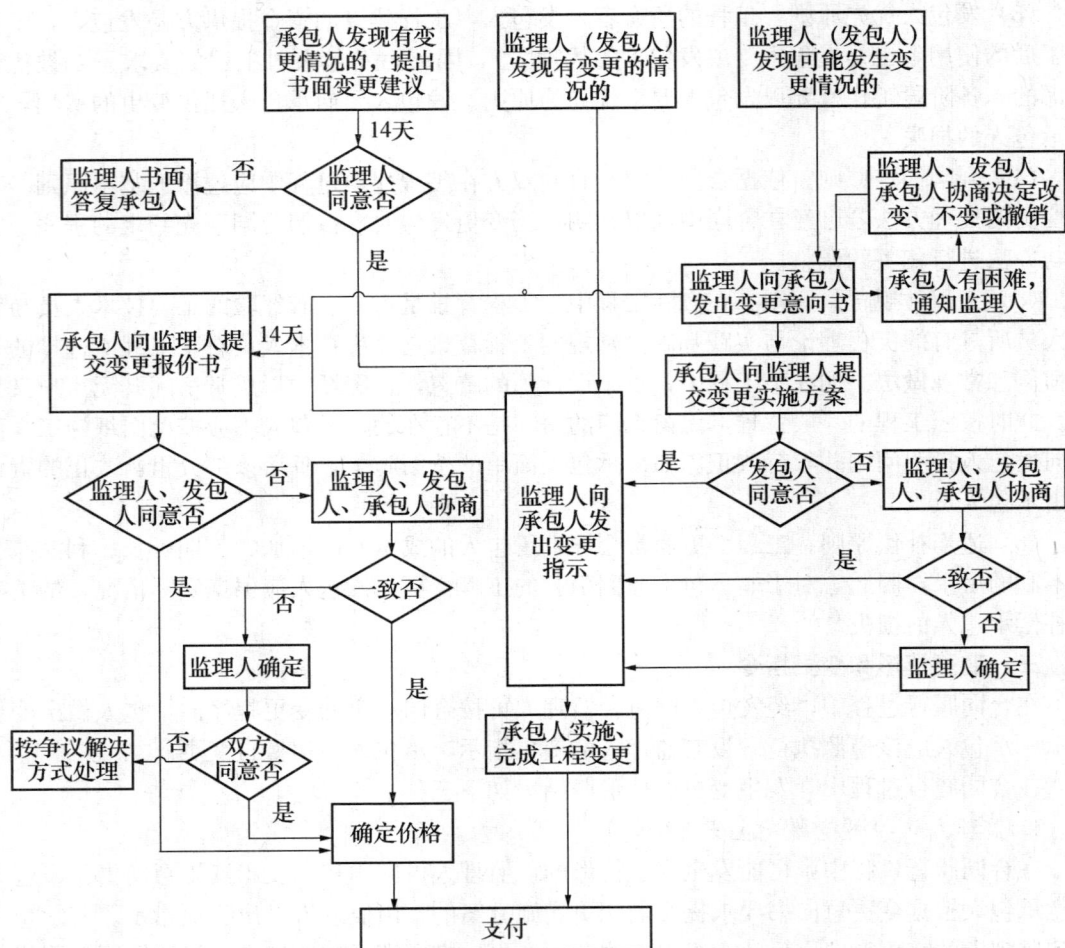

图 8-8　工程变更处理流程图

五、业主在工程变更中的应对策略

（1）做好施工图设计、招标工程量清单编制工作，避免图纸中出现重大疏漏或错误，尤其需要避免在图纸中标明工程量很少，但在施工过程中必须大幅增加的情况出现。

（2）运用价值工程，严格审查承包人提出的变更建议是否损害了发包人利益，对于承包人提出的对双方都有益的变更，应进行奖励。

（3）审查承包人要求，对承包人要求变更所增加的费用和工期进行核算，在合理的范围内对承包人进行补偿。

（4）审查承包商的变更项目，大多数承包人在变更中会向单价比较高的材料和设备变更，或者向新工艺、新技术变更，这些变更的利润往往是比较高的，发包人应仔细审查这些变更是否确实有利于工程的质量或安全。

（5）灵活运用补偿方式，如果是工期紧张的项目，则可以少增加工期补偿，多增加费用补偿，反之亦然，最终目的是保证工程顺利投入使用。

（6）合理地发布变更指令、估算变更价款、取得承包人的信任，为工程顺利实施打下良好基础。

（7）及时处理变更，估算变更价款，防止因资金问题导致承包人拖延工程进度、暂停施工，引起索赔诉讼，增加发包人损失。

第六节　工程索赔控制

一、工程索赔的概念及意义

1. 工程索赔的概念

工程索赔是指在工程合同履行过程中，合同当事人一方因非己方的原因而遭受损失，按合同约定或法律法规规定应由对方承担责任，从而向对方提出补偿的要求。索赔是合同双方依据合同约定维护自身合法利益的行为，其性质属于经济补偿行为，而非惩罚。建设工程施工中的索赔是发承包双方行使正当权利的行为，承包人可向发包人索赔，发包人也可向承包人索赔。

工程索赔包含了以下三个方面的内容：

（1）一方严重违约使另一方蒙受损失，受损方向对方提出补偿损失的要求。

（2）发生一方应承担责任的特殊风险或遇到不利自然、物质条件等情况，而使另一方蒙受较大损失而提出补偿损失要求。

（3）一方本应当获得的正当利益，由于没能及时得到监理人的确认和另一方应给予的支持，而以正式函件向另一方索赔。

2. 索赔的意义

（1）保证合同的实施，有利于合同目标的实现。

（2）索赔是落实和调整合同双方经济责权利关系的手段。

（3）索赔是合同和法律赋予受损失者的权利。

（4）索赔实质上是项目实施阶段承包人和发包人之间责权利关系和工程风险承担比例的合理再分配。

（5）加强索赔管理，能带动施工企业管理和工程项目管理整体水平的提高。

（6）索赔已经成为承包人的经营策略之一。

（7）从根本上说，索赔是由于工程受干扰引起的，应从合同双方整体利益的角度出发，极力避免干扰事件，避免索赔的发生。

二、工程索赔的分类

工程索赔可以从不同的角度进行划分，如图 8-9 所示。

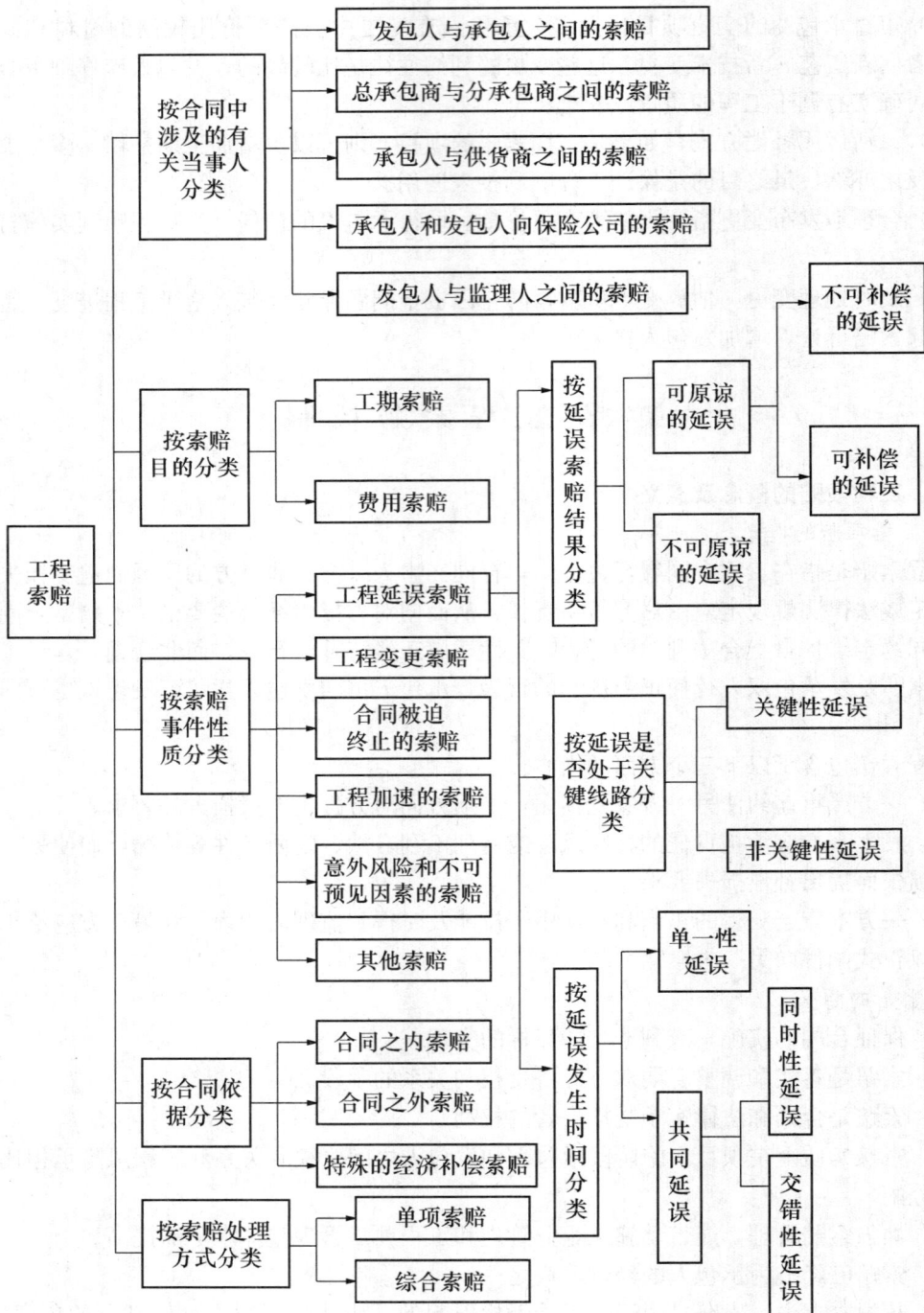

图 8-9　工程索赔的分类

（1）按合同中涉及的有关当事人分类。按合同中涉及的有关当事人分，有发包人与承包人之间的索赔、总承包商与分承包商之间的索赔、发包人与供货商之间的索赔、承包商与供货商之间的索赔、发承包人向保险公司之间的索赔、发包人与监理人之间的索赔等。

（2）按索赔所依据的理由分类。

1）合同内索赔。即索赔以双方签订的承包合同作为依据，发生了合同规定应当给承包人以补偿的干扰事件，承包人根据合同规定提出索赔要求。这是最常见的索赔。按索赔的合同依据又可以将工程索赔分为合同中明示的索赔和合同中默示的索赔：①合同中明示的索赔指承包人所提出的索赔要求，在该工程项目的合同文件中有文字依据，承包人可以据此提出索赔要求，并取得经济补偿。这些在合同文件中有文字规定的合同条款，称为明示条款。②合同中默示的索赔即承包人的该项索赔要求，虽然在工程项目的合同条款中没有专门的文字叙述，但可以根据该合同的某些条款的含义，推论出承包人有索赔权。这种索赔要求同样有法律效力，有权得到相应的经济补偿。这种有经济补偿含义的条款，在合同管理工作中被称为"默示条款"或称为"隐含条款"。默示条款是一个广泛的合同概念，它包含合同明示条款中没有写入、但符合双方签订合同时设想的愿望和当时环境条件的一切条款。这些默示条款，或者从明示条款所表述的设想愿望中引申出来，或者从合同双方在法律上的合同关系引申出来，经合同双方协商一致，或被法律和法规所指明，都成为合同文件的有效条款，要求合同双方遵照执行。

2）合同外索赔。即工程施工过程中发生的干扰事件的性质已经超过合同范围。在合同中找不出具体的依据，一般必须根据适用于合同关系的法律解决索赔问题。例如工程施工过程中发生重大的民事侵权行为造成承包人损失。

3）特殊的经济补偿索赔。承包人索赔没有合同理由，对于干扰事件发包人没有违约，也不是发包人应承担责任的范围。往往是由于承包人重大失误（如报价失误、环境调查失误等），或发生承包人应负责的风险而造成承包人重大的损失，这将极大地影响承包人的财务能力、履约积极性、履约能力甚至危及承包企业的生存。承包人提出要求，希望发包人从道义，或从工程整体利益的角度给予一定的补偿。

（3）按索赔目的分类。按索赔目的可以将工程索赔分为工期索赔和费用索赔。

1）工期索赔。由于非承包人责任的原因而导致施工进程延误，要求批准顺延合同工期的索赔，称为工期索赔。通过工期索赔，可以避免在原定合同竣工日不能完工时，被发包人追究工程延误违约责任。一旦获得批准合同工期顺延后，承包人不仅免除了承担工程延误违约赔偿费的严重风险，而且可能提前工期得到奖励，最终仍反映在经济收益上。

2）费用索赔。费用索赔的目的是要求经济补偿。当施工的客观条件改变导致承包人增加开支，要求对超出计划成本的附加开支给予补偿，以挽回不应由其承担的经济损失。

（4）按索赔事件的性质分类。按索赔事件的性质可以将工程索赔分为工程延误索赔、工程变更索赔、合同被迫终止索赔、工程加速索赔、意外风险和不可预见因素的索赔及其他索赔。

1）工程延误索赔。因发包人未按合同要求提供施工条件，如未及时交付设计图纸、施工场地、道路等，或因发包人指令工程暂停或不可抗力事件等原因造成工期拖延的，承包人对此提出索赔。这是工程中常见的一类索赔。

2）工程变更索赔。由于发包人或监理工程师指令增加或减少工程量或增加附加工程、修改设计、变更工程顺序等，造成工期延长和费用增加，承包人对此提出索赔。

3）合同被迫终止的索赔。由于发包人或承包人违约及不可抗力事件等原因，造成合同非正常终止，无责任的受害方因其蒙受经济损失，而向对方提出索赔。

4）工程加速索赔。由于发包人或工程师指令承包人加快施工进度、缩短工期，引起承包人发生赶工费，增加额外开支而提出的索赔。

5）意外风险和不可预见因素索赔。在工程实施过程中，因不可抗力及一个有经验的承包人通常不能合理预见的不利施工条件或外界障碍，如地下水、地质断层、溶洞、地下障碍物等引起的索赔。

6）其他索赔。如因货币贬值、汇率变化、物价上涨、政策法律变化等原因引起的索赔。

（5）按索赔的处理方式分类。按索赔的处理方式和处理时间，索赔又可分为以下两种：

1）单项索赔。单项索赔是针对某一干扰事件提出的，通常原因单一，责任单一，分析计算比较容易，处理起来比较简单。索赔的处理是在合同实施过程中，干扰事件发生时，或发生后立即进行。它由合同管理人员处理，并在合同规定的索赔有效期内由承包人向发包人提交索赔意向书和索赔报告。所以，索赔有效性易得到保证。

例如，发包人的工程师指令将某分项工程素混凝土改为钢筋混凝土，对此只需提出与钢筋有关的费用索赔即可（如果该项变更没有其他影响的话）。但有些单项索赔额可能很大，处理起来很复杂，例如工程延期、工程中断、工程终止事件引起的索赔。

由于单项索赔易分清责任、处理简单，索赔额一般也不大，所以索赔成功的可能性大，索赔方的利益容易得到保证。

2）总索赔。又称为一揽子索赔或综合索赔。一般在工程竣工前，承包人将工程施工过程中未解决的单项索赔集中起来，提出一份总索赔报告。合同双方在工程交付前或交付后进行最终谈判，以一揽子方案解决索赔问题。总索赔一般在不得已的情况下采用，主要有：①在工程施工过程中，有些单项索赔原因和影响都很复杂，不能立即解决，或双方对合同解释有争议，而合同双方都要忙于合同实施，可协商将单项索赔留到工程后期解决。②发包人拖延答复单项索赔，使工程施工过程中的单项索赔得不到及时解决，最终不得已提出一揽子索赔。在国际工程中，许多发包人就以拖的办法对待承包人的索赔要求，常常使索赔和索赔谈判旷日持久，使许多单项索赔要求集中起来。③在一些复杂的工程中，当干扰事件多，几个干扰事件一起发生，或有一定的连贯性、互相影响大，难以一一分清时，则可以综合在一起提出索赔。④工期索赔一般都在工程后期一揽子解决。

一揽子索赔有如下特点：①处理和解决都很复杂，由于工程施工过程中的许多干扰事件搅在一起，使得原因、责任和影响的分析很难。索赔报告的起草、审阅、分析、评价难度很大。由于索赔的解决和费用补偿时间的拖延，这种索赔的最终解决还会连带引起利息的支付，违约金的扣留，预期的利润补偿，工程款的最终结算等问题。这会加剧索赔解决的困难程度。②为了索赔的成功，承包人必须保存全部工程资料和其他作为证据的资料。这使得工程项目的文档管理任务极为繁重。③索赔的集中解决使索赔额积累起来，造成谈判的困难。由于索赔额大，常常超过具体管理人员的审批权限，需要上层做出批准；双方都不愿或不敢做出让步，所以争执更加激烈。有时一揽子索赔谈判一拖几年，花费大量的时间和金钱。对索赔额大的一揽子索赔，必须成立专门的索赔小组负责处理。在国际承包工程中，常常聘请法律专家、索赔专家，或委托咨询公司、索赔公司进行索赔管理。④由于合理的索赔要求得不到解决，影响承包人的资金周转和施工进度，影响承包人履行合同的能力和积极性。由于索赔无望，工程亏损，资金周转困难，承包人可能不合作，或通过其他途径弥补损失，如减少工程量，采购便宜的劣质材料等。这样会影响工程的顺利实施和双方的合作关系。

三、工程索赔的原因分析

工程索赔的发生有各种主客观原因，见表 8-8。

表 8-8　　　　　　　　　　　　　　工程索赔的原因分析

原因种类		具 体 事 项
当 事 人违约	发包人违约	移交工地延误
		提供的基准点、基准线、基准标高错误而导致的索赔
		图纸发放延误
		施工图认可延误
		指令下达延误
		预付款支付延误
		工程进度款支付延误
		发包人负责提供设备或材料延误
		材料认可延误
		检查施工质量（隐蔽工程）延误
		发包人指定的分包商或供货商的延误
		交工验收延误
		发包人要求停工引起的延误
		发包人提前占用永久工程引起的损失
		发包人原因导致施工条件发生变化
		因发包人的原因终止合同
	承包人违约	未能按照合同协议书中的约定或监理人的指示，在约定时间内完成工程
		工程质量未达到合同协议书中约定的质量标准
		未经发包人同意擅自将工程转包、分包给其他人
		未按合同约定办理保险
		无理扣留和拒绝支付分包商
		未按合同约定的程序通知发包人检查隐蔽工程质量
		由于承包人过错导致的工程拒收和再次检验
		对施工过程管理不善造成发包人或第三方利益损失
		因承包人的原因终止合同
不可抗力或不利的物质条件	地质、水文条件的变化	
	恶劣的气候条件	
	出现文物、化石等	
	自然不可抗力	地震、洪水等自然灾害等
	社会不可抗力	战争、军事政变等、罢工、示威、游行等

续表

原因种类		具体事项
合同问题	合同缺陷	措辞不当、说明不清、条款二义性
		构成合同文件的各部分文件（图纸）约定不一致
		合同中遗漏了对相关问题的约定
		合同文件文字打印错误
	合同理解差异	采用不同的工程习惯用语
		采用不同的法律体系
工程变更		设计变更
		实施合同约定以外的额外工程（有时作为独立合同出现）
		取消合同中任何一项没有转由发包人或其他人实施的工作
		改变合同工程的基线、标高、位置或尺寸
		改变合同中任何一项工作的质量或其他特性
		改变合同中任何一项工作的施工时间或施工顺序
		改变合同中任何一项工作的已批准的施工工艺
监理人指令		指令承包人加速施工
		要求进行某项施工
		要求更换某些材料
		要求采取某些措施
		对已经合格的材料和工程质量进行二次检验

四、工程索赔处理原则

工程索赔的处理原则如下：

（1）索赔必须以合同为依据；

（2）必须注意资料的积累，应积累一切可能涉及索赔论证的资料；

（3）及时、合理地处理索赔；

（4）加强索赔的前瞻性，有效避免过多索赔事件的发生。

五、工程索赔处理程序

当合同一方向另一方提出索赔时，应有正当的索赔理由和有效证据，并应符合合同的相关约定。

1. 承包人索赔提出程序

承包人索赔提出程序如图 8-10 所示。

（1）承包人应在知道或应当知道索赔事件发生后 28 天内，向发包人提交索赔意向通知书，说明发生索赔事件的事由。承包人逾期未发出索赔意向通知书的，丧失索赔的权利。

（2）承包人应在发出索赔意向通知书后 28 天内，向发包人正式提交索赔通知书。索赔通知书应详细说明索赔理由和要求，并应附必要的记录和证明材料。

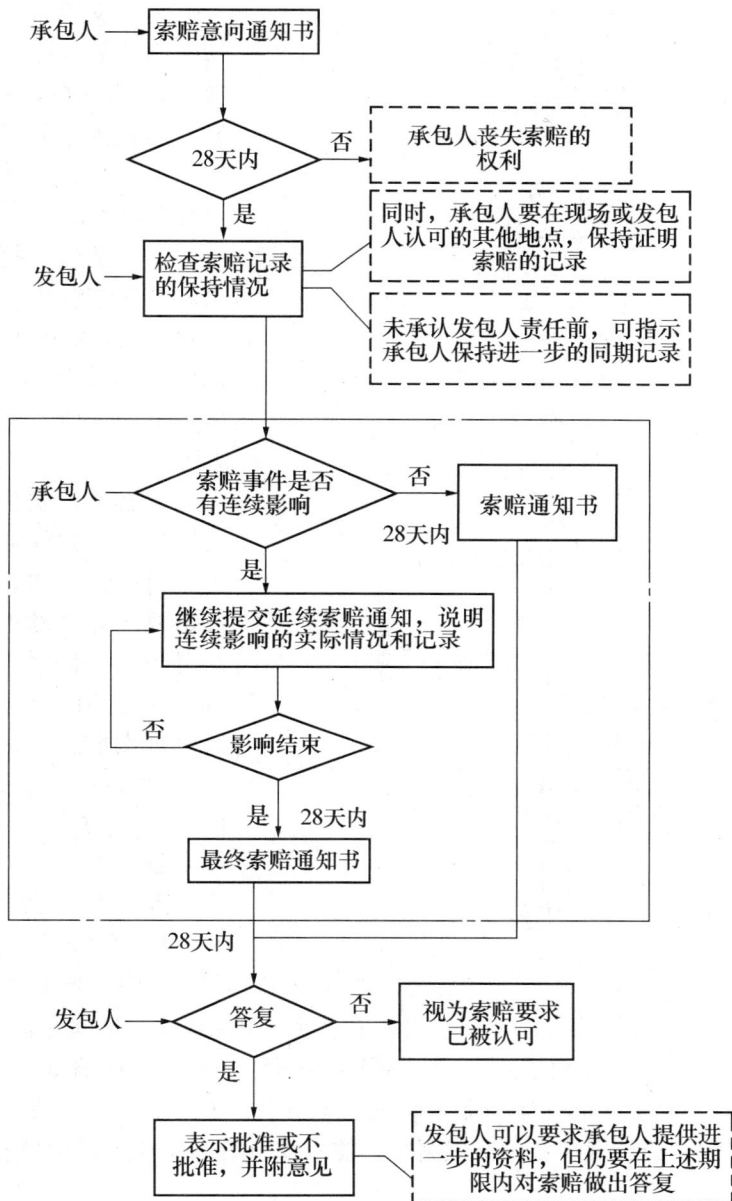

图 8 - 10　工程索赔提出程序

（3）索赔事件具有连续影响的，承包人应继续提交延续索赔通知，说明连续影响的实际情况和记录。

（4）在索赔事件影响结束后的 28 天内，承包人应向发包人提交最终索赔通知书，说明最终索赔要求，并应附必要的记录和证明材料。

2. 发包人索赔处理程序

发包人索赔处理程序如图 8 - 11 所示。

（1）发包人收到承包人的索赔通知书后，应及时查验承包人的记录和证明材料。

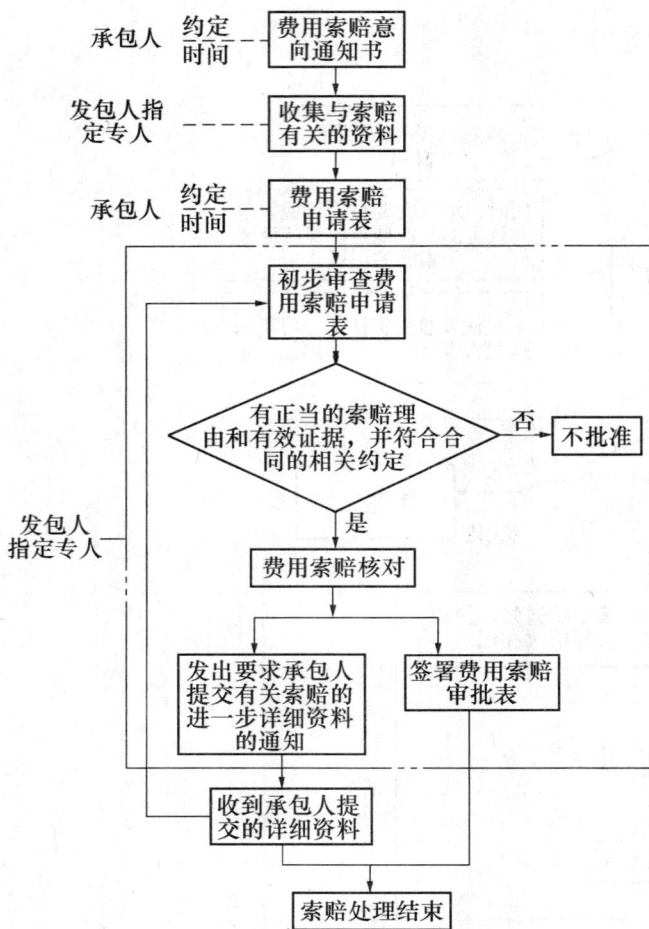

图 8 - 11　工程索赔处理程序

（2）发包人应在收到索赔通知书或有关索赔的进一步证明材料后的 28 天内，将索赔处理结果答复承包人，如果发包人逾期未作出答复，视为承包人索赔要求已被发包人认可。

（3）承包人接受索赔处理结果的，索赔款项应作为增加合同价款，在当期进度款中进行支付；承包人不接受索赔处理结果的，应按合同约定的争议解决方式办理。

索赔事件发生后，在造成费用损失时，往往会造成工期的变动。当承包人的费用索赔与工期索赔要求相关联时，发包人在作出费用索赔的批准决定时，应结合工程延期综合作出费用赔偿和工程延期的决定。发包人认为由于承包人的原因造成发包人损失的，应参照承包人索赔的程序进行索赔。

六、索赔证据和索赔文件

1. 索赔证据

索赔要有证据，证据是索赔报告的重要组成部分，证据不足或没有证据，索赔就不可能成立。证据应具有真实性、全面性、关联性、及时性，具有法律证明效力。索赔的证据包含以下几个方面。

（1）投标文件、施工合同文本及附件，其他双方签字认可的文件（如备忘录、修正案等），经认可的工程实施计划、各种工程图纸、技术规范等。这些索赔的依据可在索赔报告中直接引用。

（2）双方的往来信件及各种会谈纪要。在合同履行过程中，发包人、监理工程师和承包人定期或不定期的会谈所做出的决议或决定，是合同的补充，应作为合同的组成部分，但会谈纪要只有经过各方签署后才可作为索赔的依据。

（3）经工程师批准的进度计划及现场的有关同期记录，如施工日记、工程照片等。

（4）气象资料、工程检查验收报告和各种技术鉴定报告，工程施工中送停电、送停水、道路开通和封闭的记录和证明。

（5）国家有关法律、法令、政策文件，官方的物价指数、工资指数，各种会计核算资料，材料的采购、订货、运输、进场、使用方面的凭据。

2. 索赔文件

索赔文件一般包括索赔意向通知书、延续索赔通知书和索赔通知书（索赔报告）。

（1）索赔意向通知书。承包人应在知道或应当知道索赔事件发生后 28 天内（或合同约定的时限内），向发包人提交索赔意向通知书，说明发生索赔事件的事由。承包人逾期未发出索赔意向通知书的，丧失索赔的权利。

索赔意向通知书的及时发出是表明索赔意向，防止因索赔时效届满而丧失获得赔偿的权利。所以，索赔意向通知书只需简要说明索赔事项及事理由即可，其内容无需全面、详尽，索赔要求无须具体、准确，索赔的详细内容和具体的索赔要求，可在随后提交的索赔报告书中加以表述。

（2）索赔通知书。承包人应在发出索赔意向通知书后 28 天内（或合同约定的时限内），向发包人正式提交索赔通知书。对于索赔事件具有连续影响的，承包人应继续提交延续索赔通知，说明连续影响的实际情况和记录。在索赔事件影响结束后的 28 天内（或合同约定的时限内），承包人应向发包人提交最终索赔通知书。

索赔方应遵循诚实信用原则，客观地表述索赔事由经过，实事求是地说明损失情况，合理地计算赔偿金额。

一份完整的索赔通知书一般包括总论、根据部分、索赔要求、证据部分。

1）总论。要客观地说明索赔事由事实和经过。

2）根据部分。包括索赔事由原因和分析，索赔方采取的相应补救措施，索赔事由给索赔方造成的实际损失，以及索赔事由与实际损失之间的因果关系，合理引用合同文件与客观事实联系起来，用以说明索赔的合理合法性。

3）索赔要求。提出索赔的金额及（或）工期要求。

4）证据部分。大致分为两类，一类是与索赔事项有关的各种依据和证明；另一类是赔偿金额和工期计算书及证据。

由于索赔方在索赔过程中有举证责任，所以索赔方递交的索赔报告及其附件是否充分、真实、合理有效，直接影响到索赔能否成功。

七、工程索赔的合同条款分析

1.《标准施工招标文件》中承包人可向发包人索赔的条款（见表 8-9）

表 8-9　　　　　　　　　　　　　承包人可向发包人索赔的条款

序号	合同条款号	条款主要内容	可调整事项
1	1.10.1	施工过程中发现文物、古迹及其他遗迹、化石、钱币或物品	$C+T$
2	4.11.2	承包人遇到不利物质条件	$C+T$
3	5.2.4	发包人要求向承包人提前交付材料和工程设备	C
4	5.2.6	发包人提供的材料和工程设备不符合合同要求	$C+P+T$
5	8.3	发包人提供的基准资料错误导致承包人返工或造成损失	$C+P+T$
6	11.3	发包人的原因导致工期延误	$C+P+T$
7	11.4	异常恶劣的气候条件	T

序号	合同条款号	条款主要内容	可调整事项
8	11.6	发包人要求承包人提前竣工	C
9	12.2	发包人原因引起的暂停施工	$C+P+T$
10	12.4.2	发包人原因造成暂停施工后无法按时复工	$C+P+T$
11	13.1.3	发包人原因造成工程质量达不到合同约定的验收标准	$C+P+T$
12	13.5.3	监理人对隐蔽工程重新检查,经检验证明工程质量符合合同要求的	$C+P+T$
13	16.2	法律变化引起的价款调整	C
14	18.4.2	发包人在全部工程竣工前,使用已接收的单位工程导致承包人费用增加	$C+P+T$
15	18.6.2	发包人的原因导致试运行失败的	$C+P$
16	19.2	发包人原因导致工程缺陷和损失	$C+P$
17	21.3.1	不可抗力	T

注 C—费用;T—工期;P—利润。

2. 《标准施工招标文件》中发包人可向承包人索赔的条款(见表 8-10)

表 8-10 发包人可向承包人索赔的条款

序号	合同条款号	条款主要内容	索赔事项内容	可索赔内容
1	4.2	履约担保	发包人根据 4.2 款(即承包人应保证其履约担保在发包人颁发工程接收证书前一直有效。发包人应在工程接收证书颁发后 28 天内把履约担保退还给承包人)提出的履约保证下的索赔	履约担保金额或其他金额
2	4.3.5	分包	承包人承担连带的分包责任	由分包人造成的损失
3	5.1.1	材料和工程设备的运输与保管	承包人因运输、保管不当,导致发包人的损害赔偿费、损失和开支	赔偿费、损失和开支
4	5.4.1	使用不合格的材料和工程设备	承包人使用不合格的材料或工程设备	材料、设备购置费
5	6.2	发包人提供的施工设备和临时设施	承包人使用发包人的设备	使用发包人设备的费用
6	6.3	增加或更换设备	承包人的设备不满足要求	更换费用和其他开支
7	11.5	承包人的工期延误	承包人因为自身的原因导致进度缓慢,需要加快进度而使发包人支付的额外费用	发包人因加速施工支付的额外费用
8	11.5	承包人的工期延误	承包人未能按约定的时间竣工	误期损害赔偿费
9	13.5.3	监理工程师重新检查	工程质量不符合要求	发包人参加检查引起的费用

续表

序号	合同条款号	条款主要内容	索赔事项内容	可索赔内容
10	13.6.1	清除不合格工程	承包人未能按监理工程师的指示移除不合格的设备材料，以及不符合合同约定的工作	承包人未履行指示使发包人支付的所有费用
11	17.2.3	预付款的扣回与还清	在颁发工程接受证书前，或者由于其他原因终止合同前，预付款尚未还清	尚未还清的预付款
12	18.7.1	现场清理	承包人未能按合同约定清理现场，发包人可自行或委托他人完成	发包人处理和恢复现场的费用
13	19.2.4	缺陷责任	承包人未能在合同期限内修补缺陷或损坏，发包人自行或委托其他人完成修复工作	发包人自行或委托其他人修复工程的费用
14	19.3	缺陷通知期限的延长	因承包人的责任而使工程或设备发生的缺陷或损害	缺陷通知期的延长
15	20.6.5	未按约定投保的补救	承包人未能遵守相应的约定投保	发包人代替投保费用或由此遭受的损失
16	22.1.4	合同解除后的估价、付款和结清	承包人严重违约、破坏或行贿，发包人可以终止合同并向承包人索赔由此造成的损失	发包人遭受的损失和损害赔偿费，以及完成工作所需的额外费用

八、不同事件可索赔的费用项目

1. 发包人原因导致工期拖延承包人可索赔的费用项目（见表 8 - 11）

表 8 - 11　　　　　　　　工期拖延承包人可索赔的费用项目

可能的费用项目	说　　明	计算基础
（1）人工费	包括工资上涨、现场停工、窝工、生产效率降低、不合理使用劳动力等损失	停工、窝工按实际停工工时数和报价单中人工费单价等计算； 低效生产的损失按投标书中确定的和实际的劳动力投入量和工作效率、劳动力单价等计算
（2）材料费	因工期延长引起的材料价款上涨，因工期延长引起的材料推迟交货而导致的损失	按实际支出计算
（3）机械设备费	设备因延期引起的折旧费、利息、维修保养费、固定税费、进出场费或租赁费等	按承包人停滞台班数、停滞台班费单价、台班租赁费等计算
（4）企业管理费	包括现场管理人员的工资、津贴等，现场办公设施的折旧、营运费，现场日常管理费支出，交通费等	按实际支出计算
（5）因工期延长的通货膨胀费	—	按实际支出计算
（6）相应的保险费、保函费	—	—
（7）分包人索赔	分包商因延期向承包人提供的费用索赔	—

续表

可能的费用项目	说　　明	计算基础
（8）推迟支付引起的兑换率损失	工程延期引起支付延迟	按实际损失计算
（9）利润	工程延误导致承包人预期利润的减少	按承包人预期的利润损失计算

2. 发包人原因导致工程中断承包人可索赔的费用项目（见表 8-12）

表 8-12　　　　　　　　　　工程中断承包人可索赔的费用项目

可能的费用项目	说　　明	计算基础
（1）人工费	留守人员工资、人员的遣返和重新招雇费，对工人的赔偿等	按实际支出计算
（2）材料费	退还已订购材料的损失	—
（3）机械费	设备停工费、额外的进出场费、租赁机械的费用等	实际支出或按合同报价标准计算
（4）保险、保函、银行手续费		
（5）贷款利息		
（6）利润、企业管理费		
（7）其他额外费用	停工、复工所产生的额外费用，工地清理、重新计划、安排、重新准备施工等费用	

3. 发包人原因合同终止承包人可索赔的费用项目（见表 8-13）

表 8-13　　　　　　　　　　合同终止承包人可索赔的费用项目

索赔事件	可能的费用	说　　明	计算基础
合同终止 1. 业主自行终止； 2. 业主违约终止； 3. 不可抗力终止	（1）人工费	遣散工人的费用，给工人的赔偿金，善后处理工作人员的费用	按实际损失计算
	（2）机械费	已交付的机械租金，为机械运行已作的一切物质准备费用，机械作价处理损失（包括未提折旧）、已缴纳的保险费，将机械运出现场的费用等	
	（3）材料费	已购材料，已订购材料的费用损失，材料作价处理损失	
	（4）其他附加费用	分包人索赔、已缴纳的保险费、银行费用、工地管理费损失等	
	（5）工程款	已完成的且其价款在合同中有约定的任何未付工作的应付款额	按实际工程师确定的款额计算
	（6）利润	承包人完成工程应合理获得的利润	按承包人实际的利润损失计算

4. 加速施工承包人可索赔的费用项目（见表 8 - 14）

表 8 - 14　　　　　　　　　　加速施工承包人可索赔的费用项目

可能的费用	说　明	计算基础
（1）人工费	1. 因发包人指令工程加速造成增加劳动力投入，不经济地使用劳动力使生产效率降低； 2. 节假日加班、夜班补贴	1. 报价中的人工费单价，实际劳动力使用量，已完成工程中劳动力计划用量； 2. 实际加班数，合同约定或劳资合同约定的加班补贴费
（2）材料费	1. 增加材料的投入，不经济地使用材料； 2. 因材料需提前交货给材料供应商的补偿； 3. 改变运输方式； 4. 材料代用	1. 实际材料使用量，已完成工程中材料计划使用量，报价中的材料价款或实际价款； 2. 实际支出； 3. 材料数量、实际运输价款、合同约定的材料运输方式的价款； 4. 代用材料的数量差、价款差
（3）机械设备费	1. 增加机械使用时间，不经济地使用机械； 2. 增加新设备的投入	1. 实际费用，报价中的机械费，实际租金等； 2. 新设备报价，新设备的使用时间
（4）部分企业管理费	1. 增加管理人员的工资； 2. 增加人员的其他费用，如福利费、工地补贴、交通费、劳保、假期等； 3. 增加临时设施费； 4. 现场日常管理费支出	1. 计划用量，实际用量，报价标准； 2. 实际增加人·月数，报价中的费率标准； 3. 实际增加量，实际费用； 4. 实际开支数，原报价中包含的数量
（5）其他	分包人索赔等	按实际支出计算
（6）利润	承包人加速施工应合理获得的利润	按承包人实际应得的利润计算
扣除：部分企业管理费	由于赶工，计划工期缩短，减少支出：工地交通费、办公费、工器具使用费、设施费用等	缩短月数，报价中的费率标准
扣除：其他附加费	保函、保险和总部管理费等	—

5. 其他事件可索赔的费用项目（见表 8 - 15）

表 8 - 15　　　　　　　　　　其他事件可索赔的费用项目

索赔事件	可能的费用	说　明	计算基础
工程删减	（1）企业管理费	因工程项目删减而导致分摊的总部管理费的损失	根据删减工程的工程量、综合单价中分摊的管理费率计算
工程删减	（2）可能引起的其他费用	可能包括已订购材料退还的损失费用等	根据实际支出计算
工程质量改变或特性上改变	（1）人工费	返工费、新增人工费	按实际支出计算
工程质量改变或特性上改变	（2）材料费	新材料费、新材料与原材料价款的差额	按实际支出计算
工程质量改变或特性上改变	（3）机械设备费	返工费、使用新机械设备费	按实际支出计算
工程质量改变或特性上改变	（4）企业管理费	因综合单价改变损失的企业管理费	按新综合单价、管理费率和工程量表计算
工程质量改变或特性上改变	（5）利润	承包人实施新工程特性应合理获得的利润	按承包人实际应得的利润计算

续表

索赔事件	可能的费用	说　　明	计算基础
工程标高位置尺寸改变	(1) 人工费	返工费、新增人工费	按实际支出计算
	(2) 材料费	新材料费、新材料与原材料价款的差额	
	(3) 机械费	返工费、使用新机械设备费	
	(4) 企业管理费	因综合单价改变损失的企业管理费	按新综合单价、管理费率和工程量表计算
工程施工顺序或时间的改变	企业管理费	因可能的工期延长、施工组织计划的变动而导致现场管理费的损失	根据可能延长的工期，综合单价中管理费率计算
产权索赔	(1) 谈判、仲裁、诉讼费	—	按实际支出计算
	(2) 侵权费	—	
业主提前接收	(1) 人工费	为减少发包人影响施工而进行的现场调整所增加的人工费	实际支出或按合同报价标准计算
	(2) 机械设备费	机械设备的安拆、迁移费	
	(3) 其他损失费	施工临时管道、线路及进出场道路的更改费，为保护发包人人身安全采取的必要措施费等	
	(4) 利润	承包人因发包人提前接收导致的利润损失	按承包人实际的利润损失计算
修补缺陷	(1) 修补缺陷费	包括修补由发包人使用工程引起的损害所需要的人工费、材料费、机械设备费和其他附加费用	按实际支出计算（利润应按合同中约定的利润率计算）
	(2) 调查费用（发包人的责任情况下）	调查费用、合理的利润损失	
	(3) 因缺陷维修导致的重新检验费（发包人责任情况下）	检验准备费、检验过程中消耗的材料费、修补工作费等	
	(4) 利润	承包人修复发包人引起的缺陷应合理获得的利润	按承包人实际应得的利润计算
保险索赔	(1) 投保费用	有义务的一方未办理或未使保险持续有效，另一方代办费用	按实际支出计算
	(2) 应由保险公司赔偿的费用	包括若正常办理保险，保险公司所应赔付的一切费用	
工程删减转包	属于发包人违约，可以索赔删减部分的全部费用		

九、费用索赔计算

1. 人工费

可索赔的人工费包括额外增加工作内容的人工费、超过法定工作时间的加班费、发包人责任引起工程延误的停工（窝工）损失费、非承包人责任的工作效率降低的损失费和法定人工增长费等，各项费用计算如下：

（1）加班费＝消耗的人工工日×人工单价×加班系数

（2）额外工作所需人工费＝消耗的人工工日×合同中的人工单价、计日工单价或重新议定单价

（3）劳动效率降低的费用索赔额＝（该项工作实际支出工时－该项工作计划工时）×人工单价

（4）停工（窝工）损失费＝窝工人工工日×窝工人工单价

2. 施工机械使用费

可索赔的施工机械使用费包括由于完成额外工作增加的机械使用费、非施工单位责任的工效降低增加的机械使用费和由于发包人或监理工程师原因导致机械停工的窝工费。可采用机械台班费、机械折旧费、设备租赁费等几种形式。

（1）停工或窝工的机械闲置费＝机械台班折旧费（机械的日租赁费）×闲置天数

（2）完成额外工作增加的机械使用费＝机械台班单价×工作台班数

（3）机械作业效率降低费＝机械作业发生的实际费用－投标报价的计划费用

3. 材料费

可索赔的材料费通常包括增加额外工作、变更工作性质和施工方法，增加额外使用量的材料费、客观原因引起的材料价格上涨的费用和非承包人责任造成工程延误导致材料价格上涨和超期储存的费用。材料费中应包括运输费、仓储费及合理的损耗费。如果由于承包人管理不善，造成材料损坏失效，不能列入索赔的范围。

（1）额外材料使用费＝（实际用料量－计划用料量）×材料预算单价

（2）材料价格上涨费用＝（现行价格－基本价格）×材料使用量

（3）增加的材料运输、采购、保管费用＝实际费用－报价费用

4. 管理费

（1）现场管理费。

1）直接成本的现场管理费索赔。现场管理费索赔额一般可按该索赔事件直接费乘以现场管理费费率。

2）工程延期的现场管理费索赔。用实际（或合同）现场管理费总额除以实际（或合同）工期，得到单位时间现场管理费费率，然后用单位时间现场管理费费率乘以可索赔的延期时间，可得到现场管理费索赔额。

（2）总部管理费。

1）总直接费分摊法。总部管理费一般首先在承包人的所有合同工程之间分摊，然后再在每一个合同工程的各个具体项目之间分摊。

2）日费率分摊法。按合同额分配总部管理费，再用日费率法计算应分摊的总部管理费索赔值。

5. 利润

在以下几种情况下，承包人一般可以提出利润索赔：

（1）因设计变更等变更引起的工程量增加，施工条件变化导致的索赔；

（2）施工范围变更导致的索赔；

（3）合同延期导致机会利润损失；

（4）合同终止带来预期利润损失等。

6. 利息

在索赔款额的计算中，经常包括利息。这些利息的具体利率应是多少，在实践中可采用不同的标准，主要有以下几种：

（1）按当时的银行贷款利率；

（2）按当时的银行透支利率；

（3）按合同双方协议的利率。

具体计算公式为

$$可索赔的利息 = 贷款额度 \times 选用的利息率$$

7. 保函手续费

工程延期时，保函手续费相应增加，反之，取消部分工程且发包人与承包人达成提前竣工协议时，承包人的保函金额相应折减，则计入合同价内的保函手续费也应扣减。

8. 保险费

保险费的索赔与保函手续费的索赔类似。

9. 分包费用

分包费用索赔指的是分包商的索赔费，一般包括人、材、机费用的索赔。分包商的索赔应如数列入总承包商的索赔款总额之内。

【例 8-5】　某建设工程，发包人与承包人签订了工程量清单计价单价合同。施工中需要的某型号大型施工机械为承包人自有设备。合同中约定：计日工人工单价为 90 元/工日、C30 预拌混凝土 360 元/m³，机械台班单价为 1400 元/台班，窝工费为 50 元/工日，机械闲置费为 1000 元/台班（每天只按照一个台班计算）。管理费以分部分项工程项目（或措施项目）的人工费、材料费、施工机械使用费之和为计算基数，费率为 12%，利润以分部分项工程（或措施项目）的人工费、材料费、施工机械使用费、管理费之和为计算基数，费率为7%。规费以分部分项工程费、措施项目费、其他项目费之和为计算基数，费率为 6%，税金率为 3.48%。

合同履行后第 30 天，因场外更换线路停电 2 天，导致施工全场停工 2 天，造成人员窝工 20 个工日；合同履行后的第 50 天发包人指令增加一项合同外的新工作，完成该工作需要 5 天时间（对总工期没有影响），人工 20 个工日，C30 预拌混凝土 80m³，施工机械需要 5 台班，求承包人可获得的费用补偿额。

解　（1）因维修线路导致施工现场停电 2 天（每周停电累计超过 8 小时），导致停工 2 天属于发包人承担的责任，应给予承包人工期顺延 2 天，费用补偿计算如下：

$$人员窝工费 = 20 工日 \times 50 元/工日 = 1000 元$$

$$机械费闲置费 = 2 台班 \times 1000 元/台班 = 2000 元$$

$$费用小计：(1000 + 2000) \times (1 + 6\%) \times (1 + 3.48\%) = 3290.66 元$$

（2）因发包人指令增加新工作导致费用补偿额计算如下：

计日工：20 工日×90 元/工日＋80m³×360 元/m³＋5 台班×1400 元/台班＝37 600 元

费用小计：37 600×（1＋6%）×（1＋3.48%）＝41 242.99 元

（3）可获得的费用补偿额合计：3290.66＋41 242.99＝44 533.65 元

【例 8-6】　某承包人中标某商业中心大楼的建设工程，按《标准施工招标文件》（07 版）中的合同条件与发包人进行签约和施工管理。中标价为 18 328 500 元，合同工期 18 个月。在施工过程中，由于地基较预计的差，施工条件受干扰大，在施工过程中发包人多次修改设计图纸，导致施工费用增加，工期延长。经发承包双方协商，工程延期 176 天。为完成既定目标，发包人要求承包人加速施工，承包人提出索赔要求，索赔计算项目见表 8-16。

表 8-16　　　　　　　　　　　　　　　　索 赔 计 算 项 目

项目	加速施工降效费	延期施工管理费	人工调增费	材料调增费	机械租赁增加费	分包商安装工作增加费
计算依据	降效导致多用工日×相应工种当地日均工资	延期工日×中标合同价平均日管理费	根据文件，后半年人工费增长 3.2%	根据文件，当地材料上调 5.5%	按实际计算	按实际计算
金额（元）	65 919	121 350	23 485	59 850	65 780	187 550
项目	承包人贷款利息	保函延期开支	利润	合计Σ1	增加幅度	
计算依据	按银行贷款利息 8.5% 计算，计息期一年	按银行担保规定利息和天数计算	按合同原定利润率 8.5%×（增加的直接费＋增加的间接费）	—	增加部分Σ1/合同总价Σ	—
金额（元）	15 280	52 830	112 405	1 434 821	7.83%	

十、工期索赔计算

1. 计算方法

工期索赔的计算方法主要有网络图分析法和比例计算法两种。

（1）网络图分析法。网络图分析法是利用进度计划的网络图，分析计算索赔事件对工期影响的一种方法，网络图分析法是工期索赔计算的一种科学合理的分析方法。

工程延误分为可原谅的延误和不可原谅的延误，承包人原因造成的延误为不可原谅的延误。可原谅的延误又分为可补偿的延误和不可补偿的延误两种情况。如果非承包人原因导致延误的工作为关键工作，则总延误的时间为批准顺延的工期；如果延误的工作为非关键工作，当该工作由于延误超过时差限制而成为关键工作时，可以批准该工作的延误时间与该工作总时差的差值为顺延的工期；若该工作延误的时间没有超出该工作的总时差，则不存在工期索赔问题。

【例 8-7】　已知某工程网络计划如图 8-12 所示。该网络计划总工期 12 天，经工程师批准。在施工过程中由于发包人的原因，导致工作 A 延误 1 天，工作 B 延误 2 天；由于承包人管理不善，导致工作 C 延误 1 天，工作 E 延误 2 天，实际施工天数为 14 天，超出合同工期 2 天。计算承包人应获得的索赔天数。

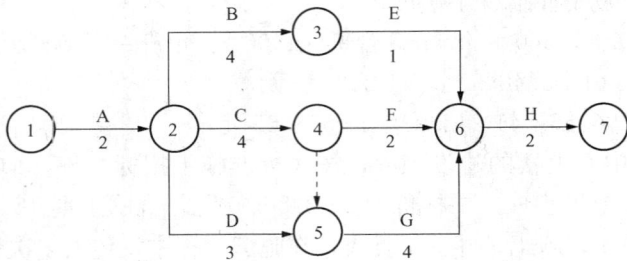

图 8 - 12　某工程网络计划

解 1　索赔天数的计算采用逐一分析确定，最后加总的方法。首先确定关键线路，图 8 - 12 中关键线路为 A→C→G→H。由于发包人原因导致工作 A 和 B 的延误，可以考虑索赔。工作 A 是关键工作，由于发包人原因被延误 1 天，所以可向发包人索赔 1 天；工作 B 虽然是发包人原因，但是工作 B 是非关键工作，而且被延误的时间 2 天没有超出其总时差，所以不能提出索赔。承包人原因造成的延误为不可原谅的延误，不能提出索赔。所以，总计承包人应得的工期索赔值为 1＋0＝1 天。

解 2　采用"分清责任，统一代入，一次算出"的方法。首先，根据合同约定分清责任，找出哪些是发包人应承担的，在此题中工作 A 和 B 的延误是发包人应承担的责任；其次，把由于发包人的原因被延误工作的实际工作时间代入原网络计划，替换原计划中对应的工作时间，得到新的工期，此工期为只考虑发包人原因被延长之后的工期，此题中为 13 天；新工期减去原计划工期就是承包人应得的索赔值，在此题中为 13－12＝1 天。此方法不用逐一进行时差分析，所以当需要分析的工作数量较多时，用此方法比较简便。

（2）比例计算法。该方法主要应用于工程量有增加时工期索赔的计算，此方法不经过网络计划分析，应用简单，但有一定局限性。公式为

$$工期索赔值 = \frac{额外增加的工程量的价格}{原合同价} \times 原合同总工期 \qquad (8 - 8)$$

【例 8 - 8】　某工程合同总价 380 万元，总工期 15 个月。现发包人指令增加附加工程的价格为 76 万元，则承包人提出工期索赔为多少个月？

解　$$工期索赔 = \frac{76}{380} \times 15 = 3 \ 月$$

2. 工期索赔中共同延误的处理

在实际施工过程中，工程延误往往是由两、三种原因同时发生（或相互作用）而形成的，故称为"共同延误"问题。在这种情况下，处理索赔时要具体分析哪一种延误情况是有效的，应依据以下原则：

（1）首先判断造成工程延误的哪一种原因是最先发生的，即确定"初始延误"者，它应对工程延误负责。在初始延误发生作用期间，其他并发的延误者不承担工程延误责任。

（2）如果初始延误者是发包人原因，则在发包人原因造成的延误期内，承包人既可得到工期补偿，又可得到费用补偿。

（3）如果初始延误者是客观原因，则在客观因素发生影响的延误期内，承包人可以得到工期补偿，但很难得到费用补偿。

（4）如果初始延误者是承包人的原因，则在承包人原因造成的延误期内，承包人既不能得到工期补偿，也不能得到费用补偿。

【例 8 - 9】 济南某建设工程，发包人与承包人签订了施工承包合同，合同采用工程量清单计价单价合同，合同工期 350 天。合同中约定：

（1）某大型机械 M 台班单价 1000 元/台班，折旧费 600 元/台班；人工单价 80 元/工日，窝工费 40 元/工日。

（2）当实际工程量超过（或少于）原计划工程量的 15% 时，超过（或减少后）的部分采用原综合单价的 0.9（或 1.1 倍）。

（3）规费费率为 8%，税金税率为 3.48%。

（4）窝工时每天每个工人按一个工日计算窝工费，机械按照一个台班计算折旧费。

施工前发包人批准了承包人提交的施工进度计划。施工进度计划中关键线路上的关键工作 E、G 需用大型机械 M，工作 E、G 每天计划安排 30 名工人工作。在施工过程中，发生了经监理人核准的如下事件：

事件 1：7 月 10~19 日，施工现场连续降雨。7 月 15 日早上，关键工作 E 所用的脚手架发生倒塌，直至 7 月 20 日早上才修复完成。承包人修复用工：30 工日，材料费 1000 元。承包人递交的索赔报告要求：

（1）工期索赔 5 天；

（2）费用索赔。

1）人工费：30×80＝2400 元。

2）材料费：1000 元。

3）窝工费：30×5×40＝6000 元。

4）机械闲置费：5×600＝3000 元。

5）合计：（2400＋1000＋6000＋3000）×（1＋8%）×（1＋3.48%）＝13 858.04 元。

事件 2：原定于 7 月 16 日早上供应到施工现场的工作 E 所用的某主要材料（发包人采购供应），由于供货商的原因，直至 7 月 22 日早上才运至现场。承包人递交的索赔报告要求：

（1）工期索赔 6 天；

（2）费用索赔。

1）窝工费：30×6×40＝7200 元。

2）机械闲置费：6×600＝3600 元。

3）合计：（7200＋3600）×（1＋8%）×（1＋3.48%）＝12 069.91 元。

事件 3：非关键工作 F，已标价工程量清单数量为 1000m³，综合单价 350 元/m³，实际完成工程量为 1200m³。

问题：

（1）请以监理人的身份对事件 1 和事件 2 进行索赔分析并计算。

（2）事件 1 和事件 2 可以补偿的工期是多少？

（3）请计算工作 F 工程量增加部分调增的价款是多少。

问题 1：

解 事件 1：7 月 10~19 日，施工现场连续降雨是济南当地雨季正常的降雨，属于一个有经验的承包人能够合理预见到的，不属于不可抗力。

施工所用脚手架倒塌属于承包人的责任，不予补偿费用和工期。

事件 2：发包人供应材料延误属于发包人的责任，工作 E 属于关键工作，所以应批准补偿工期和费用。

事件 1 与事件 2 在 7 月 16～19 日期间，属于共同延误责任事件，按照初始延误责任进行处理。

因此，7 月 16～19 日期间不予补偿工期和费用，只有 7 月 21、22 两日给予补偿工期和费用。

费用补偿：$(30×2×40+2×600)×(1+8\%)×(1+3.48\%)=4023.30$ 元

问题 2：

解　事件 1 和事件 2 可以补偿的工期是 2 天（3 分）。

问题 3：

解　工作 F 工程量增加部分调增的价款为

$(150×350+50×350×0.9)×(1+8\%)×(1+3.48\%)=76\ 275.11$ 元（6 分）

十一、反索赔

1. 反索赔的内容

反索赔一般是指发包人向承包人所提出的索赔，由于承包人不履行或不完全履行约定的义务，或是由于承包人的行为使发包人受到损失时，发包人为了维护自己的利益，向承包人提出的索赔。

反索赔的目的是防止损失的发生，广义的反索赔内容包括如下两方面内容：

（1）防止对方提出索赔。在合同实施中进行积极防御，使自己处于不能被索赔的地位。主要是通过加强工程管理，特别是合同管理，使自己完全按合同办事，使对方找不到索赔的理由和根据。

（2）反击对方的索赔要求。为了避免和减少损失，必须反击对方的索赔要求。最常见的反击对方索赔要求的措施有：

1）反驳对方的索赔报告，找出理由和证据，证明对方的索赔报告不符合事实情况、不符合合同规定、没有根据、计算不准确。以推卸或减轻自己的赔偿责任，使自己不受或少受损失。

2）用我方提出的索赔对抗（平衡）对方的索赔要求，使最终合同双方都作让步，互不支付。在工程施工过程中干扰事件的责任常常是双方的，对方也有失误和违约的行为，也有薄弱环节。抓住对方的失误，提出索赔，在最终索赔解决中双方都作让步。这是以"攻"对"攻"，攻对方的薄弱环节。用索赔对索赔，是常用的反索赔手段。在国际工程中发包人（业主）常常用这个措施对待承包人（承包商）的索赔要求，如找出工程中的质量问题及承包人管理不善之处，以对抗承包人的索赔要求，达到少支付或不支付的目的。

在实际工程中，这两种措施都很重要，常常同时使用。索赔和反索赔同时进行，即索赔报告中既有索赔，也有反索赔；反索赔报告中既有反索赔，也有索赔。攻守手段并用会达到很好的索赔效果。

2. 常见的发包人反索赔

常见的发包人反索赔有以下几方面。

（1）工程延误反索赔。在工程项目的施工过程中，因承包人方面的原因不能按照协议书约定的竣工日期，或工程师同意顺延的工期竣工，承包人应承担违约责任，赔偿因其违约给发包人造成的损失，双方在专用条款内约定承包人赔偿损失的计算方法，或承包人应当支付违约金的数额和计算方法。由承包人支付延期竣工违约金。发包人在确定违约金的费率时，一般要考虑以下因素：

1）发包人盈利损失。

2）由于工期延长而引起的贷款利息增加。

3）因工程延误带来的附加监理费。

4）由于本工程延误竣工、不能使用，租用其他建筑物时的租赁费。

违约金的计算方法，在每个合同文件中均有具体规定，一般按每延误一天赔偿一定的款额计算，累计赔偿额一般不超过合同总额的10%。

（2）施工缺陷反索赔。承包人施工质量不符合施工技术规程的要求，或在保修期未满以前未完成应该负责修补的工程时，发包人有权向承包人追究责任。如果承包人未在规定的时限内完成修补工作，发包人有权雇佣他人来完成，发生的费用由承包人负担。

（3）承包人不履行保险的索赔。如果承包人未按合同条款给指定项目投保，并保证保险有效，发包人可以投保并保证保险有效，发包人所支付的必要保险费可在应付给承包人的款项中扣回。

（4）对超额利润的索赔。在实行单价合同的情况下，如果实际工程量比估计工程量增加很多（超出合同约定限额），使承包人预期收入增大，而工程量的增加并不增加固定成本，双方协议，发包人收回部分超额利润。

（5）发包人合理终止合同或承包人不正当地放弃工程的索赔。如果发包人合理地终止承包人的承包，或者承包人不合理地放弃工程，发包人有权从承包人手中收回而由新的承包人完成工程所需的工程款与原合同未付部分的差额。

十二、发包人在工程索赔中的应对策略

（1）发包人在订立合同阶段应明确承包人提出索赔的具体时间和程序，发包人可以适当压缩承包人提出索赔的时间，并适当增加承包人提出索赔的程序。

（2）发包人应在合同中增加一些免责条款，以此降低自身的风险，但应注意，发包人需提请对方注意或对该条款进行说明，但要注意免除发包人责任、加重对方责任、排除对方主要权利的条款无效。

（3）发包人应仔细审查承包人提交的索赔报告，审查索赔证据的真实性、准确性、时效性，证据之间是否互相矛盾，只有承包人合理证明因发包人原因导致的损失才能给予索赔。

（4）发包人应及时处理索赔，尽量避免与承包人进行总索赔，因为总索赔可能会增加由于施工过程中单项索赔未及时解决增加的额外损失，并且总索赔耗时长，增加发包人损失。

（5）对于承包人原因造成的损失，发包人应使用发包人权利，及时主动地向承包人索赔，保证工程符合质量要求、按时完工。

（6）发包人、工程师、承包人之间应建立良好的合作关系，加强沟通，不恶意阻碍另一方工作，不恶意索赔和恶意拖延索赔处理，为以后合作打好基础。

第七节 投资偏差分析

资金使用计划编制之后，投资控制的目标就确定了。在项目实施过程中，应当以此为依据进行投资偏差分析，即定期地进行投资计划值与实际值的比较，当实际值偏离计划值时，分析产生偏差的原因，采取适当的纠偏措施进行控制。同时，可根据已完工程的实际支出，对工程项目进行重新认识，预测投资的支出趋势，提出改进和预防措施对投资进行控制，如图8-13所示。

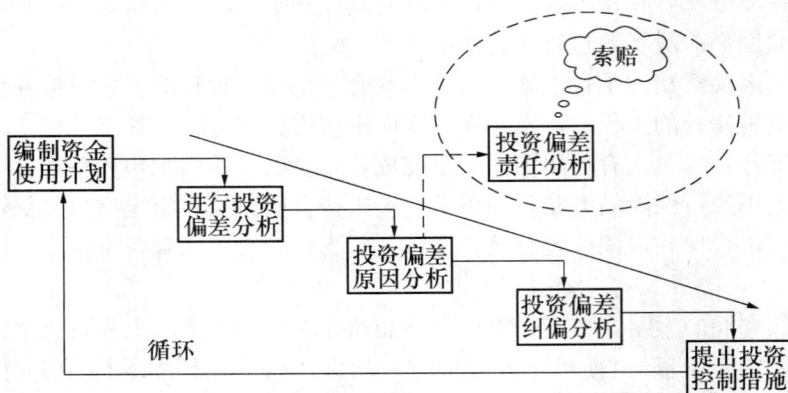

图8-13 投资偏差分析流程图

一、投资偏差分析的基本原理

1. 挣值法的概念

挣值法（Earned Value method），也称赢值法，是通过对比建设项目实际进展情况与进度计划、实际投资完成情况与资金使用计划，确定工程进度是否符合计划要求，从而确定项目投资是否存在偏差的一种分析方法。该方法通过货币指标来度量项目的进度，进而达到评估和控制风险的目的。

2. 挣值计算涉及的几个概念

（1）计划投资（Planed Value，PV），又称拟完工程计划投资（Budgeted Cost for Work Scheduled，BCWS）：在某一时点检查按计划应完成工作的预算费用。

$$PV = 拟完工程计划投资 = \sum 计划工程量 \times 预算单价 \qquad (8-9)$$

（2）实际投资（Actual Value，AC），又称已完工程实际投资（Actual Cost of Work Performed，ACWP）：在某一时点检查已经完成工作的实际费用。

$$AC = 已完工程实际投资 = \sum 实际工程量 \times 实际单价 \qquad (8-10)$$

（3）挣值（Earned Value，EV），又称已完工程计划投资（Budgeted Cost of Work Performed，BCWP）：在某一时点检查已经完成工作的预算费用，反映实际完成了计划预算的多少。

$$EV = 计划预算 \times 已完工程量占总工程量的比例(\%)$$

或

$$EV = 已完工程计划投资 = \sum 实际工程量 \times 预算单价 \qquad (8-11)$$

3. 投资偏差与进度偏差

（1）投资偏差（Cost Variance，CV）是指到某一时点挣值与实际投资的差额。其计算式如下

$$CV = EV - AC$$

$$投资偏差 = 已完工程计划投资 - 已完工程实际投资 \qquad (8-12)$$

计算结果为正，表示投资节约；结果为负，表示投资超支。

（2）进度偏差（Schedule Variance，SV）是指对于某一已完工程计划完成时间与实际完成时间的差额，其计算式如下

$$进度偏差 = 已完工程计划时间 - 已完工程实际时间 \qquad (8-13)$$

为了与投资偏差联系起来，进度偏差也用货币方式予以度量，即到某一时点挣值与计划投资的差额，计算式如下

$$SV = EV - PV$$

$$进度偏差 = 已完工程计划投资 - 拟完工程计划投资 \qquad (8-14)$$

计算结果为正，表示工期提前；结果为负，表示工期拖延。

（3）投资绩效指数（Cost Performance Index，CPI）是指 EV 与 AC 的比值。

$$CPI = EV/AC \qquad (8-15)$$

计算结果大于 1，表示投资节约；结果小于 1，表示投资超支，结果等于 1，表示实际投资等于计划投资。

（4）进度绩效指数（Schedule Performance Index，SPI）是指 EV 与 PV 的比值。

$$SPI = EV/PV \qquad (8-16)$$

计算结果大于 1，表示工期提前；结果小于 1，表示工期拖延；结果等于 1，表示实际进度等于计划进度。

上述 4 个绩效衡量指标需要结合起来用于对项目的投资偏差进行分析，见表 8 - 17。必须特别指出，进度偏差对投资偏差分析的结果有重要影响，如果不加以考虑，就不能正确反映投资偏差的实际情况。例如：某一阶段的投资超支，可能是由于进度超前导致的，也可能是由于物价上涨导致的。

表 8 - 17　　　　　　　　　　　绩效衡量指标判断分析表

绩效衡量		进度		
		$SV>0$ & $SPI>1$	$SV=0$ & $SPI=1$	$SV<0$ & $SPI<1$
投资	$CV>0$ & $CPI>1$	工期提前 投资节约	计划进度 投资节约	工期拖延 投资节约
	$CV=0$ & $CPI=1$	工期提前 计划投资	计划进度 计划投资	工期拖延 计划投资
	$CV<0$ & $CPI<1$	工期提前 投资超支	计划进度 投资超支	工期拖延 投资超支

二、投资偏差的分类

1. 局部偏差和累计偏差

局部偏差有两层含义：一是对于整个项目而言，指各单项工程、单位工程及分部分项工

程的投资偏差；另一层含义是对于整个项目已经实施的时间而言，是指每一控制周期所发生的投资偏差。累计偏差是一个动态的概念，其数值总是与具体时间联系在一起。第一个累计偏差在数值上等于局部偏差，最终的累计偏差就是整个项目的投资偏差。

局部偏差的引入，使项目投资管理人员可以清楚地了解偏差发生的时间、所在的单项工程，这有利于分析其发生的原因；而累计偏差所涉及的工程内容较多、范围较大，且原因也较复杂，因而累计偏差分析必须以局部偏差分析为基础。从另一方面看，因为累计偏差分析是建立在对局部偏差进行综合分析的基础上，所以其结果更能显示出代表性和规律性，对投资控制工作在较大范围内具有指导作用。

2. 绝对偏差和相对偏差

上述绩效衡量指标中的投资偏差 CV、进度偏差 SV 属于绝对偏差，绝对偏差能够直观表达项目偏差的绝对数额，用于指导调整资金支出计划、资金筹措计划和进度计划。

由于项目规模、性质、内容不同，其投资总额会有很大差异，因此，绝对偏差就显得有一定的局限性，不能说明投资偏差的严重程度。为此引入相对偏差，即投资偏差或进度偏差的相对数或比例数。

$$投资相对偏差 = CV/EV \qquad (8-17)$$
$$进度相对偏差 = SV/PV \qquad (8-18)$$

相对偏差能较客观地反映投资偏差或进度偏差的严重程度或合理程度，从对投资控制工作的要求来看，相对偏差比绝对偏差更有意义，应当给予更高的重视。在进行投资偏差分析时，对绝对偏差和相对偏差都需要进行计算。

3. 偏差程度

除了相对偏差外，绩效衡量指标中的 CPI、SPI 也可以反映投资偏差、进度偏差的偏离程度。偏差程度可参照局部偏差和累计偏差，分为局部偏差程度和累计偏差程度。需要注意的是，累计偏差程度并不等于局部偏差程度的简单相加。例如，假设分项工程 A 的实际投资值为 250 万元，挣值为 200 万元，则分项工程 A 的投资偏差程度为 0.80；分项工程 B 的实际投资值为 250 万元，挣值为 300 万元，则分项工程 B 的投资偏差程度为 1.20。分项工程 A 和 B 的累计投资偏差程度应为（200+300）／（250+250）＝1，而不等于 A 和 B 的局部投资偏差程度之和。

三、投资偏差分析工具

进行投资偏差分析，可以借助相应的图表直观地加以反映，常用的投资偏差分析工具有横道图、表格和 S 形曲线。

1. 横道图

用横道图进行投资偏差分析，是用不同的横道标识已完工程计划投资和实际投资及拟完工程计划投资，横道的长度与其数额成正比。投资偏差和进度偏差数额可以用数字或横道表示，而产生投资偏差的原因则应经过认真分析后填入，如图 8-14 所示。

2. 表格

用表格进行投资偏差分析时，可以根据项目的具体情况、数据来源、投资控制工作的要求等条件来设计表格，因而适用性较强，表格的信息量大，可以反映各种偏差变量和指标，对全面深入地了解项目投资的实际情况非常有益。另外，表格还便于用计算机辅助管理，提高投资控制工作的效率，见表 8-18。

项目编码	项目名称	投资参数数额（万元）		投资偏差（万元）	进度偏差（万元）	偏差原因
1021	砌筑工程		35 35 35	0	0	—
1022	混凝土工程		40 35 50	−10	5	—
1023	钢筋工程		40 40 50	−10	0	—
…	……					
合计		100　200　300　400　500　600	115 110 135	−20	5	

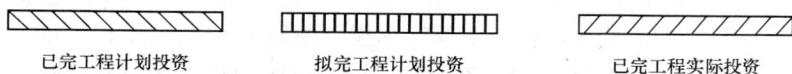

已完工程计划投资　　拟完工程计划投资　　已完工程实际投资

图 8-14　横道图进行投资偏差分析

表 8-18 投 资 偏 差 分 析 表

项目编码	(1)	011	012	013
项目名称	(2)	钢筋工程	模板工程	混凝土工程
单位	(3)			
计划单价	(4)			
拟完工程量	(5)			
拟完工程计划投资	(6) = (4) × (5)			
已完工程量	(7)			
已完工程计划投资	(8) = (4) × (7)			
实际单价	(9)			
其他款项	(10)			
已完工程实际投资	(11) = (7) × (9) + (10)			
投资局部偏差	(12) = (8) − (11)			
投资局部偏差程度	(13) = (8) / (11)			
投资累计偏差	(14) = $\sum$ (12)			
投资累计偏差程度	(15) = $\sum$ (8) /$\sum$ (11)			
进度局部偏差	(16) = (8) − (6)			
进度局部偏差程度	(17) = (8) / (6)			
进度累计偏差	(18) = $\sum$ (16)			
进度累计偏差程度	(19) =$\sum$ (8) /$\sum$ (6)			

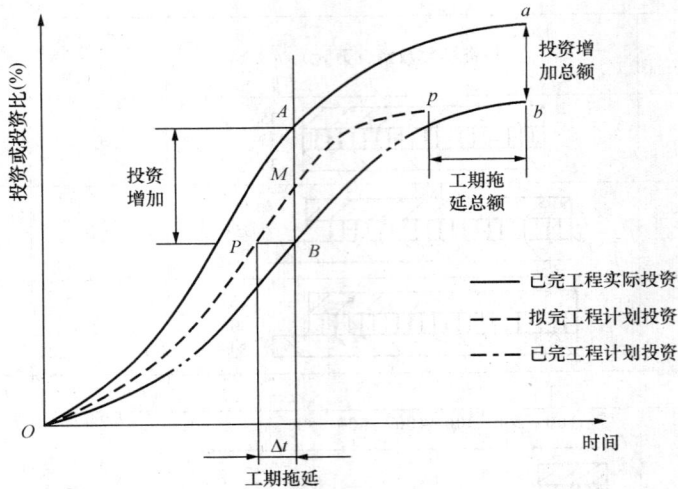

图 8-15　偏差分析曲线图

3.S 形曲线

S 形曲线即投资—时间累计曲线，在用 S 形曲线进行偏差分析时，通常有三条投资曲线，即已完工程实际投资曲线 a，已完工程计划投资曲线 b 和拟完工程计划投资曲线 p，如图 8-15 所示。图 8-15 中在某一检查时点画一条竖向辅助线，分别交曲线 a、b、p 于点 A、B、M，则曲线 b 与 a 的竖向距离表示投资偏差（B 点的投资小于 A 点的投资，$BA<0$，投资增加），曲线 b 和 p 的竖向距离表示进度偏差（B 点的投资小于 M 点的投资，$BM<0$，工期拖延），且所反映的是累计偏差，而且是绝对偏差。从点 B 画水平辅助线交曲线 p 于点 P，则从时间坐标轴上可以看出，PB 长度在时间轴上的投影表示工期拖延的时间（B 点所在的时点大于 P 点的时点，完成计划工作量的实际时间大于计划时间）。

用曲线进行偏差分析，具有形象直观的优点，但不能直接用于定量分析，如果能与表格结合起来，则会取得较好的效果。

四、投资偏差原因和类型

1. 投资偏差原因

对投资偏差原因进行分析是进行投资责任分析和提出投资控制措施的前提。

一般来讲，引起投资偏差的原因主要有四个方面，即客观原因、发包人原因、设计原因和施工原因，如图 8-16 所示。原因分析可以采用因果关系分析图、ABC

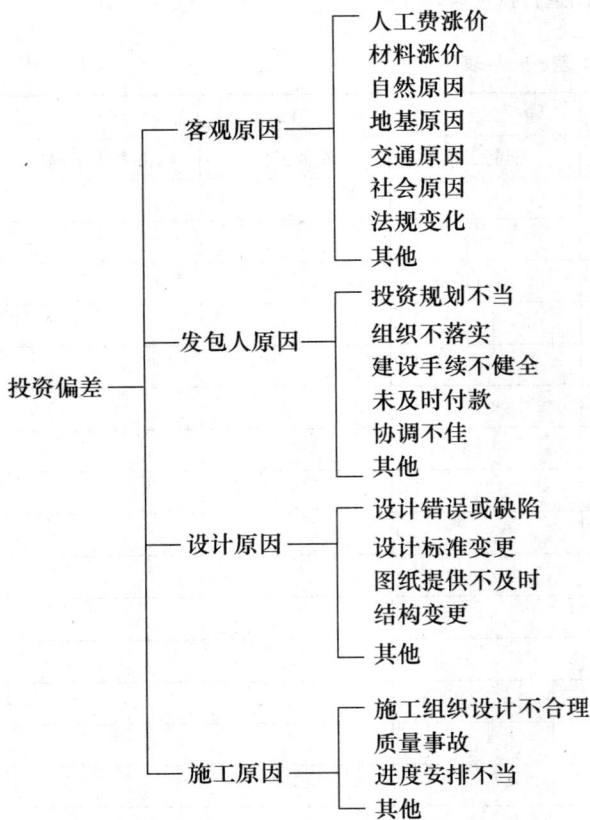

图 8-16　投资偏差原因分析

分类法等方法进行定性分析，在此基础上又可利用因素差异分析法进行定量分析。

对偏差原因进行综合分析，通常采用图表工具。在用表格法时，首先要将每期所完成的全部分部分项工程的投资情况汇总，确定引起各分部分项工程投资偏差的具体原因；然后通过适当的数据处理，分析每种原因发生的频率（概率）及其影响程度（平均绝对偏差或相对偏差）；最后按偏差原因的分类重新排列，得到投资偏差原因综合分析表，见表 8-19。

表 8-19　　　　　　　　　　　投资偏差原因综合分析表

偏差原因	次数	频率	已完工程计划投资 （万元）	绝对偏差 （万元）	平均绝对偏差 （万元）	相对偏差 （%）
1—1						
1—2						
…						
1—9						
…						
4—1						
…						
4—9						
…						
合计						

对投资偏差原因的发生频率和影响程度进行综合分析，还可以采用图 8-17 的形式。

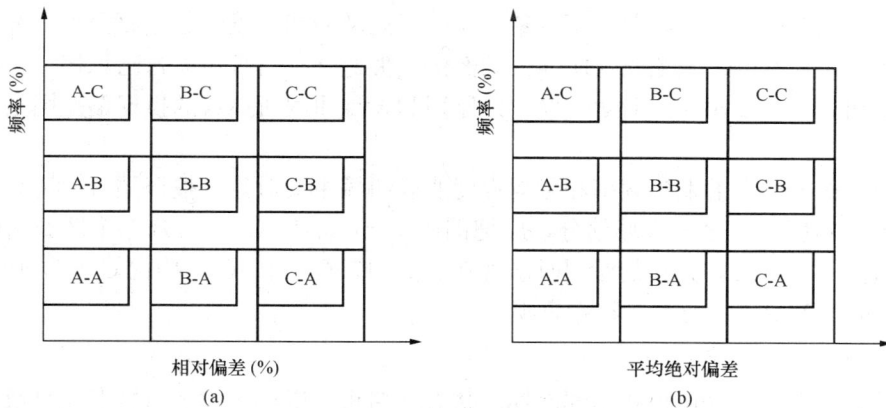

图 8-17　投资偏差原因的发生频率和影响程度
（a）频率和相对偏差；（b）频率和平均绝对偏差

把偏差原因的发生频率和影响分为 3 个阶段、形成 9 个区域；将表 8-19 中的投资偏差特征值分别填入对应的区域内即可，其中影响程度可用相对偏差和平均绝对偏差两种形式表达。图 8-17 中阶段数目和界值的确定，应视项目实施的具体情况和对偏差分析的要求而定。

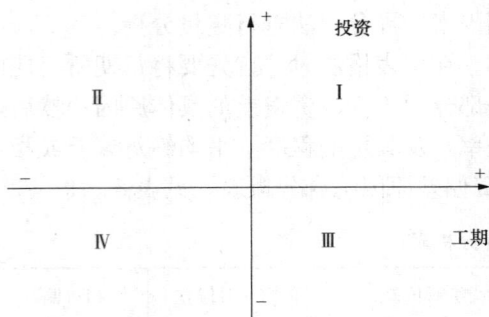

图 8-18 投资偏差类型

2. 偏差类型

为了便于分析,往往还需要对偏差类型做出划分。任何偏差都会表现出某种特点,其结果对投资控制的影响也各不相同。一般来说,偏差不外乎以下 4 种情况: I 投资超支且工期拖延; II 投资超支但工期提前; III 工期拖延但投资节约; IV 投资节约且工期提前。如图8-18 所示。这种划分综合性较强,便于表述和应用,在实际分析中经常用到。

五、偏差纠正措施

对投资偏差原因进行分析后,就要采取强有力的措施加以纠正,尤其注意主动控制和动态控制,尽可能实现投资控制目标。

1. 明确纠偏的主要对象

(1) 根据偏差类型明确纠偏主要对象。按照图 8-18 所示的偏差类型,纠偏的主要对象首先是偏差 I 型,即投资增加且进度拖延。对这种类型的偏差必须高度重视,纠偏措施要坚决、果断、确有效果,否则,可能陷入投资偏差积重难返、进度纠偏又使投资偏差处于"雪上加霜"的境地。其次是偏差 II 型,在这种情况下,要适当考虑工期提前所能产生的收益。若这种收益与增加的投资大致相当甚至高于投资增加额,则未必需要采取纠偏措施。至于偏差 III 型,从投资控制的角度来看,要考虑是否需要进度纠偏,以及如果必须采取进度纠偏措施需要增加多少投资。偏差 IV 型是投资控制工作非常理想的结果,但要特别注意排除假象。

(2) 根据偏差原因明确纠偏主要对象。在以上列举的四类投资偏差原因中,客观原因一般是无法避免和控制的。施工原因所导致的经济损失通常是由承包人自己承担。这两类偏差原因都不是纠偏的主要对象。而对于发包人原因和设计原因所造成的投资偏差则是纠偏的主要对象。

(3) 根据偏差原因的发生频率和影响程度明确纠偏主要对象。按照图 8-17 对投资偏差原因发生频率和影响程度的区域划分,应把图中 C—C,B—C,C—B 三个区城内的偏差原因作为纠偏的主要对象,尤其是对同时出现在图 8-17(a)和(b)中的 C—C,B—C,C—B 三个区域的偏差原因,要给予特别重视。

2. 采取有效的纠偏措施。

纠偏就是对系统实际运行状态偏离标准状态的纠正,以使实际运行状态恢复或保持在标准状态。

通常纠偏措施可分为组织措施、经济措施、技术措施、合同措施四个方面。

(1) 组织措施。组织措施是指从投资控制的组织管理方面采取的措施,包括:①落实投资控制的组织机构和人员;②明确各级投资控制人员的任务、职能分工、权力和责任;③改善投资控制工作流程等。

组织措施是最基本的措施,是其他纠偏措施的前提和保障,一般无需增加什么费用,如果运用得当可以收到良好的效果。

（2）经济措施。经济措施最易为人们接受，但运用中要特别注意不可把经济措施简单理解为审核工程量及相应的支付款。应从全局出发来考虑问题，如检查投资目标分解是否合理，资金使用计划有无保障，会不会与施工进度计划发生冲突，工程变更有无必要，是否超标等。解决这些问题往往是标本兼治，事半功倍。另外，通过偏差分析和未完工程预测还可以发现潜在的问题，及时采取预防措施，从而取得投资控制的主动权。

（3）技术措施。技术措施是指对工程施工方案进行技术经济分析。从造价控制的要求来看，技术措施并不都是因为发生了技术问题才加以考虑的，也可以因为出现了较大的投资偏差而加以运用。不同的技术措施往往会有不同的经济效果，因此运用技术措施纠偏时，要对不同的技术方案进行技术经济分析后加以选择。

（4）合同措施。合同措施在纠偏方面主要指索赔管理。在施工过程中，索赔事件的发生是难免的，造价工程师在发生索赔事件后，要认真审查有关索赔依据是否符合合同规定，索赔计算是否合理等，从主动控制的角度出发，加强日常的合同管理，落实合同规定的责任。

第八节 工程结算的编制与审查

工程结算是指发承包双方根据合同约定，对合同工程在实施中、终止时、已完工后进行的合同价款计算、调整和确认。包括期中结算、终止结算、竣工结算。期中结算又称中间结算，包括月度、季度、年度结算和形象进度结算。终止结算是合同解除后的结算。竣工结算是指工程竣工验收合格，发承包双方依据合同约定办理的工程结算，是期中结算的汇总。

一、工程结算的编制

工程结算按工程的施工内容或完成阶段，可分为按竣工结算、分阶段结算、合同终止结算和专业分包结算等形式进行编制。

1. 结算编制文件组成

工程结算文件一般由工程结算汇总表，单项工程结算汇总表，单位工程结算汇总表和分部分项工程、措施项目、其他项目、规费与税金项目结算表及结算编制说明等组成。

其中的各种表格应当按表格所规定的内容详细编制；编制说明可根据委托工程的实际情况，以单位工程、单项工程或建设项目为对象进行编制，并应说明以下内容：

（1）工程概况。

（2）编制范围。

（3）编制依据。

（4）编制方法。

（5）有关材料、设备、参数和费用说明。

（6）其他有关问题的说明。

工程结算文件还包括与工程结算相关的附件，例如发承包合同调整条款、设计变更、工程洽商、材料及设备定价单、调价后的单价分析表等与工程结算相关的书面证明材料。

2. 编制依据

工程结算编制依据是指编制工程结算时需要工程计量、价格确定、工程计价有关参数、率值确定的基础资料。

（1）建设期内影响合同的法律、法规和规范性文件。

（2）国务院建设行政主管部门以及各省、自治区、直辖市和有关部门发布的工程造价计价标准、计价办法、有关规定及相关解释。

（3）施工发承包合同、专业分包合同及补充合同，有关材料、设备采购合同。

（4）招投标文件，包括招标答疑文件、投标承诺、中标报价书及其组成内容。

（5）工程竣工图或施工图、施工图会审记录，经批准的施工组织设计，以及设计变更、工程洽商和相关会议纪要。

（6）经批准的开、竣工报告或停工、复工报告。

（7）工程材料及设备中标价、认价单。

（8）双方确认追加（减）的工程价款。

（9）影响工程造价的相关资料。

（10）结算编制委托合同。

3. 编制原则

（1）工程结算的编制应按相应的施工合同进行编制。当合同范围内涉及整个项目的，应按建设项目组成，将各单位工程汇总为单项工程，再将各单项工程汇总为建设项目，编制相应的建设项目工程结算成果文件。

（2）实行分阶段结算的建设项目，应按合同要求进行分阶段结算，出具各阶段工程结算成果文件。在竣工结算时，将各阶段工程结算汇总，编制相应竣工结算成果文件。

（3）除合同另有约定外，分阶段结算的工程项目，其工程结算文件用于价款支付时，应包括下列内容：

1）本周期已完成工程的价款。

2）累计已完成的工程价款。

3）累计已支付的工程价款。

4）本周期已完成计日工金额。

5）应增加和扣减的变更金额。

6）应增加和扣减的索赔金额。

7）应抵扣的工程预付款。

8）应扣减的质量保证金。

9）根据合同应增加和扣减的其他金额。

10）本付款周期实际应支付的工程价款。

（4）进行合同终止结算时，应按已完工程的实际工程量和施工合同的有关约定，编制合同终止结算。

（5）实行专业分包结算的工程，应将各专业分包合同的要求，对各专业分包分别编制工程结算。总承包人应按工程总承包合同的要求，将各专业分包结算汇总在相应的单位工程或单项工程结算内，进行工程总承包结算。

（6）工程结算编制应区分施工合同类型及工程结算的计价模式，采用相应的工程结算编制方法。

1) 施工合同类型按计价方式应分为总价合同、单价合同、成本加酬金合同。

2) 工程结算的计价模式应分为单价法和实物量法，单价法分为定额单价法和工程量清单单价法。

(7) 工程结算编制时，采用总价合同的，应在合同价基础上对设计变更、工程洽商，以及工程索赔等合同约定可以调整的内容进行调整。

(8) 工程结算编制时，采用单价合同的，工程结算的工程量应按照经发承包双方在施工合同中约定的方法，对合同价款进行调整。

(9) 工程结算编制时，采用成本加酬金合同的，应依据合同约定的方法计算各个分部分项工程，以及设计变更、工程洽商、施工措施等内容的工程成本，并计算酬金及有关税费。

4. 编制方法

采用工程量清单方式计价的工程，一般应采用单价合同，按工程量清单单价法编制工程结算。工程量清单计价的工程，费用包括分部分项工程费、措施项目费、其他项目费、规费和税金。其编制方法如下：

(1) 分部分项工程费应依据施工合同相应约定，以及实际完成的工程量、投标时的综合单价及合同约定的价款调整方式进行计算。

(2) 工程结算编制时措施项目费应依据合同约定的项目和金额计算，发生变更、新增的措施项目，以发承包双方合同约定的计价方式计算，其中措施项目清单中的安全文明费用应按照国家或省级、行业建设主管部门的规定计算。施工合同中未约定措施项目费结算方法时，措施项目费可按以下方法结算。

1) 与分部分项实体相关的措施项目，应随该分部分项工程的实体工程量的变化，依据双方确定的工程量、合同约定的综合单价进行结算。

2) 独立性的措施项目，应充分体现其竞争性，一般应固定不变，按合同价中相应的措施项目费用进行结算。

3) 与整个建设项目相关的综合取定的措施项目费用，可按照投标时的取费基数及费率进行结算。

(3) 其他项目费应按以下方法进行结算：

1) 计日工按发包人实际签证的数量和确定的事项进行结算。

2) 暂估价中的材料单价按发承包双方最终确认价在分部分项工程费中对相应综合单价进行调整，计入相应的分部分项工程。

3) 专业工程结算价应按中标价或发包人、承包人与分包人最终确认的分包工程价进行结算。

4) 总承包服务费应依据合同约定的结算方式进行结算。

5) 暂列金额应按合同约定计算实际发生的费用。

6) 招标工程量清单漏项、设计变更、工程洽商等费用应依据施工图，以及发承包双方签证资料确认的数量和合同约定的计价方式进行结算。

7) 工程索赔费用应依据发承包双方确认的索赔事项和合同约定的计价方式进行结算。

(4) 规费和税金应按国家、省级或行业建设主管部门的规费规定计算。

二、工程结算的审查

1. 结算审查文件组成

工程结算审查文件一般由工程结算审查报告，结算审定签署表，工程结算审查汇总对比表，分部分项工程、措施项目、其他项目、规费与税金项目结算审查对比表，以及结算内容审查说明等组成。审查报告可根据该委托工程项目的实际情况，以单位工程、单项工程或建设项目为对象进行编制，并应说明以下内容：

（1）概述；

（2）审查范围；

（3）审查原则；

（4）审查依据；

（5）审查方法；

（6）审查程序；

（7）审查结果；

（8）主要问题；

（9）有关建议。

结算审定签署表由相关单位按照规定签署和盖章。工程结算审查汇总对比表、单项工程结算审查汇总对比表、单位工程结算审查汇总对比表，应当按表格所规定的内容详细编制。结算内容审查说明应阐述以下内容：

（1）主要工程子目调整的说明。

（2）工程数量增减变化较大的说明。

（3）子目单价、材料、设备、参数和费用有重大变化的说明。

（4）其他有关问题的说明。

2. 审查程序

（1）工程结算审查应按准备、审查和审定三个工作阶段进行，并实行编制人、校对人和审核人分别署名、盖章、确认的内部审核制度。

（2）结算审查准备阶段。

1）审查工程结算手续的完备性、资料内容的完整性，对不符合要求的应退回限时补正。

2）审查计价依据及资料与工程结算的相关性、有效性。

3）熟悉招投标文件、工程发承包合同、主要材料设备采购合同及相关文件。

4）熟悉竣工图纸或施工图纸、施工组织设计、工程概况，以及设计变更、工程洽商和工程索赔情况等。

5）掌握《工程量清单计价规范》、工程预算定额等与工程相关的国家和当地的建设行政主管部门发布的工程计价依据及相关规定。

（3）结算审查阶段。

1）审查结算项目范围、内容与合同约定的项目范围及内容的一致性。

2）审查工程量计算的准确性、工程量计算规则与计价规范或定额保持一致性。

3）审查结算单价时应严格执行合同约定或现行的计价原则、方法。对于清单或定额缺项以及采用新材料、新工艺的，应根据施工过程中的合理消耗和市场价格审核结算单价。

4）审查变更签证凭据的真实性、合法性、有效性，核准变更工程费用。

　　5）审查索赔是否依据合同约定的索赔处理原则、程序和计算方法，以及索赔费用的真实性、合法性、准确性。

　　6）审查取费标准时，应严格执行合同约定的费用定额标准及有关规定，并审查取费依据的时效性、相符性。

　　7）编制与结算相对应的结算审查对比表。

　　8）提交工程结算审查初步成果文件，包括编制与工程结算相对应的工程结算审查对比表，待校对、复核。

　　（4）结算审定阶段。

　　1）工程结算审查初稿编制完成后，应召开由结算编制人、结算审查委托人及结算审查受托人共同参加的会议，听取意见，并进行合理的调整。

　　2）由结算审查受托人单位的部门负责人对结算审查的初步成果文件进行检查、校对。

　　3）由结算审查受托人单位的主管负责人审核批准。

　　4）发承包双方代表人和审查人应分别在"结算审定签署表"上签认并加盖公章。

　　5）对结算审查结论有分歧的，应在出具结算审查报告前，至少组织两次协调会；凡不能共同签认的，审查受托人可适时结束审查工作，并做出必要说明。

　　6）在合同约定的期限内，向委托人提交经结算审查编制人、校对人、审核人和受托人单位盖章确认的正式的结算审查报告。

　　3. 审查依据

　　工程结算审查依据主要有以下几个方面：

　　（1）建设期内影响合同价格的法律、法规和规范性文件。

　　（2）工程结算审查委托合同。

　　（3）完整、有效的工程结算书。

　　（4）施工发承包合同、专业分包合同及补充合同，有关材料、设备采购合同。

　　（5）与工程结算编制相关的国务院建设行政主管部门，以及各省、自治区、直辖市和有关部门发布的建设工程造价计价标准、计价方法、计价定额、价格信息、相关规定等计价依据。

　　（6）招标文件、投标文件。

　　（7）工程竣工图或施工图、经批准的施工组织设计、设计变更、工程洽商、索赔与现场签证，以及相关的会议纪要。

　　（8）工程材料及设备中标价、认价单。

　　（9）双方确认追加（减）的工程价款。

　　（10）经批准的开、竣工报告或停、复工报告。

　　（11）工程结算审查的其他专项规定。

　　（12）影响工程造价的其他相关资料。

　　4. 审查原则

　　（1）工程价款结算审查按工程的施工内容或完成阶段分类，其形式包括竣工结算审查、分阶段结算审查、合同终止结算审查和专业分包结算审查。

　　（2）建设项目由多个单项工程或单位工程构成的，应按建设项目划分标准的规定，分别审查各单项工程或单位工程的竣工结算，将审定的工程结算汇总，编制相应的工程结算审定文件。

（3）分阶段结算的审定工程，应分别审查各阶段工程结算，将审定结算汇总，编制相应的工程结算审查成果文件。

（4）除合同另有约定外，分阶段结算的支付申请文件应审查以下内容：

1）本周期已完成工程的价款；

2）累计已完成的工程价款；

3）累计已支付的工程价款；

4）本周期已完成计日工金额；

5）应增加和扣减的变更金额；

6）应增加和扣减的索赔金额；

7）应抵扣的工程预付款；

8）应扣减的质量保证金；

9）根据合同应增加和扣减的其他金额；

10）本付款合同增加和扣减的其他金额。

（5）合同终止工程的结算审查，应按发包人和承包人认可的已完工程的实际工程量和施工合同的有关规定进行审查。合同中止结算审查方法基本同竣工结算的审查方法。

（6）专业分包的工程结算审查，应在相应的单位工程或单项工程结算内分别审查各专业分包工程结算，并按分包合同分别编制专业分包工程结算审查成果文件。

（7）工程结算审查应区分施工发承包合同类型及工程结算的计价模式，采用相应的工程结算审查方法。

（8）审查采用总价合同的工程结算时，应审查与合同所约定结算编制方法的一致性，按照合同约定可以调整的内容，在合同价基础上对调整的设计变更、工程洽商，以及工程索赔等合同约定可以调整的内容进行审查。

（9）审查采用单价合同的工程结算时，应审查按照竣工图或施工图以内的各个分部分项工程量计算的准确性，依据合同约定的方式审查分部分项工程项目价格，并对设计变更、工程洽商、施工措施及工程索赔等调整内容进行审查。

（10）审查采用成本加酬金合同的工程结算时，应依据合同约定的方法审查各个分部分项工程，以及设计变更、工程洽商、施工措施等内容的工程成本，并审查酬金及有关税费的取定。

（11）采用工程量清单计价的工程结算审查包括：

1）工程项目的所有分部分项工程量，以及实施工程项目采用的措施项目工程量；为完成所有工程量并按规定计算的人工费、材料费、施工机械使用费、企业管理费、利润，以及规费和税金取定的准确性。

2）对分部分项工程项目和措施项目以外的其他项目所需计算的各项费用进行审查。

3）对设计变更和工程变更费用、索赔、签证等依据合同约定的结算方法进行审查。

4）合同约定的其他约定审查。

（12）工程结算审查应按照与合同约定的工程价款方式对原合同进行审查，并应按照分部分项工程费、措施项目费、其他项目费、规费、税金项目进行汇总。

（13）采用预算定额计价的工程结算审查应包括：

1）套用定额的分部分项工程量、措施项目工程量和其他项目，以及为完成所有工程量和其他项目并按规定计算的人工费、材料费、机械使用费、规费、企业管理费、利润和税金与合同约定的编制方法的一致性，计算的准确性。

2）对设计变更和工程变更费用在合同价基础上进行审查。

3）工程索赔费用按合同约定或签证确认的事项进行审查。

4）合同约定的其他费用的审查。

5．审查方法

工程结算的审查应依据施工发承包合同约定的结算方法进行，根据施工发承包合同类型，采用不同的审查方法。对于采用单价合同的工程量清单单价法编制竣工结算的审查，详细审查内容包括：分部分项工程费、措施项目费、其他项目费、规费和税金项目费的审查，审查方法可以参考前述工程结算的编制方法内容。

三、竣工结算与支付规定

竣工结算是指承包人按照合同约定的内容完成全部工作，经发包人或有关机构验收合格后，发承包双发依据约定的合同价款的确定和调整及索赔等事项，最终计算和确定竣工项目工程价款的文件。

1．一般规定

（1）工程完工后，发承包双方必须在合同约定时间内办理工程竣工结算。

（2）工程竣工结算应由承包人或受其委托具有相应资质的工程造价咨询人编制，并应由发包人或受其委托具有相应资质的工程造价咨询人核对。实行总承包的工程，由总承包人对竣工结算的编制负总责。按照规定，承包人、发包人均可委托具有工程造价咨询资质的工程造价咨询企业编制或核对竣工结算。

（3）当发承包双方或一方对工程造价咨询人出具的竣工结算文件有异议时，可向工程造价管理机构投诉，申请对其进行执业质量鉴定。

（4）工程造价管理机构对投诉的竣工结算文件进行质量鉴定，宜按《工程量清单计价规范》工程造价鉴定章节的相关规定进行。

（5）竣工结算办理完毕，发包人应将竣工结算文件报送工程所在地或有该工程管辖权的行业管理部门的工程造价管理机构备案，竣工结算文件应作为工程竣工验收备案、交付使用的必备文件。

2．编制与复核

（1）工程竣工结算应根据下列依据编制和复核：

1）《工程量清单计价规范》及各行业计量规范。

2）工程合同。

3）发承包双方实施过程中已确认的工程量及其结算的合同价款。

4）发承包双方实施过程中已确认调整后追加（减）的合同价款。

5）建设工程设计文件及相关资料。

6）投标文件。

7）其他依据。

工程竣工结算应采用合同履行过程被发承包双方计量、计价、签证认可的资料，不必全部重新计量、计价。

（2）分部分项工程和措施项目中的单价项目，应依据发承包双方确认的工程量与已标价工程量清单的综合单价计算；发生调整的，应以发承包双方确认调整的综合单价计算。

（3）措施项目中的总价项目应依据已标价工程量清单的项目和金额计算；发生调整的，应以发承包双方确认调整的金额计算，其中安全文明施工费应按国家或省级、行业建设主管部门的规定计算。施工过程中，国家或省级、行业建设主管部门对安全文明施工费进行了调整的，措施项目中的安全文明施工费应作相应调整。

（4）其他项目应按下列规定计价：

1）计日工的费用应按发包人实际签证确认的数量和合同约定的相应单价计算。

2）暂估价中的材料是招标采购的，其单价按中标价在综合单价中调整；暂估价中的材料为非招标采购的，其单价按发承包双方最终确认的单价在综合单价中调整。暂估价中的专业工程是招标采购的，其金额按中标价计算；暂估价中的专业工程为非招标采购的，其金额按发、承包双方与分包人最终确认的金额计算。

3）总承包服务费应依据合同约定的金额计算，若发承包双方依据合同约定对总承包服务费进行了调整，应按调整后的金额计算。

4）索赔事件产生的费用在办理竣工结算时应在其他项目中反映。索赔金额应依据发承包双方确认的索赔项目和金额计算。

5）现场签证发生的费用在办理竣工结算时应在其他项目中反映。现场签证金额依据发承包双方签证确认的金额计算。

6）合同价款中的暂列金额在用于各项价款调整、索赔与现场签证后，若有余额，则余额归发包人，若出现差额，则由发包人补足并反映在相应工程的合同价款中。

（5）规费和税金应按照国家或省级、行业建设主管部门对规费和税金的计取标准计算。规费中的工程排污费应按工程所在地环境保护部门规定的标准缴纳后按实列入。

（6）发承包双方在合同工程实施过程中已经确认的工程计量结果和合同价款，除有争议的外，在竣工结算办理中应直接进入结算，简化结算流程。

3. 竣工结算编制与审查时限要求

（1）合同工程完工后，承包人应在经发承包双方确认的合同工程期中价款结算的基础上，汇总编制完成竣工结算文件，应在提交竣工验收申请的同时向发包人提交竣工结算文件。

承包人未在合同约定的时间内提交竣工结算文件，经发包人催告后14天内仍未提交或没有明确答复的，发包人有权根据已有资料编制竣工结算文件，作为办理竣工结算和支付结算款的依据，承包人应予以认可。

（2）发包人应在收到承包人提交的竣工结算文件后的28天内核对。发包人经核实，认为承包人还应进一步补充资料和修改结算文件，应在上述时限内向承包人提出核实意见，承包人在收到核实意见后的28天内应按照发包人提出的合理要求补充资料，修改竣工结算文件，并应再次提交给发包人复核后批准。

（3）发包人应在收到承包人再次提交的竣工结算文件后的28天内予以复核，将复核结果通知承包人，并应遵守下列规定：

1）发包人、承包人对复核结果无异议的，应在7天内在竣工结算文件上签字确认，竣工结算办理完毕。

2）发包人或承包人对复核结果认为有误的，无异议部分按照上述第1）条规定办理不完全竣工结算；有异议部分由发承包双方协商解决；协商不成的，应按照合同约定的争议解决方式处理。

（4）发包人在收到承包人竣工结算文件后的 28 天内，不核对竣工结算或未提出核对意见的，应视为承包人提交的竣工结算文件已被发包人认可，竣工结算办理完毕。

（5）承包人在收到发包人提出的核实意见后的 28 天内，不确认也未提出异议的，应视为发包人提出的核实意见已被承包人认可，竣工结算办理完毕。

（6）发包人委托工程造价咨询人核对竣工结算的，工程造价咨询人应在 28 天内核对完毕，核对结论与承包人竣工结算文件不一致的，应提交给承包人复核；承包人应在 14 天内将同意核对结论或不同意见的说明提交工程造价咨询人。工程造价咨询人收到承包人提出的异议后，应再次复核，复核无异议的，应按上述第（3）条中第 1）条的规定办理，复核后仍有异议的，按上述第（3）中第 2）条的规定办理。

承包人逾期未提出书面异议的，应视为工程造价咨询人核对的竣工结算文件已经承包人认可。

（7）对发包人或发包人委托的工程造价咨询人指派的专业人员与承包人指派的专业人员经核对后无异议并签名确认的竣工结算文件，除非发承包人能提出具体、详细的不同意见，发承包人都应在竣工结算文件上签名确认，如其中一方拒不签认的，按下列规定办理：

1）若发包人拒不签认的，承包人可不提供竣工验收备案资料，并有权拒绝与发包人或其上级部门委托的工程造价咨询人重新核对竣工结算文件。

2）若承包人拒不签认的，发包人要求办理竣工验收备案的，承包人不得拒绝提供竣工验收资料，否则，由此造成的损失，承包人承担相应责任。

（8）合同工程竣工结算核对完成，发承包双方签字确认后，发包人不得要求承包人与另一个或多个工程造价咨询人重复核对竣工结算。

（9）发包人对工程质量有异议，拒绝办理工程竣工结算的，已竣工验收或已竣工未验收但实际投入使用的工程，其质量争议应按该工程保修合同执行，竣工结算应按合同约定办理；已竣工未验收且未实际投入使用的工程以及停工、停建工程的质量争议，双方应就有争议的部分委托有资质的检测鉴定机构进行检测，并应根据检测结果确定解决方案，或按工程质量监督机构的处理决定执行后办理竣工结算，无争议部分的竣工结算应按合同约定办理。

4. 结算款支付

（1）承包人应根据办理的竣工结算文件向发包人提交竣工结算款支付申请。申请应包括：竣工结算合同价款总额、累计已实际支付的合同价款、应预留的质量保证金、实际应支付的竣工结算款金额。

（2）发包人应在收到承包人提交竣工结算款支付申请后 7 天内予以核实，向承包人签发竣工结算支付证书。

（3）发包人签发竣工结算支付证书后的 14 天内，应按照竣工结算支付证书列明的金额向承包人支付结算款。

（4）发包人在收到承包人提交的竣工结算款支付申请后 7 天内不予核实，不向承包人签发竣工结算支付证书的，视为承包人的竣工结算款支付申请已被发包人认可；发包人应在收到承包人提交的竣工结算款支付申请7天后的14天内，按照承包人提交的竣工结算款支付申请列明的金额向承包人支付结算款。

（5）发包人未按照上述（3）、（4）条规定支付竣工结算款的，承包人可催告发包人支付，并有权获得延迟支付的利息。发包人在竣工结算支付证书签发后或者在收到承包人提交的竣工结算款支付申请7天后的56天内仍未支付的，除法律另有规定外，承包人可与发包人协商将该工程折价，也可直接向人民法院申请将该工程依法拍卖。承包人应就该工程折价或拍卖的价款优先受偿。

5. 质量保证金

（1）质量保证金用于承包人按照合同约定履行属于自身责任的工程缺陷修复义务，为发包人有效监督承包人完成缺陷修复提供资金保证。所以，发包人应按照合同约定的质量保证金比例从结算款中预留质量保证金。

（2）承包人未按照合同约定履行属于自身责任的工程缺陷修复义务的，发包人有权从质量保证金中扣除用于缺陷修复的各项支出。经查验，工程缺陷属于发包人原因造成的，应由发包人承担查验和缺陷修复的费用。

（3）在合同约定的缺陷责任期终止后，发包人应按照《工程量清单计价规范》最终结清的规定，将剩余的质量保证金返还给承包人。

6. 最终结清

（1）缺陷责任期终止后，承包人应按照合同约定向发包人提交最终结清支付申请。发包人对最终结清支付申请有异议的，有权要求承包人进行修正和提供补充资料。承包人修正后，应再次向发包人提交修正后的最终结清支付申请。

（2）发包人应在收到最终结清支付申请后的14天内予以核实，并应向承包人签发最终结清支付证书。

（3）发包人应在签发最终结清支付证书后的14天内，按照最终结清支付证书列明的金额向承包人支付最终结清款。

（4）发包人未在约定的时间内核实，又未提出具体意见的，应视为承包人提交的最终结清支付申请已被发包人认可。

（5）发包人未按期最终结清支付的，承包人可催告发包人支付，并有权获得延迟支付的利息。

（6）最终结清时，承包人被预留的质量保证金不足以抵减发包人工程缺陷修复费用的，承包人应承担不足部分的补偿责任。

（7）承包人对发包人支付的最终结清款有异议的，应按照合同约定的争议解决方式处理。

【例8-10】 济南某建设工程，发包人与承包人签订了装饰施工承包合同，计价方式采用工程量清单计价单价合同，合同工期3个月。

（1）分部分项工程项目及单价措施项目费用见表8-20。

（2）安全文明施工费2万元，其他总价措施费9万元。

（3）发包人指定分包专业工程暂估价5万元，总承包服务费率按照5%计算。

（3）规费以分部分项工程费、措施项目费、其他项目费之和为基数计算，费率为8%。

（4）税金以税前造价为基数，综合税率为3.48%。

表 8 - 20　　　　　　　　　　　　　　[例 8 - 10] 附表

费用名称	月份			合计
	1	2	3	
分部分项工程项目费用（万元）	40	60	50	150
单价措施项目费用（万元）	2	3	3	8

合同中约定：

（1）开工前 7 天，按照扣除安全文明施工费和专业工程暂估价后的签约合同价的 20%支付预付款，预付款在最后月扣回。

（2）开工第一个月随进度款支付安全文明施工费的 60%，其余安全文明施工费随进度款在后两个月中平均支付。

（3）其他总价措施费平摊到每月平均支付。

（4）其他项目费按照实际发生额与当月发生的工程款同期结算支付。

（5）工程进度款按月结算，前两个月发包人按照承包人应得工程进度款的 90%支付；最后一个月，工程结算时扣留 5%的质量保修金，其余工程款一次性结清。

施工期间，经监理人确认的事件如下：

（1）施工进度与计划进度一致。

（2）发包人指定分包专业工程在第 3 月施工且完成，实际完成专业工程暂估价为 4 万元。

问题：

（1）请计算该装饰工程的签约合同价。

（2）计算工程的预付款。

（3）请计算第 1 月承包人应得工程款，以及发包人应该支付给承包人的工程款。

（4）请计算第 2 月承包人应得工程款，以及发包人应该支付给承包人的工程款。

（5）请计算第 3 月承包人应得工程款，以及发包人应该支付给承包人的工程款。

问题 1：

解　签约合同价。

（1）分部分项工程费：150 万元。

（2）措施项目费：8+2+9=19 万元。

（3）其他项目费：5×1.05=5.25 万元。

（4）规费=（150+19+5×1.05）×8%=13.94 万元。

（5）税金=（150+19+5×1.05+13.94）×3.48%=6.549 万元。

（6）签约合同价合计：150+19+5×1.05+13.94+6.549=194.739 万元。

或签约合同价为(150+19+5×1.05)×(1+8%)×(1+3.48%)=194.739 万元

问题 2：

解　预付款为[194.739−(2+5)×(1+8%)×(1+3.48%)]×20%=37.383 万元

问题 3：

解　第 1 月承包人应得工程款=(40+2+2×60%+9/3)×(1+8%)×(1+3.48%)

　　　　　　　　　　　　　=51.632 万元

发包人应支付给承包人的工程款=51.632×90%=46.469 万元

问题 4：

解　第 2 月承包人应得工程款=(60+3+2×40%/2+9/3)×(1+8%)×(1+3.48%)
=74.208 万元

发包人应支付给承包人的工程款=74.208×90%=66.787 万元

问题 5：

解　第 3 月承包人应得工程款=(50+3+2×40%/2+9/3+4×1.05)×(1+8%)
×(1+3.48%)=67.726 万元

扣除预付款=37.383 万元

扣留质量保修金=（51.632+74.208+67.726）×5%=9.678 万元

发包人应支付给承包人的工程款=67.726−37.383+(46.469+66.787)/90%
×10%−9.678=33.249 万元

(150+19+4×1.05)×(1+8%)×(1+3.48%)−(46.469+66.787)−37.383−9.678
=33.249 万元

知 识 点 总 结

施工阶段工程造价管理的主要任务、使用方法与造价管理业务内容见表 8-21。

表 8-21　　　　施工阶段造价管理的主要任务、使用方法与造价管理业务内容

任务	方法运用	业务内容
施工方案的技术经济分析	1. 技术经济分析 ●定性分析 ●定量分析 2. 网络计划优化 ●工期优化 ●费用优化 ●资源优化	为建设单位（发包人）提供工程投资控制的建议，运用技术、合同等手段有效控制造价。 对已决定的工程变更及设计变更进行估算并及时调整总投资控制目标。 在收到发包人完整资料后编制一份投资跟踪报告，提交发包人。 审核所有与本工程相关的付款申请，按相应要求和规定格式向发包人提供工程的付款审核证明及建议。 协助发包人进行与本项目相关的合同管理工作，在需要时提供咨询意见和合理建议。
资金使用计划的编制和控制	1. 按费用构成编制资金使用计划； 2. 按项目组成编制资金使用计划； 3. 按时间进度编制资金使用计划	
工程计量与价款管理	1. 工程预付款； 2. 工程进度款； 3. 价款调整； 4. 工程变更； 5. 工程索赔； 6. 价款的动态结算、竣工结算； 7. 争议处理	

续表

任务	方法运用	业务内容
工程索赔	1. 工期索赔 　●网络图分析法 　●比例计算法 2. 索赔费用的计算 　●人工费 　●材料费 　●施工机械费 　●分包费 　●保函手续费 　●利润 　●利息 　●保险费	在合同履行过程中，准备相关依据，协助发包人进行索赔与反索赔工作，向发包人提供处理意见和建议。 　对考虑中的工程变更进行造价估算，对工程变更及设计变更，及时提交变更分析报告，供发包人决策。 　参加施工现场例会及发包人要求的其他会议，协助发包人协调各合同单位以保障工程顺利进行。 　根据相关规定和要求，对施工单位提出的竣工结算进行全面复核计算（包括钢材实用量），最终确认总工程造价。并向发包人提交每一分项工程结算审价报告及全部工程结算总价、合同管理及执行情况的专题总结报告。 　根据发包人要求，审核与本工程相关的其他费用，需要时出具审价报告
偏差分析与纠正	1. 偏差分析方法 　●横道图法 　●表格法 　●曲线法 2. 投资偏差的纠正措施 　●组织措施 　●经济措施 　●技术措施 　●合同措施	

案　　例

背景：某建设工程，发包人与承包人签订了工程量清单计价模式下的单价合同，合同内容包含 A、B、C、D、E、F 六项工作，其分部分项工程的招标工程量、综合单价，以及对应的单价措施费和计划作业时间，见表 8-22。该工程的管理费以分部分项工程的人工费、材料费、施工机械使用费之和为计算基数，费率为 12%，利润与风险费以分部分项工程的人工费、材料费、施工机械使用费、管理费之和为计算基数，费率为 7%。规费以分部分项工程费、措施项目费、其他项目费之和为计算基数，费率为 6%，税金率为 3.48%。合同工期为 28 周，工期提前（或拖延）一天奖励（或惩罚）1000 元。

表 8-22　　各分部分项工程的工程量、费用、对应的单价措施费和计划作业时间表

分部分项工程	A	B	C	D	E	F	合计
清单工程量（m³）	260	200	380	200	300	280	—
综合单价（元/m³）	80	300	240	400	240	150	—
分部分项工程费用（万元）	2.08	6.00	9.12	8.00	7.20	4.20	36.60
对应的单价措施费（万元）	—	0.60	1.60	—	1.20	—	3.40
计划作业时间（起止周）	1~8	1~12	5~20	9~16	13~20	21~28	—

该工程的安全文明施工费为 4 万元，其他总价措施费为 6 万元，暂列金额为 3 万元，计日工数量 20 个，计日工单价为 100 元/工日。

合同约定的其他事项如下：

(1) 每四周（28 天）时间作为一个计量与支付周期（假设计量与支付之间的时间间隔为零，即忽略计量与支付之间的间隔时间，计量完毕即可支付）。开工前 7 天，发包人向承包人支付分部分项工程费用（含规费和税金）的 20% 作为预付款，在最后两个计量周期内平均扣回。

(2) 安全文明施工费于第一个支付周期支付 70%，第 2~4 个支付周期，每周期支付 10%。其他总价措施费在前 4 个支付周期内平均支付，单价措施费按项目进展随进度款支付。

(3) 当发包人的责任导致工程变更等情况导致工程量偏差超过 15% 时，合同价款可进行调整。当工程量增加 15% 以上时，增加部分的工程量的综合单价调低为原单价的 90%；当工程量减少 15% 以上时，减少后剩余部分的工程量的综合单价调高为原单价的 110%。

(4) 发包人按每个计量与支付周期支付已完工程款的 90%（包括安全文明施工费，其他总价措施费，经确认的变更价款、索赔金额、计日工金额、实际发生的暂列金额等与进度款同期支付）。最后一个支付期内进行竣工结算，质量保证金为总造价的 5%，竣工结算时一次扣留。

(5) 施工期间，遇到人工成本信息或人工费变化时，按照有关行政部门发布的规定进行调整。承包人承担 5% 以内的材料价格风险，10% 以内的施工机械使用费风险，超过者予以调整。

(6) 机械闲置补偿费为台班单价的 50%，人员窝工补偿费为 60 元/工日。工作 A 和 D 共用一台施工机械 M，只能顺序施工，不能同时进行，机械台班单价为 800 元/台班，每天按一个台班计算。工作 E 和工作 F 共用一台施工机械 N，只能顺序施工，不能同时进行，机械台班单价为 600 元/台班，每天按一个台班计算。

在工程施工期间，经发包人核实的有关事项如下：

(1) 第 7~8 周发包人确认计日工 28 工日，9~10 周发包人确认计日工 20 工日。

(2) 因发包人提供的图纸延误致使工作 D 推迟 4 个周，造成人员窝工 140 工日；由于设计变更导致工作 D 的实际工程量比招标工程量增加了 100m³，工作 D 的持续时间比计划延长了 4 周。

(3) 第 18 周，施工机械 N 发生故障，2 天后修复，造成人员窝工 10 个工日，为了不耽误工期，承包人采取赶工措施，发生费用为 2000 元。

(4) 第 19 周新增加一项工作，发包人确认的人工费、材料费、施工机械使用费为 6000 元，单价措施费为 1200 元。

(5) 施工进行到第 25 周的时候，根据有关行政部门的规定，人工单价由 72 元/工日调整到 80 元/工日，工作 F 的综合单价中人工费占的比重为 30%。

(6) 其余工作内容及时间没有变化，假设每项工作在施工期间匀速施工，费用均摊。

问题：

(1) 该建设工程的签约合同价为多少万元？发包人在开工前应支付给承包人的预付款为

多少万元？完成表 8-23、表 8-24。

（2）分别计算第 1～7 个支付周期已完成的合同价款，发包人应支付给承包人的工程进度款分别是多少万元？完成表 8-25。

（3）该工程竣工结算合同价款总额、合同价调整额分别为多少万元？扣除质量保证金后，发包人总计应支付给承包人工程款为多少万元？完成表 8-26（列出具体的计算过程，计算结果保留三位小数最终结果见表 8-27～表 8-30）。

表 8-23　　　　　　　　　　　　预 付 款 支 付 申 请 表

序号	名称	金额（万元）	备注
1	已签约合同价款金额		
2	其中：安全文明施工费		
3	应支付的预付款		
4	应支付的安全文明施工费		
5	合计应支付的预付款		

表 8-24　　　　　　　　　　　总价项目进度款支付分解表　　　　　　　　　　万元

序号	项目名称	总价金额	首次支付	二次支付	三次支付	四次支付
1	安全文明施工费					
2	其他总价措施费					
3	合计					

表 8-25　　　　　　　　　　进度款支付申请表（第 3 次支付周期）

序号	名称	金额（万元）	备注
1	累计已完成的合同价款		
2	累计已实际支付的合同价款		
3	本周期合计完成的合同价款		
3.1	本周期已完成单价项目的金额		
3.2	本周期应支付的总价项目的金额		
3.3	本周期已完成的计日工价款		
3.4	本周期应支付的安全文明施工费		
3.5	本周期应增加的合同价款		
4	本周期合计应扣减的金额		
4.1	本周期应抵扣的预付款		
4.2	本周期应扣减的金额		
5	本周期应支付的合同价款		

表 8 - 26　　　　　　　　　　　**竣工结算支付申请表**

序号	名称	金额（万元）	备注
1	竣工结算合同价款总额		
2	累计已实际支付的合同价款		
3	应预留的质量保证金		
4	应支付的竣工结算款金额		

解

问题（1）：

$$签约合同价 = 分部分项工程费 + 措施项目费 + 其他项目费 + 规费 + 税金$$
$$= (36.6 + 3.4 + 4 + 6 + 3 + 20 \times 100/10\ 000) \times 1.06 \times 1.034\ 8$$
$$= 58.354\ 万元$$

$$预付款 = 36.6 \times 1.06 \times 1.034\ 8 \times 20\% = 8.029\ 万元$$

表 8 - 27　　　　　　　　　　　**预 付 款 支 付 申 请 表**

序号	名称	金额（万元）	备注
1	已签约合同价款金额	58.354	
2	其中：安全文明施工费	4.388	
3	应支付的预付款	8.029	
4	应支付的安全文明施工费	0.000	
5	合计应支付的预付款	8.029	

表 8 - 28　　　　　　　　　**总价项目进度款支付分解表**　　　　　　　　　　万元

序号	项目名称	总价金额	首次支付	二次支付	三次支付	四次支付
1	安全文明施工费	4.388	3.071	0.439	0.439	0.439
2	其他总价措施费	6.581	1.645	1.645	1.645	1.646
3	合计	10.969	4.716	2.084	2.084	2.085

问题（2）：（在做本题时，建议首先画出进度计划横道图，可以帮助理解题意）

1）首次支付：

本期已完成的合同价款 = （2.08/2 + 6.00/3 + 0.6/3 + 4 × 0.7 + 6/4）× 1.06 × 1.034 8 = 8.271 万元

发包人应支付的进度款 = 8.271 × 90% = 7.443 万元

2）第二次支付：

本期已完成的合同价款 = （2.08/2 + 6.00/3 + 9.12/4 + 0.6/3 + 1.6/4 + 4 × 0.1 + 6/4 + 28 × 100/10 000）× 1.06 × 1.0348 = 8.885 万元

发包人应支付的进度款 = 8.885 × 90% = 7.997 万元

3）第三次支付：

本期已完成的合同价款 = （6.00/3 + 9.12/4 + 0.6/3 + 1.6/4 + 4 × 0.1 + 6/4 + （20 ×

$100+140\times60+28\times800\times50\%)$ /10 000）$\times1.06\times1.034\,8=9.806$ 万元

发包人应支付的进度款$=9.806\times90\%=8.825$ 万元

4）第四次支付：

本期已完成的合同价款$=$ ［9.12/4＋（230×400＋70×400×0.9）/3/10 000＋7.2/2＋1.6/4＋1.2/2＋4×0.1＋6/4］$\times1.06\times1.034\,8=13.916$ 万元

发包人应支付的进度款$=13.916\times90\%=12.524$ 万元

5）第五次支付：

本期已完成的合同价款$=$ ［9.12/4＋（230×400＋70×400×0.9）/3/10 000＋7.2/2＋1.6/4＋1.2/2＋（6000×1.12×1.07＋1200）/10 000］$\times1.06\times1.034\,8=12.752$ 万元

发包人应支付的进度款$=12.752\times90\%=11.477$ 万元

6）第六次支付：

本期已完成的合同价款$=$ ［（230×400＋70×400×0.9）/3/10 000＋4.2/2］$\times1.06\times1.034\,8=6.589$ 万元

发包人应支付的进度款$=6.589\times90\%-8.029/2=1.916$ 万元

7）第七次支付：

本期已完成的合同价款$=4.2/2\times$（1＋30%×80/72）$\times1.06\times1.034\,8=3.071$ 万元

累计已完成的合同价款$=8.271＋8.885＋9.806＋13.916＋12.752＋6.589＋3.071＝$ 63.290 万元

累计已支付完成的合同价款$=7.443＋7.997＋8.825＋12.524＋11.477＋1.916＝50.182$ 万元

本次发包人应支付的工程款$=63.290\times$（1－5%）$-50.182-8.029=1.914$ 万元

问题（3）：

竣工结算合同价款$=63.29$ 万元

合同价调整额$=$ {［（28×100＋20×100＋140×60＋28×400）＋（6000×1.12×1.07＋1200）＋（30×400＋70×400×0.9）］/10 000＋4.2/2×30%×80/72－3－20×100/10 000} $\times1.06\times1.034\,8=4.935$ 万元

发包人总计应支付给承包人工程款$=63.29\times95\%=60.126$ 万元

表 8 - 29　　　　　　　　　　**进度款支付申请表（第 3 次支付周期）**

序号	名称	金额（万元）	备注
1	累计已完成的合同价款	26.962	
2	累计已实际支付的合同价款	24.265	
3	本周期合计完成的合同价款	9.806	
3.1	本周期已完成单价项目的金额	5.353	
3.2	本周期应支付的总价项目的金额	1.645	
3.3	本周期已完成的计日工价款	0.219	
3.4	本周期应支付的安全文明施工费	0.439	
3.5	本周期应增加的合同价款	2.150	
4	本周期合计应扣减的金额	0.981	

续表

序号	名称	金额（万元）	备注
4.1	本周期应抵扣的预付款	0.000	
4.2	本周期应扣减的金额	0.981	
5	本周期应支付的合同价款	8.825	

表 8-30　　　　　　　　　　竣工结算支付申请表

序号	名称	金额（万元）	备注
1	竣工结算合同价款总额	63.290	
2	累计已实际支付的合同价款	50.182	
3	应预留的质量保证金	3.165	
4	应支付的竣工结算款金额	1.914	

复 习 与 思 考 题

1. 名词解释

（1）预付款。在开工前，发包人按照合同约定，预先支付给承包人用于购买合同工程施工所需的材料、工程设备，以及组织施工机械和人员进场等的款项。

（2）进度款。在合同工程施工过程中，发包人按照合同约定对付款周期内承包人完成的合同价款给予支付的款项，也是合同价款期中结算支付。

（3）合同价款调整。在合同价款调整因素出现后，发承包双方根据合同约定，对合同价款进行变动的提出、计算和确认。

（4）工程变更。合同工程实施过程中，由发包人提出或由承包人提出，经发包人批准的合同工程任何一项工作的增、减、取消或施工工艺、顺序、时间的改变，设计图纸的修改，施工条件的改变，招标工程量清单的错、漏，从而引起合同条件的改变或工程量的增减变化。

（5）工程量偏差。承包人按照合同工程的图纸（含经发包人批准由承包人提供的图纸）实施，按照现行国家计量规范规定的工程量计算规则计算得到的，完成合同工程项目应予计量的工程量与相应的招标工程量清单项目列出的工程量之间出现的量差。

（6）不可抗力。发承包双方在工程合同签订时不能预见的，对其发生的后果不能避免，并且不能克服的自然灾害和社会性突发事件。

（7）索赔。在工程合同履行过程中，合同当事人一方因非己方的原因而遭受损失，按合同约定或法律法规规定应由对方承担责任，从而向对方提出补偿的要求。

（8）现场签证。发包人现场代表（或其授权的监理人、工程造价咨询人）与承包人现场代表就施工过程中涉及的责任事件所作的签认证明。

（9）挣值法。也称赢值法，是通过对比建设项目实际进展情况与进度计划、实际投资完成情况与资金使用计划，确定工程进度是否符合计划要求，从而确定项目投资是否存在偏差的一种分析方法。

（10）工程结算。发承包双方根据合同约定，对合同工程在实施中、终止时、已完工后进行的合同价款计算、调整和确认。包括期中结算、终止结算、竣工结算。

（11）竣工结算。承包人按照合同约定的内容完成全部工作，经发包人或有关机构验收合格后，发承包双发依据约定的合同价款的确定和调整以及索赔等事项，最终计算和确定竣工项目工程价款的文件。

2. 思考题

（1）施工阶段造价管理的内容有哪些？

（2）施工阶段造价管理的措施有哪些？

（3）对施工组织设计进行技术经济分析的指标有哪些？

（4）对网络进度计划进行优化有哪些种类？

（5）资金使用计划的编制方法有哪些？

（6）发承包双方在合同条款中应对涉及工程价款结算的哪些内容进行约定？

（7）什么是预付款？预付款的扣回有哪些规定？计算有哪些方法？

（8）什么是工程计量？工程计量的依据有哪些？请简述单价合同的计量程序。

（9）什么是进度款？请简述进度款的支付流程。

（10）工程风险的分配原则是什么？工程风险的分配方案是怎样的？

（11）简述合同价款调整因素的分类。简述合同价款调整程序。

（12）工程量变化时合同价款怎样调整？简述物价变化时合同价款的调整方法。

（13）简述不可抗力发生时合同价款如何调整。

（14）简述法规变化引起的合同价款调整。

（15）简述工程变更类合同价款调整及索赔类合同价款调整。

（16）工程变更的概念是什么？工程变更的情形有哪些？

（17）工程变更的处理原则有哪些？简述工程变更的处理程序。

（18）简述工程变更价款的确定方法。

（19）什么是索赔？索赔的分类有哪些？索赔的处理原则是怎样的？

（20）简述工程索赔的处理程序。合同价款争议如何解决？

（21）什么是挣值？投资偏差的分析方法有哪些？投资偏差的原因有哪几大类？

（22）简述工程结算的编制依据、编制原则、编制方法。

（23）简述工程结算审查的依据、原则、方法。

（24）简述竣工结算编制与审查的时限要求。

第九章 项目竣工验收、后评估阶段的造价管理

第一节 建设项目竣工验收概述

一、竣工验收的含义

1. 竣工验收的概念

建设项目竣工验收是指由发包人、承包人和项目验收委员会，以项目批准的设计任务书和设计文件，以及国家或部门颁发的施工验收规范和质量检验标准为依据，按照一定的程序和手续，在项目建成并试生产合格后（工业生产性项目），对建设项目的总体进行检验和认证、综合评价和鉴定的活动。

2. 竣工验收的作用

竣工验收是项目建设的最后一个阶段，是全面考核建设成果，检查设计及工程质量是否符合要求，审查投资使用是否合理的重要环节，是投资成果转入生产或使用的标志。竣工验收对促进建设项目及时投产或交付使用、发挥投资效益、总结建设经验具有重要意义。

二、竣工验收的条件

《建设工程质量管理条例》规定建设工程竣工验收应当具备以下条件：

（1）完成建设工程设计和合同约定的各项内容；

（2）有完整的技术档案和施工管理资料；

（3）有工程使用的主要建筑材料、建筑构配件和设备的进场试验报告；

（4）有勘察、设计、施工、工程监理等单位分别签署的质量合格文件；

（5）有施工单位签署的工程保修书。

对于有些工期较长、建设设备装置较多的大型工程，为了及时发挥其经济效益，对其能够独立生产的单项工程，也可以根据建成时间的先后顺序，分期分批地组织竣工验收；对能生产中间产品的一些单项工程，不能提前投料试车，可按生产要求与生产最终产品的工程同步建成竣工后，再进行全部验收。

对于某些特殊情况，工程施工虽未全部按设计要求完成，也应进行验收，这些特殊情况主要有：

（1）因少数非主要设备或某些特殊材料短期内不能解决，虽然工程内容尚未全部完成，但已可以投产或使用的工程项目。

（2）规定要求的内容已完成，但因外部条件的制约，如流动资金不足、生产所需原材料不能满足等，而使已建工程不能投入使用的项目。

（3）有些建设项目或单项工程，已形成部分生产能力，但近期内不能按原设计规模续建，应从实际情况出发，经主管部门批准后，可缩小规模对已完成的工程和设备组织竣工验收，移交固定资产。

三、竣工验收的依据和标准

1. 竣工验收的依据

建设项目竣工验收的主要依据包括：

（1）上级主管部门对该项目批准的各种文件。

（2）可行性研究报告。

（3）施工图设计文件及设计变更洽商记录。

（4）国家颁布的各种标准和现行的施工验收规范。

（5）工程承包合同文件。

（6）技术设备说明书。

（7）建筑安装工程统一规定及主管部门关于工程竣工的规定。

（8）从国外引进的新技术和成套设备的项目，以及中外合资建设项目，要按照签订的合同和进口国提供的设计文件等进行验收。

（9）利用世界银行等国际金融机构贷款的建设项目，应按世界银行规定，按时编制项目完成报告。

2. 竣工验收的标准

（1）工业建设项目竣工验收标准。根据国家规定，工业建设项目竣工验收、交付生产使用，必须满足以下要求：

1）生产性项目和辅助性公用设施，已按设计要求完成，能满足生产使用。

2）主要工艺设备配套经联动负荷试车合格，形成生产能力，能够生产出设计文件所规定的产品。

3）有必要的生活设施，并已按设计要求建成合格。

4）生产准备工作能适应投产的需要。

5）环境保护设施，劳动、安全、卫生设施，消防设施，已按设计要求与主体工程同时建成使用。

6）设计和施工质量已经过质量监督部门检验并做出评定。

7）工程结算和竣工决算通过有关部门审查和审计。

（2）民用建设项目竣工验收标准。

1）建设项目各单位工程和单项工程，均已符合项目竣工验收标准。

2）建设项目配套工程和附属工程，均已施工结束，达到设计规定的相应质量要求，并具备正常使用条件。

四、竣工验收的组织

1. 成立竣工验收委员会或验收组

大、中型和限额以上建设项目及技术改造项目，由国家发改委或国家发改委委托项目主管部门、地方政府部门组织验收；小型和限额以下建设项目及技术改造项目，由项目主管部门或地方政府部门组织验收。建设主管部门和建设单位（业主）、接管单位、施工单位、勘察设计及工程监理等有关单位参加验收工作；根据工程规模大小和复杂程度组成验收委员会或验收组，其人员构成应由银行、物资、环保、劳动、统计、消防及其他有关部门的专业技术人员和专家组成。

2. 验收委员会或验收组的职责

（1）负责审查工程建设的各个环节，听取各有关单位的工作报告。

（2）审阅工程档案资料，实地考察建筑工程和设备安装工程情况。

（3）对工程设计、施工和设备质量、环境保护、安全卫生、消防等方面客观地做出全面的评价。

（4）处理交接验收过程中出现的有关问题，核定移交工程清单，签订交工验收证书。

（5）签署验收意见，对遗留问题应提出具体解决意见并限期落实完成。不合格工程不予验收，并提出竣工验收工作的总结报告和国家验收鉴定书。

五、竣工验收的内容

不同的建设项目竣工验收的内容可能有所不同，但一般包括工程资料验收和工程内容验收两部分。

1. 工程资料验收

工程资料验收包括工程技术资料、工程综合资料和工程财务资料验收三个方面的内容。

2. 工程内容验收

工程内容验收包括建筑工程验收和安装工程验收。

（1）建筑工程验收的内容。建筑工程验收主要是如何运用有关资料进行审查验收，主要包括：

1）建筑物的位置、标高、轴线是否符合设计要求。

2）对基础工程中的土石方工程、垫层工程、砌筑工程等资料的审查验收。

3）对结构工程中的砖木结构、砖混结构、内浇外砌结构、钢筋混凝土结构的审查验收。

4）对屋面工程的屋面瓦、保温层、防水层等的审查验收。

5）对门窗工程的审查验收。

6）对装饰工程的审查验收（抹灰、油漆等工程）。

（2）安装工程验收的内容。安装工程验收分为建筑设备安装工程、工艺设备安装工程和动力设备安装工程验收。主要包括：

1）建筑设备安装工程（指民用建筑物中的上下水管道、暖气、天然气或煤气、通风、电气照明等安装工程）。验收时应检查这些设备的规格、型号、数量、质量是否符合设计要求，检查安装时的材料、材质、材种，检查试压、闭水试验、照明。

2）工艺设备安装工程包括：生产、起重、传动、实验等设备的安装，以及附属管线敷设和油漆、保温等。验收时应检查设备的规格、型号、数量、质量，设备安装的位置及标高，机座尺寸及质量，单机试车、无负荷联动试车、有负荷联动试车是否符合设计要求，检查管道的焊接质量、洗清、吹扫、试压、试漏、油漆、保温等及各种阀门。

3）动力设备安装工程验收是指有自备电厂的项目的验收，或变配电室（所）、动力配电线路的验收。

六、竣工验收的方式和程序

1. 竣工验收的方式

为了保证建设项目竣工验收的顺利进行，验收必须遵循一定的程序，并按照建设项目总体计划的要求及施工进展的实际情况分阶段进行。建设项目竣工验收，按被验收的对象划分，可分为：单位工程验收、单项工程验收及工程整体验收（称为"动用验收"），见表 9-1。

2. 竣工验收的程序

通常所说的建设项目竣工验收，指的是"动用验收"。建设项目全部建成，经过各单项工程的验收符合设计的要求，并具备竣工图表、竣工决算、工程总结等必要的文件资料，由建设项目主管部门或发包人向负责验收的单位提出竣工验收申请报告，按程序验收，如图9-1所示。

表 9-1　　　　　　　　　　不同阶段的工程验收

类　　型	验收条件	验收组织
单位工程验收（中间验收）	（1）按照施工承包合同的约定，施工完成到某一阶段后要进行中间验收； （2）主要的工程部位施工已完成了隐蔽前的准备工作，该工程部位将置于无法查看的状态	由监理单位组织，业主和承包商派人参加。该部位的验收资料将作为最终验收的依据
单项工程验收（交工验收）	（1）建设项目中的某个合同工程已全部完成； （2）合同内约定有分部分项移交的工程已达到竣工标准，可移交给业主投入试运行	由业主组织，会同施工单位、监理单位、设计单位及使用单位等有关部门共同进行
工程整体验收（动用验收）	（1）建设项目按设计规定全部建成，达到竣工验收条件； （2）初验结果全部合格； （3）竣工验收所需资料已准备齐全	大中型和限额以上项目由国家发改委或由其委托项目主管部门或地方政府部门组织验收。小型和限额以下项目由项目主管部门组织验收。业主、监理单位、施工单位、设计单位和使用单位参加验收工作

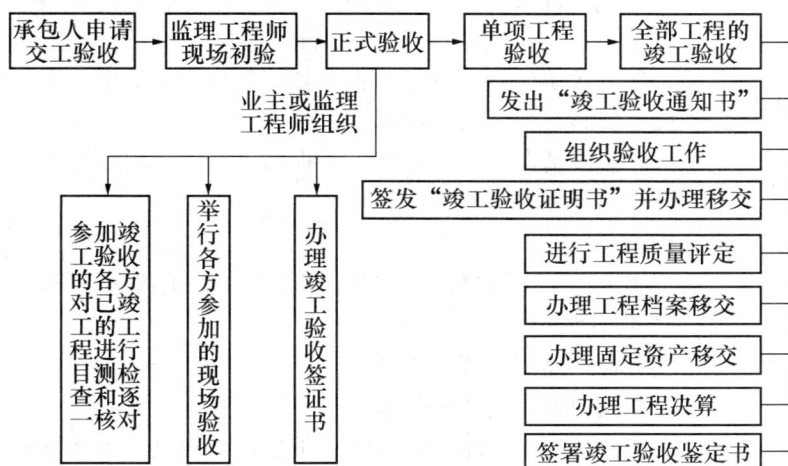

图 9-1　竣工验收程序

（1）承包人申请交工验收。承包人在完成了合同约定的工程内容或按合同约定可分步移交工程的，可申请交工验收，交工验收一般为单项工程，但在某些特殊情况下也可以是单位工程的施工内容，诸如特殊基础处理工程、发电站单机机组完成后的移交等。承包人施工的工程达到竣工条件后，应先进行预检验，对不符合要求的部位和项目，确定修补措施和标准，修补有缺陷的工程部位；对于设备安装工程，要与发包人和监理工程师共同进行无负荷的单机和联动试车。承包人在完成了上述工作和准备好竣工资料后，即可向发包人提交"工程竣工报验单"。

（2）监理工程师现场初步验收。监理工程师收到"工程竣工报验单"后，应由监理工程师组成验收组，对竣工的工程项目的竣工资料和各专业工程的质量进行初验，在初验中发现的质量问题，要及时书面通知承包人，令其修理甚至返工。经整改合格后监理工程师签署"工程竣工报验单"，并向发包人提出质量评估报告，至此现场初步验收工作结束。

（3）单项工程验收。单项工程验收又称交工验收，即验收合格后发包人方可投入使用。由发包人组织的交工验收，由监理单位、设计单位、承包人、工程质量监督站等参加，主要依据国家颁布的有关技术规范和施工承包合同，对以下几方面进行检查或检验：

1）检查、核实竣工项目准备移交给发包人的所有技术资料的完整性、准确性。

2）按照设计文件和合同，检查已完工程是否有漏项。

3）检查工程质量、隐蔽工程验收资料、关键部位的施工记录等，考察施工质量是否达到合同要求。

4）检查试车记录及试车中所发现的问题是否得到改正。

5）在交工验收中发现需要返工、修补的工程，明确规定完成期限。

6）其他涉及的有关问题。

验收合格后，发包人和承包人共同签署"交工验收证书"。然后由发包人将有关技术资料和试车记录、试车报告及交工验收报告一并上报主管部门，经批准后该部分工程即可投入使用。验收合格的单项工程，在全部工程验收时，原则上不再办理验收手续。

（4）全部工程竣工验收。全部工程施工完成后，由国家主管部门组织的竣工验收，又称为动用验收。发包人参与全部工程竣工验收分为验收准备、预验收和正式验收三个阶段。

1）验收准备。

发包人、承包人和其他有关单位均应进行验收准备，验收准备的主要工作内容有：

①收集、整理各类技术资料，分类装订成册。

②核实建筑安装工程的完成情况，列出已交工工程和未完工工程一览表，包括单位工程名称、工程量、预算估价及预计完成时间等内容。

③提交财务决算分析。

④检查工程质量，查明须返工或补修的工程并提出具体的时间安排，预申报工程质量等级的评定，做好相关材料的准备工作。

⑤整理汇总项目档案资料，绘制工程竣工图。

⑥登载固定资产，编制固定资产构成分析表。

⑦落实生产准备各项工作，提出试车检查的情况报告，总结试车考评情况。

⑧编写竣工结算分析报告和竣工验收报告。

2）预验收。建设项目竣工验收准备工作结束后，由发包人或上级主管部门会同监理单位、设计单位、承包人及有关单位或部门组成预验收组进行预验收。预验收的主要工作包括：

①核实竣工验收准备工作内容，确认竣工项目所有档案资料的完整性和准确性。

②检查项目建设标准、评定质量，对竣工验收准备过程中有争议的问题和有隐患及遗留问题提出处理意见。

③检查财务账表是否齐全并验证数据的真实性。

④检查试车情况和生产准备情况。

⑤编写竣工预验收报告和移交生产准备情况报告，在竣工预验收报告中应说明项目的概况、对验收过程进行阐述、对工程质量做出总体评价。

　　3）正式验收。建设项目的正式竣工验收是由国家、地方政府、建设项目投资商或开发商，以及有关单位领导和专家参加的最终整体验收。大中型和限额以上的建设项目的正式验收，由国家投资主管部门或其委托项目主管部门或地方政府组织验收，一般由竣工验收委员会（或验收小组）主任（或组长）主持，具体工作可由总监理工程师组织实施。国家重点工程的大型建设项目，由国家有关部委邀请有关方面参加，组成工程验收委员会进行验收。小型和限额以下的建设项目由项目主管部门组织。发包人、监理单位、承包人、设计单位和使用单位共同参加验收工作。

　　①发包人、勘查设计单位分别汇报工程合同履约情况，以及在工程建设各环节执行法律、法规与工程建设强制性标准的情况。

　　②听取承包人汇报建设项目的施工情况、自验情况和竣工情况。

　　③听取监理单位汇报建设项目监理内容和监理情况及对项目竣工的意见。

　　④组织竣工验收小组全体人员进行现场检查，了解项目现状、查验项目质量，及时发现存在和遗留的问题。

　　⑤审查竣工项目移交生产使用的各种档案资料。

　　⑥评审项目质量，对主要工程部位的施工质量进行复验、鉴定，对工程设计的先进性、合理性和经济性进行复验和鉴定，按设计要求和建筑安装工程施工的验收规范和质量标准进行质量评定验收。在确认工程符合竣工标准和合同条款规定后，签发竣工验收合格证书。

　　⑦审查试车规程，检查投产试车情况，核定收尾工程项目，对遗留问题提出处理意见。

　　⑧签署竣工验收鉴定书，对整个项目做出总的验收鉴定。竣工验收鉴定书是表示建设项目已经竣工，并交付使用的重要文件，是全部固定资产交付使用和建设项目正式动用的依据。

　　整个建设项目进行竣工验收后，发包人应及时办理固定资产交付使用手续。在进行竣工验收时，已验收过的单项工程可以不再办理验收手续，但应将单项工程交工验收证书作为最终验收的附件而加以说明。发包人在竣工验收过程中，如发现工程不符合竣工条件，应责令承包人进行返修，并重新组织竣工验收，直到通过验收。

七、竣工验收管理

1. 竣工验收报告

　　建设项目竣工验收合格后，建设单位应当及时提出工程竣工验收报告。工程竣工验收报告主要包括工程概况，建设单位执行基本建设程序情况，对工程勘察、设计、施工、监理等方面的评价，工程竣工验收时间、程序、内容和组织形式，工程竣工验收意见等内容。

　　工程竣工验收报告还应附有下列文件：

　　（1）施工许可证。

　　（2）施工图设计文件审查意见。

　　（3）验收组人员签署的工程竣工验收意见。

　　（4）市政基础设施工程应附有质量检测和功能性试验资料。

　　（5）施工单位签署的工程质量保修书。

　　（6）法规、规章规定的其他有关文件。

2. 竣工验收的管理

　　（1）国务院建设行政主管部门负责全国工程竣工验收的监督管理工作。

（2）县级以上地方人民政府建设行政主管部门，负责本行政区域内工程竣工验收的监督管理工作。

（3）工程竣工验收工作，由建设单位负责组织实施。

（4）县级以上地方人民政府建设行政主管部门，应当委托工程质量监督机构对工程竣工验收实施监督。

（5）负责监督该工程的工程质量监督机构，应当对工程竣工验收的组织形式、验收程序、执行验收标准等情况进行现场监督，发现有违反建设工程项目质量管理规定行为的，责令改正，并将对工程竣工验收的监督情况作为工程质量监督报告的重要内容。

3. 竣工验收的备案

（1）国务院建设行政主管部门，负责全国房屋建筑工程和市政基础设施工程的竣工验收备案管理工作。县级以上地方人民政府建设行政主管部门，负责本行政区域内工程的竣工验收备案管理工作。

（2）建设单位应当自工程竣工验收合格之日起 15 日内，依照《房屋建筑工程和市政基础设施工程竣工验收备案管理暂行办法》的规定，向工程所在地的县级以上地方人民政府建设行政主管部门备案。

（3）建设单位办理工程竣工验收备案应当提交下列文件：

1）工程竣工验收备案表。

2）工程竣工验收报告。

3）法律、行政法规规定应当由规划、公安消防、环保等部门出具的认可文件或准许使用文件。

4）施工单位签署的工程质量保修书；商品住宅还应当提交《住宅质量保证书》和《住宅使用说明书》。

5）法规、规章规定必须提供的其他文件。

（4）备案机关收到建设单位报送的竣工验收备案文件，验证文件齐全后，应当在工程竣工验收备案表上签署文件收讫。工程竣工验收备案表一式二份，一份由建设单位保存，一份留备案机关存档。

（5）工程质量监督机构应当在工程竣工验收之日起 5 日内，向备案机关提交工程质量监督报告。

第二节　竣工决算概述

一、竣工决算的概念

竣工决算是指建设单位在建设项目竣工后，按照国家有关规定在竣工验收阶段编制的竣工决算报告。它是以实物数量和货币指标为计量单位，综合反映竣工项目从筹建开始到项目竣工交付使用为止的全部建设费用、建设成果和财务情况的总结性文件，是竣工验收报告的重要组成部分。

竣工决算是正确核定新增固定资产价值，考核分析投资效果，建立健全经济责任制的依据，是反映建设项目实际造价和投资效果的文件，是考核建设项目投资效果的依据，也是办理交付、动用、验收的依据。

二、竣工决算的内容

竣工决算包括建设项目从筹建开始到项目竣工交付生产使用为止的全部建设费用，其内容包括竣工决算报告情况说明书、竣工财务决算报表、建设工程竣工图、工程造价比较分析四个方面的内容。

1. 竣工决算报告情况说明书

竣工决算报告情况说明书主要反映竣工工程建设成果和经验，是对竣工决算报表进行分析和补充说明的文件，是全面考核分析工程投资与造价的书面总结，其内容主要包括：

（1）建设项目概况及对工程总的评价。

（2）资金来源及运用等财务分析。

（3）基本建设收入、投资包干结余、竣工结余资金的上交分配情况。

（4）各项经济技术指标的分析。

（5）工程建设的经验、项目管理和财务管理工作，以及竣工财务决算中有待解决的问题。

（6）需要说明的其他事项。

2. 竣工财务决算报表

建设项目竣工财务决算报表根据大、中型建设项目和小型建设项目分别制定。有关报表组成如图9-2与图9-3所示，报表格式分别见表9-2～表9-7。

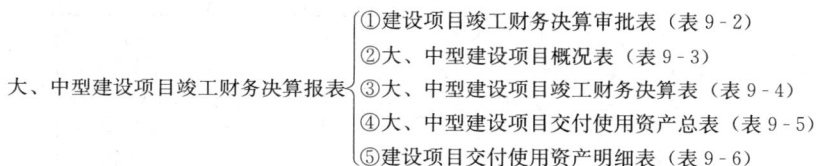

大、中型建设项目竣工财务决算报表
①建设项目竣工财务决算审批表（表9-2）
②大、中型建设项目概况表（表9-3）
③大、中型建设项目竣工财务决算表（表9-4）
④大、中型建设项目交付使用资产总表（表9-5）
⑤建设项目交付使用资产明细表（表9-6）

图9-2　大、中型建设项目竣工财务决算报表组成示意图

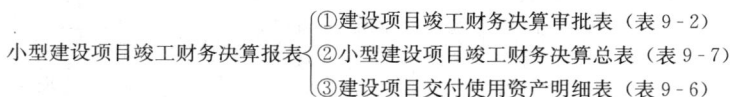

小型建设项目竣工财务决算报表
①建设项目竣工财务决算审批表（表9-2）
②小型建设项目竣工财务决算总表（表9-7）
③建设项目交付使用资产明细表（表9-6）

图9-3　小型建设项目竣工财务决算报表组成示意图

（1）建设项目竣工财务决算审批表见表9-2。该表作为竣工决算上报有关部门审批时使用，其格式按照中央级项目审批要求设计的，地方级项目可按审批要求作适当修改，大、中、小型项目均要按照下列要求填报此表。

1）表9-2中"建设性质"按新建、改建、扩建、迁建和恢复建设项目等分类填列。

2）表9-2中"主管部门"是指建设单位的主管部门。

3）所有建设项目均须经过开户银行签署意见后，按照有关要求进行报批；中央级小型项目由主管部门签署审批意见；中央级大、中型建设项目报所在地财政监察专门办事机构签署意见后，再由主管部门签署意见报财政部审批；地方级项目由同级财政部门签署审批意见。

4）已具备竣工验收条件的项目，三个月内应及时填报审批表，如三个月内不办理竣工验收和固定资产移交手续的视同项目已正式投产，其费用不得从基本建设投资中支付，所实现的收入作为经营收入，不再作为基本建设收入管理。

表 9-2　　　　　　　　　　　**建设项目竣工财务决算审批表**

建设项目法人（建设单位）		建设性质	
建设项目名称		主管部门	

开户银行意见：

（盖章）
年　月　日

专员办审批意见：

（盖章）
年　月　日

主管部门或地方财政部门审批意见：

（盖章）
年　月　日

（2）大、中型建设项目概况表见表 9-3。该表综合反映大、中型建设项目的基本概况、内容，包括该项目总投资、建设起止时间、新增生产能力、主要材料消耗、建设成本、完成主要工程量和主要技术经济指标及基本建设支出情况，为全面考核和分析投资效果提供依据，可按下列要求填写：

表 9-3　　　　　　　　　　**大、中型建设项目概况表**

建设项目名称			建设地址						项目	概算	实际	主要指标
主要设计单位			主要施工企业						建筑安装工程			
占地面积	计划	实际	总投资（万元）	设计		实际		基建支出	设备、工具、器具			
				固定资产	流动资产	固定资产	流动资产		待摊投资其中：建设单位管理费			
									其他投资			
新增生产能力	能力（效益）名称		设计	实际					待核销基建支出			
									非经营项目转出投资			
建设起止时间	设计		从　年　月开工至　年　月竣工						合计			
	实际		从　年　月开工至　年　月竣工									
初步设计和概算批准日期、文号								主要材料消耗	名称	单位	概算	实际
完成主要工程量	建筑面积（m²）		设备（台、套、t）						钢材	t		
	设计	实际	设计	实际					木材	m³		
									水泥	t		
收尾工程	工程内容		投资额	完成时间				主要技术经济指标				

1）建设项目名称、建设地址、主要设计单位和主要施工单位，要按全称填列。

2）表9-3中各项目的设计、概算、计划指标可根据批准的设计文件和概算、计划等确定的数字填列。

3）表9-3中所列新增生产能力、完成主要工程量、主要材料消耗的实际数据，可根据建设单位统计资料和施工单位提供的有关成本核算资料填列。

4）表9-3中"主要技术经济指标"包括单位面积造价、单位生产能力投资、单位投资增加的生产能力、单位生产成本和投资回收年限等反映投资效果的综合性指标，根据概算和主管部门规定的内容分别按概算和实际填列。

5）表9-3中基建支出是指建设项目从开工起至竣工为止发生的全部基本建设支出，包括形成资产价值的交付使用资产，如固定资产、流动资产、无形资产、递延资产支出，还包括不形成资产价值按照规定应核销非经营项目的待核销基建支出和转出投资。上述支出，应根据财政部门历年批准的"基建投资表"中的有关数据填列。

6）表9-3中"初步设计和概算批准日期、文号"，按最后经批准的日期和文件号填列。

7）表9-3中收尾工程是指全部工程项目验收后尚遗留的少量收尾工程，在表中应明确填写收尾工程内容、完成时间，这部分工程的实际成本可根据实际情况进行估算并加以说明，完工后不再编制竣工决算。

（3）大、中型建设项目竣工财务决算表见表9-4。该表反映竣工的大中型建设项目从开工到竣工为止全部资金来源和资金运用的情况，它是考核和分析投资效果，落实节余资金，并作为报告上级核销基本建设支出和基本建设拨款的依据。在编制该表前，应先编制出项目竣工年度财务决算，根据编制出的竣工年度财务决算和历年财务决算编制项目的竣工财务决算。此表采用平衡形式，即资金来源合计等于资金支出合计。具体编制方法如下：

表9-4　　　　　　　　　　大、中型建设项目竣工财务决算表　　　　　　　单位：元

资金来源	金额	资金占用	金额	补充资料
一、基建拨款		一、基本建设支出		1. 基建投资借款期末余额
1. 预算拨款		1. 交付使用资产		
2. 基建基金拨款		2. 在建工程		2. 应收生产单位投资借款期末余额
3. 进口设备转账拨款		3. 待核销基建支出		
4. 器材转账拨款		4. 非经营项目转出投资		3. 基建结余资金
5. 煤代油专用基金拨款		二、应收生产单位投资借款		
6. 自筹资金拨款		三、拨付所属投资借款		
7. 其他拨款		四、器材		
二、项目资本金		其中：待处理器材损失		
1. 国家资本		五、货币资金		
2. 法人资本		六、预付及应收款		
3. 个人资本		七、有价证券		
三、项目资本公积金		八、固定资产		

续表

资金来源	金额	资金占用	金额	补充资料
四、基建借款		固定资产原值		
五、上级拨入投资借款		减：累计折旧		
六、企业债券资金		固定资产净值		
七、待冲基建支出		固定资产清理		
八、应付款		待处理固定资产损失		
九、未交款				
1. 未交税金				
2. 未交基建收入				
3. 未交基建包干节余				
4. 其他未交款				
十、上级拨入资金				
十一、留成收入				
合计		合计		

1）资金来源包括基建拨款、项目资本金、项目资本公积金、基建借款、上级拨入投资借款、企业债券资金、待冲基建支出、应付款、未交款、上级拨入资金和留成收入等。

项目资本金是指经营性项目投资者按国家有关项目资本金的规定，筹集并投入项目的非负债资金，在项目竣工后，相应转为生产经营企业的国家资本金、法人资本金、个人资本金和外商资本金。

项目资本公积金是指经营性项目对投资者实际缴付的出资额超过其资金的差额（包括发行股票的溢价净收入）、资产评估确认价值或者合同、协议约定价值与原账面净值的差额、接收捐赠的财产、资本汇率折算差额，在项目建设期间作为资本公积金、项目建成交付使用并办理竣工决算后，转为生产经营企业的资本公积金。

基建收入是基建过程中形成的各项工程建设副产品变价净收入、负荷试车的试运行收入及其他收入，在表中基建收入以实际销售收入扣除销售过程中所发生的费用和税后的实际纯收入填写。

2）表 9-4 中"交付使用资产"、"预算拨款"、"自筹资金拨款"、"其他拨款"、"基建借款"、"其他借款"等项目，是指自开工建设至竣工的累计数，上述有关指标应根据历年批复的年度基本建设财务决算和竣工年度的基本建设财务决算中资金平衡表相应项目的数字进行汇总填写。

3）表 9-4 中其余项目费用办理竣工验收时的结余数，根据竣工年度财务决算中资金平衡表的有关项目期末数填写。

4）资金占用反映建设项目从开工准备到竣工全过程资金支出的情况，内容包括基本建设支出、应收生产单位投资借款、库存器材、货币资金、有价证券和预付及应收款，以及拨付所属投资借款和库存固定资产等，资金占用总额应等于资金来源总额。

5）补充材料的"基建投资借款期末余额"反映竣工时尚未偿还的基本投资借款额，应根据竣工年度资金平衡表内的"基建投资借款"项目期末数填写;"应收生产单位投资借款期末余额",根据竣工年度资金平衡表内的"应收生产单位投资借款"项目的期末数填写;"基建结余资金"反映竣工的结余资金,根据竣工决算表中有关项目计算填写。

6)基建结余资金可以按下列公式计算

基建结余资金＝基建拨款＋项目资本金＋项目资本公积金＋基建借款＋企业债券基金＋
待冲基建支出－基本建设支出－应收生产单位投资借款

(4)大、中型建设项目交付使用资产总表见表9-5。该表反映建设项目建成后新增固定资产、流动资产、无形资产和递延资产价值的情况和价值,作为财务交接、检查投资计划完成情况和分析投资效果的依据。小型项目不编制"交付使用资产总表",而直接编制"交付使用资产明细表";大、中型项目在编制"交付使用资产总表"的同时,还需编制"交付使用资产明细表"。大、中型建设项目交付使用资产总表具体编制方法如下:

表 9-5　　　　　　　　　　大、中型建设项目交付使用资产总表　　　　　　　　单位:元

单项工程项目名称	总计	固定资产					流动资产	无形资产	递延资产
		建筑工程	安装工程	设备	其他	合计			

支付单位盖章　　年　月　日　　　　　　　　　　　　　　　　接收单位盖章　　年　月　日

1)表9-5中各栏目数据根据"交付使用明细表"的固定资产、流动资产、无形资产、递延资产的各相应项目的汇总数分别填写,表中总计栏的总计数应与竣工财务决算表中的交付使用资产的金额一致。

2)表9-5中固定资产合计、流动资产、无形资产、递延资产的数量,应分别与竣工财务决算表交付使用的固定资产、流动资产、无形资产、递延资产的数据相符。

(5)建设项目交付使用资产明细表见表9-6。该表反映交付使用的固定资产、流动资产、无形资产和递延资产及其价值的明细情况,是办理资产交接的依据和接收单位登记资产账目的依据,同时是使用单位建立资产明细账和登记新增资产价值的依据。大、中型和小型建设项目均需编制此表。编制时要做到齐全完整,数字准确,各栏目价值应与会计账目中相应科目的数据保持一致。建设项目交付使用资产明细表具体编制方法如下:

表 9-6　　　　　　　　　　建设项目交付使用资产明细表

单项工程项目名称	建筑工程			设备、工具、器具、家具					流动资产		无形资产		递延资产	
	结构	面积(m²)	价值(元)	规格型号	单位	数量	价值(元)	设备安装费(元)	名称	价值(元)	名称	价值(元)	名称	价值(元)
合计														

支付单位盖章　　年　月　日　　　　　　　　　　　　　　　　接收单位盖章　　年　月　日

1)表9-6中"建筑工程"项目应按单项工程名称填列其结构、面积和价值。其中"结

构"是指项目按钢结构、钢筋混凝土结构、混合结构等结构形式填写；面积则按各项目实际完成面积填列；价值按交付使用资产的实际价值填写。

2）表9-6中"设备、工具、器具、家具"部分要在逐项盘点后，根据盘点实际情况填写，工具、器具和家具等低值易耗品可分类填写。

3）表9-6中"流动资产"、"无形资产"、"递延资产"项目应根据建设单位实际交付的名称和价值分别填列。

（6）小型建设项目竣工财务决算总表见表9-7。由于小型建设项目内容比较简单，因此可将工程概况与财务情况合并编制一张表，该表主要反映小型建设项目的全部工程和财务情况。具体编制时可参照大、中型建设项目概况表指标和大、中型建设项目竣工财务决算表指标填写。

表9-7　　　　　　　　　　　　　　小型建设项目竣工财务决算总表

建设项目名称			建设地址			资金来源		资金运用	
初步设计概算批准文件号						项目	金额（元）	项目	金额（元）
						一、基建拨款 其中：预算拨款		一、交付使用资产	
占地面积	计划	实际	总投资（万元）	计划		二、待核销基建支出			
				固定资产	流动资产	实际		二、项目资本金		三、非经营项目转出投资	
						固定资产	流动资产	三、项目资本公积金		
新增生产能力	能力（效益）名称		设计	实际		四、基建借款		四、应收生产单位投资借款	
						五、上级拨入借款			
建设起止时间	计划		从　年　月开工 至　年　月竣工			六、企业债券资金		五、拨付所属投资借款	
	实际		从　年　月开工 至　年　月竣工			七、待冲基建支出		六、器材	
基建支出	项目		概算（元）	实际（元）		八、应付款		七、货币资金	
	建筑安装工程					九、未交款 其中：未交基建收入		八、预付及应收款	
	设备、工具、器具							九、有价证券	
	待摊投资 其中：建设单位管理费					未交包干收入		十、原有固定资产	
	其他投资					十、上级拨入资金			
	待摊销基建支出					十一、留成收入			
	非经营性项目转出投资								
	合计					合计		合计	

　3. 建设工程竣工图

　建设工程竣工图是真实地记录各种地上、地下建筑物及构筑物等情况的技术文件，是工程进行交工验收、维护和扩建的依据，是城市建设的重要技术档案。国家规定：各项新建、扩建、改建的基本建设工程，特别是基础、地下建筑、管线、结构、井巷、桥梁、隧道、港口、水坝及设备安装等隐蔽部位，都要编制竣工图。为确保竣工图质量，必须在施工过程中（不能在竣工后）及时做好隐蔽工程检查记录，整理好设计变更文件。

　4. 工程造价比较分析

　经批准的概、预算是考核实际建设工程造价和进行工程造价比较分析的依据。在分析时，可先对比整个项目的总概算，然后将建筑安装工程费、设备工器具购置费和其他工程费用逐一与竣工决算表中所提供的实际数据和相关资料及批准的概算、预算指标，实际的工程造价进行对比分析，以确定竣工项目总造价是节约还是超支，并在对比的基础上，总结先进经验，找出节约和超支的内容和原因，提出改进措施。在实际工作中，应主要分析以下内容：

　（1）主要实物工程量。对于实物工程量出入比较大的情况，必须查明原因。

　（2）主要材料消耗量。考核主要材料消耗量，要按照竣工决算表中所列明的三大材料实际超概算的消耗量，查明是在工程的哪个环节超出量最大，再进一步查明超耗的原因。

　（3）考核建设单位管理费、建筑及安装工程其他直接费、现场经费和间接费的取费标准。建设单位管理费、建筑及安装工程其他直接费、现场经费和间接费的取费标准要按照国家和各地的有关规定，根据竣工决算报表中所列的建设单位管理费与概预算所列的建设单位管理费数额进行比较，依据规定查明多列或少列的费用项目，确定其节约超支的数额，并查明原因。

　三、竣工决算的编制

　1. 竣工决算的编制依据

　建设项目竣工决算的编制依据包括以下几个方面：

　（1）建设项目计划任务书、可行性研究报告、投资估算书、初步设计或扩大初步设计及其批复文件。

　（2）建设项目总概算书、单项工程综合概算书。

　（3）经批准的施工图预算或招标控制价、承包合同、工程结算等有关资料。

　（4）建设项目图纸及说明，设计交底和图纸会审记录。

　（5）历年基建资料、历年财务决算及批复文件。

　（6）设计变更记录、施工记录或施工签证单及其他施工发生的费用记录。

　（7）设备、材料调价文件和调价记录。

　（8）竣工图及各种竣工验收资料。

　（9）国家和地方主管部门颁发的有关建设工程竣工决算的文件。

　（10）其他有关资料。

　2. 竣工决算的编制要求

　为了严格执行建设项目竣工验收制度，正确核定新增固定资产价值，考核分析投资效果，建立健全经济责任制，所有新建、扩建和改建等建设项目竣工后，都应及时、完整、正确的编制好竣工决算。建设单位要做好以下工作：

（1）按照规定及时组织竣工验收，保证竣工决算的及时性。

（2）积累、整理竣工项目资料，特别是项目的造价资料，保证竣工决算的完整性。

（3）清理、核对各项账目，保证竣工决算的正确性。

按照规定竣工决算应在竣工项目办理验收交付手续后一个月内编好，并上报主管部门。有关财务成本部分，还应送经办银行审查签证。主管部门和财政部门对报送的竣工决算审批后，建设单位即可办理决算调整和结束有关工作。

3. 竣工决算的编制步骤（图 9 - 4）

（1）收集、整理和分析有关依据资料。在编制竣工决算文件之前，要系统地整理所有的技术资料、工程结算的经济文件、施工图纸和各种变更与签证资料，并分析它们的准确性。完整、齐全的资料，是准确而迅速编制竣工决算的必要条件。

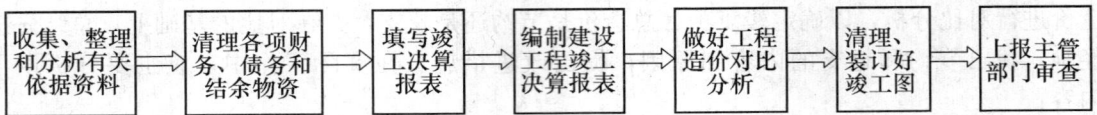

图 9 - 4　竣工决算的编制步骤

（2）清理各项财务、债务和结余物资。在收集、整理和分析有关资料中，要特别注意建设工程从筹建到竣工投产或使用的全部费用的各项财务、债权和债务的清理，做到工程完毕账目清晰，即要核对账目，又要查点库有实物的数量，做到账与物相等，账与账相符，对结余的各种材料、工器具和设备，要逐项清点核实，妥善管理，并按规定及时处理，收回资金。对各种往来款项要及时进行全面清理，为编制竣工决算提供准确的数据和结果。

（3）填写竣工决算报表。按照建设工程决算表格中的内容，根据编制依据中的有关资料进行统计或计算各个项目和数量，并将其结果填到相应表格的栏目内，完成所有报表的填写。

（4）编制建设工程竣工决算报表。按照建设工程竣工决算说明的内容要求，根据编制依据材料填写报表，编写文字说明。

（5）做好工程造价对比分析。

（6）清理、装订好竣工图。

（7）上报主管部门审查。将上述编写的文字说明和填写的表格经核对无误，装订成册，即为建设工程竣工决算文件。将其上报主管部门审查，并把其中财务成本部分送交开户银行签证。竣工决算在上报主管部门的同时，抄送有关设计单位。大、中型建设项目的竣工决算还应抄送财政部，建设银行总行和省、市、自治区的财政局和建设银行分行各一份。建设工程竣工决算的文件，由建设单位负责组织人员编写，在建设项目竣工并办理验收手续后一个月之内完成。

四、竣工决算的审核

（1）检查所编制的竣工结算是否符合建设项目实施程序，有无将未经审批立项、可行性研究、初步设计等环节而自行建设的项目编制竣工工程决算的问题。

（2）检查竣工决算编制方法的可靠性，有无造成交付使用的固定资产价值不实的问题。

（3）检查有无将不具备竣工决算编制条件的建设项目提前或强行编制竣工决算的情况。

（4）检查"竣工工程概况表"中的各项投资支出，并分别与设计概算数相比较，分析节约或超支的情况。

（5）检查"交付使用资产明细表"，将各项资产的实际支出与设计概算数进行比较，以确定各项资产的节约或超支数额。

（6）分析投资支出偏离设计概算的主要原因。

（7）检查建设项目结余资金及剩余设备材料等物资的真实性和处置情况，包括：检查建设项目"工程物资盘存表"，核实库存设备、专用材料账是否相符，检查建设项目现金结余的真实性，检查应收、应付款项的真实性，关注是否按合同规定预留了承包人在工程质量保证期间的保证金。

五、新增资产价值的确定

建设项目竣工投入运营后，所花费的总投资应按会计制度和有关税法的规定，形成相应的资产。正确核定资产的价值，不但有利于建设项目交付使用后的财产管理，而且还可作为建设项目经济后评估的依据。

1. 新增资产的分类

按照新的财务制度和企业会计准则，新增资产按资产性质分为固定资产、流动资产、无形资产、递延资产和其他资产五大类，资产的性质不同，其核算的方法也不同。

（1）固定资产。固定资产是指使用期限超过一年，单位价值在规定标准以上（如 1000 元、1500 元或 2000 元），并且在使用过程中保持原有实物形态的资产。如房屋、建筑物、机械、运输工具等。

不同时具备以上两个条件的资产为低值易耗品，应列入流动资产范围内，如企业自身使用的工具、器具、家具等。

固定资产主要包括：

1）已交付使用的建安工程造价；

2）达到固定资产标准的设备、工器具购置费；

3）其他费用（如建设单位管理费、征地费、勘察设计费等）。

（2）流动资产。流动资产是指可以在一年或者超过一年的营业周期内变现或者耗用的资产。它是企业资产的重要组成部分。流动资产按资产的占用形态可分为现金、存货（指企业的库存材料、在产品、产成品、商品等）、银行存款、短期投资、应收账款及预付账款。

（3）无形资产。无形资产是指特定主体所控制的，不具有实物形态，对生产经营长期发挥作用且能带来经济效益的资源。如专利权、非专利技术、生产许可证、特许经营权、租赁权、土地使用权、商标权、版权、计算机软件及商誉等。

（4）递延资产。递延资产是指不能全部计入当年损益，应当在以后年度分期摊销的各种费用，如开办费、租入固定资产改良支出等。

（5）其他资产。其他资产是指具有专门用途，但不参加生产经营的经国家批准的特种物资，银行冻结存款和冻结物资、涉及诉讼的财产等。

2. 新增资产价值的确定

（1）新增固定资产价值的确定。新增固定资产价值计算是以独立发挥生产能力的单项工程为对象的。单项工程建成经有关部门验收鉴定合格，正式移交生产或使用，即应计算新增固定资产价值。一次交付生产或使用的工程，一次计算新增固定资产价值，分期分批交付生产或使用的工程，应分期分批计算新增固定资产价值。

（2）流动资产价值的确定。依据投资概算核拨的项目铺底流动资金，由建设单位直接移交使用单位。

（3）无形资产价值的确定。无形资产是指能使企业拥有某种权利、能为企业带来长期的经济效益，但没有实物形态的资产。无形资产包括专利权、商标权、专有技术、著作权、土地使用权、商誉等。

新增无形资产的计价原则如下：

1）投资者按无形资产作为资本金或者合作条件投入时，按评估确认或合同协议约定的金额计价。

2）购入的无形资产按照实际支付的价款计价。

3）企业自创并依法申请取得的按开发过程中的实际支出计价。

4）企业接受捐赠的无形资产按照发票账单所持金额或者同类无形资产市价作价。

无形资产计价入账后，应在其有效使用期内分期摊销。

（4）递延资产和其他资产价值的确定。

1）递延资产中的开办费是指筹建期间发生的费用，不能计入固定资产或无形资产价值的费用，主要包括筹建期间人员工资、办公费、员工培训费、差旅费、注册登记费，以及不计入固定资产和无形资产购建成本的汇兑损益、利息支出等。根据现行财务制度规定，企业筹建期间发生的费用，应于开始生产经营起一次计入开始生产经营当期的损益。企业筹建期间开办费的价值可按其账面价值确定。

2）递延资产中以经营租赁方式租入的固定资产改良工程支出的计价，应在租赁有限期限内摊入制造费用或管理费用。

3）其他资产，包括特种储备物资等，按实际入账价值核算。

第三节　工程保修及保修费用的处理

一、工程保修

1. 工程保修的含义

建设工程质量保修制度是国家确定的重要法律制度，它是指建设工程在办理完交工验收手续后，在规定的保修期限内（按合同有关保修期的规定），因勘察设计、施工、材料等原因造成的质量缺陷，应由责任单位负责维修。

工程保修是指项目竣工验收交付使用后，在一定期限内由承包人对发包人或用户进行回访，对于工程发生的确实是由于承包人责任造成的建筑物使用功能不良或无法使用的问题，由承包人负责修理，直到达到正常使用的标准。保修回访制度属于建筑工程竣工后管理范畴。

根据《建设工程质量管理条例》规定，建设工程承包单位在向建设单位提交工程竣工验收报告时，应向建设单位出具质量保修书，质量保修书中应明确建设工程的保修范围、保修期限和保修责任等。

2. 保修的范围和最低保修期限

（1）保修的范围。建筑工程的保修范围应包括地基基础工程、主体结构工程、屋面防水工程和其他土建工程，以及电气管线、上下水管线的安装工程，供热、供冷系统工程等项目。

（2）保修的期限。保修的期限应当按照保证建筑物合理寿命内正常使用，维护使用者合法权益的原则确定。具体的保修范围和最低保修期限，按照下列（《建设工程质量管理条例》第四十条）规定执行：

1）基础设施工程、房屋建筑的地基基础工程和主体结构工程，为设计文件规定的该工程的合理使用年限。

2）屋面防水工程、有防水要求的卫生间、房间和外墙面的防渗漏为 5 年。

3）供热与供冷系统为 2 个采暖期和供冷期。

4）电气管线、给排水管道、设备安装和装修工程为 2 年。

5）其他项目的保修范围和保修期限由承发包双方在合同中规定。建设工程的保修期自竣工验收合格之日算起。

建设工程在保修期内发生质量问题的，承包人应当履行保修义务，并对造成的损失承担赔偿责任。凡是由于用户使用不当而造成建筑功能不良或损坏，不属于保修范围；凡属工业产品项目发生问题，也不属保修范围。以上两种情况应由建设单位自行组织修理。

3. 保修费用

保修费用是指对保修期间和保修范围内所发生的维修、返工等各项费用的支出。保修费用应按合同和有关规定合理确定和控制。保修费用一般可参照建筑安装工程造价的确定程序和方法计算，也可以按照建筑安装工程造价或承包工程合同价的一定比例计算（目前取 5%）。

二、保修费用的处理

根据《建筑法》规定，在保修费用的处理问题上，必须根据修理项目的性质、内容及检查修理等多种因素的实际情况，区别保修责任的承担问题，对于保修的经济责任的确定，应当由有关责任方承担。由建设单位和施工单位共同商定经济处理办法。

（1）承包单位未按国家有关规范、标准和设计要求施工，造成的质量缺陷，由承包单位负责返修并承担经济责任。

（2）由于设计方面的原因造成的质量缺陷，由设计单位承担经济责任，可由施工单位负责维修，其费用按有关规定通过建设单位向设计单位索赔，不足部分由建设单位负责协同有关各方解决。

（3）因建筑材料、建筑构配件和设备质量不合格引起的质量缺陷，属于承包单位采购的或经其验收同意的，由承包单位承担经济责任；属于建设单位采购的，由建设单位承担经济责任。

（4）因使用单位使用不当造成的损坏问题，由使用单位自行负责。

（5）因地震、洪水、台风等不可抗拒因素造成的损坏问题，施工单位、设计单位不承担经济责任，由建设单位负责处理。

（6）根据《建筑法》第七十五条的规定，建筑施工企业违反该法规定，不履行保修义务的，责令改正，可以处以罚款。在保修期间因屋顶、墙面渗漏及开裂等质量缺陷造成损失的，有关责任企业应当依据实际损失给予实物或价值补偿。质量缺陷因勘察设计原因、监理原因或者建筑材料、建筑构配件和设备等原因造成的，根据民法规定，施工企业可以在保修和赔偿损失之后，向有关责任者追偿。因建设工程质量不合格而造成损害的，受损害人有权向责任者要求赔偿。因建设单位或者勘察设计的原因、施工的原因、监理的原因产生的建设质量问题，造成他人损失的，以上单位应当承担相应的赔偿责任。受损害人可以向任何一方要求赔偿，也可以向以上各方提出共同赔偿要求。有关各方之间在赔偿后，可以在查明原因后向真正责任人追偿。

（7）涉外工程的保修问题，除参照上述办法处理外，还应依照原合同条款的有关规定执行。

第四节　建设项目后评估

一、项目后评估的含义

国内外理论与实践工作者对建设项目后评估的理解有多种。本书所指项目评估为：在项目建成投产并达到设计生产能力后，通过对项目准备、决策、设计、实施、试生产直至达产后全过程进行的再评估，衡量和分析其实际情况与预计情况的偏离程度及产生的原因，全面总结项目投资管理经验，为今后项目准备、决策、管理、监督等工作的改进创造条件，并为提高项目投资效益提出切实可行的对策措施。

项目后评估有别于项目前评估、项目中间评估。项目前评估、项目中间评估与项目后评估既相互联系又相互区别，是同一对象的不同过程。它们在评价中要前后呼应，互相兼顾，但在其作用、评估时间的选择及使用方法等方面又有明显的区别。

二、项目后评估的种类

从不同的角度出发，项目后评估可分为不同的种类。

1. 根据评估的时点划分

（1）项目跟踪评估。也称为"中间评估"或"过程评估"（On-going Evaluation），是指在项目开工以后到项目竣工验收之前任何一个时点所进行的评估。其目的或是检查项目前评价和设计的质量，或是评估项目在建设过程中的重大变更（如项目产出品市场发生变化、概算调整、重大方案变化、主要政策变化等）及其对项目效益的作用和影响，或是诊断项目发生的重大困难和问题，寻求对策和出路等。这类评估往往侧重于项目层次上的问题，如建设必要性评估、勘测设计评估和施工评估等。

（2）项目实施效果评估。就是通常所说的项目后评估，世界银行和亚洲开发银行称之为PPAR（Project Performance Audit Report），是指在项目竣工以后一段时间之内所进行的评估（一般生产性行业在竣工以后1～2年，基础设施行业在竣工以后5年左右，社会基础设施行业可能更长一些）。其主要目的是检查确定投资项目或活动达到理想效果的程度，总结经验教训，为完善已建项目、调整在建项目和指导待建项目服务。这类评估要对项目层次和决策管理层次的问题加以分析和总结。

（3）项目影响评估。又称为项目效益监督评估，是指在项目实施效果评估完成一段时间以后，在项目实施效果评估的基础上，通过调查项目的经营状况，分析项目发展趋势及其对社会、经济和环境的影响，总结决策等宏观方面的经验教训。

2. 根据评估的内容划分

（1）目标评估。一方面有些项目原定的目标不明确，或不符合实际情况，项目实施过程中可能会发生重大变化，如政策性变化或市场变化等，所以项目后评估要对项目立项时原定决策目标的正确性、合理性和实践性进行重新分析和评估；另一方面，项目后评估要对照原定目标完成的主要指标，检查项目实际实现的情况和变化并分析变化原因，以判断目的和目标的实现程度，也是项目后评估所需要完成的主要任务之一。判别项目目标的指标应在项目立项时确定。

（2）项目前期工作和实施阶段评估。主要通过评估项目前期工作和实施过程中的工作业绩，分析和总结项目前期工作的经验教训，为今后加强项目前期工作和实施管理积累经验。

（3）项目运营评估。通过项目投产后的有关实际数据资料或重新预测的数据，研究建设项目实际投资效益与预测情况，或其他同类项目投资效益的偏离程度及其原因，系统地总结项目投资的经验教训，并为进一步提高项目投资效益提出切实可行的建议。

（4）项目影响评估。分析评估项目对所在地区、所属行业和国家产生的经济、环境、社会等方面的影响。

（5）项目持续性评估是指对项目的既定目标是否能按期实现，项目是否可以持续保持较好的效益，接受投资的项目业主是否愿意并可以依靠自己的能力继续实现既定的目标，项目是否具有可重复性等方面做出评估。

3. 根据评估的范围和深度划分

（1）大型项目或项目群的后评估。

（2）对重点项目中关键工程运行过程的追踪评估。

（3）对同类项目运行结果的对比分析，即进行"比较研究"的实际评估。

（4）行业性的后评估，即对不同行业投资收益性差别进行实际评估。

4. 根据评估的主体划分

（1）项目自评估。由项目业主会同执行管理机构按照国家有关部门的要求，编写项目的自我评估报告，报行业主管部门、其他管理部门或银行。

（2）行业或地方项目后评估。由行业或省级主管部门对项目自评估报告进行审查分析，并提出意见，撰写报告。

（3）独立后评估。由相对独立的后评估机构组织专家对项目进行后评估，通过资料收集、现场调查和分析讨论，提出项目后评估报告。通常情况下项目后评估均属于这类评估。

三、项目后评估方法

项目后评估方法的基础理论是现代系统工程与反馈控制的管理理论，基本原理是比较法，即将项目投产后的实际情况、实际效果等与决策时期的目标相比较，从中找出差距、分析原因、提出改进措施和建议，进而总结经验教训。下面介绍项目后评估的4种方法。

1. 对比法

（1）前后对比法。前后对比法是指将项目实施前与项目实施后的情况加以对比，以确定项目效益的一种方法。在项目后评估中，它是一种纵向的对比，即将项目前期的可行性研究和项目评估的预测结论与项目的实际运行结果比较，以发现差异，分析原因。这种对比用于揭示计划、决策和实施的质量，是项目过程评估应遵循的原则。

（2）有无对比法。有无对比法是指将项目实际发生的情况与若无项目可能发生的情况进行对比，以度量项目的真实效应、影响和作用。这种对比是一种横向对比，主要用于项目的效益评价和影响评价。有无对比的目的是要分清项目作用的影响与项目以外作用的影响。

2. 效益评估法

效益评估法又称为指标计算法，是指通过计算反映项目准备、决策、设计、实施和运营各阶段实际效益的指标，以此来衡量和分析项目投产后实际取得的效益。效益评估法把项目实际产生的效益或效果，与项目实际发生的费用或投入加以比较，进行盈利能力分析。在项目后评估阶段，效益指标的计算完全是以统计的实际值为依据来进行统计分析的，并相应地使用前评估中曾使用过的相同的经济评估参数来进行效益计算，以便在有可比性和计算口径一致的情况下判断项目的决策是否正确。

3. 过程评估法

过程评估法是指项目从立项决策、设计、采购直到建设实施各程序环节的实际进程与事先预订好的计划、目标相比较。通过全过程的分析评估，找出主观愿望与客观实际之间的差异，从而发现导致项目成败的主要环节和原因，提出有关的建议措施，使以后同类项目的实施计划和目标制订更切合实际和更可行。过程评估一般有工作量大、涉及面广的特点。

4. 系统评估法

系统评估法是指在后评估工作中将上述 3 种评估方法有机结合起来，进行系统的分析和评估的一种方法。效益评估法是从成本—效益的角度来判断决策目标是否正确；对比法则是评估项目产生的各种影响因素，其中最大的影响因素便是项目效益；过程评估法是从项目建设过程来分析造成项目的产出和投入与预期目标产生差异的原因，是效益评估和影响评估的基础。另外，项目的效益又与设计、施工质量、工程进度、投资估算等密切相关，因此，需要将 3 种评估方法结合起来，以便得出最佳的评估结论。

项目后评估的各种方法之间存在着密切的联系，在具体项目后评估中要结合运用多种方法，做到定量分析方法与定性分析方法相结合。在项目后评估中，应尽可能用定量数据来说明问题，采用定量的分析方法，以便进行前后或有无的对比。但对无法取得定量数据的评价对象或对项目的总体评价，应结合使用定性分析的方法。

四、项目后评估指标的计算

一般来说，项目后评估主要是通过一些指标的计算和对比，来分析项目实施中的偏差，衡量项目实际建设效果，并寻求解决问题的方案。

1. 项目前期和实施阶段后评估指标

（1）实际项目决策（设计）周期变化率。实际项目决策（设计）周期变化率表示实际项目决策（设计）周期与预计项目决策（设计）周期相比的变化程度，计算公式为

$$项目决策（设计）周期变化率$$
$$= \frac{实际项目决策（设计）周期（月数）-预计项目决策（设计）周期（月数）}{预计项目决策（设计）周期（月数）} \times 100\%$$

$$(9-1)$$

（2）竣工项目定额工期率。竣工项目定额工期率反映项目实际建设工期与国家统一制定的定额工期或计划安排的计划工期的偏离程度，计算公式为

$$竣工项目定额工期率 = \frac{竣工项目实际工期}{竣工项目定额（计划）工期} \times 100\% \qquad (9-2)$$

（3）实际建设成本变化率。实际建设成本变化率反映项目建设成本与批准的（概）预算所规定的建设成本的偏离程度，计算公式为

$$实际建设成本变化率 = \frac{实际建设成本 - 预计建设成本}{预计建设成本} \times 100\% \qquad (9-3)$$

（4）实际工程合格（优良）品率。实际工程合格（优良）品率反映建设项目的工程质量，计算公式为

$$实际工程合格(优良)品率 = \frac{实际单位工程合格(优良)品数量}{验收签订的单位工程总数} \times 100\% \qquad (9-4)$$

（5）实际投资总额变化率。实际投资总额变化率反映实际投资总额与项目前评估中预计的投资总额偏差的大小，包括静态投资总额变化率和动态投资总额变化率，计算公式为

$$
\begin{aligned}
&静态(动态)投资总额变化率\\
&= \frac{静态(动态)实际投资总额 - 预计静态(动态)投资总额}{预计静态(动态)投资总额} \times 100\%
\end{aligned}
\qquad (9-5)
$$

2．项目营运阶段后评估指标

（1）实际单位生产能力投资。实际单位生产能力投资反映竣工项目的实际投资效果，计算公式为

$$实际单位生产能力投资 = \frac{竣工验收项目(或单项工程)实际投资总额}{竣工验收项目(或单项工程)实际形成的生产能力} \qquad (9-6)$$

（2）实际达产年限变化率。实际达产年限变化率反映实际达产年限与设计达产年限的偏离程度，计算公式为

$$实际达产年限变化率 = \frac{实际达产年限 - 设计达产年限}{设计达产年限} \times 100\% \qquad (9-7)$$

（3）主要产品价格（成本）变化率。主要产品价格（成本）变化率衡量前评价中产品价格（成本）的预测水平，可以部分地解释实际投资效益与预期效益偏差的原因，也是重新预测项目生命周期内产品价格（成本）变化情况的依据。指标计算可分以下 3 步进行。

1）计算主要产品价格（成本）年变化率。

$$
\begin{aligned}
&计算主要产品价格(成本)年变化率\\
&= \frac{实际产品价格(成本) - 预测产品价格(成本)}{预测产品价格(成本)} \times 100\%
\end{aligned}
\qquad (9-8)
$$

2）运用加权法计算各年主要产品平均价格（成本）变化率。

$$
\begin{aligned}
&\begin{matrix}主要产品平均价格(成本)\\年变化率\end{matrix} = \sum \begin{matrix}产品价格(成本)\\年变化率\end{matrix} \times \begin{matrix}该产品产值(成本)\\占总产值(总成本)的比例\end{matrix} \times 100\%
\end{aligned}
$$
$$\qquad (9-9)$$

3）计算考核期实际产品价格（成本）变化率。

$$实际产品价格(成本)变化率 = \frac{各年产品价格(成本)年平均变化率之和}{考核期年限} \times 100\% \qquad (9-10)$$

（4）实际销售利润变化率。实际销售利润变化率反映项目实际投资效益，并且衡量项目实际投资效益与预期投资效益的偏差。其计算分为以下两步。

1）计算考核期内各年实际销售利润变化率。

$$各年实际销售利润变化率 = \frac{该年实际销售利润 - 预计年销售利润}{预计年销售利润} \times 100\% \qquad (9-11)$$

2）计算实际销售利润变化率。

$$实际销售利润变化率 = \frac{各年实际销售利润率}{预考核年限} \qquad (9-12)$$

（5）实际投资利润（利税）率。实际投资利润（利税）率指项目达到实际生产后的年实

际利润（利税）总额与项目实际投资的比率，也是反映建设项目投资效果的一个重要指标。

$$实际投资利润（利税）率 = \frac{年实际利润（利税）或年平均实际利润（利税）额}{实际投资额} \times 100\% \qquad (9-13)$$

（6）实际投资利润（利税）变化率。实际投资利润（利税）变化率反映项目实际投资利润（利税）率与预测投资利润（利税）率，或国内外其他同类项目实际投资利润（利税）率的偏差。

$$实际投资利润（利税）变化率$$
$$= \frac{实际投资利润（利税）率 - 预测（其他项目）投资利润（利税）率}{预测（其他项目）投资利润（利税）率} \times 100\% \qquad (9-14)$$

（7）实际净现值。实际净现值是反映项目生命周期内获利能力的动态评价指标，它的计算是依据项目投产后的年实际净现金流量，或根据情况重新预测的项目生命期内各年的净现金流量，并按重新选定的折现率，将各年现金流量折现到建设期的现值之和。

$$RNPV = \sum_{t=1}^{n} \frac{RCI - RCO}{(1 + i_K)^t} \qquad (9-15)$$

式中　$RNPV$——实际净现值；

$\quad\quad RCI$——项目实际的或根据实际情况重新预测的年现金流入量；

$\quad\quad RCO$——项目实际的或根据实际情况重新预测的年现金流出量；

$\quad\quad i_K$——根据实际情况重新选定的一个折现率；

$\quad\quad n$——项目生命期；

$\quad\quad t$——考核期的某一具体年份，$t = 1, 2, \cdots, n$。

（8）实际内部收益率。实际内部收益率（i_{RIRR}），是根据实际发生的年净现金流量和重新预测的项目生命周期计算的各年净现金流量现值为零的折现率。

$$\sum_{t=1}^{n} \frac{RCI - RCO}{(1 + i_{RIRR})^t} = 0 \qquad (9-16)$$

式中　i_{RIRR}——以实际内部收益率为折现率。

（9）实际投资回收期。实际投资回收期是以项目实际产生的净收益或根据实际情况重新预测的项目净收益，抵偿实际投资总回收期，它分为实际静态投资回收期和实际动态投资回收期。

1）实际静态投资回收期（P_{Rt}）。

$$\sum_{t=1}^{P_{Rt}} (RCI - RCO)_t = 0 \qquad (9-17)$$

2）实际动态投资回收期（P'_{Rt}）。

$$\sum_{t=1}^{P'_{Rt}} \frac{(RCI - RCO)_t}{(1 + i_k)^t} = 0 \qquad (9-18)$$

（10）实际借款偿还期。实际借款偿还期是衡量项目实际偿债能力的一个指标，它是根据项目投产后实际的或重新预测的可作还款的利润、折旧和其他收益额偿还固定资产实际借款本息所需要的时间。

$$I_{Rd} = \sum_{t=1}^{P_{Rd}} (R_{RP} + D'_R + R_{RO} - R_{Rt}) \qquad (9-19)$$

式中　I_{Rd}——固定资产投资借款实际本息之和；

$\quad\quad P_{Rd}$——实际借款偿还期；

R_{RP}——实际或重新预测的年利润的总额；

D_R'——实际可用于还款的折旧；

R_{RO}——年实际可用于还款的其他收益；

R_{Rt}——还款期的年实际企业留利。

在计算实际净现值、实际内部收益率、实际投资回收期、实际借款偿还期后，还可以计算其变化率以分析它们与预计指标的偏差，具体计算方法与其他指标相同。关于国民经济后评估中的实际经济净现值，即实际经济内部收益率等指标的计算方法与实际净现值及实际内部收益率的计算方法相同。

在实际的项目后评估中，还可以视不同的具体项目和后评估要求的需要，设置其他一些评价指标。通过这些指标的计算和对比，可以找出项目实际运行情况与预计情况的偏差和偏离程度。在对这些偏差分析的基础上，可以对产生偏差的各种因素采用具有针对性的解决方案，保证项目的正常运营。

知 识 点 总 结

竣工验收与后评估阶段造价管理的主要任务、使用方法与业务内容（见表 9-8）。

表 9-8 竣工验收与后评估阶段造价管理的主要任务、使用方法与业务内容

任务	方法运用	业务内容
竣工验收	符合设计的要求，具备竣工图表、竣工决算、工程总结报告等文件资料，提出竣工验收申请报告	协助建设单位整理本工程项目合同文件及有关资料，收集有关工程费用方面的签证资料，核对单据并及时归档
竣工决算的编制和审核	正确核定新增固定资产价值，考核分析投资效果	
项目后评估	对比分析法、效益评估法、过程评估法、系统评估法、逻辑框架法、层次分析法、因果分析法、综合评价法、项目成功度评价法	

复 习 与 思 考 题

1. 名词解释

（1）竣工验收。竣工验收是指由发包人、承包人和项目验收委员会，以项目批准的设计任务书和设计文件，以及国家或部门颁发的施工验收规范和质量检验标准为依据，按照一定的程序和手续，在项目建成并试生产合格后（工业生产性项目），对建设项目的总体进行检验和认证、综合评价和鉴定的活动。

（2）竣工决算。竣工决算是指建设单位在建设项目竣工后，按照国家有关规定在竣工验收阶段编制的竣工决算报告。它是以实物数量和货币指标为计量单位，综合反映竣工项目从筹建开始到项目竣工交付使用为止的全部建设费用、建设成果和财务情况的总结性文件，是

竣工验收报告的重要组成部分。

（3）无形资产。无形资产是指特定主体所控制的，不具有实物形态，对生产经营长期发挥作用且能带来经济效益的资源。如专利权、非专利技术、生产许可证、特许经营权、租赁权、土地使用权、商标权、版权、计算机软件及商誉等。

（4）递延资产。递延资产是指不能全部计入当年损益，应当在以后年度分期摊销的各种费用，如开办费、租入固定资产改良支出等。

（5）工程保修。工程保修是指项目竣工验收交付使用后，在一定期限内由承包人对发包人或用户进行回访，对于工程发生的确实是由于承包人责任造成的建筑物使用功能不良或无法使用的问题，由承包人负责修理，直到达到正常使用的标准。

（6）项目后评估。项目后评估是指在项目建成投产并达到设计生产能力后，通过对项目准备、决策、设计、实施、试生产直至达产后全过程进行的再评估，衡量和分析其实际情况与预计情况的偏离程度及产生的原因，全面总结项目投资管理经验，为今后项目准备、决策、管理、监督等工作的改进创造条件，并为提高项目投资效益提出切实可行的对策措施。

2. 思考题

（1）什么是建设项目竣工验收？竣工验收的条件是什么？

（2）竣工验收包含哪些内容？竣工验收有哪些方式？

（3）什么是竣工决算？竣工决算包括哪些内容？

（4）竣工决算的编制依据有哪些？

（5）新增资产按资产性质分为哪五大类？

（6）工程保修的范围及最低保修期限是怎样规定的？

（7）什么是项目后评估？有哪些评估方法？有哪些评估指标？

参 考 文 献

[1] 戚安邦，孙贤伟. 建筑项目全过程造价管理理论与方法 [M]. 天津：天津人民出版社，2004.

[2] 任宏. 建筑工程成本计划与控制 [M]. 北京：高等教育出版社，2004.

[3] 全国造价工程师执业资格考试培训教材编审委员会. 工程造价计价与控制 [M]. 北京：中国计划出版社，2006.

[4] 严玲，尹贻林. 工程计价学 [M]. 北京：机械工业出版社，2006.

[5] 周和生，尹贻林. 建设项目全过程造价管理 [M]. 天津：天津大学出版社，2008.

[6] 朱佑国. 工程造价管理图解 [M]. 北京：化学工业出版社，2008.

[7] 尹贻林，严玲. 工程造价概论 [M]. 北京：人民交通出版社，2009.

[8] 马楠，张国兴，韩英爱. 工程造价管理 [M]. 北京：机械工业出版社，2009.

[9] 李惠强. 建设工程成本计划与控制 [M]. 上海：复旦大学出版社，2009.

[10] 中国建设监理协会. 建设工程投资控制 [M] 北京：知识产权出版社，2009.

[11] 孔晓. 项目管理与招标采购 [M]. 北京：中国计划出版社，2009.

[12] 刘慧. 招标采购专业实务 [M]. 北京：中国计划出版社，2009.

[13] 马楠. 建设工程造价管理理论与实务（一）[M]. 北京：中国计划出版社，2010.

[14] 高平. 建设工程造价管理理论与实务（二）[M]. 北京：中国计划出版社，2010.

[15] 周国恩，陈华. 工程造价管理 [M]. 北京：北京大学出版社，2011.

[16] 国家发展改革委，建设部. 建设项目经济评价方法与参数（第三版）[S]. 北京：中国计划出版社，2006.

[17] 国家发展改革委等九部委. 中华人民共和国标准施工招标文件（2007 年版）[S]. 北京：中国计划出版社，2007.

[18] 国家发展改革委等九部委. 中华人民共和国标准施工招标资格预审文件（2007 年版）[S]. 北京：中国计划出版社，2007.

[19] 中华人民共和国住房城乡建设部. 建设工程工程量清单计价规范（GB 50500—2013）[S]. 北京：中国计划出版社，2013.

[20] 中华人民共和国住房城乡建设部. 房屋建筑与市政工程标准施工招标文件（2010 年版）[S]. 北京：中国建筑工业出版社，2010.

[21] 中华人民共和国住房城乡建设部. 房屋建筑与市政工程标准施工招标资格预审文件（2010 年版）[S]. 北京：中国建筑工业出版社，2010.